내신 1등급 문제서

절대등급

절대등급

Time Attack

137

절대등급으로
수학 내신 1등급 도전!

- 1등급을 위한 **최고 수준 문제**
- 실전을 위한 **타임어택 1, 3, 7분컷**
- 기출에서 pick한 **출제율 높은 문제**

이 책의 검토에 참여하신 선생님들께 감사드립니다.

김문석(포항제철고), 김영산(전일고), 김종서(마산중앙고), 김종익(대동고)
남준석(마산가포고), 박성목(창원남고), 배정현(세화고), 서효선(전주사대부고)
손동준(포항제철고), 오종현(전주해성고), 윤성호(클라이매쓰), 이태동(세화고), 장진영(장진영수학)
정재훈(금성고), 채종윤(동암고), 최원욱(육민관고)

이 책의 감수에 도움을 주신 분들께 감사드립니다.

권대혁(창원남산고), 권순만(강서고), 김경열(세화여고), 김대의(서문여고), 김백중(고려고), 김영민(행신고)
김영욱(혜성여고), 김종관(진선여고), 김종성(중산고), 김종우(우신고), 김준기(중산고), 김지현(진명여고), 김헌충(고려고)
김현주(살레시오여고), 김형섭(경산과학고), 나준영(단대부고), 류병렬(대진여고), 박기현(울산외고)
백동훈(청구고), 손태진(풍문고), 송영식(혜성여고), 송진웅(대동고), 유태혁(세화고), 윤신영(대륜고)
이경란(일산대진고), 이성기(세화여고), 이승열(제일고), 이의원(인천국제고), 이장원(세화고), 이주현(목동고)
이준배(대동고), 임성균(인천과학고), 전윤미(한가람고), 정지현(수도여고), 최동길(대구여고)

이 책을 검토한 선배님들께 감사드립니다.

김은지(서울대), 김형준(서울대), 안소현(서울대), 이우석(서울대), 최윤성(서울대)

내신 1등급
문제서

절대등급

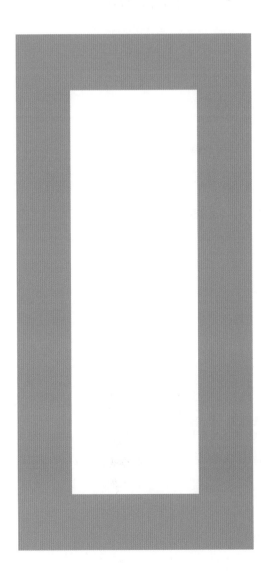

고등 수학(상)

수학은 우리 감각의 불완전성을 메우기 위해
그리고 짧은 우리의 생명을 보충하기 위해
되살아난 인간 정신의 힘이다.

By 조제프 푸리에

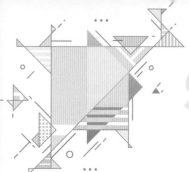

structure 이 책의 **특장점**

절대등급은

전국 500개 최근 학교 시험 문제를 분석하고 내신 1등급이라면 꼭 풀어야
하는 문제들만을 엄선하여 효과적으로 내신 1등급 대비가 가능하게 구성한
상위권 실전 문제집입니다.

첫째, 타임어택 1, 3, 7분컷!

학교 시험 문제 중에서

출제율이 높은 문제를 기본과 실력으로 나누고

1등급을 결정짓는 변별력 있는 문제를 선별하여

[기본 문제 1분컷], [실력 문제 3분컷],

[최상위 문제 7분컷]의 3단계 난이도로 구성하였습니다.

제한된 시간 안에 문제를 푸는 연습을 하여

실전에 대한 감각을 기르고, 세 단계를 차례로 해결하면서

탄탄하게 실력을 쌓을 수 있습니다.

둘째, 격이 다른 문제!

원리를 해석하면 감각적으로 풀리는 문제,

다양한 영역을 통합적으로 생각해야 하는 문제,

최근 떠오르고 있는 새로운 유형의 문제 등

계산만 복잡한 문제가 아닌 수학적 사고력과

문제해결력을 기를 수 있는 문제들로

구성하였습니다.

셋째, 차별화된 해설!

[전략]을 통해 풀이의 실마리를 제시하였고,

이해하기 쉬운 깔끔한 풀이와

한 문제에 대한 여러 가지 해결 방법,

사고의 폭을 넓혀주는 친절한 Note를

다양하게 제시하여 문제, 문제마다

충분한 점검을 할 수 있습니다.

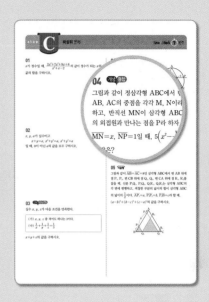

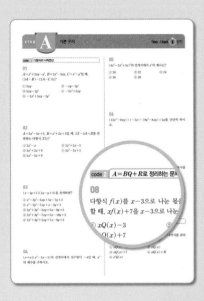
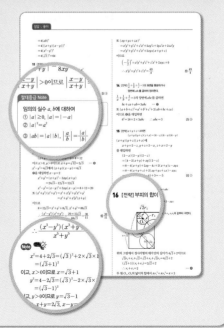

contents

이 책의 **차례**

I. 다항식

01. 다항식의 연산

$4x^2y^3$에서
(1) x만 문자로 볼 때
　⇨ 계수는 $4y^3$, 차수는 2
(2) y만 문자로 볼 때
　⇨ 계수는 $4x^2$, 차수는 3
(3) x, y를 문자로 볼 때
　⇨ 계수는 4, 차수는 5

지수법칙
m, n이 자연수일 때
(1) $a^m \times a^n = a^{m+n}$
(2) $a^m \div a^n = \begin{cases} a^{m-n} & (m>n) \\ \dfrac{1}{a^{n-m}} & (m<n) \\ 1 & (m=n) \end{cases}$
(3) $(a^m)^n = a^{mn}$
(4) $(ab)^m = a^m b^m$, $\left(\dfrac{a}{b}\right)^n = \dfrac{a^n}{b^n}$

$A = BQ + R$에서
(1) B가 일차식이면 $R = a$(상수)
(2) B가 이차식이면 $R = ax + b$
(3) B가 삼차식이면 $R = ax^2 + bx + c$

실수의 연산법칙과 같다.
따라서 다항식을 계산하는 기본은
실수의 덧셈, 곱셈이다.

1 다항식의 정리

다항식 $5x - 2x^3 + 4$를
내림차순으로 정리하면 $-2x^3 + 5x + 4$ ← 차수가 낮아진다.
오름차순으로 정리하면 $4 + 5x - 2x^3$ ← 차수가 높아진다.

2 다항식의 $+$, $-$, $\times$

(1) 덧셈, 뺄셈 ⇨ 동류항을 찾아 계수를 더하거나 뺀다.
(2) 곱셈 ⇨ 지수법칙과 분배법칙을 이용하여 전개한다.
　① $m(x+y-z) = mx + my - mz$
　② $(a+b)(x+y+z) = ax + ay + az + bx + by + bz$

3 다항식의 $\div$

(1) $(x+y-z) \div m = (x+y-z) \times \dfrac{1}{m} = \dfrac{x}{m} + \dfrac{y}{m} - \dfrac{z}{m}$
(2) 오른쪽과 같이 내림차순으로 놓고 직접 나눈다.
(3) 다항식 A를 다항식 B로 나눈 몫을 Q, 나머지를 R라 하면
　　$A = BQ + R$
이때 R의 차수는 B의 차수보다 낮다.

$$\begin{array}{r} 2x-3 \\ x^2+x+2\,\overline{\smash{\big)}\,2x^3-\ x^2+3x+4} \\ \underline{2x^3+2x^2+4x} \\ -3x^2-\ x+4 \\ \underline{-3x^2-3x-6} \\ 2x+10 \end{array}$$

4 다항식의 연산법칙

(1) 교환법칙 $A + B = B + A$, $AB = BA$
(2) 결합법칙 $(A+B)+C = A+(B+C)$, $(AB)C = A(BC)$
(3) 분배법칙 $A(B+C) = AB + AC$, $(A+B)C = AC + BC$

5 곱셈 공식

(1) $(a+b)^2 = a^2 + 2ab + b^2$, $(a-b)^2 = a^2 - 2ab + b^2$
(2) $(a+b)(a-b) = a^2 - b^2$
(3) $(x+p)(x+q) = x^2 + (p+q)x + pq$
(4) $(ax+p)(bx+q) = abx^2 + (aq+bp)x + pq$
(5) $(a+b)^3 = a^3 + 3a^2b + 3ab^2 + b^3$, $(a-b)^3 = a^3 - 3a^2b + 3ab^2 - b^3$
(6) $(a+b)(a^2-ab+b^2) = a^3 + b^3$, $(a-b)(a^2+ab+b^2) = a^3 - b^3$
(7) $(a+b+c)^2 = a^2 + b^2 + c^2 + 2ab + 2bc + 2ca$
(8) $(x+a)(x+b)(x+c) = x^3 + (a+b+c)x^2 + (ab+bc+ca)x + abc$

6 곱셈 공식의 변형

(1) $a^2 + b^2 = (a+b)^2 - 2ab$, $a^2 + b^2 = (a-b)^2 + 2ab$
(2) $a^3 + b^3 = (a+b)^3 - 3ab(a+b)$, $a^3 - b^3 = (a-b)^3 + 3ab(a-b)$
(3) $a^2 + b^2 + c^2 = (a+b+c)^2 - 2(ab+bc+ca)$

code 1 다항식의 사칙연산

01

$A = x^2 + 2xy - y^2$, $B = 2x^2 - 3xy$, $C = x^2 - y^2$일 때, $(3A - B) - (2A - C)$는?

① $5xy$ ② $-xy - 2y^2$

③ $5xy - 2y^2$ ④ $-2x^2 + 5xy$

⑤ $-2x^2 + 5xy - 2y^2$

02

$A = 3x^2 - 4x + 5$, $B = x^2 + 2x + 3$일 때, $2X - 3A = B$를 만족하는 다항식 X는?

① $2x^2 - x$ ② $2x^2 + 2x - 5$

③ $3x^2 + 2x + 9$ ④ $5x^2 - 3x + 5$

⑤ $5x^2 - 5x + 9$

03

$(x - 3y + 1)(2x - y + 3)$을 전개하면?

① $x^2 - 3y^2 - 5xy + 5x - 7y + 3$

② $x^2 - 2y^2 - 7xy + x - 5y + 3$

③ $2x^2 + 3y^2 - 5xy + 5x - 8y + 3$

④ $2x^2 + 3y^2 - 7xy + 5x - 10y + 3$

⑤ $2x^2 + 3y^2 + 5xy + 7x - 8y + 3$

04

$(x + a)(x^2 - 3x - 2)$의 전개식에서 상수항이 -4일 때, x^2의 계수를 구하시오.

05

$(4x^3 - 2x^2 + 3x)^2$의 전개식에서 x^4의 계수는?

① 20 ② 22 ③ 24

④ 26 ⑤ 28

06

$(12x^2 - 9xy) \div (-3x) - (8y^2 - 8xy) \div 2y$를 간단히 하시오.

07

$3x^3 - 5x^2 + 5$를 $x^2 - 2x + 5$로 나눈 몫을 $Q(x)$, 나머지를 $R(x)$라 하자. 이때 $Q(1) + R(2)$의 값은?

① -26 ② -22 ③ -13

④ -5 ⑤ 4

code 2 $A = BQ + R$로 정리하는 문제

08

다항식 $f(x)$를 $x - 3$으로 나눈 몫을 $Q(x)$, 나머지를 R라 할 때, $xf(x) + 7$을 $x - 3$으로 나눈 몫은?

① $xQ(x) - 3$ ② $xQ(x) - R$

③ $xQ(x) + 7$ ④ $xQ(x) + R$

⑤ $x^2 Q(x)$

09

다항식 $f(x)$를 $3x-2$로 나눈 몫을 $Q(x)$, 나머지를 R이라 하자. $f(x)$를 $x-\dfrac{2}{3}$로 나눈 몫과 나머지는?

① $Q(x)$, R
② $Q(x)$, $3R$
③ $3Q(x)$, R
④ $3Q(x)$, $3R$
⑤ $\dfrac{1}{3}Q(x)$, $\dfrac{1}{3}R$

---

code 3 | **곱셈 공식**

10

다음 중 전개가 옳지 <u>않은</u> 것을 모두 고르면?

① $(2x-3)^3=8x^3-36x^2+54x-27$
② $(x-2y)(x^2+2xy+4y^2)=x^3-8y^3$
③ $(x-y-z)^2=x^2+y^2+z^2-2xy-2yz-2zx$
④ $(x^2-x+5)(3x-4)=3x^3-7x^2+19x-20$
⑤ $(4x^2+2xy+y^2)(4x^2-2xy+y^2)=16x^4+8x^2y^2+y^4$

11

$x^8=50$일 때,
$$(x-1)(x+1)(x^2+1)(x^4+1)$$
의 값을 구하시오.

12

$(2x+1)^2(4x^2-2x+1)^2$을 전개하시오.

13

$(x^2+2x+3)(x^2+2x+k)$를 전개한 식에서 x^2의 계수와 x의 계수의 합이 7일 때, k의 값을 구하시오.

14

$(x-2)(x-1)(x+2)(x+3)$을 전개한 식에서 x^2의 계수와 x의 계수의 합은?

① -15
② -1
③ 1
④ 5
⑤ 14

15

그림과 같이 밑면의 가로, 세로의 길이가 모두 a이고 높이가 $a-2$인 직육면체 모양의 나무토막에 정육면체 모양의 구멍을 뚫었다. 구멍이 뚫린 나무토막의 부피는? (단, $a>2$)

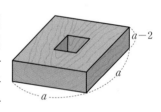

① $4a^2-2a$
② $4a^2-12a+8$
③ $2a^3-4a^2+12a$
④ $2a^3+6a^2+12a-8$
⑤ $2a^3+8a^2+3a-8$

---

code 4 | **곱셈 공식의 변형**

16

$a+b=3$, $ab=1$일 때, a^4+b^4의 값은?

① 39
② 41
③ 43
④ 45
⑤ 47

17

$x-y=4$, $xy=4$일 때, x^3-y^3의 값은?

① 80   ② 88   ③ 96

④ 104   ⑤ 112

18

$(x+a)(x+b)(x+1)$의 전개식에서 x^2의 계수가 7, x의 계수가 14일 때, a^3+b^3+3ab의 값을 구하시오.

19

$x+y+z=7$, $xy+yz+zx=14$일 때, $x^2+y^2+z^2$의 값은?

① 19   ② 21   ③ 23

④ 25   ⑤ 27

20

$x^2-5x+3=0$일 때, $x^3+\dfrac{27}{x^3}$의 값은?

① 80   ② 81   ③ 82

④ 83   ⑤ 84

21

a, b가 양수이고
$$a^2+ab+b^2=6, \quad a^2-ab+b^2=4$$
일 때, a^3+b^3의 값을 구하시오.

---

code 5 곱셈 공식의 활용

22

그림과 같이 중심이 O이고 반지름의 길이가 10인 사분원이 있다. 두 반지름 위에 점 P, R와 호 위에 점 Q를 잡아 직사각형 OPQR를 만들었다. 직사각형의 넓이가 22일 때, $\overline{AP}+\overline{PR}+\overline{RB}$의 값을 구하시오.

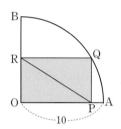

23

밑면의 대각선의 길이가 13 cm, 높이가 10 cm인 직육면체가 있다. 직육면체의 밑면의 가로와 세로의 길이를 각각 3 cm 늘이면 부피가 600 cm³ 증가한다. 처음 직육면체의 밑면의 넓이를 구하시오.

24

그림과 같은 직육면체의 겉넓이가 94이고, 삼각형 BDG에서 세 변의 길이의 제곱의 합이 100이다. 직육면체의 모든 모서리의 길이의 합은?

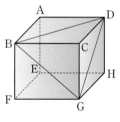

① 36   ② 48

③ 60   ④ 72

⑤ 84

01

A, B는 다항식이고

$$A+B=x^3-2x^2+5x+1$$
$$2A-B=5x^3-x^2-5x+8$$

일 때, $A+2B$를 구하시오.

02

$(2x+1)^3(x+2)^2$을 전개한 식이

$$ax^5+bx^4+cx^3+dx^2+ex+f$$

일 때, $a+b+c+e$의 값은?

① 121   ② 122   ③ 165

④ 166   ⑤ 202

03

A, B가 다항식일 때,

$$<A, B>=A^3+AB$$

라 하자. $<2x-3, 4x^2+6x+9>$를 전개하면?

① $16x^3+36x^2+54x+54$

② $16x^3-36x^2+54x-54$

③ $16x^3-18x^2+54x-54$

④ $16x^3+36x^2+54x$

⑤ $16x^3-36x^2+54x$

04 서술형

$(x^2+ax+1)(x^2-bx+2)$를 전개하면 x^2과 x^3의 계수가 모두 2이다. a^2+b^2의 값을 구하시오.

05

$(1+2x+3x^2)^3$의 전개식에서 x^4의 계수는?

① 51   ② 54   ③ 57

④ 60   ⑤ 63

06

$(2x^2+x+3)^3(x+2)$의 전개식에서 x의 계수는?

① 63   ② 72   ③ 81

④ 84   ⑤ 96

07

a, b는 0이 아닌 실수이고, 다항식 x^4+ax^2+b는 x^2+ax+b로 나누어떨어진다. a, b의 값을 모두 구하시오.

08

$x=2+\sqrt{3}$일 때, $\dfrac{x^3-5x^2+6x-3}{x^2-4x+2}$의 값은?

① 1 ② $\sqrt{3}$ ③ $-1+\sqrt{3}$

④ $1+\sqrt{3}$ ⑤ $2+\sqrt{3}$

09 서술형

그림과 같이 $\overline{AB}=a$, $\overline{BC}=b$인 직사각형 ABCD가 있다. 사각형 ABFE, GFCH, IJHD가 모두 정사각형일 때, 사각형 EGJI의 넓이를 a, b에 대한 전개식으로 나타내시오. $\left(\text{단, } \dfrac{3}{2}a<b<2a\right)$

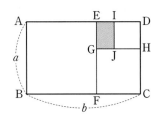

10

x, y가 실수이고 $x^2-y^2=\sqrt{2}$일 때,
$$\{(x+y)^8+(x-y)^8\}^2-\{(x+y)^8-(x-y)^8\}^2$$
의 값을 구하시오.

11

x, y가 실수이고 $x^2+y^2=6xy$일 때, $\left|\dfrac{x-y}{x+y}\right|$의 값은?

① $\sqrt{2}$ ② 1 ③ $\dfrac{\sqrt{2}}{2}$

④ $\dfrac{\sqrt{2}}{4}$ ⑤ $\dfrac{\sqrt{2}}{8}$

12 번뜩아이디어

x, y가 양수이고 $x^2=4+2\sqrt{3}$, $y^2=4-2\sqrt{3}$일 때, $\dfrac{(x^3-y^3)(x^3+y^3)}{x^5+y^5}$의 값을 구하시오.

13

$x+y+z=0$, $x^2+y^2+z^2=7$일 때, $x^2y^2+y^2z^2+z^2x^2$의 값을 구하시오.

14

a, b, c는 0이 아니고,

$$a+b+c=6, \quad a^2+b^2+c^2=18, \quad \frac{1}{a}+\frac{1}{b}+\frac{1}{c}=3$$

일 때, abc의 값은?

① 1   ② 2   ③ 3

④ 4   ⑤ 5

15

$x+y+z=2$, $xy+yz+zx=-4$, $xyz=-3$일 때, $(x+y)(y+z)(z+x)$의 값은?

① -10 ② -5 ③ 2

④ 5   ⑤ 10

16 서술형

그림과 같이 한 변의 길이가 $4+\sqrt{2}$인 정사각형의 내부에 반지름의 길이가 r_1, $\sqrt{2}$, r_3인 원 O_1, O_2, O_3이 있다. 원 O_1, O_2, O_3의 중심이 정사각형의 한 대각선 위에 있고, 원 O_1, O_3은 정사각형의 이웃하는 두 변에 접하며, 원 O_2는 원 O_1, O_3의 외부에서 접한다. 원 O_1, O_3의 넓이의 합이 반지름의 길이가 $\sqrt{3}$인 원의 넓이와 같을 때, 반지름의 길이가 r_1, r_3인 구의 부피의 합을 구하시오.

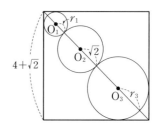

17

한 모서리의 길이가 x인 정육면체에 대하여 다음 과정을 반복하였다.

① 정육면체 각 면의 중앙에 한 변의 길이가 $\frac{x}{3}$인 정사각형 모양의 구멍을 뚫는다. 뚫은 구멍은 정사각기둥이고 각 모서리는 정육면체의 모서리와 평행하다. 이때 남은 입체는 처음 정육면체와 닮음비가 $3:1$인 정육면체 20개로 나눌 수 있다.
② ①에서 남은 정육면체 20개에 대하여 ①의 과정을 반복한다.

이렇게 만들어진 입체도형을 멩거 스펀지라 부른다.

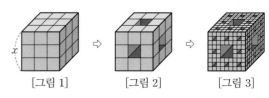

[그림 1]   [그림 2]   [그림 3]

[그림 2]의 입체도형의 부피를 V, 겉넓이를 S라 할 때, $\frac{V}{S}$를 x로 나타내시오.

01

x가 정수일 때, $\dfrac{2x^3+7x^2+9x+6}{x^2+x-2}$의 값이 정수가 되는 x의 값의 합을 구하시오.

02

x, y, a가 실수이고
$$x+y=a,\ x^3+y^3=a,\ x^5+y^5=a$$
일 때, 0이 아닌 a의 값을 모두 구하시오.

03 **번뜩 아이디어**

실수 x, y, z가 다음 조건을 만족한다.

> (가) x, y, z 중 적어도 하나는 3이다.
> (나) $\dfrac{1}{x}+\dfrac{1}{y}+\dfrac{1}{z}=\dfrac{1}{3}$

$x+y+z$의 값을 구하시오.

04 **개념 통합**

그림과 같이 정삼각형 ABC에서 변 AB, AC의 중점을 각각 M, N이라 하고, 반직선 MN이 삼각형 ABC의 외접원과 만나는 점을 P라 하자. $\overline{MN}=x$, $\overline{NP}=1$일 때, $5\left(x^2-\dfrac{1}{x^2}\right)$의 값은?

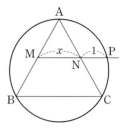

① 5
② $5\sqrt{5}$
③ 10
④ $10\sqrt{5}$
⑤ 15

05 **서술형**

그림과 같이 $\overline{AB}=\overline{AC}=8$인 삼각형 ABC에서 변 AB 위에 점 P_1, P_2, 변 CB 위에 점 Q_1, Q_2, 변 CA 위에 점 R_1, R_2를 잡을 때, 선분 P_1Q_1, P_2Q_2, Q_1R_1, Q_2R_2는 삼각형 ABC의 각 변에 평행하고, 색칠한 부분의 넓이의 합이 삼각형 ABC의 넓이의 $\dfrac{1}{2}$이다. $\overline{AP_1}=a$, $\overline{P_1P_2}=b$, $\overline{P_2B}=c$라 할 때, $(a-b)^2+(b-c)^2+(c-a)^2$의 값을 구하시오.

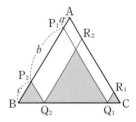

02. 항등식과 나머지정리

1 항등식

(1) 등식에 포함된 문자에 어떤 값을 대입하여도 성립하는 등식을 항등식이라 한다.

(2) 항등식의 성질

다음 등식이 x에 대한 항등식일 때

① $ax+b=0$이면 $a=0$, $b=0$

② $ax+b=a'x+b'$이면 $a=a'$, $b=b'$

③ $ax^2+bx+c=0$이면 $a=0$, $b=0$, $c=0$

④ $ax^2+bx+c=a'x^2+b'x+c'$이면 $a=a'$, $b=b'$, $c=c'$

Note 곱셈 공식(인수분해 공식)과 곱셈 공식의 변형, 나눗셈에 대한 등식 $A=BQ+R$ 등은 모두 항등식이다.

> 다음은 같은 표현이다.
> x에 대한 항등식이다.
> 모든 x에 대하여 성립한다.
> x의 값에 관계없이 성립한다.

2 미정계수법

$a(x-1)+b(x-2)=2x-1$이 x에 대한 항등식일 때

(1) $x=2$를 대입하면 $a=3$, $x=1$을 대입하면 $b=-1$

이와 같이 수치를 대입하여 계수를 정할 수 있다. ← 수치대입법

(2) 좌변을 정리하면 $(a+b)x-(a+2b)=2x-1$

x의 계수와 상수항을 비교하면 $a+b=2$, $a+2b=1$ $\quad \therefore a=3$, $b=-1$

이와 같이 양변의 동류항을 비교하여 계수를 정할 수 있다. ← 계수비교법

> 방정식 문제 ⇨ 해를 구한다.
> 항등식 문제 ⇨ 계수를 정한다.

3 조립제법

(1) 오른쪽과 같이 다항식 x^3-4x^2+2x+3을 일차식 $x-2$로 나누면

몫 : x^2-2x-2, 나머지 : -1

이와 같이 계수만 이용하여 일차식으로 나눈 몫과 나머지를 구하는 방법을 조립제법이라 한다.

$$\begin{array}{r|rrrr} 2 & 1 & -4 & 2 & 3 \\ & & 2 & -4 & -4 \\ \hline & 1 & -2 & -2 & -1 \end{array}$$

(2) $f(x)$를 $x+\dfrac{b}{a}$로 나눈 몫을 $Q(x)$, 나머지를 R라 하면

$$f(x)=\left(x+\frac{b}{a}\right)Q(x)+R=(ax+b)\left\{\frac{1}{a}Q(x)\right\}+R$$

따라서 $f(x)$를 $ax+b$로 나눈 몫은 $\dfrac{1}{a}Q(x)$, 나머지는 R이다.

> $A=BQ+R$는 항등식이다.

4 나머지정리

(1) 다항식 $f(x)$를 일차식 $x-\alpha$로 나눈 몫을 $Q(x)$, 나머지를 R라 하면

$$f(x)=(x-\alpha)Q(x)+R$$

이므로 $x=\alpha$를 대입하면 나머지는 $R=f(\alpha)$

(2) 다항식 $f(x)$를 일차식 $ax+b$로 나눈 나머지는 $f\left(-\dfrac{b}{a}\right)$

Note 일차식으로 나눈 나머지를 알 때에는 나머지정리를 이용한다.

> $f(x)=(ax+b)Q(x)+R$에
> $x=-\dfrac{b}{a}$를 대입하면 $R=f\left(-\dfrac{b}{a}\right)$

5 인수정리

(1) 다항식 $f(x)$가 일차식 $x-\alpha$로 나누어떨어지면 $f(x)=(x-\alpha)Q(x)$이므로

$f(\alpha)=0$이다.

(2) 역으로 $f(\alpha)=0$이면 $f(x)$는 $x-\alpha$로 나누어떨어진다.

code 1 미정계수법

01

등식

$$x^2-x+6=a(x-1)(x-2)+bx(x-2)+cx(x-1)$$

이 x에 대한 항등식일 때, $2a+b+c$의 값은?

① -2 ② 0 ③ 2

④ 4 ⑤ 6

02

다음 등식이 x에 대한 항등식일 때, $abcd$의 값은?

$$(x-1)(ax^2+bx+c)=x^3+dx^2-3x+1$$

① -5 ② -2 ③ 1

④ 4 ⑤ 7

03

등식

$$2x^2-x+3=ab(x+1)^2+(a+b)(x-1)-4$$

가 x에 대한 항등식일 때, a^3+b^3의 값은?

① -5 ② -30 ③ -55

④ -72 ⑤ -95

04

$f(x)$가 다항식이고 등식

$$x^4-ax^2-x+b=(x+1)(x-2)f(x)$$

가 모든 x에 대하여 성립할 때, $f(3)$의 값을 구하시오.

05

등식 $(2k-1)x-(1-k)y+5=0$이 k의 값에 관계없이 성립할 때, x, y의 값을 구하시오.

06

$x+y=1$인 모든 실수 x, y에 대하여 $ax^2+bxy+cy^2=1$일 때, a, b, c의 값을 구하시오.

code 2 조립제법

07

다음과 같이 조립제법을 이용하여 다항식 x^3-3x^2+3x+1을 $x-2$로 나눈 몫과 나머지를 구하려고 한다. 이때 $a+b+c+d$의 값은?

a	1	-3	3	1
		2	c	2
	1	b	1	d

① 1 ② 2 ③ 3

④ 4 ⑤ 5

08

다항식 x^3-x^2-3x+6을

$$a(x-1)^3+b(x-1)^2+c(x-1)+d$$

꼴로 나타낼 때, $ab+cd$의 값은?

① -12 ② -8 ③ -4

④ 0 ⑤ 4

code **3**　$A = BQ + R$로 정리하는 문제

09

다항식 $3x^3 - 6x^2 - 3x + a$를 $x + b$로 나눈 몫이 $3x^2 - 3$이고 나머지가 11일 때, ab의 값은?

① -42　　　　② -38　　　　③ -34

④ -30　　　　⑤ -26

10

다항식 $f(x) = 2x^{20} - x^2 + 4$를 $x - 2$로 나눈 몫을 $Q(x)$라 할 때, $Q(x)$의 상수항을 포함한 모든 계수의 합은?

① $2^{21} - 1$　　② $2^{21} - 5$　　③ 2^{20}

④ $2^{20} - 1$　　⑤ $2^{19} - 3$

11

다항식 $f(x)$를 $x^2 + x + 1$로 나누면 나머지가 $x - 1$이고, 다항식 $g(x)$를 $x^2 + x + 1$로 나누면 나머지가 -3이다. 이때 $f(x) - 2g(x)$를 $x^2 + x + 1$로 나눈 나머지를 구하시오.

code **4**　나머지정리와 미정계수

12

다항식 $2x^3 + x^2 + ax + 1$을 $x + 2$로 나눈 나머지와 $2x + 1$로 나눈 나머지가 같을 때, a의 값은?

① -5　　　　② -6　　　　③ -7

④ -8　　　　⑤ -9

13

다항식 $x^3 - 4x^2 + ax + b$가 $x^2 - x - 2$로 나누어떨어질 때, $a + b$의 값은?

① 3　　　　② 4　　　　③ 5

④ 6　　　　⑤ 7

code **5**　$x - a$로 나눈 나머지 $f(a)$를 구하는 문제

14

다항식 $f(x)$를 $x^2 + x - 6$으로 나눈 나머지가 $5x - 1$일 때, 다항식 $f(2x + 3)$을 $2x + 1$로 나눈 나머지는?

① 1　　　　② 3　　　　③ 5

④ 7　　　　⑤ 9

15

다항식 $f(x)$를 $x^2 - 1$로 나눈 나머지는 3이고, 다항식 $g(x)$를 $x^2 + x$로 나눈 나머지는 -1이다. 다항식 $f(x) + g(x)$를 $x + 1$로 나눈 나머지는?

① 2　　　　② 4　　　　③ 6

④ 8　　　　⑤ 10

16

다항식 $f(x)$를 $x + 2$로 나눈 나머지는 10이고, $f(x)$를 $(x + 2)(x - 5)$로 나눈 나머지는 $ax + 6$이다. $f(x)$를 $x - 5$로 나눈 나머지를 구하시오.

17

다항식 $f(x)$를 $x-2$로 나눈 나머지는 -3이고,
$(x-1)(x+2)$로 나눈 몫은 $Q(x)$, 나머지는 $2x+1$이다.
이때 몫 $Q(x)$를 $x-2$로 나눈 나머지는?

① -3 ② -2 ③ -1

④ 2 ⑤ 3

---

code 6 이차식 이상으로 나눈 나머지

18

다항식 $f(x)$를 $x-2$로 나눈 나머지는 6이고, $x-3$으로 나눈 나머지는 6이다. $f(x)$를 $(x-2)(x-3)$으로 나눈 몫을 $g(x)$라 할 때, $g(x)$를 $x-4$로 나눈 나머지는 2이다. $f(4)$의 값을 구하시오.

19

다항식 $f(x)$를 x, $x-1$, $x+3$으로 나눈 나머지가 각각 -4, 1, 5이다. $f(x)$를 $x(x-1)(x+3)$으로 나눈 나머지를 구하시오.

20

다항식 $x^5-4x^3+px^2+2$를 x^2-4로 나눈 몫은 $Q(x)$이다. $Q(1)=3$일 때, p의 값은?

① -2 ② -1 ③ 0

④ 1 ⑤ 2

21

$f(x)$는 다항식이고, $f(x)-4$는 $x+1$로 나누어떨어진다. $f(x)+2$를 $x-2$로 나눈 나머지가 -3일 때, $f(x)$를 $(x-2)(x+1)$로 나눈 나머지는?

① $-x-1$ ② $-2x+1$ ③ $-2x-1$

④ $-3x+1$ ⑤ $-3x-1$

22

다항식 $f(x)$를 x^2+2로 나눈 나머지가 $x+4$이고 $f(x)$를 $x+1$로 나눈 나머지가 -3이다. $f(x)$를 $(x^2+2)(x+1)$로 나눈 나머지를 $R(x)$라 할 때, $R(-5)$의 값을 구하시오.

---

code 7 몫에 대한 식을 이용하는 문제

23

x^3의 계수가 1인 삼차식 $f(x)$는 $x-2$로 나누어떨어진다. 또 $f(x)$를 x^2+1로 나눈 나머지는 $4x+2$이다. $f(x)$를 $x-3$으로 나눈 나머지는?

① 1 ② 2 ③ 3

④ 4 ⑤ 5

24

다항식 $f(x)$를 $x-2$로 나누면 나머지가 7이고, $x+1$로 나누면 나머지가 1이다. $f(x)$를 $(x-2)(x+1)$로 나누면 몫과 나머지가 같을 때, $f(0)$의 값은?

① -3 ② -2 ③ -1

④ 0 ⑤ 1

01

등식
$$(x+1)^4=a_0+a_1x+a_2x(x-1)+a_3x(x-1)(x-2)$$
$$+a_4x(x-1)(x-2)(x-3)$$
이 x에 대한 항등식일 때, $a_0+a_1+a_2+a_3+a_4$의 값은?

① 36   ② 42   ③ 48

④ 52   ⑤ 56

02 번뜩 아이디어

모든 실수 x에 대하여 등식
$$(x+1)^3+(x+1)^2+(x+1)+1$$
$$=a(x+3)^3+b(x+3)^2+c(x+3)+d$$
가 성립할 때, a, b, c, d의 값을 구하시오.

03 서술형

등식
$$(1+x-2x^2)^4=a_0+a_1x+a_2x^2+\cdots+a_7x^7+a_8x^8$$
이 x에 대한 항등식일 때, 다음을 구하시오.

(1) $a_2+a_4+a_6+a_8$

(2) $a_0+\dfrac{a_2}{2^2}+\dfrac{a_4}{2^4}+\dfrac{a_6}{2^6}+\dfrac{a_8}{2^8}$

04

다음은 조립제법을 이용하여 다항식 $f(x)$를 $x-1$로 나눈 몫을 구하고, 다시 몫을 $x+1$로 나누는 과정이다. $f(x)$는?

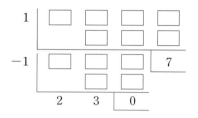

① $2x^3+3x^2+7$ ② $2x^3+3x^2-2x+4$

③ $2x^3+3x^2+2x-3$ ④ $2x^3+3x^2+2x+5$

⑤ $2x^3+3x^2+7x$

05

$f(x)=x^3-3x^2+5x-2$일 때, $f(1.2)+f(0.9)$의 값은?

① 1.207   ② 1.907   ③ 2.105

④ 2.207   ⑤ 2.907

06

두 다항식 $f(x)$, $g(x)$가 다음 조건을 만족한다.

> (가) $2f(x)+3g(x)$를 x^4+x로 나눈 나머지는 $10x^2-5$
> 이다.
> (나) $f(x)-g(x)$를 x^4+x로 나눈 나머지는 $5x^3$이다.

$2f(x)+7g(x)$를 x^4+x로 나눈 나머지를 구하시오.

07

다항식 $f(x)$를 x^2-2로 나눈 나머지가 $x+1$이다. 이때 $\{f(x)\}^2$을 x^2-2로 나눈 나머지는?

① $x+1$ ② $2x+3$ ③ $2x+5$
④ $4x+3$ ⑤ $4x+5$

08

다항식 $f(x)=x^n(x^2+ax+b)$를 $x-3$으로 나누면 나누어떨어지고 나눈 몫은 $Q(x)$이다. $Q(x)$를 $x-3$으로 나눈 나머지가 3^n일 때, ab의 값은? (단, n은 자연수)

① -54 ② -48 ③ -30
④ -18 ⑤ -12

09 서술형

다항식 $f(x)$가 다음 조건을 만족한다.

(가) $f(1)=3$
(나) $f(x+1)=f(x)+2x$

$f(x)$를 x^2-5x+6으로 나눈 나머지를 구하시오.

10

다항식 $f(x)$를 $(x-2)(x-3)(x-4)$로 나눈 나머지는 x^2-x+1이다. 다항식 $f(8x)$를 $8x^2-6x+1$로 나눈 나머지는?

① $20x-3$ ② $40x+5$ ③ $40x-5$
④ $40x+7$ ⑤ $40x-7$

11

다항식 $f(x)=a_0+a_1x+a_2x^2+\cdots+a_{10}x^{10}$에서
$a_0+a_2+a_4+a_6+a_8+a_{10}=0,$
$a_1+a_3+a_5+a_7+a_9=1$
이다. $f(2x+1)$을 x^2+x로 나눈 나머지는?

① $2x+1$ ② $2x+3$ ③ $3x+1$
④ $3x+5$ ⑤ $4x+3$

12 번뜩 아이디어

$f(x)=x^5-1$에 대하여 다음 물음에 답하시오.

(1) $f(x)$를 $x-1$로 나눈 몫과 나머지를 구하시오.
(2) $f(x)$를 $(x-1)^2$으로 나눈 나머지를 구하시오.

13

삼차식 $f(x)$를 x^2-x-1로 나눈 나머지는 $-2x+1$이다.
$$(x-4)f(x)=(x+2)f(x-2)$$
일 때, $f(3)$의 값은?

① 7   ② 9   ③ 11
④ 13   ⑤ 15

14

다항식 $f(x)$를 $(x+4)^2$으로 나눈 나머지가 $x+5$이고,
$(x+3)^2$으로 나눈 나머지가 $x+6$이다. $f(x)$를
$(x+4)^2(x+3)$으로 나눈 나머지를 $R(x)$라 할 때, $R(1)$의
값을 구하시오.

15

다항식 $f(x)$를 $(x-1)(x+2)$로 나눈 나머지가 $x-3$이고,
$(x+1)f(3x-1)$을 $x-1$로 나눈 나머지가 6이다. $f(x)$를
$(x-1)(x^2-4)$로 나눈 몫을 $Q(x)$라 할 때, $Q(x)$를 $x-3$으
로 나눈 나머지는 1이다. $f(x)$를 $x-3$으로 나눈 나머지는?

① 16   ② 18   ③ 20
④ 22   ⑤ 24

16 서술형

삼차식 $f(x)$를 $(x-1)^2$으로 나누면 몫과 나머지가 같다.
$f(x)$를 $(x-1)^3$으로 나눈 나머지를 $R(x)$라 하면
$R(2)=R(3)$이다. $f(1)=2$일 때, $R(x)$를 $x+3$으로 나눈
나머지를 구하시오.

17

202^{10}을 51로 나눈 나머지는?

① 1   ② 2   ③ 3
④ 4   ⑤ 5

18

$f(x)$는 다항식이고
$$f(x^2-1)=x^2f(x-2)+2x^3+x^2-2$$
이다. $f(x)$를 구하시오.

01 신유형

$f(x)$는 이차식이다. $f(x^2)$을 $f(x)$로 나누면 나누어떨어지고 나눈 몫은 $f(-x)$이다. $f(x)$를 모두 구하시오.

02

$f(x)$, $g(x)$는 이차식이고
$$(x-1)f(x)=(x-3)g(x)$$
이다. $f(1)=2$, $g(2)=1$일 때, $f(0)$의 값은?

① 7   ② 8   ③ 9

④ 10   ⑤ 11

03 서술형

$f(x)$는 삼차식이고
$$f(1)=\frac{3}{2}, f(2)=\frac{4}{3}, f(3)=\frac{5}{4}, f(4)=\frac{6}{5}$$
이다. $f(5)$의 값을 구하시오.

04

이차 이상의 다항식 $f(x)$를 $x-4$로 나눈 몫을 $Q(x)$, 나머지를 R라 하자. $Q(x)$를 $x-4$로 나눈 나머지가 $\frac{1}{R}$일 때, **보기**에서 옳은 것을 모두 고른 것은? (단, $R \neq 0$)

┌─ 보기 ─────────────────────────────┐

ㄱ. $f(x+2)$를 $x-2$로 나눈 나머지는 R이다.

ㄴ. $f(x)$를 $(x-4)^2$으로 나눈 나머지와 $f(x+2)$를 $(x-2)^2$으로 나눈 나머지는 같다.

ㄷ. $\{f(x+2)\}^2 - R^2$을 $(x-2)^2$으로 나눈 나머지는 $x-2$이다.

└────────────────────────────────┘

① ㄱ   ② ㄴ   ③ ㄱ, ㄷ

④ ㄴ, ㄷ   ⑤ ㄱ, ㄴ, ㄷ

05

다항식 $f(x)$를 $(x-1)^2(x+2)$로 나눈 나머지가 $2x^2+7x-3$이고, $f(x)$를 $(x+1)^2(x+3)$으로 나눈 나머지가 $7x^2+20x+9$이다. $f(x)$를 $(x-1)^2(x+1)$로 나눈 나머지를 $R(x)$라 할 때, $R(2)$의 값은?

① 8 ② 12 ③ 16

④ 20 ⑤ 24

06 신유형

이차식 $f(x)$가 다음 조건을 만족한다.

> (가) x^3+5x^2+9x+6을 $f(x)$로 나눈 나머지는 $g(x)$이다.
> (나) x^3+5x^2+9x+6을 $g(x)$로 나눈 나머지는 $f(x)-x^2-3x$이다.

이때 $g(1)$의 값은?

① 9 ② 8 ③ 7

④ 6 ⑤ 5

07 서술형

x^8-1을 $x-1$로 나눈 몫을 $f(x)$라 하자. 다음 물음에 답하시오.

(1) $f(x)$를 구하시오.

(2) 다항식 $g(x)$를 $f(x)$로 나눈 나머지가 x^5일 때, $g(x)$를 x^5+x^4+x+1로 나눈 나머지를 구하시오.

08 서술형

물음에 답하시오.

(1) 다음을 만족하는 다항식 $P(x)$를 구하시오.
$$P(1)=-1, \ P(x+1)-P(x)=x+1$$

(2) 다음을 만족하는 다항식 $f(x)$를 구하시오.
$$f(1)=0, \ f(2)=-1,$$
$$f(x)-2f(x+1)+f(x+2)=x+1$$

03. 인수분해

곱셈 공식에서 좌변과 우변이
바뀐 꼴이다.

1 인수분해 공식

(1) $ma-mb+mc=m(a-b+c)$

(2) $a^2+2ab+b^2=(a+b)^2$, $a^2-2ab+b^2=(a-b)^2$

(3) $a^2-b^2=(a+b)(a-b)$

(4) $x^2+(p+q)x+pq=(x+p)(x+q)$

(5) $abx^2+(aq+bp)x+pq=(ax+p)(bx+q)$

(6) $a^2+b^2+c^2+2ab+2bc+2ca=(a+b+c)^2$

(7) $a^3+3a^2b+3ab^2+b^3=(a+b)^3$, $a^3-3a^2b+3ab^2-b^3=(a-b)^3$

(8) $a^3+b^3=(a+b)(a^2-ab+b^2)$, $a^3-b^3=(a-b)(a^2+ab+b^2)$

(9) $a^4+a^2b^2+b^4=(a^2+ab+b^2)(a^2-ab+b^2)$

공통인 인수가 있을 때에는
먼저 공통인 인수로 묶고
인수분해한다.

2 공식을 바로 쓸 수 없는 경우

(1) 공통부분이 있는 다항식의 인수분해

⇨ 공통부분을 한 문자로 치환하여 인수분해한다.

(2) 문자가 두 개 이상인 다항식의 인수분해

⇨ 차수가 가장 낮은 한 문자에 대해 내림차순으로 정리한 후 인수분해한다.

(3) x^4+ax^2+b 꼴의 다항식의 인수분해

① $x^2=X$로 치환하여 인수분해한다. 예를 들어

$$x^4+x^2-2=X^2+X-2=(X+2)(X-1)$$
$$=(x^2+2)(x^2-1)=(x^2+2)(x+1)(x-1)$$

② $(\quad)^2-(\quad)^2$ 꼴로 고쳐 인수분해한다. 예를 들어

$$x^4+x^2+1=x^4+2x^2+1-x^2=(x^2+1)^2-x^2$$
$$=(x^2+1+x)(x^2+1-x)=(x^2+x+1)(x^2-x+1)$$

우변을 전개하면 좌변과 같음을
확인할 수 있다.

3 $a^3+b^3+c^3-3abc$의 활용

(1) $a^3+b^3+c^3-3abc=(a+b+c)(a^2+b^2+c^2-ab-bc-ca)$

(2) $a^2+b^2+c^2-ab-bc-ca=\dfrac{1}{2}\{(a-b)^2+(b-c)^2+(c-a)^2\}$

[증명] $a^2+b^2+c^2-ab-bc-ca=\dfrac{1}{2}(2a^2+2b^2+2c^2-2ab-2bc-2ca)$

$$=\dfrac{1}{2}(a^2-2ab+b^2+b^2-2bc+c^2+c^2-2ca+a^2)$$

$$=\dfrac{1}{2}\{(a-b)^2+(b-c)^2+(c-a)^2\}$$

약수, 배수는 정수까지 확장하여
생각할 수 있다.

4 인수정리와 인수분해

(1) 다항식 $f(x)$는 $f(\alpha)=0$인 α를 찾아 인수분해할 수 있다.

① $f(\alpha)=0$이면 $f(x)=(x-\alpha)Q(x)$이다. ← 인수정리

② 조립제법을 이용하여 $f(x)$를 $x-\alpha$로 나눈 몫 $Q(x)$를 구한다.

③ $Q(x)$가 더 인수분해되지 않을 때까지 인수분해한다.

(2) $f(x)=x^n+\cdots+b$일 때 $f(\alpha)=0$인 α는 $\pm(b$의 약수$)$ 중 하나이고,

$f(x)=ax^n+\cdots+b$일 때 $f(\alpha)=0$인 α는 $\pm\left(\dfrac{b\text{의 약수}}{a\text{의 약수}}\right)$ 중 하나이다.

Note 특별한 말이 없으면 계수가 정수인 범위에서 인수분해한다.

01

다음 중 인수분해가 옳지 <u>않은</u> 것은?

① $a^4-b^4=(a-b)(a+b)(a^2+b^2)$
② $x^3+27=(x+3)(x^2-3x+9)$
③ $a^2+b^2+c^2-2ab-2bc-2ca=(a-b-c)^2$
④ $x^4-13x^2y^2+4y^4=(x^2+3xy-2y^2)(x^2-3xy-2y^2)$
⑤ $(x^2-2x)^2-2x^2+4x-3=(x-1)^2(x-3)(x+1)$

02

x에 대한 이차식 $(x-a)(x+1)-6$을 인수분해하면 $(x-5)(x-b)$이다. $a+b$의 값은?

① 2   ② 4   ③ 6
④ 8   ⑤ 10

03

다항식 $4x^2+y^2-9z^2-4xy$를 인수분해하면
$$(2x-y+az)(2x+by+cz)$$
이다. $a+b+c$의 값은?

① -2 ② -1 ③ 1
④ 2   ⑤ 3

04

다항식 $f(x)$를 x^3+1로 나눈 나머지가 $3x-1$, $f(x)$를 x^2-x+1로 나눈 몫이 $2x^2+3x+1$이다. $f(x)$를 $x-1$로 나눈 나머지를 구하시오.

05

다음 식을 인수분해하시오.

(1) $2x^2-3xy+y^2-x-1$
(2) $x^3+4x^2y+x^2+3xy^2+4xy+3y^2$
(3) $x^4+2x^2y+y^2-2x^2-2y-3$

06

다음 중 다항식
$$x(x-1)(x-2)(x-3)+5x(x-3)+10$$
의 인수는?

① x^2-3x+5 ② x^2-3x-2 ③ x^2-3x-5
④ x^2+3x-5 ⑤ x^2+3x+5

07

다항식 $x(x+1)(x+2)(x+3)+k$가 이차식의 완전제곱 꼴로 인수분해될 때, k의 값을 구하시오.

08

다음 중 두 다항식
$$P(x)=x^3+2x^2-x-2,$$
$$Q(x)=x^4-3x^3+3x^2-3x+2$$
의 공통인수는?

① $x-2$ ② $x-1$ ③ $x+1$
④ $x+2$ ⑤ $x+3$

09

다항식 $(x+2)^3-7(x+2)^2-10x-4$를 인수분해하면 $(x+p)(x+q)(x+r)$이다. $3p+q+2r$의 값은? (단, $p<q<r$)

① 1   ② -2 ③ -5
④ -7 ⑤ -9

10

다항식 $2x^4+6x^3+ax^2+b$가 $(x+1)^2$을 인수로 가질 때, ab의 값은?

① -5 ② -4 ③ -3
④ -2 ⑤ -1

11

$x-1$이 사차식 $f(x)=ax^4+bx^3+cx-a$의 인수이다. 다음 중 a, b, c의 값에 관계없이 $f(x)$의 인수는?

① $x-2$ ② x ③ $x+1$
④ $x+2$ ⑤ $x+3$

code 4 인수분해 활용

12

$\dfrac{(17^3-13^3)(17^3+13^3)}{17^4+17^2\times13^2+13^4}$ 의 값을 구하시오.

13

$18^3-6\times18^2-36\times18-40$의 값은?

① 160   ② 400   ③ 3200
④ 4000   ⑤ 4600

14

$a+b+c=2$, $ab+bc+ca=-1$, $a^3+b^3+c^3=11$일 때, $(a+b)(b+c)(c+a)$의 값은?

① 5   ② 4   ③ 1
④ -1 ⑤ -4

code 5 인수분해와 미정계수

15

이차식 $3x^2+ax+2$가 x의 계수와 상수항이 정수인 두 일차식의 곱으로 인수분해될 때, a의 값의 합은?

① 0   ② 1   ③ 3
④ 5   ⑤ 7

16

a, b가 양의 정수이고 $a>b$일 때, 다항식 $f(x)=x^4+ax^3+x^2+bx-2$는 일차식인 인수를 가진다. $a+b$의 값은?

① 3   ② 4   ③ 5
④ 6   ⑤ 7

01

다음 중 다항식 $a^3+a^2b+4ab+2b^2-8$의 인수는?

① $a-b-2$　　② $a-b+2$　　③ $a+b-2$
④ $a-2b+2$　　⑤ $a+2b-2$

02 번뜩 아이디어

다항식 $(x^2-x)(x^2+3x+2)-3$을 인수분해하면
$(x^2+ax+b)(x^2+cx+d)$일 때, $a+b+c+d$의 값은?

① 0　　② 2　　③ 4
④ 6　　⑤ 8

03

다항식
$$(a+b-c)^2+(a-b+c)^2+(-a+b+c)^2$$
$$-4(ab-2bc+ca)$$
를 인수분해하면?

① $3(a-b+c)^2$　　② $3(a-b-c)^2$
③ $2(a+b-c)^2$　　④ $2(a-b-c)^2$
⑤ $2(a-b+c)^2$

04

a, b, c, d가 10보다 작은 자연수일 때,
$$\sqrt{50\times51\times52\times53+1}=a\times10^3+b\times10^2+c\times10+d$$
이다. $a+b+c+d$의 값은?

① 11　　② 12　　③ 13
④ 14　　⑤ 15

05

삼각형 ABC의 세 변의 길이가 a, b, c이고,
$$ab(a+b)-bc(b+c)-ca(c-a)=0$$
이다. 삼각형 ABC는 어떤 삼각형인가?

① 정삼각형
② $a=b$인 이등변삼각형
③ $a=c$인 이등변삼각형
④ 빗변의 길이가 b인 직각삼각형
⑤ 빗변의 길이가 c인 직각삼각형

06 서술형

x에 대한 다항식
$$f(x)=x^3+cx^2+(c^2-b^2)x+c^3-b^2c$$
가 $x-a$로 나누어떨어질 때, 세 변의 길이가 a, b, c인 삼각형은 어떤 삼각형인지 말하시오.

07

$x+y+z=3$, $x^2+y^2+z^2=5$, $\dfrac{1}{x}+\dfrac{1}{y}+\dfrac{1}{z}=6$일 때, $x^3+y^3+z^3$의 값은?

① 10   ② 11   ③ 12

④ 13   ⑤ 14

08

a, b, c는 양수이고 $a^3+8b^3+27c^3-18abc=0$일 때, $\dfrac{2b}{a}+\dfrac{6c}{b}+\dfrac{3a}{c}$의 값은?

① 6   ② 8   ③ 10

④ 12   ⑤ 14

09

$a+b+c=2$, $a^2+b^2+c^2=10$, $a^3+b^3+c^3=8$일 때, $ab(a+b)+bc(b+c)+ca(c+a)$의 값은?

① 11   ② 12   ③ 13

④ 14   ⑤ 15

10

a, b, c가 5 이하의 서로 다른 자연수이고,
$$\dfrac{a^3+b^3}{a^3+c^3}=\dfrac{a+b}{a+c}$$
이다. abc의 최댓값을 구하시오.

11   신유형

다항식 $f(x)=x^4-18x^2+49$와 자연수 n에 대하여 $f(n)$은 소수이다. $n+f(n)$의 값은?

① 13   ② 17   ③ 21

④ 25   ⑤ 29

12   서술형

자연수 a, b, c에 대하여
$$a^2(b+c)+b^2(a-c)-c^2(a+b)=70$$
일 때, 순서쌍 (a, b, c)의 개수를 구하시오.

→ 정답 및 풀이 26쪽

13

2000개의 이차식

$$2000x^2-2x-1,\ 1999x^2-2x-1,\ \cdots,\ x^2-2x-1$$

중에서 x의 계수와 상수항이 정수인 두 일차식의 곱으로 인수분해되는 것의 개수는?

① 40   ② 41   ③ 42

④ 43   ⑤ 44

14

다항식 $f(x)=x^3+2x^2-(k+3)x+k$가 x의 계수와 상수항이 정수인 세 일차식의 곱으로 인수분해될 때, 400 이하의 자연수 k의 개수를 구하시오.

15

n은 2보다 큰 자연수이고 자연수 n^4+2n^2-3은 $(n-1)(n-2)$의 배수일 때, n의 최댓값을 구하시오.

16

삼차식 $f(x)$가 다음 조건을 만족한다.

> (가) $f(x)$의 x^3의 계수는 음수이다.
> (나) $f(x)$를 $x-a$로 나눈 나머지가 a^3인 실수 a는 1과 3뿐이다.
> (다) $f(x)$를 $x-2$로 나눈 나머지는 10이다.

$f(4)$의 값을 구하시오.

17

x에 대한 다항식 $x^3-3b^2x+2c^3$이 $(x-a)(x-b)$로 나누어떨어질 때, 세 변의 길이가 a, b, c이고 둘레의 길이가 12인 삼각형의 넓이는?

① $4\sqrt{3}$ ② $6\sqrt{3}$ ③ $8\sqrt{3}$

④ $10\sqrt{3}$ ⑤ $12\sqrt{3}$

18 서술형

다항식 $f(x)=x^3-10x^2+px-17$은 서로 다른 자연수 a, b, c에 대하여 $f(a)=f(b)=f(c)=13$이다. p의 값을 구하시오.

01 번뜩 아이디어

x, y, z가 서로 다른 자연수이고
$$(x+y+z)^3-(x+y-z)^3-(y+z-x)^3-(z+x-y)^3$$
$$=144$$
일 때, $x+y+z$의 값은?

① 10   ② 9   ③ 8
④ 7   ⑤ 6

02 서술형

x, y, z가 실수이고
$$x+y+z=5, \quad x^2+y^2+z^2=15, \quad xyz=-3$$
이다. $x^5+y^5+z^5$의 값을 구하시오.

03

$f(x)$는 다항식이고
$$f(x^2)=(x^4-3x^2+8)f(x)-12x^2-28$$
이다. **보기**에서 옳은 것을 모두 고른 것은?

・ 보기 ・
ㄱ. $f(x)$는 사차식이다.
ㄴ. $f(x)=f(-x)$가 성립한다.
ㄷ. $f(x)$는 x^2+x+2를 인수로 가진다.

① ㄱ   ② ㄴ   ③ ㄷ
④ ㄴ, ㄷ   ⑤ ㄱ, ㄴ, ㄷ

04

1보다 큰 자연수 k에 대하여 다항식
$$P(x)=x^4+(n-1)x^3+nx^2+(n-1)x+1$$
이 x^2+kx+1을 인수로 가질 때의 자연수 n을 $f(k)$라 하자. $f(3)+f(4)+f(5)+f(6)+f(7)$의 값은?

① 29   ② 32   ③ 35
④ 38   ⑤ 41

05

다항식 $x^3+y^3+kxy+8$이 계수와 상수항이 정수이고 x, y에 대한 일차식인 인수를 가질 때, 실수 k의 값은?

① -8 ② -6 ③ -4

④ -2 ⑤ 0

06 번뜩 아이디어

다항식 x^4+kx^2+16은 계수와 상수항이 정수인 두 개 이상의 다항식의 곱으로 인수분해된다. 자연수 k의 개수는?

① 2 ② 3 ③ 4

④ 5 ⑤ 6

07

자연수 $n(n \geq 2)$에 대하여 다항식
$$x^n\{x^3+(a-3)x^2+(b-3a)x-3b\}$$
를 $(x-3)^3$으로 나눈 나머지가 $3^{n+1}(x-3)^2$일 때, 상수 a, b의 값을 구하시오.

08 서술형

다항식 $f(x)=x^{11}+x^{10}+2$를 x^2+x+1로 나눈 몫을 $Q(x)$, 나머지를 $R(x)$라 할 때, 다음 물음에 답하시오.

(1) $R(x)$를 구하시오.

(2) $Q(x)$를 x^2-x+1로 나눈 나머지를 구하시오.

II. 방정식과 부등식

04. 복소수와 이차방정식

복소수($a+bi$)
실수 ($b=0$) | 허수 ($b\neq0$)
$a=0$, $b\neq0$ ⇨ 순허수

1 복소수

(1) 제곱하여 -1이 되는 수를 허수단위 i를 이용하여 나타낸다. 곧, $i^2=-1$

(2) $a+bi$ (a, b는 실수) 꼴로 나타낸 수를 복소수라 한다.

(3) $z=a+bi$ (a, b는 실수)일 때, $\bar{z}=a-bi$를 z의 켤레복소수라 한다.

(4) n이 자연수일 때, $i^{4n}=1$, $i^{4n+1}=i$, $i^{4n+2}=-1$, $i^{4n+3}=-i$

2 켤레복소수의 성질

z가 0이 아닌 복소수일 때,
$\bar{z}=z$이면 z는 실수
$\bar{z}=-z$이면 z는 순허수
$z^2<0$이면 z는 순허수

(1) $z+\bar{z}$, $z\bar{z}$는 실수이다. 또 $z+w$, zw가 실수이면 $w=\bar{z}$이다.

(2) $\overline{z_1\pm z_2}=\overline{z_1}\pm\overline{z_2}$, $\overline{z_1 z_2}=\overline{z_1}\,\overline{z_2}$, $\overline{\left(\dfrac{z_1}{z_2}\right)}=\dfrac{\overline{z_1}}{\overline{z_2}}$

3 복소수가 서로 같을 조건

a, b가 실수일 때
$a+bi=0$이면 $a=0$, $b=0$

복소수 $a+bi$, $c+di$ (a, b, c, d는 실수)에 대하여

$a+bi=c+di$이면 $a=c$, $b=d$

4 복소수의 사칙연산

(1) 복소수의 사칙연산은 i를 문자처럼 생각하고 다항식과 같은 방법으로 계산한다.

(2) 복소수 z, w, v에 대하여 실수에서와 마찬가지로 다음 법칙이 성립한다.

결합법칙이 성립하므로
괄호는 생략하고
$z+w+v$, zwv
와 같이 쓰면 된다.

① 교환법칙 $z+w=w+z$, $zw=wz$

② 결합법칙 $(z+w)+v=z+(w+v)$, $(zw)v=z(wv)$

③ 분배법칙 $z(w+v)=zw+zv$, $(z+w)v=zv+wv$

5 음수의 제곱근

(1) $a>0$일 때

① $\sqrt{-a}=\sqrt{a}\,i$ ② $-a$의 제곱근은 $\pm\sqrt{a}\,i$

(2) $a<0$, $b<0$이면 $\sqrt{a}\sqrt{b}=-\sqrt{ab}$

$\sqrt{a}\sqrt{b}=-\sqrt{ab}$이면 $a<0$, $b<0$ 또는 $a=0$ 또는 $b=0$

(3) $a>0$, $b<0$이면 $\dfrac{\sqrt{a}}{\sqrt{b}}=-\sqrt{\dfrac{a}{b}}$

$\dfrac{\sqrt{a}}{\sqrt{b}}=-\sqrt{\dfrac{a}{b}}$이면 $a>0$, $b<0$ 또는 $a=0$

6 방정식 $ax=b$의 해

등식의 성질
$a=b$이면
$a+m=b+m$
$a-m=b-m$
$am=bm$
$a\div m=b\div m$ (단, $m\neq0$)

(1) $a\neq0$이면 $x=\dfrac{b}{a}$

(2) $a=0$일 때, $b=0$이면 해는 수 전체이고 $b\neq0$이면 해가 없다.

7 이차방정식 $ax^2+bx+c=0$ ($a\neq0$)의 해

(1) 인수분해하여 $(px+q)(rx+s)=0$ 꼴이면

$b^2-4ac=0$이면 중근

$px+q=0$ 또는 $rx+s=0$에서 $x=-\dfrac{q}{p}$ 또는 $x=-\dfrac{s}{r}$

(2) 근의 공식 ⇨ $x=\dfrac{-b\pm\sqrt{b^2-4ac}}{2a}$

code 1 복소수의 계산

01

$z = 3 + i$일 때, $z^2 + \bar{z}^2$의 값을 구하시오.

02

$z = \dfrac{1 + 3i}{1 - i}$일 때, $z^3 + 2z^2 + 7z + 1$을 간단히 하면?

① $2i$ ② $-1 + 4i$ ③ 0
④ $-1 + 2i$ ⑤ $4i$

code 2 복소수의 상등

03

x, y가 실수이고
$$(x + i)(y + i) = (1 + i)^4$$
일 때, $x^2 + y^2$의 값은?

① 5 ② 6 ③ 7
④ 8 ⑤ 9

04

x, y가 실수이고
$$\frac{x}{1 - i} + \frac{y}{1 + i} = 12 - 9i$$
일 때, $x + 10y$의 값은?

① 23 ② 24 ③ 193
④ 203 ⑤ 213

05

등식 $(1 + i)z + 2\bar{z} = 4$를 만족하는 복소수 z를 구하시오.

06

다항식 $f(x) = x^5 + px^3 + qx^2 + 2$가 다항식 $x^2 + 4$로 나누어 떨어질 때, 실수 p, q의 값을 구하시오.

code 3 음수의 제곱근에 대한 성질

07

a, b가 실수이고
$$\left(\sqrt{2}\sqrt{-4} + \frac{\sqrt{16}}{\sqrt{-32}}\right)\left(\sqrt{-4}\sqrt{-8} + \frac{\sqrt{-64}}{\sqrt{128}}\right) = a + bi$$
일 때, $\dfrac{b}{a}$의 값은?

① 4 ② 8 ③ 16
④ -4 ⑤ -8

08

x, y, z가 0이 아닌 실수이고
$$\sqrt{x}\sqrt{y} = \sqrt{xy}, \quad \frac{\sqrt{z}}{\sqrt{y}} = -\sqrt{\frac{z}{y}}$$
일 때, $|x - y| + |y - z| - \sqrt{(x - y + z)^2}$을 간단히 하면?

① $2x$ ② $-y$ ③ $2x - y$
④ $y - 2z$ ⑤ $x - 2z$

---

code 4 복소수가 실수, 허수일 조건

09

$z=a+bi$ (a, b는 실수)이고, $\dfrac{iz}{z-6}$가 실수일 때, a^2+b^2-6a의 값은?

① -4　　　　　② -2　　　　　③ 0

④ 2　　　　　⑤ 4

10

복소수 $z=(1+i)x^2-(3-4i)x-3(6-i)$에 대하여 z^2이 음의 실수일 때, 실수 x의 값은?

① -3　　　　　② -1　　　　　③ 1

④ 3　　　　　⑤ 6

code 5 거듭제곱 정리하기

11

$i(1+i)^n$이 양의 실수일 때, 자연수 n의 최솟값을 구하시오.

12

$z=\dfrac{1-i}{1+i}$에 대하여 $a_n=z^n+\dfrac{1}{z^n}$ (n은 자연수)라 할 때, $a_1+a_2+a_3+\cdots+a_{99}$의 값은?

① $2i$　　　　　② 2　　　　　③ 0

④ -2　　　　　⑤ $-2i$

13

$z=\dfrac{1+i}{1-i}$일 때, 다음을 $a+bi$ (a, b는 실수) 꼴로 나타내시오.

(1) $z+2z^2+3z^3+\cdots+100z^{100}$

(2) $\dfrac{1}{z}+\dfrac{2}{z^2}+\dfrac{3}{z^3}+\cdots+\dfrac{200}{z^{200}}$

14

$z_n=i^n+i^{n+1}$이라 할 때, **보기**에서 옳은 것을 모두 고른 것은? (단, $n=1, 2, 3, \cdots$)

> **보기**
> ㄱ. $z_1=\overline{z_3}$
> ㄴ. $z_{4k-1}=\overline{z_{4k}}$ (단, $k=1, 2, 3, \cdots$)
> ㄷ. $z_1+z_2+\cdots+z_{97}+z_{98}+z_{99}=z_6$

① ㄱ　　　　　② ㄴ　　　　　③ ㄷ

④ ㄱ, ㄷ　　　　　⑤ ㄴ, ㄷ

code 6 복소수의 성질

15

α, β가 복소수이고
$$\overline{\alpha}+\overline{\beta}=3-i, \quad \overline{\alpha}\,\overline{\beta}=2+i$$
일 때, $(\alpha-\beta)^2$의 허수부분을 구하시오.

16

α, β가 서로 다른 복소수이고
$$\alpha^2-\beta=i, \quad \beta^2-\alpha=i$$
일 때, $\alpha^2+\beta^2$의 값은?

① -1　　　　　② $i-2$　　　　　③ $i+1$

④ $2i-3$　　　　　⑤ $2i-1$

17

복소수 z_1, z_2에 대하여 **보기**에서 옳은 것을 모두 고른 것은?

> **보기**
> ㄱ. $z_1 = z_2$이면 $z_1 + \overline{z_2}$는 실수이다.
> ㄴ. $z_1 + \overline{z_2} = 0$이고 $z_1 z_2 = 0$이면 $z_2 = 0$이다.
> ㄷ. $z_1 = \overline{z_2}$이면 $z_1^2 + z_2^2 = 0$이다.

① ㄱ　　② ㄷ　　③ ㄱ, ㄴ
④ ㄴ, ㄷ　　⑤ ㄱ, ㄴ, ㄷ

18

실수가 아닌 복소수 z에 대하여 **보기**에서 옳은 것을 모두 고른 것은?

> **보기**
> ㄱ. $z - \overline{z}$는 순허수이다.
> ㄴ. za가 실수가 되는 복소수 a는 한 개이다.
> ㄷ. $z + \dfrac{1}{z}$이 실수이면 $z\overline{z} = 1$이다.

① ㄱ　　② ㄴ　　③ ㄱ, ㄷ
④ ㄴ, ㄷ　　⑤ ㄱ, ㄴ, ㄷ

code 7 일차방정식

19

방정식 $(a-2)^2 x = a - 1 + x$의 해에 대한 설명으로 **보기**에서 옳은 것을 모두 고른 것은?

> **보기**
> ㄱ. $a = 3$이면 해가 없다.
> ㄴ. $a = 1$이면 해가 무수히 많다.
> ㄷ. $a = 2$이면 해가 한 개이다.
> ㄹ. $a = -1$이면 해가 두 개 이상이다.

① ㄱ, ㄴ　　② ㄱ, ㄷ　　③ ㄴ, ㄷ
④ ㄱ, ㄴ, ㄷ　　⑤ ㄱ, ㄴ, ㄷ, ㄹ

20

방정식 $|x-1| + |x-2| = 3$의 해를 구하시오.

code 8 이차방정식

21

방정식 $x^2 + 3|x-1| - 7 = 0$의 두 근을 α, β라 할 때, $|\alpha - \beta|$의 값은?

① 1　　② 2　　③ 3
④ 4　　⑤ 5

22

이차방정식 $x^2 - (k-2)x - a(2k+1) + b = 0$이 k의 값에 관계없이 1을 근으로 가질 때, $a+b$의 값은?

① -4　　② -1　　③ 0
④ 2　　⑤ 5

23

이차방정식 $x^2 + (i-3)x + k - i = 0$이 실근을 가질 때, 실수 k의 값을 구하시오.

24

이차방정식 $(1+i)x^2 + ax - 6 - 2i = 0$의 한 근이 $-2+i$일 때, 다른 근과 a의 값의 합은?

① 3　　② $3-i$　　③ 0
④ -3　　⑤ $-3-i$

01

x, y가 실수이고
$$(x+i)^2+(2+3i)^2=y+26i$$
일 때, $x+y$의 값은?

① 42   ② 44   ③ 46

④ 48   ⑤ 50

02

$f(x)=2x^3-6x^2+9x+8$일 때, $f(2+i)+f(2-i)$의 값을 구하시오.

03 번뜩 아이디어

z가 복소수이고 $z+\bar{z}=4$, $z\bar{z}=7$일 때, $\dfrac{\bar{z}}{z}-\dfrac{z}{\bar{z}}$의 값은?
(단, z의 허수부분은 양수)

① $-\dfrac{\sqrt{3}}{7}i$ ② $-\dfrac{8\sqrt{3}}{7}i$ ③ $-\dfrac{6}{5}i$

④ $\dfrac{6\sqrt{3}}{5}i$ ⑤ $\dfrac{\sqrt{3}}{7}i$

04 서술형

복소수 $z=(n-2-ni)^2$에 대하여 z^2이 양의 실수일 때, 자연수 n의 값을 구하시오.

05 개념 통합

$f(x)=x^2+x+1$일 때, $f(x^{12})$을 $f(x)$로 나눈 나머지를 R_1, $f(-x^{12})$을 $f(-x)$로 나눈 나머지를 R_2라 하자. R_1+R_2의 값은?

① 1   ② 2   ③ 3

④ 4   ⑤ 5

06

z는 복소수이고
$$(z-3+i)^2<0,\ z\bar{z}+z+\bar{z}=19$$
이다. z의 허수부분이 양수일 때, $z-\bar{z}$의 값은?

① $2i$ ② $4i$ ③ $6i$

④ $8i$ ⑤ $10i$

정답 및 풀이 33쪽

07

복소수 z, w는 실수부분과 허수부분이 모두 0이 아니고, $z+w$의 실수부분은 0, zw의 허수부분은 0이다. **보기**에서 옳은 것을 모두 고른 것은?

> • 보기 •
> ㄱ. $z+\overline{w}=0$
> ㄴ. $z^2+w^2>0$
> ㄷ. $zw<0$

① ㄷ   ② ㄱ, ㄴ   ③ ㄱ, ㄷ
④ ㄴ, ㄷ   ⑤ ㄱ, ㄴ, ㄷ

08 번뜩 아이디어

α, β가 서로 다른 복소수이고
$$\alpha\overline{\alpha}=3, \ \beta\overline{\beta}=3, \ \alpha+\beta=2i$$
일 때, $\alpha\beta$의 값은?

① -15 ② -12 ③ -9
④ -6 ⑤ -3

09

복소수 z, w는 실수부분과 허수부분이 자연수이고
$$z\overline{z}+w\overline{w}+z\overline{w}+\overline{z}w=25, \ z\overline{z}=5$$
이다. $w\overline{w}$의 값을 모두 구하시오.

10

$z^2=i$인 복소수 z를 모두 구하시오.

11 서술형

등식 $z^2=z\overline{z}+\overline{z}^2+zi$를 만족하는 0이 아닌 복소수 z를 모두 구하시오.

12

자연수 n에 대하여 복소수 $z_n=\left(\dfrac{\sqrt{2}\,i}{1-i}\right)^n$이라 할 때, **보기**에서 옳은 것을 모두 고른 것은?

> • 보기 •
> ㄱ. $z_2=i$
> ㄴ. $z_2+z_6=0$
> ㄷ. $z_n+2z_{n+4}+z_{n+8}=0$

① ㄴ   ② ㄱ, ㄴ   ③ ㄱ, ㄷ
④ ㄴ, ㄷ   ⑤ ㄱ, ㄴ, ㄷ

13

복소수 z_n에 대하여
$$z_1=1+i, \quad z_{n+1}=iz_n \ (n=1, 2, 3, \cdots)$$
이라 할 때, 복소수 z_{999}의 값은?

① $-1-i$　　　② -1　　　③ 1

④ $-1+i$　　　⑤ $1-i$

14

$\left(\dfrac{1+i}{1-\sqrt{3}i}\right)^{13}=x+yi$ $(x, y$는 실수)일 때, $|x|+|y|$의 값은?

① $\dfrac{1}{2^8}$　　　② $\dfrac{1}{2^7}$　　　③ $\dfrac{\sqrt{3}}{2^7}$

④ $\dfrac{\sqrt{3}}{2^6}$　　　⑤ $\dfrac{1+\sqrt{3}}{2^6}$

15 서술형

복소수 $\alpha=\dfrac{\sqrt{3}+i}{2}$, $\beta=\dfrac{1+\sqrt{3}i}{2}$에 대하여 m, n이 10 이하의 자연수이고 $\alpha^m\beta^n=i$일 때, $m+2n$의 최댓값을 구하시오.

16 번뜩 아이디어

$z=\dfrac{1}{2}-\dfrac{\sqrt{3}}{2}i$이고 $z^n(1-z)^{2n-1}$이 음의 실수일 때, 20 이하의 자연수 n의 값의 합은?

① 27　　　② 30　　　③ 36

④ 48　　　⑤ 63

17

복소수 $\alpha=\dfrac{\sqrt{2}}{2}+\dfrac{\sqrt{2}}{2}i$, $\beta=\dfrac{\sqrt{2}}{2}-\dfrac{\sqrt{2}}{2}i$에 대하여 $\alpha^{100}+\alpha^{99}\beta+\alpha^{98}\beta^2+\cdots+\alpha\beta^{99}+\beta^{100}$의 값은?

① -2　　　② -1　　　③ 0

④ 1　　　⑤ 2

18 개념 통합

복소수 z가 $z^2-2iz+1=0$을 만족하고
$$\dfrac{1}{z^5}(1+z+z^2+\cdots+z^{10})=a+bi$$
일 때, 실수 a, b의 값을 구하시오.

19

다항식 $x^{100}+x^3$을 x^2-2x+4로 나눈 나머지를 $R(x)$라 할 때, $R(0)$의 값은?

① -8 ② -2 ③ 0
④ 2 ⑤ 8

20

x에 대한 방정식 $a(ax-1)-(x+1)=0$의 해가 없을 때, x에 대한 이차방정식 $x^2-(5a-1)x+5a+1=0$의 해를 구하시오.

21 서술형

$p>0$이고 이차방정식 $(1+i)x^2-(p+i)x+6-2i=0$의 한 근이 실수일 때, 다른 한 근을 구하시오.

22

이차방정식 $x^2-px+3=0$의 허근이 α이고 α^3이 실수일 때, 실수 p의 값의 곱은?

① -3 ② -1 ③ 0
④ 1 ⑤ 3

23

$1<x<2$일 때, 방정식 $x^2-x=[x^2]-1$의 해를 구하시오. (단, $[x]$는 x보다 크지 않은 최대 정수)

24

그림과 같이 한 변의 길이가 a인 정사각형 ABCD와 EFGH를 겹치게 하여 둘레의 길이가 8이고 넓이가 2인 직사각형 EICJ를 만들었다. 선분 AG의 길이가 $6\sqrt{5}$일 때, a의 값을 구하시오.

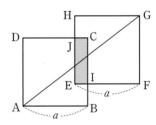

01 서술형

$\dfrac{z-\bar{z}}{i}$가 음수이고 $\dfrac{z}{1+z^2}$와 $\dfrac{z^2}{1+z}$이 실수일 때, 복소수 z를 구하시오.

02 개념 통합

$\omega=\dfrac{-1+\sqrt{3}i}{2}$일 때, 복소수 α와 β에 대하여

$$x=\alpha-\beta,\ y=\alpha\omega-\beta\omega^2,\ z=\alpha\omega^2-\beta\omega$$

라 하자. $x^3+y^3+z^3$을 α와 β의 식으로 나타내면?

① $\alpha^3-\beta^3$
② $\alpha^3-2\alpha^2\beta+2\alpha\beta^2-\beta^3$
③ $3(\alpha^3-\beta^3)$
④ $3(\alpha^3-2\alpha^2\beta+2\alpha\beta^2-\beta^3)$
⑤ $3(\alpha-\beta)^3$

03

m, n이 100 이하의 자연수일 때, 등식

$$(\sqrt{3}+i)^n=2^m(-\sqrt{3}+i)$$

를 만족하는 순서쌍 $(m,\ n)$의 개수는?

① 7
② 8
③ 9
④ 10
⑤ 11

04 신유형

방정식 $x[x]+187=[x^2]+[x]$의 실근의 개수를 구하시오. (단, $[x]$는 x보다 크지 않은 최대 정수)

05. 판별식과 근과 계수의 관계

판별식은 계수 a, b, c가
실수일 때에만 의미가 있다.
다만 계수가 복소수일 때에도
$D=0$이면 이차방정식은
중근을 가진다.

1 이차방정식의 판별식

이차방정식 $ax^2+bx+c=0$ $(a, b, c$는 실수$)$에서
$$D=b^2-4ac$$
를 판별식이라 한다.

① $D>0$이면 서로 다른 두 실근 ┐
② $D=0$이면 중근 ┘ 실근을 가질 조건 → $D \geq 0$
③ $D<0$이면 서로 다른 두 허근

2 판별식의 활용

다음은 모두 같은 뜻이다.
① 이차방정식 $ax^2+bx+c=0$이 중근을 가진다.
② 이차식 ax^2+bx+c가 완전제곱식으로 인수분해된다.
③ 판별식 $D=0$이다.

$ax^2+bx+c=a(x-\alpha)(x-\beta)$
에서 우변을 전개하면
근과 계수의 관계를 알 수 있다.

3 이차방정식의 근과 계수의 관계

(1) 두 근이 α, β이고 x^2의 계수가 a인 이차방정식은
$$a(x-\alpha)(x-\beta)=0$$
(2) 이차방정식 $ax^2+bx+c=0$의 두 근을 α, β라 하면
$$\alpha+\beta=-\frac{b}{a}, \ \alpha\beta=\frac{c}{a}$$

Note $ax^2+bx+c=0$의 두 근이 $x=\dfrac{-b\pm\sqrt{b^2-4ac}}{2a}$이므로 두 근 α, β의 합과 곱은

⇨ $\alpha+\beta=-\dfrac{b}{a}, \ \alpha\beta=\dfrac{c}{a}$

$\alpha\beta<0$이면 $\dfrac{c}{a}<0$이므로
$D=b^2-4ac>0$이다.

4 이차방정식의 실근의 부호

이차방정식 $ax^2+bx+c=0$ $(a, b, c$는 실수$)$의 두 근이 α, β일 때
① 두 근이 양이면 $D \geq 0$, $\alpha+\beta>0$, $\alpha\beta>0$
② 두 근이 음이면 $D \geq 0$, $\alpha+\beta<0$, $\alpha\beta>0$
③ 두 근이 양, 음이면 $\alpha\beta<0$

5 이차방정식의 켤레근

(1) 이차방정식 $ax^2+bx+c=0$에서 a, b, c가 유리수일 때,
한 근이 $p+q\sqrt{m}$ $(p, q$는 유리수, $\sqrt{m}$은 무리수$)$이면 다른 한 근은 $p-q\sqrt{m}$이다.
(2) 이차방정식 $ax^2+bx+c=0$에서 a, b, c가 실수일 때,
한 근이 $p+qi$ $(p, q$는 실수$)$이면 다른 한 근은 $p-qi$이다.

Note $ax^2+bx+c=0$의 두 근은 $x=\dfrac{-b\pm\sqrt{b^2-4ac}}{2a}$이다.

따라서 a, b, c가 유리수이거나 실수인 경우를 생각하면 켤레근의 성질을 이해할 수 있다.

6 이차방정식 만들기

두 수 α, β를 근으로 하고, x^2의 계수가 a인 이차방정식은
$$a(x-\alpha)(x-\beta)=0 \ \text{또는} \ a\{x^2-(\alpha+\beta)x+\alpha\beta\}=0$$
따라서 두 근의 합과 곱을 알면 이차방정식을 만들 수 있다.

code 1 **판별식**

01

이차방정식 $x^2+mx+m-1=0$이 $x=a$를 중근으로 가질 때, $m+a$의 값은?

① -2 ② -1 ③ 0

④ 1 ⑤ 2

02

이차방정식
$$2x^2+5x+k=0, \quad x^2-2kx+k^2-k-1=0$$
이 모두 실근을 가질 때, 정수 k의 개수는?

① 1 ② 2 ③ 3

④ 4 ⑤ 5

03

이차방정식 $3x^2-5x+a=0$은 서로 다른 두 실근을 가지고, 이차방정식 $x^2-2(a-1)x+a^2+3=0$은 서로 다른 두 허근을 가질 때, 정수 a를 모두 구하시오.

04

이차방정식 $4x^2+2(2k+m)x+k^2-k+n=0$이 실수 k의 값에 관계없이 중근을 가질 때, $m+n$의 값은?

① $-\dfrac{3}{4}$ ② $-\dfrac{1}{4}$ ③ 0

④ $\dfrac{1}{4}$ ⑤ $\dfrac{3}{4}$

05

이차방정식 $ax^2-2x+1=0$이 허근을 가지고 $\sqrt{(a-1)^2}+|a-3|=6$일 때, 실수 a의 값은?

① 1 ② 3 ③ 5

④ 8 ⑤ 10

code 2 **근과 계수의 관계**

06

이차방정식 $x^2-2x-4=0$의 두 근을 α, β라 할 때, 다음 식의 값을 구하시오.

(1) $(\alpha+1)^2+(\beta+1)^2$ (2) $\alpha^3+\beta^3$

(3) $\dfrac{\sqrt{\alpha}}{\sqrt{\beta}}+\dfrac{\sqrt{\beta}}{\sqrt{\alpha}}$ (4) $|\alpha-\beta|$

07

이차방정식 $x^2+2ax+a-1=0$의 두 근을 α, β라 하자. $\alpha+\beta=10$일 때, $\alpha^2+\beta^2$의 값을 구하시오.

08

이차방정식 $2x^2-4x+k=0$의 두 근을 α, β라 하자. $\alpha^3+\beta^3=7$일 때, k의 값을 구하시오.

09

x에 대한 이차방정식 $x^2-(4n+3)x+n^2=0$의 두 근을 α_n, β_n이라 할 때,
$$\sqrt{(\alpha_1+1)(\beta_1+1)}+\sqrt{(\alpha_2+1)(\beta_2+1)}+\sqrt{(\alpha_3+1)(\beta_3+1)}$$
의 값은?

① 10   ② 11   ③ 12

④ 13   ⑤ 14

10

이차방정식 $x^2-3x+1=0$의 두 근을 α, β라 할 때, $\sqrt{\alpha}+\sqrt{\beta}$의 값은?

① 1   ② $\sqrt{2}$ ③ $\sqrt{3}$

④ 2   ⑤ $\sqrt{5}$

11

이차방정식 $x^2-3x-2=0$의 두 근이 α, β일 때, $\alpha^3-3\alpha^2+\alpha\beta+2\beta$의 값은?

① 0   ② 2   ③ 4

④ 6   ⑤ 8

12

a, b가 0이 아니고 이차방정식 $x^2+ax+b=0$의 두 근이 $a+1$, $b+1$일 때, $a+b$의 값은?

① $-\dfrac{1}{2}$ ② -1 ③ $-\dfrac{3}{2}$

④ -2 ⑤ $-\dfrac{5}{2}$

13

a, b는 서로 다른 실수이고
$$a^2-3a-11=0,\ b^2-3b-11=0$$
이다. a^2+b^2의 값은?

① 21   ② 24   ③ 26

④ 29   ⑤ 31

code 3 근의 성질

14

이차방정식 $f(x)=0$의 두 근을 α, β라 하면 $\alpha+\beta=1$이다. 이때 방정식 $f(5x-7)=0$의 두 근의 합은?

① 1   ② 2   ③ 3

④ 4   ⑤ 5

15

a, b가 유리수이고 이차방정식 $x^2+ax+b=0$의 한 근이 $-4+\sqrt{3}$일 때, a, b의 값을 구하시오.

16

a, b가 실수이고 이차방정식 $ax^2+x+b=0$의 한 근이 $\dfrac{2}{1-i}$일 때, ab의 값은?

① -2 ② $-\dfrac{3}{2}$ ③ $\dfrac{1}{2}$

④ 1   ⑤ 2

code **4** 근의 조건이 있는 문제

17

x에 대한 이차방정식 $x^2+(1-3m)x+2m^2-4m-7=0$의 두 근의 차가 4일 때, 실수 m의 곱을 구하시오.

18

이차방정식 $x^2+nx+132=0$의 근이 연속인 두 정수일 때, 자연수 n의 값과 두 근을 구하시오.

19

이차방정식 $x^2-3kx+4k-2=0$의 한 근이 다른 한 근의 2배일 때, 실수 k의 값은?

① -1 ② 1 ③ 2
④ 3 ⑤ 4

code **5** 두 근이 주어진 이차방정식

20

이차방정식 $x^2+3x+1=0$의 두 근을 α, β라 하면 두 근이 $2\alpha+\beta$, $\alpha+2\beta$인 이차방정식은 $x^2+ax+b=0$이다. 상수 a, b의 값을 구하시오.

21

x^2의 계수가 1이고 두 근이 α, β인 이차방정식이 있다. 이차방정식 $20x^2-x+1=0$의 두 근이 $\dfrac{1}{\alpha+1}$, $\dfrac{1}{\beta+1}$일 때, 처음 이차방정식은?

① $x^2-x+20=0$ ② $x^2+x-20=0$
③ $x^2+x+20=0$ ④ $x^2-20x+1=0$
⑤ $x^2+20x+1=0$

22

이차방정식 $x^2-(2a-1)x+a+5=0$의 두 근의 합과 곱을 두 근으로 하는 이차방정식이 $x^2-bx+12a=0$일 때, 정수 a, b의 값을 구하시오.

23

이차방정식 $x^2+ax+10=0$의 두 근이 α, β일 때, x^2의 계수가 1이고 두 근이 $\alpha-1$, $\beta+1$인 이차방정식과 두 근이 $\alpha-2$, $\beta+2$인 이차방정식이 일치한다. a^2의 값을 구하시오.

code **6** 근의 부호

24

x에 대한 이차방정식 $x^2-2(k-1)x+k^2+7=0$의 근이 모두 음수일 때, 실수 k의 값의 범위는?

① $k\leq-3$ ② $k<-3$ ③ $k\leq1$
④ $k<1$ ⑤ $-3<k<1$

01

x에 대한 이차방정식
$$x^2+2(a+b)x+2ab-2a+4b-5=0$$
이 중근을 가지고 a, b가 실수일 때, $a+b$의 값은?

① -2　　　② -1　　　③ 0

④ 1　　　⑤ 2

02

a, b, c가 실수이고 x에 대한 이차방정식
$$(x-a)(x-b)+(x-b)(x-c)+(x-c)(x-a)=0$$
이 중근을 가질 때, a, b, c의 관계식은?

① $a+b=c$　　　② $a^2+b^2+c^2=1$

③ $a=b=c$　　　④ $abc=0$

⑤ $a+b+c=0$

03 신유형

a, b, c가 실수일 때, 세 이차방정식
$$ax^2-2bx+c=0,\ bx^2-2cx+a=0,\ cx^2-2ax+b=0$$
의 근에 대한 다음 설명 중 옳은 것은?

① 세 방정식은 모두 허근을 가진다.
② 세 방정식은 모두 실근을 가진다.
③ 반드시 한 방정식만 실근을 가진다.
④ 적어도 하나의 방정식은 허근을 가진다.
⑤ 적어도 하나의 방정식은 실근을 가진다.

04

방정식 $(x^2+2x+k)(x^2-4x-k)=0$이 서로 다른 네 실근을 가질 때, 정수 k의 값을 모두 구하시오.

05 서술형

x에 대한 이차식
$$x^2+2(m-a+2)x+m^2+a^2+2b$$
를 m의 값에 관계없이 완전제곱식으로 나타낼 수 있을 때, a, b의 값을 구하시오.

06

x, y에 대한 이차식 $2x^2-3xy+my^2-3x+y+1$이 x, y에 대한 두 일차식의 곱으로 인수분해될 때, 실수 m의 값은?

① -6　　　② -5　　　③ -4

④ -3　　　⑤ -2

07

계수와 상수항이 실수인 이차방정식 $ax^2+bx+c=0$의 한 근이 $2-i$일 때, 이차방정식 $ax^2+(a+c)x-2b=0$의 근을 구하시오.

08

이차방정식 $x^2+(a-4)x-4=0$의 두 근의 차가 4일 때, 이차방정식 $x^2+(a+4)x+4=0$의 두 근의 차는 d이다. d^2의 값은?

① 48   ② 49   ③ 50

④ 51   ⑤ 52

09 서술형

이차방정식 $x^2+(2m+1)x-36=0$의 두 실근의 절댓값의 비가 $1:4$일 때, m의 값의 합을 구하시오.

10

이차방정식 $3x^2-12x-k=0$의 두 실근의 절댓값의 합이 6일 때, k의 값을 구하시오.

11

이차방정식 $x^2-4x+1=0$의 두 근을 α, β라 할 때, $\dfrac{\beta}{\alpha^2-3\alpha+1}+\dfrac{\alpha}{\beta^2-3\beta+1}$의 값은?

① 11   ② 12   ③ 13

④ 14   ⑤ 15

12 개념 통합

이차방정식 $x^2-x+6=0$의 두 근을 α, β라 할 때, $\dfrac{1}{5}(\alpha^5+\beta^5-\alpha^4-\beta^4+\alpha^3+\beta^3)$의 값은?

① 13   ② 14   ③ 15

④ 16   ⑤ 17

13

이차방정식 $ax^2+bx+c=0$에서 a를 잘못 보고 풀었더니 두 근이 -2, 6이었고, c를 잘못 보고 풀었더니 두 근이 -1, 3이었다. 이차방정식 $ax^2+bx+c=0$의 두 근을 구하시오.

14 신유형

이차방정식
$$(x-a)(x-b)+(x-b)(x-c)+(x-c)(x-a)=0$$
의 두 근의 합과 곱은 각각 4, -3이다. 이차방정식
$$(x-a)^2+(x-b)^2+(x-c)^2=0$$
의 두 근의 곱은?

① 15   ② 16   ③ 17
④ 18   ⑤ 19

15

이차방정식 $f(x)=0$의 두 근을 α, β라 하면 $\alpha+\beta=3$, $\alpha\beta=2$이다. 이차방정식 $f(2x-3)=0$의 두 근의 곱은?

① 1   ② 2   ③ 3
④ 4   ⑤ 5

16 서술형

이차방정식 $ax^2+bx+1=0$의 두 근을 α, β라 하면 이차방정식 $2x^2-4x-1=0$의 두 근은 $\dfrac{\alpha}{\alpha-1}$, $\dfrac{\beta}{\beta-1}$이다. a, b의 값을 구하시오.

17

이차방정식 $x^2+x+1=0$의 한 허근을 ω라 하자. $z=\dfrac{2\omega-1}{\omega+1}$일 때, $z\bar{z}$의 값은?

① 1   ② 3   ③ 5
④ 7   ⑤ 9

18 번뜩 아이디어

이차방정식 $x^2-ax+1=0$의 서로 다른 두 실근을 α, β라 할 때, **보기**에서 옳은 것을 모두 고른 것은?

┌─ 보기 ─────────────────────
│ ㄱ. $|\alpha+\beta|=|\alpha|+|\beta|$
│ ㄴ. $\alpha^2+\beta^2<2$
│ ㄷ. $\alpha>1$이면 $0<\beta<1$이다.
└──────────────────────────

① ㄱ   ② ㄴ   ③ ㄷ
④ ㄱ, ㄷ   ⑤ ㄴ, ㄷ

19 신유형

이차방정식 $x^2+3x+4=0$의 두 근을 α, β라 하자. $\dfrac{\beta}{\alpha}=m\alpha+n$일 때, $m+n$의 값은? (단, m, n은 실수)

① 1 ② 2 ③ 3
④ 4 ⑤ 5

20

이차방정식 $x^2-mx+n=0$의 두 근이 α, β이다. $\alpha-1$, $\beta-1$이 두 근인 이차방정식이 $x^2+nx+m=0$일 때, m, n의 값을 구하시오.

21

$f(x)$는 이차식이고 x에 대한 방정식 $f(x)+2x-14=0$의 두 근은 α, β이다. $\alpha+\beta=-2$, $\alpha\beta=-8$이고 $f(-1)=-11$일 때, $f(2)$의 값은?

① -20 ② -9 ③ 4
④ 10 ⑤ 17

22

이차방정식 $x^2-x-1=0$의 두 근을 α, β라 하자.
$$f(\alpha)=\beta,\ f(\beta)=\alpha,\ f(0)=-1$$
인 이차식 $f(x)$는?

① $2x^2-3x-1$ ② $2x^2+3x-1$
③ $2x^2-4x-1$ ④ $2x^2+4x-1$
⑤ $2x^2+5x-1$

23

이차방정식 $x^2+(2m+5)x+3m-9=0$의 두 근의 부호가 다르고 음의 근의 절댓값이 양의 근보다 작을 때, 실수 m의 값의 범위는?

① $m<-3$ ② $m<3$
③ $m<-\dfrac{5}{2}$ ④ $-\dfrac{11}{3}<m<\dfrac{7}{2}$
⑤ $-\dfrac{5}{2}<m<3$

24 서술형

이차방정식 $x^2-2mx-3m-5=0$이 적어도 하나의 양의 실근을 가진다. 정수 m의 최솟값을 구하시오.

정답 및 풀이 46쪽

01

이차방정식 $x^2-x-1=0$의 두 근을 α, β라 할 때, $\alpha^{11}+\beta^{11}$의 값은?

① 123   ② 144   ③ 150

④ 175   ⑤ 199

02

이차방정식 $x^2-ax+b=0$의 서로 다른 두 실근은 α, β이고, $x^2-9ax+2b^2=0$의 서로 다른 두 실근은 α^3, β^3이다. 이때 실수 a, b의 순서쌍 (a, b)의 개수를 구하시오.

03 서술형

이차방정식 $x^2+ax+b=0$의 해가 허수 α, β이고 $\dfrac{\beta^2}{\alpha}$이 실수이다. a, b가 실수이고 $2a+b=0$일 때, a, b의 값을 구하시오.

04 개념통합

a, b, c는 양수이고 $a^3+b^3+c^3=3abc$이다. 이차방정식 $ax^2+bx+c=0$의 한 근을 α라 할 때, **보기**에서 옳은 것을 모두 고른 것은?

─ **보기** ─────────────────

ㄱ. $\alpha+\overline{\alpha}=1$

ㄴ. $1+\alpha+\alpha^2+\cdots+\alpha^{1001}+\alpha^{1002}=1$

ㄷ. $(\overline{\alpha})^{2n}+(\alpha+1)^{4n}=-1$을 만족하는 100 이하의 자연수 n은 67개이다.

────────────────────────

① ㄱ   ② ㄴ   ③ ㄱ, ㄴ

④ ㄴ, ㄷ   ⑤ ㄱ, ㄴ, ㄷ

05

이차방정식 $x^2+x+1=0$의 두 근이 α, β이다. $f(x)$는 이차식이고 $f(\alpha^2)=-4\alpha$, $f(\beta^2)=-4\beta$, $f(0)=0$일 때, $f(x)$를 $x+1$로 나눈 나머지는?

① 2   ② 0   ③ -2

④ -4 ⑤ -6

06 번뜩 아이디어

이차방정식 $f(x)=0$의 두 근을 α, β라 하면
$$\alpha^2-6\alpha+2=2\beta^2,\ \beta^2-6\beta+2=2\alpha^2$$
이다. $\dfrac{f(2)}{f(0)}$의 값을 구하시오.

07 서술형

x, y, z가 실수이고
$$x+y+z=4,\ x^2-2y^2-2z^2=8$$
이다. x의 최솟값과 이때 y, z의 값을 구하시오.

08 개념 통합

그림과 같은 직사각형 ABCD의 내부에 한 점 P가 있다. 선분 PA, 선분 PC의 길이가 두 근인 이차방정식이 $x^2-5x+5=0$일 때, 선분 PB, 선분 PD의 길이가 두 근인 이차방정식은 $x^2-kx+1=0$이다. k의 값을 구하시오.

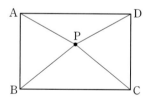

06. 이차함수

$a \neq 0$이면 $y=ax+b$는
일차함수이다.

1 함수 $y=ax+b$의 그래프

기울기가 a이고 y절편이 b인 직선이다.
① $a>0$이면 오른쪽 위로 올라가는 직선
② $a<0$이면 오른쪽 아래로 내려가는 직선
③ $a=0$이면 x축에 평행한 직선

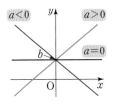

(1) 이차함수의 그래프를
포물선이라 한다.
(2) $y=ax^2$의 그래프는
꼭짓점이 원점 $O(0, 0)$이고,
축이 y축인 포물선이다.
또 $a>0$이면 아래로 볼록하고,
$a<0$이면 위로 볼록하다.

2 이차함수의 그래프

(1) $y=a(x-m)^2+n \ (a \neq 0)$의 그래프
　① $y=ax^2$의 그래프를 x축 방향으로 m만큼, y축
　　방향으로 n만큼 평행이동한 그래프이다.
　② 꼭짓점이 점 (m, n)이고, 축이 직선 $x=m$이다.
(2) $y=ax^2+bx+c$ 꼴은 $y=a(x-m)^2+n$ 꼴로 고쳐
　그래프를 그린다.
(3) y축과 만나는 점의 y좌표 : $x=0$일 때 y의 값
　x축과 만나는 점의 x좌표 : $y=0$일 때 x의 값

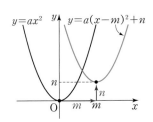

'두 근이 모두 p보다 크다.'와 같이
이차방정식의 근의 범위가
주어졌을 때에는 조건에 맞게
이차함수의 그래프의 개형을 그린 후
(i) 판별식의 부호
(ii) 함숫값
(iii) 그래프의 축의 위치
를 확인한다.

3 이차함수의 그래프와 이차방정식

이차함수 $y=ax^2+bx+c$의 그래프가 x축과 만나는 점의 x좌표는 이차방정식
$ax^2+bx+c=0$의 실근이다.
따라서 $D=b^2-4ac$일 때 그래프가 x축과 만나는 점의 개수는

$D>0 \Rightarrow$ 2개　　　　$D=0 \Rightarrow$ 1개　　　　$D<0 \Rightarrow$ 0개

4 이차함수의 그래프와 직선의 위치 관계

포물선 $y=ax^2+bx+c$　　　　　　　　　… ❶
직선 $y=mx+n$　　　　　　　　　　　… ❷
에서 y를 소거한 방정식 $ax^2+bx+c=mx+n$　… ❸
의 실근은 ❶, ❷의 교점의 x좌표이다.
또 위치 관계는 다음과 같다.

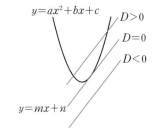

$D=0$이면 직선을 포물선의
접선이라 한다.

❸의 판별식	$D>0$	$D=0$	$D<0$
❶, ❷의 위치 관계	두 점에서 만난다.	접한다.	만나지 않는다.

그래프에서
가장 높은 점의 y좌표가 최댓값,
가장 낮은 점의 y좌표가 최솟값

5 이차함수의 최대와 최소

(1) $y=a(x-m)^2+n$의 최대, 최소

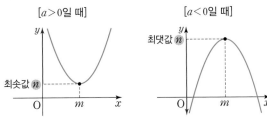

이차함수의 최대, 최소는
$y=a(x-m)^2+n$ 꼴로 고쳐
그래프의 꼭짓점부터 생각한다.

(2) 제한된 범위가 있을 경우, 그래프를 그려 최댓값, 최솟값을 찾는다.
　이때에는 제한된 범위에 꼭짓점의 좌표가 포함되는지부터 조사한다.

code 1 이차함수의 그래프

01

그림은 이차함수 $y=ax^2+bx+c$의
그래프이다. abc의 값은?

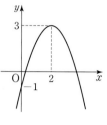

① -6 ② -4

③ -1 ④ 4

⑤ 6

02

그림은 점 $(1, 0)$을 지나는 이차함수
$y=ax^2+bx+c$의 그래프이다. **보기**에
서 옳은 것을 모두 고른 것은?

• 보기 •
ㄱ. $b>0$
ㄴ. $ab+c>0$
ㄷ. $a-b+c>0$

① ㄴ   ② ㄷ   ③ ㄱ, ㄷ

④ ㄴ, ㄷ   ⑤ ㄱ, ㄴ, ㄷ

code 2 그래프와 x축

03

두 이차함수
$$y=x^2+2x+5-2k, \; y=2kx^2-6x+1$$
의 그래프가 x축과 만날 때, 정수 k의 값을 모두 구하시오.

04

이차함수 $y=x^2-px+q$의 그래프가 x축과 만나는 두 점을
A, B라 하면 $\overline{AB}=4$이고, 선분 AB의 중점이 점 $(-3, 0)$
이다. pq의 값은?

① -30 ② -15 ③ -1

④ 15 ⑤ 30

05

이차함수 $y=x^2-2x+a$의 그래프가 x축과 만나는 두 점 사
이의 거리가 $2\sqrt{5}$일 때, 실수 a의 값을 구하시오.

code 3 포물선과 직선

06

이차함수 $y=2x^2-4x+k$의 그래프가 x축과 만나지 않고,
직선 $y=2$와 서로 다른 두 점에서 만날 때, 정수 k의 개수는?

① 1 ② 2 ③ 3

④ 4 ⑤ 5

07

이차함수 $y=-x^2+4x$의 그래프와 직선 $y=2x+k$가 적어
도 한 점에서 만날 때, 실수 k의 최댓값은?

① $\dfrac{1}{2}$ ② 1 ③ $\dfrac{3}{2}$

④ 2 ⑤ $\dfrac{5}{2}$

08

곡선 $y=x^2-2x$에 접하고 기울기가 1인 직선의 방정식은?

① $y=x+\dfrac{3}{4}$ ② $y=x+\dfrac{5}{4}$ ③ $y=x+\dfrac{9}{4}$

④ $y=x-\dfrac{5}{4}$ ⑤ $y=x-\dfrac{9}{4}$

09

이차함수 $y=f(x)$의 그래프가 그림과
같을 때, 방정식
$$\{f(x)\}^2-f(x)-2=0$$
의 서로 다른 실근의 합을 구하시오.

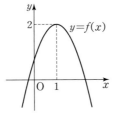

10

이차함수 $y=x^2-6x+3$의 그래
프가 직선 $y=3$과 만나는 점을 A,
B라 하고 꼭짓점을 C라 하자. 삼
각형 ABC의 넓이를 구하시오.

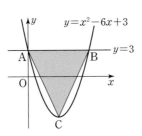

code 4 　두 포물선의 교점

11

이차함수 $y=x^2-2x+1$, $y=-x^2+4x-1$의 그래프가 만나
는 두 점의 x좌표를 각각 α, β라 할 때, $\dfrac{1}{\alpha}+\dfrac{1}{\beta}$의 값은?

① 1　　　　　② 2　　　　　③ 3
④ 4　　　　　⑤ 5

12

이차함수 $y=x^2+ax$, $y=-x^2+b$의 그래프가 두 점 P, Q에
서 만난다. a, b가 유리수이고 P의 x좌표가 $-1+\sqrt{3}$일 때,
직선 PQ의 기울기를 구하시오.

code 5 　그래프와 좌표

13

$x\geq0$에서 정의된 이차함수
$y=\dfrac{1}{2}x^2$과 $y=\dfrac{1}{8}x^2$이 있다.
그림과 같이 점 A$(a, 0)$에서
y축에 평행한 선분을 그어
$y=\dfrac{1}{2}x^2$의 그래프와 만나는 점을

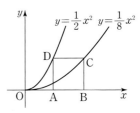

D라 하고 선분 AD를 한 변으로 하는 정사각형 ABCD를
만들었다. 점 C가 $y=\dfrac{1}{8}x^2$의 그래프 위에 있을 때, a의 값을
구하시오.

14

그림과 같이 y축 위에 점 A, D,
G를 잡고, 곡선 $y=\dfrac{1}{2}x^2$ 위에 점
B, E를 잡아 정사각형 ABCD와
정사각형 DEFG를 만들었다.
A$(0, 8)$일 때, 두 정사각형의 넓
이의 합을 구하시오.

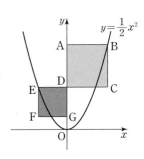

code 6 　방정식의 해와 그래프

15

이차방정식 $2x^2-mx+3(m-6)=0$의 두 실근을 α, β라 하
면 $0<\alpha<2<\beta$이다. 정수 m의 개수는?

① 2　　　　　② 3　　　　　③ 4
④ 5　　　　　⑤ 6

16

이차방정식 $x^2+4x+k=0$의 한 실근이 이차방정식 $x^2-7x+12=0$의 두 근 사이에 있을 때, k의 값의 범위를 구하시오.

17

이차방정식 $x^2-6x+k+5=0$의 서로 다른 두 실근이 모두 1보다 클 때, 정수 k의 합은?

① 1 　　② 3 　　③ 6
④ 10 　　⑤ 15

18

곡선 $y=x^2+3kx-2$와 직선 $y=kx-3k-6$이 두 점에서 만난다. 두 교점 사이에 직선 $x=-1$이 있을 때, 정수 k의 최댓값은?

① -6 　　② -4 　　③ -2
④ 0 　　⑤ 2

code 7 │ **최대·최소**

19

함수 $y=|x-1|+2|x|$의 최솟값은?

① 1 　　② 2 　　③ 3
④ 4 　　⑤ 5

20

이차함수 $y=-x^2-3x+k$가 $x=a$에서 최댓값 3을 가질 때, a, k의 값을 구하시오.

21

m이 실수일 때, 이차함수
$$f(x)=2x^2-4mx-m^2-6m+1$$
의 최솟값을 $g(m)$이라 하자. $g(m)$의 최댓값을 구하시오.

22

두 이차함수 $f(x)$, $g(x)$가 다음 조건을 만족한다.

> (가) $f(x)$는 x^2의 계수가 -2이고, $x=a$ $(a>0)$에서 최댓값 5를 가진다.
> (나) $f(x)+g(x)=x^2+16x+13$
> (다) $g(x)$를 $x-a$로 나눈 나머지는 25이다.

$g(x)$의 최솟값을 구하시오.

23

x^2의 계수가 1인 이차함수 $y=f(x)$의 그래프가 직선 $y=g(x)$와 두 점 $(a, f(a))$, $(\beta, f(\beta))$에서 만난다. 함수 $y=g(x)-f(x)$가 $x=2$에서 최댓값 6을 가질 때, $a^3+\beta^3$의 값은?

① 85 　　② 86 　　③ 87
④ 88 　　⑤ 89

code 8 제한 범위가 있는 최대 · 최소

24

$\dfrac{\sqrt{x+4}}{\sqrt{x-1}}=-\sqrt{\dfrac{x+4}{x-1}}$를 만족하는 x의 범위에서 이차함수

$f(x)=2x^2+4x+1$의 최댓값과 최솟값을 구하시오.

25

$-1\leq x\leq 2$에서 함수

$$f(x)=(x^2-2x+3)^2-6(x^2-2x+3)+1$$

의 최댓값을 M, 최솟값을 m이라 할 때, $M-m$의 값은?

① 6 ② 7 ③ 8
④ 9 ⑤ 10

26

x, y는 음이 아닌 실수이고 $x+y=2$이다. x^2+3y^2의 최댓값,

최솟값과 이때 x, y의 값을 구하시오.

27

$-2\leq x\leq 2$에서 정의된 이차함수 $f(x)=x^2-2x+a$의 최댓

값과 최솟값의 합이 21일 때, a의 값은?

① 6 ② 7 ③ 8
④ 9 ⑤ 10

28

$0\leq x\leq 3$에서 이차함수 $y=ax^2-2ax+2a+1$의 최솟값이

-4일 때, a의 값과 최댓값을 구하시오.

29

$1\leq x\leq k$에서 이차함수 $f(x)=x^2-6x+10$의 최댓값이 5,

최솟값이 1일 때, 정수 k의 개수를 구하시오.

code 9 이차함수의 활용

30

원가가 3만 원인 제품을 1개당 5만 원에 판매하면 하루에 40
개를 팔 수 있다고 한다. 이 제품의 가격을 1개당 1천 원씩
올리면 판매량이 5개씩 감소하고, 가격을 1개당 1천 원씩 내
리면 판매량이 5개씩 증가한다고 한다. 이 제품의 가격을 정
하여 하루 동안 판매할 때, 얻을 수 있는 최대 이익과 그때의
판매 가격을 구하시오.

31

그림과 같이 건물 옥상에서
물로켓을 비스듬히 쏘아 올렸
더니 포물선을 그리면서 날아
가다가 지면에 떨어졌다. 물
로켓은 건물의 아랫부분에서
수평방향으로 40 m 떨어진
지점에서 최고 높이에 도달한

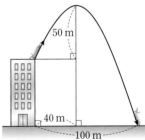

후 건물의 아랫부분에서 100 m 떨어진 지점에 떨어졌다. 물
로켓의 최고 높이가 건물의 높이보다 50 m 더 높을 때, 건물
의 높이는? (단, 물로켓의 크기는 무시한다.)

① 60.5 m ② 61 m ③ 61.5 m
④ 62 m ⑤ 62.5 m

01 번뜩 아이디어

함수 $f(x)=|x+1|+2|x|+|x-1|$에 대한 설명으로 **보기**에서 옳은 것을 모두 고른 것은?

• 보기 •
ㄱ. $f(-1)=f(1)$
ㄴ. $y=f(x)$의 그래프는 y축에 대칭이다.
ㄷ. $f(x)$의 최솟값은 1이다.

① ㄱ　　　　　② ㄷ　　　　　③ ㄱ, ㄴ
④ ㄴ, ㄷ　　　　⑤ ㄱ, ㄴ, ㄷ

02

좌표평면 위에 점
　$(2, 2), (2, -2), (0, 2),$
　$(0, -2), (-2, 2), (-2, -2)$
가 있다. 그래프가 이 중 세 점을 지나는 이차함수 $y=f(x)$의 개수를 구하시오.

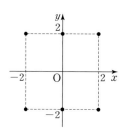

03

이차함수 $y=x^2+ax+b$의 그래프와 x축이 만나는 두 점의 x좌표가 a, $a+2$이고, 이차함수 $y=x^2+bx+a$의 그래프와 x축이 만나는 두 점의 x좌표가 $a-5$, a이다. aba의 값은?

① -2　　　　② -6　　　　③ -12
④ -20　　　　⑤ -30

04

이차함수 $y=ax^2+bx+c$의 그래프가 직선 $y=-x+5$와 x좌표가 -2인 점에서 접할 때, $\dfrac{5b+c}{a}$의 값은?

① 21　　　　② 22　　　　③ 23
④ 24　　　　⑤ 25

05 서술형

이차함수 $y=x^2+ax+b$의 그래프가 직선 $y=-x+4$와 $y=5x+7$에 동시에 접할 때, a, b의 값을 구하시오.

06

이차함수 $y=x^2+2kx+k^2+4$의 그래프가 실수 k의 값에 관계없이 직선 $y=mx+n$에 접할 때, $m+n$의 값은?

① 1　　　　② 2　　　　③ 3
④ 4　　　　⑤ 5

07 개념 통합

이차함수 $y=-x^2+6x-5$의 그래프 위에 세 점 A$(1, 0)$, B$(4, 3)$, C(a, b)가 있다. $1<a<4$일 때, 삼각형 ABC의 넓이의 최댓값은?

① $\dfrac{21}{8}$　　　② 3　　　③ $\dfrac{27}{8}$

④ $\dfrac{15}{4}$　　　⑤ 4

08 신유형

x^2의 계수가 각각 1, -2이고 그래프의 꼭짓점의 x좌표가 각각 α, β인 이차함수 $y=f(x)$, $y=g(x)$의 그래프가 그림과 같이 접한다. 접점의 x좌표는?

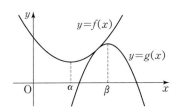

① $\dfrac{3\alpha+2\beta}{5}$　　　② $\dfrac{2\alpha+3\beta}{5}$　　　③ $\dfrac{\alpha+3\beta}{4}$

④ $\dfrac{2\alpha+\beta}{3}$　　　⑤ $\dfrac{\alpha+2\beta}{3}$

09

x에 대한 방정식 $|x^2-2|+x-k=0$이 서로 다른 세 실근을 가질 때, 실수 k의 값의 곱은?

① $\dfrac{9\sqrt{2}}{4}$　　　② $\dfrac{21\sqrt{2}}{8}$　　　③ $3\sqrt{2}$

④ $\dfrac{27\sqrt{2}}{8}$　　　⑤ $\dfrac{15\sqrt{2}}{4}$

10

방정식 $|x^2+ax+3|=1$이 서로 다른 세 실근을 가질 때, 실수 a의 값을 모두 구하시오.

11 신유형

원점을 지나고 기울기가 m인 직선이 이차함수 $y=x^2-2$의 그래프와 두 점 A, B에서 만난다. A, B에서 x축에 내린 수선의 발을 각각 A′, B′이라 하면 선분 AA′과 BB′의 길이의 차가 16이다. 양수 m의 값을 구하시오.

12 서술형

그림과 같이 $-2<k<2$인 실수 k에 대하여 이차함수 $y=-x^2+1$의 그래프와 직선 $y=2x+k$가 만나는 두 점을 각각 A, B라 하자. A, B에서 x축에 내린 수선의 발을 각각 A$_1$, B$_1$이라 하고, 직선 $y=2x+k$와 x축이 만나는 점을 C라 하자. 삼각형 ACA$_1$과 BCB$_1$의 넓이의 합이 $\dfrac{3}{2}$일 때, k의 값을 구하시오.

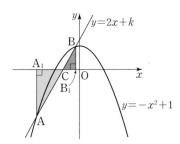

13

이차함수 $f(x)$는 $f(1)=0$이고 모든 실수 x에 대하여 $f(x) \geq f(3)$이다. 다음 **보기**에서 옳은 것을 모두 고른 것은?

• 보기 •
ㄱ. $f(5)=0$
ㄴ. $f(2)<f\left(\dfrac{1}{2}\right)<f(6)$
ㄷ. $f(0)=k$라 할 때, x에 대한 방정식 $f(x)=kx$의 두 근의 합은 11이다.

① ㄱ   ② ㄷ   ③ ㄱ, ㄴ
④ ㄴ, ㄷ   ⑤ ㄱ, ㄴ, ㄷ

14 번뜩 아이디어

이차방정식 $x^2-4x+k=0$의 한 근을 반올림하면 3일 때, 정수 k의 값의 합을 구하시오.

15 개념 통합

이차함수 $y=x^2-2ax$의 그래프와 직선 $y=2x+1$이 서로 다른 두 점에서 만날 때, 교점 사이의 거리의 최솟값은?

① $2\sqrt{5}$ ② $\sqrt{22}$ ③ $2\sqrt{6}$
④ $\sqrt{26}$ ⑤ $2\sqrt{7}$

16 서술형

그림과 같이 이차함수 $y=x^2+2x$의 그래프와 직선 $y=kx+2$가 만나는 두 점을 각각 A, B라 하자. 원점 O와 A, B가 꼭짓점인 삼각형 OAB의 넓이의 최솟값을 구하시오.

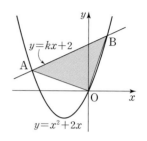

17

$3 \leq x \leq 6$에서 이차함수 $f(x)=-x^2+2ax+4$의 최댓값이 5일 때, 최솟값은?

① -15 ② -12 ③ -9
④ -6 ⑤ -3

18

$a-1 \leq x \leq a$에서 이차함수 $y=x^2-3x+a+5$의 최솟값이 4일 때, 실수 a의 값은?

① $-\dfrac{9}{4}$ ② -1 ③ 0
④ 1 ⑤ $\dfrac{9}{4}$

19

$f(x)$는 이차함수이고 $2f(x)+f(1-x)=3x^2$일 때, **보기**에서 옳은 것을 모두 고른 것은?

┌─ **보기** ─────────────────────────────
ㄱ. $f(0)=-1$
ㄴ. $f(x)$의 최솟값은 3이다.
ㄷ. 모든 x에 대하여 $f(x)=f(-2-x)$이다.
└──────────────────────────────────────

① ㄱ　　　　② ㄷ　　　　③ ㄱ, ㄴ
④ ㄱ, ㄷ　　⑤ ㄱ, ㄴ, ㄷ

20

$t\le x\le t+1$일 때, 함수 $f(x)=|-x^2-4x+1|$의 최댓값이 4이다. t의 값의 제곱의 합은?

① 10　　　　② 17　　　　③ 36
④ 41　　　　⑤ 42

21

세 변의 길이가 3, 4, 5인 직각삼각형 ABC에서 빗변 BC 위에 한 점 P를 잡고, P에서 변 AB, AC에 내린 수선의 발을 각각 Q, R라 하자. 삼각형 BPQ와 삼각형 CPR의 넓이의 합의 최솟값을 구하시오.

22　서술형

그림과 같이 135°로 꺾인 벽면이 있는 땅에 길이가 150 m인 철망으로 울타리를 설치하여 직사각형 모양의 농장 X와 사다리꼴 모양의 농장 Y를 만들려고 한다. X의 넓이가 Y의 넓이의 2배일 때, Y의 넓이의 최댓값을 구하시오. (단, 철망의 폭은 무시한다.)

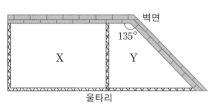

23　개념 통합

그림과 같이 한 변의 길이가 1인 정삼각형 ABC에서 변 BC에 평행한 직선이 두 변 AB, AC와 만나는 점을 각각 D, E라 하자. 선분 DE를 접는 선으로 하여 꼭짓점 A가 삼각형 ABC의 외부에 오도록 접었다. 삼각형 ABC와 삼각형 A′DE가 겹치는 부분의 넓이가 최대일 때, 선분 DE의 길이는?

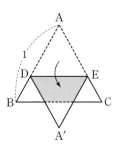

① $\dfrac{3}{5}$　　　② $\dfrac{2}{3}$　　　③ $\dfrac{3}{4}$
④ $\dfrac{4}{5}$　　　⑤ $\dfrac{5}{6}$

01 개념 통합

x^2의 계수가 a인 이차함수 $y=f(x)$의 그래프가 x축과 $x=\alpha$, $x=\beta$인 점에서 만나고 다음 조건을 만족한다.

> (가) $(a+\alpha+\beta)^3-(\alpha+\beta-a)^3-(\beta+a-\alpha)^3-(a+\alpha-\beta)^3$
> $=0$
> (나) $f(x+1)=f(-x+3)$
> (다) $f(3)=3$

$f(5)$의 값을 구하시오.

02 서술형

x^2의 계수가 1이고 그래프의 꼭짓점의 좌표가 $(a-1,\ a+1)$인 이차함수가 있다. 이 함수의 그래프가 a의 값에 관계없이 직선 $y=mx+n$에 접할 때, m, n의 값을 구하시오.

03

방정식 $|x^2-2x-6|=|x-k|+2$가 서로 다른 세 실근을 가질 때, 실수 k의 합은?

① 1   ② 2   ③ 3
④ 4   ⑤ 5

04 번뜩 아이디어

곡선 $y=x^2-2x+k$에 접하고 점 $(0,\ -1)$을 지나는 두 직선을 l_1, l_2라 하자. 접점의 x좌표를 α, $\beta\ (\alpha<\beta)$라 할 때, **보기**에서 옳은 것을 모두 고른 것은? (단, $k>-1$)

> • 보기 •
> ㄱ. 직선 l_1, l_2의 기울기의 곱이 -12이면 $k=4$이다.
> ㄴ. $k=3$일 때, $\alpha=-2$
> ㄷ. k의 값에 관계없이 $\alpha+\beta=0$이다.

① ㄴ   ② ㄷ   ③ ㄱ, ㄴ
④ ㄴ, ㄷ   ⑤ ㄱ, ㄴ, ㄷ

05 서술형

$f(x)$는 x^2의 계수가 1인 이차식이다. 함수 $y=f(x)$의 그래프는 꼭짓점이 직선 $y=kx$ 위에 있고, 직선 $y=kx+5$와 x좌표가 α, β인 점에서 만난다. $y=f(x)$의 그래프의 축이 직선 $x=\dfrac{\alpha+\beta}{2}-\dfrac{1}{4}$일 때, $|\alpha-\beta|$의 값을 구하시오.

06 번뜩 아이디어

이차방정식 $ax^2-bx+3c=0$이 다음 조건을 만족할 때, $3a+2b-c$의 값은?

(가) a, b, c는 한 자리 자연수이다.
(나) 두 근 α, β의 범위는 $1<\alpha<2$, $4<\beta<5$이다.

① 11   ② 12   ③ 13
④ 14   ⑤ 15

07

t가 실수일 때, $-1 \leq x \leq 1$에서 함수
$$f(x)=x^2-2|x-t|$$
의 최댓값을 $g(t)$라 하자. 방정식 $g(x)=x$의 해를 구하시오.

08

그림과 같이 한 변의 길이가 1인 정사각형 모양의 종이 ABCD를 점 A가 변 CD 위에 오도록 접을 때, 점 A와 점 B가 옮겨진 점을 각각 E와 F, 접히는 선을 선분 GH라 하자. 사다리꼴 EFGH의 넓이의 최솟값을 구하시오.

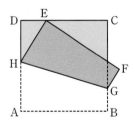

07. 여러 가지 방정식

◫ 고차방정식의 풀이

(1) 방정식을 (   )=0 꼴로 정리한 다음 좌변을 일차식 또는 이차식의 곱으로 인수분해하여 푼다.

(2) 고차식을 인수분해할 때에는 인수분해 공식이나 인수정리를 이용한다.

(3) 공통부분이 있는 경우, 치환하여 푼다.

◪ 삼차방정식의 근과 계수의 관계

ax^3+bx^2+cx+d
$=a(x-\alpha)(x-\beta)(x-\gamma)$
에서 우변을 전개하면
근과 계수의 관계를 얻는다.

(1) 삼차방정식 $ax^3+bx^2+cx+d=0$의 세 근을 α, β, γ라 하면
$$\alpha+\beta+\gamma=-\frac{b}{a},\ \alpha\beta+\beta\gamma+\gamma\alpha=\frac{c}{a},\ \alpha\beta\gamma=-\frac{d}{a}$$

(2) 세 수 α, β, γ를 근으로 하고, x^3의 계수가 1인 삼차방정식은
$$(x-\alpha)(x-\beta)(x-\gamma)=0$$
또는 $x^3-(\alpha+\beta+\gamma)x^2+(\alpha\beta+\beta\gamma+\gamma\alpha)x-\alpha\beta\gamma=0$

이차방정식의 켤레근의 성질과 같다.

(3) 계수가 실수인 삼차, 사차방정식에서
복소수 $\alpha=a+bi$ (a, b는 실수)가 근이면 $\overline{\alpha}=a-bi$도 근이다.

◫ 방정식 $x^3-1=0$의 근의 성질

$x^3-1=0$에서
$(x-1)(x^2+x+1)=0$

ω가 방정식 $x^3-1=0$의 한 허근이면

(1) $\omega^3=1$, $\omega^2+\omega+1=0$

(2) $\overline{\omega}^3=1$, $\overline{\omega}^2+\overline{\omega}+1=0$

(3) $\omega+\overline{\omega}=-1$, $\omega\overline{\omega}=1$

◪ 연립방정식

연립방정식의 기본은
미지수 소거!

(1) $\begin{cases}(일차식)=0\\(이차식)=0\end{cases}$ 꼴의 연립방정식은

일차방정식을 한 미지수에 대하여 정리한 후 이차방정식에 대입하여 푼다.

(2) $\begin{cases}(이차식)=0\\(이차식)=0\end{cases}$ 꼴의 연립방정식은

한 이차식을 인수분해하여 일차방정식을 만든 후 (1)과 같이 푼다.

미지수가 3개인
연립일차방정식은
먼저 한 문자를 소거한
일차방정식을 두 개 구한다.

(3) $x+y$, xy가 포함된 연립방정식은
$x+y=a$, $xy=b$로 놓고 a, b의 값을 구한 다음 x, y가 이차방정식 $t^2-at+b=0$의 해임을 이용하여 푼다.

(4) (2)의 꼴의 연립방정식에서 두 이차식이 모두 인수분해되지 않을 때에는 두 식을 더하거나 빼어 상수항이나 이차항을 소거한다.

◫ 부정방정식

(1) 해가 정수인 부정방정식의 풀이
$$(일차식)\times(일차식)=A\ (A는 정수)$$
꼴로 바꾸어 두 정수의 곱이 정수 A가 되는 경우를 찾아 푼다.

(2) 해가 실수인 부정방정식의 풀이

미지수가 실수이므로 실근을
가진다고 생각하면 $D\geq0$이다.

① $A^2+B^2=0$ 꼴로 바꾸어 $A=0$, $B=0$임을 이용하여 푼다.

② 한 문자에 대하여 내림차순으로 정리한 후 판별식 $D\geq0$임을 이용한다.

Note ①, ② 모두 이차방정식인 경우만 가능한 해법이다.

code **1** 고차방정식 풀이

01

사차방정식 $x^4-x^3-x^2-x-2=0$의 근이 <u>아닌</u> 것은?

① -1 ② $-i$ ③ 1

④ i ⑤ 2

02

다음 방정식을 푸시오.

(1) $x^4+2x^2-8=0$

(2) $x^4-8x^2+4=0$

03

삼차방정식 $x^3+2x^2+3x+a=0$의 한 근이 -2일 때, a의 값과 나머지 두 근을 구하시오.

04

사차방정식 $(x^2-5x)(x^2-5x+13)+42=0$의 실근의 합은?

① 1 ② 2 ③ 3

④ 4 ⑤ 5

05

사차방정식 $x(x-1)(x-2)(x-3)-24=0$의 허근의 곱은?

① -4 ② -2 ③ 2

④ 4 ⑤ 6

06

사차방정식 $x^4-3x^3-2x^2-3x+1=0$을 만족하는 x에 대하여 $x+\dfrac{1}{x}=t$라 할 때, t의 값의 곱은?

① -8 ② -7 ③ -6

④ -5 ⑤ -4

code **2** 근의 성질, 근과 계수의 관계

07

삼차방정식 $x^3+x+2=0$의 한 허근을 α라 할 때, $\alpha^2\bar{\alpha}+\alpha\bar{\alpha}^2$의 값을 구하시오.

08

a, b는 유리수이고 x에 대한 삼차방정식
$$x^3+ax^2+bx+1=0$$
의 한 근이 $-1+\sqrt{2}$이다. $a+b$의 값은?

① 0 ② -1 ③ -2

④ -3 ⑤ -4

09

x에 대한 삼차방정식

$$x^3+(k^3-2k)x^2+(2-2k)x+2k=0$$

의 한 근이 $1+i$일 때, 실수 k의 최댓값은?

① 2   ② 1   ③ 0
④ -1 ⑤ -2

10

삼차방정식 $x^3-x^2+2x-k=0$의 세 근을 α, β, γ라 하자.
$(\alpha+\beta)(\beta+\gamma)(\gamma+\alpha)=\alpha\beta\gamma$일 때, 실수 k의 값을 구하시오.

11

$f(x)$는 x^3의 계수가 1인 삼차식이고,

$$f(1)=1, f(2)=2, f(2000)=2000$$

이다. 삼차방정식 $f(x)=0$의 세 근의 합을 a, 세 근의 곱을 b라 할 때, $a+b$의 값은?

① 6001   ② 6003   ③ 6005
④ 6007   ⑤ 6009

code 3 $x^3=1$, $x^3=-1$의 허근

12

삼차방정식 $x^3=1$의 한 허근을 ω라 하자. a, b가 실수이고
$(2+\omega)(1+\omega)=a+b\omega$일 때, $a+b$의 값은?

① 3   ② 5   ③ 7
④ 9   ⑤ 11

13

삼차방정식 $x^3+1=0$의 한 허근을 ω라 하자. n이 두 자리 자연수이고 $\omega^{3n}\times(\omega-1)^{2n}$이 양의 실수일 때, n의 개수를 구하시오.

14

방정식 $x^2-x+1=0$의 한 허근을 ω라 할 때, **보기**에서 옳은 것을 모두 고른 것은?

┌─ 보기 ───────────────────┐
  ㄱ. $\omega^3=-1$

  ㄴ. $\omega^2+\overline{\omega}^2=1$

  ㄷ. $\left(\omega+\dfrac{1}{\omega}\right)+\left(\omega^2+\dfrac{1}{\omega^2}\right)+\cdots+\left(\omega^{10}+\dfrac{1}{\omega^{10}}\right)=-3$
└────────────────────────┘

① ㄱ   ② ㄱ, ㄴ   ③ ㄱ, ㄷ
④ ㄴ, ㄷ   ⑤ ㄱ, ㄴ, ㄷ

15

사차방정식 $x^4+x^3+x+1=0$의 한 허근을 ω라 할 때, **보기**에서 옳은 것을 모두 고른 것은?

┌─ 보기 ───────────────────┐
  ㄱ. $\omega^2=\omega-1$

  ㄴ. $\omega^2+\dfrac{1}{\omega^2}=-1$

  ㄷ. $1+\omega+\omega^2+\omega^3+\cdots+\omega^{99}=2\omega+1$
└────────────────────────┘

① ㄱ   ② ㄱ, ㄴ   ③ ㄱ, ㄷ
④ ㄴ, ㄷ   ⑤ ㄱ, ㄴ, ㄷ

code 4 근의 조건에 대한 문제

16

삼차방정식 $x^3+(2+a)x^2+ax-a^2=0$이 서로 다른 세 실근을 가질 때, 10보다 작은 정수 a의 개수를 구하시오.

↱ 정답 및 풀이 62쪽

17

삼차방정식 $x^3+x^2+(k^2-5)x-k^2+3=0$의 실근이 한 개일 때, 자연수 k의 최솟값을 구하시오.

18

삼차방정식 $x^3-5x^2+(k-9)x+k-3=0$이 1보다 작은 한 근과 1보다 큰 서로 다른 두 실근을 가질 때, 정수 k의 값의 합은?

① 24   ② 26   ③ 28
④ 30   ⑤ 32

19

사차방정식 $x^4-9x^2+k-10=0$의 모든 근이 실수일 때, 자연수 k의 개수는?

① 5   ② 9   ③ 13
④ 17   ⑤ 21

---

code 5 **연립방정식**

20

연립방정식 $\dfrac{x-y}{6}=\dfrac{y-z}{3}=\dfrac{z+x}{5}=1$을 만족하는 x, y, z의 값을 구하시오.

21

연립방정식 $\begin{cases} ax+2y=4 \\ x+(a-1)y=a \end{cases}$의 해가 무수히 많을 때, a의 값을 구하시오.

22

[그림 1]과 같이 삼각형의 두 꼭짓점 위치에 있는 수의 합을 변 위에 나타내기로 하자. [그림 2]와 같이 변 위의 수가 18, 26, 30일 때, 꼭짓점 위치에 있는 수 중 가장 큰 수는?

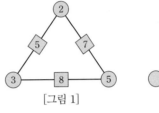
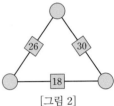

[그림 1]   [그림 2]

① 17   ② 19   ③ 20
④ 22   ⑤ 23

23

연립방정식 $\begin{cases} x-y+1=0 \\ x^2+3x-y-1=0 \end{cases}$의 해를 $x=\alpha$, $y=\beta$라 할 때, $\alpha^2+2\beta$의 값은?

① 4   ② 5   ③ 6
④ 7   ⑤ 8

24

연립방정식 $\begin{cases} x^2-4xy+3y^2=0 \\ 2x^2+xy+3y^2=24 \end{cases}$의 해를

$\begin{cases} x=\alpha_i \\ y=\beta_i \end{cases}$ $(i=1, 2, 3, 4)$

라 할 때, $\alpha_i\beta_i$의 최댓값은?

① 9   ② 8   ③ 6
④ 4   ⑤ 3

25

x, y에 대한 연립방정식 $\begin{cases} x+y=2(a+2) \\ xy=a^2-2a+3 \end{cases}$ 의 해가 실수일 때, 실수 a의 값의 범위를 구하시오.

26

x, y에 대한 연립방정식 $\begin{cases} 2x+y=k \\ x^2+xy+y^2=1 \end{cases}$ 이 한 쌍의 해를 가질 때, 실수 k의 값의 곱은?

① -4　　　② -1　　　③ 0
④ 1　　　⑤ 4

code 6 **공통근**

27

두 방정식
$$x^2+(a-3)x-3a=0,$$
$$x^3-(b+1)x^2+(b-2)x+2b=0$$
의 공통인 근이 두 개일 때, (a, b)의 순서쌍을 모두 구하시오.

28

두 이차방정식
$$x^2-4x+a=0, \quad x^2+ax-4=0$$
을 동시에 만족하는 근이 1개일 때, 실수 a의 값은?

① -4　　　② -3　　　③ 1
④ 3　　　⑤ 4

code 7 **부정방정식**

29

x, y가 자연수일 때, 방정식 $(x-2)(y+1)=6$의 해를 $x=\alpha$, $y=\beta$라 하자. $\alpha\beta$의 최댓값은?

① 14　　　② 15　　　③ 16
④ 17　　　⑤ 18

30

a, b가 서로 다른 자연수이고 $\dfrac{1}{a}+\dfrac{1}{b}=\dfrac{2}{11}$일 때, $a+b$의 값은?

① 11　　　② 22　　　③ 34
④ 66　　　⑤ 72

31

이차방정식 $x^2-(a+2)x+5a-9=0$의 두 근이 모두 자연수일 때, 실수 a의 최댓값은?

① 9　　　② 11　　　③ 13
④ 15　　　⑤ 17

32

x, y가 실수이고 $10x^2-4x-6xy+y^2+4=0$일 때, $x+y$의 값은?

① 7　　　② 8　　　③ 9
④ 10　　　⑤ 11

01

방정식 $(x^2-5x+6)(x^2-9x+20)=35$의 한 허근을 w라 할 때, w^2-7w의 값은?

① -23 ② -21 ③ -19

④ -17 ⑤ -15

02

사차방정식 $x^4+2kx^2+3k+4=0$이 서로 다른 두 실근과 서로 다른 두 허근을 가질 때, 정수 k의 최댓값은?

① -2 ② -1 ③ 0

④ 1 ⑤ 2

03 서술형

x에 대한 방정식
$$(x^2+a)(2x+a^2+1)=(x^2+2a+1)(x+a^2)$$
이 중근을 가질 때, 실수 a의 값의 합을 구하시오.

04

삼차방정식 $x^3-4x^2+4x-1=0$의 세 근을 α, β, γ라 할 때, 다음 식의 값을 구하시오.
$$(\alpha^2-\alpha+1)(\beta^2-\beta+1)(\gamma^2-\gamma+1)$$

05 개념 통합

삼차방정식 $x^3-15x^2+(36+a)x-3a=0$의 세 근이 이등변삼각형의 세 변의 길이이다. 이 세 변의 길이를 구하시오.

06

삼차방정식 $x^3+px^2-x-2=0$이 두 허근 α, α^2과 한 실근을 가질 때, 실수 p의 값은?

① -2 ② -1 ③ 0

④ 1 ⑤ 2

07

삼차방정식 $ax^3+bx^2+bx+a=0$에 대한 **보기**의 설명 중 옳은 것을 모두 고른 것은? (단, a, b는 실수)

┌─ **보기** ────────────────────┐
ㄱ. -1은 근이다.

ㄴ. α가 근이면 $\dfrac{1}{\alpha}$도 근이다.

ㄷ. $a>0$이고 $-a<b<3a$이면 허근을 가진다.
└────────────────────────────┘

① ㄱ   ② ㄴ   ③ ㄱ, ㄴ

④ ㄱ, ㄷ   ⑤ ㄱ, ㄴ, ㄷ

08

삼차방정식 $x^3+ax^2+bx+c=0$의 세 근이 α, β, γ이고 삼차방정식 $x^3-2x^2+3x-1=0$의 세 근이 $\dfrac{1}{\alpha\beta}$, $\dfrac{1}{\beta\gamma}$, $\dfrac{1}{\gamma\alpha}$일 때, $a^2+b^2+c^2$의 값은?

① 11   ② 12   ③ 13

④ 14   ⑤ 15

09

$f(x)=x^3+ax^2+11x-b$에 대하여 방정식 $f(x)=0$의 세 근이 연속하는 세 자연수이다. 방정식 $f(2x-1)=0$의 세 근의 곱을 p라 할 때, $a+b+p$의 값은?

① -5 ② -3 ③ 3

④ 5   ⑤ 15

10 신유형

삼차방정식 $x^3-ax^2+bx+1=0$의 세 근을 α, β, γ라 할 때, 삼차식 $f(x)$는
$$f(\alpha)=\beta+\gamma,\ f(\beta)=\gamma+\alpha,\ f(\gamma)=\alpha+\beta$$
를 만족한다. $f(x)$의 x^3의 계수가 1일 때, $f(1)+f(-1)$의 값은?

① -2 ② -1 ③ 0

④ 1   ⑤ 2

11 신유형

사차방정식 $x^4-4x-2=0$의 해를 x_1, x_2, x_3, x_4라 하고
$$(1-x_1)(1-x_2)(1-x_3)(1-x_4)=A$$
$$x_1^4+x_2^4+x_3^4+x_4^4=B$$
라 하자. $A+B$의 값은?

① -3 ② -1 ③ 0

④ 1   ⑤ 3

12 서술형

삼차방정식 $x^3-1=0$의 한 허근을 ω라 할 때, 자연수 n에 대하여 $f(n)=\omega^{2n}-\omega^n+1$이라 하자.
$$f(1)+f(2)+f(3)+\cdots+f(10)=a\omega+b$$
일 때, 두 실수 a, b의 값을 구하시오.

13

삼차방정식 $x^3+1=0$의 한 허근을 ω라 할 때, **보기**에서 옳은 것을 모두 고른 것은?

┌─ • 보기 • ─────────────────────────┐

ㄱ. $\omega^{13}=\omega$

ㄴ. $\dfrac{\omega^2}{1-\omega}+\dfrac{\overline{\omega}}{1+\overline{\omega}^2}=-2$

ㄷ. $\omega^{2n}+(1-\omega)^{2n}+1=0$인 50 이하의 자연수 n은 34개이다.

└─────────────────────────────────┘

① ㄱ   ② ㄴ   ③ ㄱ, ㄷ

④ ㄴ, ㄷ   ⑤ ㄱ, ㄴ, ㄷ

14

두 연립방정식

$$\begin{cases} x^2-y^2=8 \\ mx+y=2 \end{cases}, \begin{cases} x-y=4 \\ x^2+2y^2=n \end{cases}$$

을 동시에 만족하는 해가 있을 때, $m+n$의 값은?

① 10   ② 12   ③ 14

④ 16   ⑤ 18

15

연립방정식 $\begin{cases} 3x+y+2z=-3 \\ 3a^4x-y+a^2z=0 \\ x+y+z=-2 \end{cases}$의 해가 무수히 많을 때, 실수 a의 값의 곱은?

① -5 ② -3 ③ -1

④ 3   ⑤ 5

16 번뜩 아이디어

좌표평면 위에 연립방정식 $\begin{cases} xy+x+y=1 \\ x^2+y^2+2x+2y=3 \end{cases}$의 해 x, y의 순서쌍 (x, y)를 좌표로 하는 점은 4개이다. 이 네 점이 꼭짓점인 사각형의 넓이를 구하시오.

17

다음 연립방정식을 만족하는 세 양수 x, y, z에 대하여 $x+y+z$의 값은?

$$\begin{cases} x^2+2yz+2z=29 \\ y^2+2zx+2x=34 \\ z^2+2xy+2y=36 \end{cases}$$

① 5   ② 6   ③ 7

④ 8   ⑤ 9

18 서술형

연립방정식 $\begin{cases} (x+3)(y+2)=k \\ (x-1)(y-2)=k \end{cases}$가 실근을 가질 때, 실수 k의 값의 범위를 구하시오.

19

두 실수 a, b 중에서 작지 않은 수를 $\max(a, b)$, 크지 않은 수를 $\min(a, b)$로 나타낸다. x, y가 정수이고

$$\begin{cases} \max(x, y) = x^2 + y^2 \\ \min(x, y) = 2x - y + 1 \end{cases}$$

일 때, $x + y$의 값은?

① 2   ② 1   ③ 0

④ -1 ⑤ -2

20

이차방정식 $x^2 + ax + b = 0$과 $x^2 + bx + a = 0$의 공통인 근이 하나 있고, 공통이 아닌 근의 비가 이 순서로 $3 : 5$일 때, a, b의 값을 구하시오.

21

두 삼차방정식

$$x^3 + px + 2 = 0, \quad x^3 + x + 2p = 0$$

의 공통인 근이 1개일 때, 실수 p와 공통인 근의 합은?

① 3   ② 1   ③ 0

④ -1 ⑤ -3

22 서술형

a, b, c가 실수이고 m은 삼차방정식 $x^3 + ax^2 + bx + c = 0$과 이차방정식 $x^2 + ax + 2 = 0$의 공통인 근이다. $1 + \sqrt{3}i$가 삼차방정식의 한 근일 때, m의 값을 구하시오.

23 개념 통합

이차방정식 $x^2 - px + q = 0$의 근에 대한 **보기**의 설명 중 옳은 것을 모두 고른 것은?

보기

ㄱ. 두 근이 자연수일 때, q가 홀수이면 p는 짝수이다.

ㄴ. p, q가 모두 홀수이면 근은 자연수가 아니다.

ㄷ. 두 근이 자연수일 때, p가 짝수이면 q는 홀수이다.

① ㄱ   ② ㄱ, ㄴ   ③ ㄱ, ㄷ

④ ㄴ, ㄷ   ⑤ ㄱ, ㄴ, ㄷ

24 신유형

n은 자연수, p는 소수이고, 삼차방정식

$$x^3 + nx^2 + (n-5)x + p = 0$$

의 한 근이 자연수일 때, $n + p$의 값은?

① 3   ② 4   ③ 5

④ 6   ⑤ 8

정답 및 풀이 71쪽

01 개념 통합

곡선 $y=x^2$, $y=-x^2+2x$가 만나는 두 점을 P, Q라 하자. P, Q 사이에서 곡선 $y=x^2$ 위에 한 점 A와 곡선 $y=-x^2+2x$ 위에 한 점 C를 잡고, 직선 PQ 위에 두 점 B, D를 잡아 정사각형 ABCD를 만들었다. 정사각형 ABCD의 한 변의 길이는?

① $\dfrac{\sqrt{5}}{2}-1$ ② $\sqrt{5}-2$ ③ $3-\sqrt{5}$

④ $\sqrt{3}-1$ ⑤ $2-\sqrt{3}$

03

0이 아닌 세 복소수 α, β, γ가 다음 조건을 만족한다.

> (가) $\alpha-\beta+\gamma=0$
>
> (나) $\dfrac{1}{\alpha}-\dfrac{1}{\beta}+\dfrac{1}{\gamma}=0$

이때 $\left(\dfrac{\alpha}{\beta}\right)^3+\left(\dfrac{\beta}{\gamma}\right)^3+\left(\dfrac{\gamma}{\alpha}\right)^3$의 값은?

① -2 ② -1 ③ 0

④ i ⑤ $\sqrt{3}i$

02

사차방정식

$$x^4-(2m+1)x^3+(m-2)x^2+2m(m+3)x-4m^2=0$$

이 서로 다른 네 실근을 가질 때, 10 이하인 정수 m의 개수를 구하시오.

04 서술형

사차방정식 $x^4-2x^3-x+2=0$의 한 허근 α와 자연수 m, n에 대하여 $f(m,n)=(1+\alpha^2)^m+\left(\dfrac{1}{1+\overline{\alpha}^2}\right)^n$이라 하자.

$$f(1,2)+f(2,3)+f(3,4)+\cdots+f(15,16)=p+qi$$

이고 p, q가 실수일 때, p^2+q^2의 값을 구하시오.

05 〔서술형〕

삼차방정식 $x^3 - 3x^2 + 4x - 4 = 0$의 한 허근을 z라 할 때, x^3의 계수가 1인 삼차식 $f(x)$가 다음을 만족한다.

$$f(z) = \frac{1}{\overline{z}^4 + 4\overline{z} - 2}, \ \ f(\overline{z}) = \frac{1}{z^3 + 2z + 2}, \ \ f(0) = 6$$

$f(2)$의 값을 구하시오.

06

실수 x, y에 대한 연립방정식 $\begin{cases} x^2 - xy + 2y^2 = 1 \\ x^2 + xy + 4y^2 = k \end{cases}$ 가 서로 다른 두 쌍의 해를 가진다. k의 값의 곱을 α라 할 때, 7α의 값은?

① 12   ② 13   ③ 14

④ 15   ⑤ 16

07

계수와 상수항이 모두 정수이고 x^3의 계수가 1인 삼차방정식 $f(x) = 0$이 정수인 근을 가진다. $f(7) = -3$, $f(11) = 73$일 때, $f(x) = 0$의 정수인 근을 구하시오.

08 〔신유형〕

삼차방정식 $x^3 - 3x^2 - (m-1)x + m + 7 = 0$의 세 근 α, β, γ가 모두 정수일 때, $\alpha^2 + \beta^2 + \gamma^2 + m^2$의 값은?

① 40   ② 41   ③ 42

④ 43   ⑤ 44

08. 부등식

부등식은 실수에서만 생각한다.
또 '해가 무수히 많다.'
는 표현은 쓰지 않는다.

1 부등식 $ax>b$의 해

(1) $a>0$일 때 $x>\dfrac{b}{a}$

(2) $a<0$일 때 $x<\dfrac{b}{a}$

(3) $a=0$일 때, $b\geq0$이면 해는 없다.

$b<0$이면 해는 모든 실수이다.

Note 음수로 나누면 부등호의 방향이 바뀐다는 것에 주의한다.

곧, $ma<mb$이고 $m<0$이면 $a>b$이다.

절댓값 기호가 2개 이상이면
범위를 나누어 푼다.

2 부등식 $|x|<a$, $|x|>a$ $(a>0)$의 해

(1) $|x|<a$의 해는 $-a<x<a$

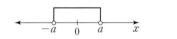

(2) $|x|>a$의 해는 $x<-a$ 또는 $x>a$

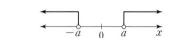

3 연립부등식의 해

(1) 연립부등식 $\begin{cases} f(x)>0 \\ g(x)>0 \end{cases}$ 의 해

두 부등식 $f(x)>0$, $g(x)>0$의 해를 구하고, 해의 공통부분을 구한다.

(2) 부등식 $f(x)<g(x)<h(x)$의 해

연립부등식 $\begin{cases} f(x)<g(x) \\ g(x)<h(x) \end{cases}$ 의 해와 같다.

4 이차부등식의 해

이차방정식 $ax^2+bx+c=0$ $(a>0)$의 판별식을 $D=b^2-4ac$라 할 때

$D=0$ 또는 $D<0$일 때
부등식의 해는 그래프를
이용하여 생각하면 편하다.

	$D>0$	$D=0$	$D<0$
$y=ax^2+bx+c$의 그래프	그래프 (α, β에서 x축 만남)	그래프 (α에서 x축 접함)	그래프 (x축과 안 만남)
$ax^2+bx+c=0$의 해	$x=\alpha$ 또는 $x=\beta$	$x=\alpha$(중근)	허근
$ax^2+bx+c>0$의 해	$x<\alpha$ 또는 $x>\beta$	$x\neq\alpha$인 모든 실수	모든 실수
$ax^2+bx+c\geq0$의 해	$x\leq\alpha$ 또는 $x\geq\beta$	모든 실수	모든 실수
$ax^2+bx+c<0$의 해	$\alpha<x<\beta$	해는 없다.	해는 없다.
$ax^2+bx+c\leq0$의 해	$\alpha\leq x\leq\beta$	$x=\alpha$	해는 없다.

5 이차부등식의 활용

(1) 이차부등식의 해가 모든 실수일 조건

해가 실수 전체인 부등식을
절대부등식이라 한다.

① 이차부등식 $ax^2+bx+c>0$이 항상 성립하려면 $a>0$, $D<0$

② 이차부등식 $ax^2+bx+c\geq0$이 항상 성립하려면 $a>0$, $D\leq0$

(2) 이차부등식 만들기

① 해가 $\alpha<x<\beta$이고, x^2의 계수가 1인 이차부등식은

$(x-\alpha)(x-\beta)<0$ 또는 $x^2-(\alpha+\beta)x+\alpha\beta<0$

② 해가 $x<\alpha$ 또는 $x>\beta$이고, x^2의 계수가 1인 이차부등식은

$(x-\alpha)(x-\beta)>0$ 또는 $x^2-(\alpha+\beta)x+\alpha\beta>0$

Note x^2의 계수의 부호가 음수이면 부등호의 방향이 바뀐다는 것에 주의한다.

예를 들어 해가 $2<x<3$이고, x^2의 계수가 -1인 이차부등식은

$-(x-2)(x-3)>0 \Rightarrow -x^2+5x-6>0$

code 1	일차부등식

01
부등식 $|2x-1| \leq a$의 해가 $b \leq x \leq 3$일 때, $a+b$의 값은?

① -1　　　　② 0　　　　③ 1
④ 2　　　　⑤ 3

02
부등식 $3|x+2| + |x-1| \leq 5$를 만족하는 정수 x의 합은?

① -3　　　　② -2　　　　③ -1
④ 1　　　　⑤ 2

03
부등식 $2x-7 < \dfrac{3x+2}{5} \leq 4x-3$을 만족하는 자연수 x의 개수를 구하시오.

code 2	해에 대한 조건이 있는 일차부등식

04
x에 대한 부등식 $2x-a < bx+3$의 해가 없을 때, a, b에 대한 조건은?

① $a<-3$, $b>2$　　　　② $a\leq-3$, $b>2$
③ $a>-3$, $b=2$　　　　④ $a\geq-3$, $b=2$
⑤ $a\leq-3$, $b=2$

05
부등식 $(a+2b)x+a-b>0$의 해가 $x<\dfrac{1}{2}$일 때, 부등식 $(2a-3b)x+a+6b<0$의 해는?

① $x<-2$　　　　② $x>2$　　　　③ $x<2$
④ $x>\dfrac{1}{2}$　　　　⑤ $x<-\dfrac{1}{2}$

06
연립부등식 $\begin{cases} 3x-5<4 \\ 3-2x \leq 2a-1 \end{cases}$ 을 만족하는 정수 x가 2개일 때, 실수 a의 값의 범위를 구하시오.

code 3	이차부등식

07
이차부등식 $x^2-x-3<0$의 해가 $\alpha<x<\beta$일 때, $\alpha^2+\beta^2$의 값은?

① 5　　　　② 7　　　　③ 9
④ 11　　　　⑤ 13

08
연립부등식 $\begin{cases} x^2-3x-4 \leq 0 \\ -x^2+x+2<0 \end{cases}$ 의 해가 $\alpha<x\leq\beta$일 때, $\alpha+\beta$의 값은?

① 1　　　　② 3　　　　③ 6
④ 8　　　　⑤ 9

09

연립부등식 $\begin{cases} x^2-4x+2\leq 2x-3 \\ x^2-4x+4>0 \end{cases}$ 을 만족하는 정수 x의 개수를 구하시오.

10

부등식 $x|x|+x-2\geq 0$의 해는?

① $x\leq -2$ ② $x\leq -1$ ③ $1\leq x\leq 2$
④ $x\geq 1$ ⑤ $x\geq 2$

11

$-1<x<1$인 x가 부등식 $(x-a+2)(x-a-3)<0$을 만족할 때, 실수 a의 값의 범위를 구하시오.

12

두 이차방정식
$$x^2+2(a+1)x+a+7=0,\ x^2-2(a-3)x-a+15=0$$
의 해가 모두 허수일 때, 정수 a의 개수는?

① 1   ② 2   ③ 3
④ 4   ⑤ 5

13

이차방정식 $x^2-2kx-k+6=0$의 해가 모두 양수일 때, 실수 k의 값의 범위를 구하시오.

---

code 4 해가 주어진 이차부등식

14

이차부등식 $x^2+ax+b<0$의 해가 $-3<x<2$일 때, 이차부등식 $x^2+bx+a>0$의 해를 구하시오.

15

이차부등식 $ax^2+bx+c>0$의 해가 $3<x<5$일 때, 이차부등식 $a(x-100)^2+b(x-100)+c>0$을 만족하는 정수 x의 값은?

① 100   ② 101   ③ 102
④ 103   ⑤ 104

16

부등식 $(x-a)(x-b)<10$의 해가 $-3<x<4$일 때, 부등식 $(x+a)(x+b)<10$의 해를 구하시오.

17

연립부등식 $\begin{cases} |x+1| \le 2 \\ x^2-x-2 \ge 0 \end{cases}$ 의 해와 부등식 $x^2+ax+b \le 0$의 해가 같을 때, a, b의 값을 구하시오.

18

이차부등식 $ax^2+bx+c \ge 0$의 해가 $x=2$일 때, **보기**에서 옳은 것을 모두 고른 것은?

--- **보기** ---
ㄱ. $a<0$
ㄴ. $b^2-4ac=0$
ㄷ. $b+c=0$

① ㄱ　　　　　② ㄱ, ㄴ　　　　　③ ㄱ, ㄷ
④ ㄴ, ㄷ　　　　⑤ ㄱ, ㄴ, ㄷ

19

이차부등식 $x^2-(a-1)x-a<0$을 만족하는 정수 x가 5개일 때, 양수 a의 값의 범위를 구하시오.

---

code **5** 해가 주어진 연립부등식

20

연립부등식 $\begin{cases} x^2+x-20<0 \\ x^2-2kx+k^2-25>0 \end{cases}$ 의 해가 없을 때, 실수 k 의 값의 범위는?

① $-1 \le k \le 0$　　② $-1<k \le 0$　　③ $-1<k<0$
④ $0<k<1$　　　　⑤ $0 \le k \le 1$

21

연립부등식 $\begin{cases} x^2-2x-3>0 \\ x^2+ax+b<0 \end{cases}$ 의 해가 $-3<x<-1$ 또는 $3<x<5$일 때, $a+b$의 값은?

① -20　　　　② -17　　　　③ -15
④ -13　　　　⑤ -10

22

연립부등식 $\begin{cases} x^2-2x-24 \le 0 \\ x^2+(1-2a)x-2a \le 0 \end{cases}$ 의 해가 $-1 \le x \le 6$일 때, 실수 a의 최솟값은?

① 2　　　　　② 3　　　　　③ 4
④ 5　　　　　⑤ 6

23

연립부등식 $\begin{cases} x^2+px+q \le 0 \\ x^2-x+p>0 \end{cases}$ 의 해가 $2<x \le 3$일 때, $p+q$의 값은?

① -7　　　　② -6　　　　③ -5
④ -4　　　　⑤ -3

24

두 부등식 $x^2+(1-a)x-a<0$, $x^2-4>0$을 동시에 만족하는 정수 x가 3뿐일 때, 실수 a의 값의 범위를 구하시오.

code 6 이차함수와 이차부등식

25

그림은 이차함수 $y=f(x)$의 그래프이다. 부등식 $f(1-x) \geq 0$의 해는?

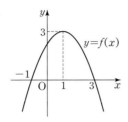

① $x \leq -2$ 또는 $x \geq 2$
② $-2 \leq x \leq 2$
③ $x \leq -3$ 또는 $x \geq 1$
④ $x \leq -3$ 또는 $x \geq 2$
⑤ $-3 \leq x \leq 1$

26

이차함수 $y=x^2+ax-b$의 그래프가 직선 $y=3x+1$보다 아래쪽에 있는 x의 값의 범위가 $-1 < x < 2$일 때, a, b의 값을 구하시오.

code 7 판별식과 부등식

27

x에 대한 이차부등식 $x^2+(a-2)x+4 \geq 0$의 해가 모든 실수일 때, 정수 a의 합을 구하시오.

28

부등식 $ax^2+(a+3)x+a < 0$의 해가 모든 실수일 때, 정수 a의 최댓값은?

① -1 ② -2 ③ -3
④ -4 ⑤ -5

29

함수 $f(x)=-2x^2-4x+1$과 $g(x)=x^2-2ax+4$가 있다. $y=f(x)$의 그래프가 $y=g(x)$의 그래프보다 아래쪽에 있을 때, 실수 a의 값의 범위는?

① $-5 < a < 1$ ② $-4 < a < 2$
③ $-3 < a < 2$ ④ $-2 < a < 1$
⑤ $-1 < a < 5$

code 8 이차함수의 그래프를 이용하는 부등식

30

$-1 \leq x \leq 1$에서 x에 대한 이차부등식 $x^2-4x \geq a^2-4a$가 항상 성립할 때, 정수 a의 개수는?

① 1   ② 2   ③ 3
④ 4   ⑤ 5

31

$-4 \leq x \leq 0$에서 부등식 $x^2+2ax+a-5 < 0$이 성립할 때, 실수 a의 값의 범위를 구하시오.

code 9 부등식의 활용

32

세 수 $x, x+1, x+2$가 둔각삼각형의 세 변의 길이가 되는 x의 값의 범위를 구하시오.

01

두 부등식 $|2x+5|<x+4$와 $|x+a|<b$의 해가 서로 같을 때, ab의 값은?

① 1   ② 2   ③ 3
④ 4   ⑤ 5

02 번뜩 아이디어

부등식 $||x-2|-2|>|x-2|$의 해를 구하시오.

03

부등식 $|2x-1|<x+a$의 해가 있을 때, 실수 a의 값의 범위는?

① $a>-\dfrac{1}{2}$ ② $a>-1$ ③ $a<\dfrac{1}{2}$

④ $a<1$ ⑤ $a<\dfrac{3}{2}$

04

부등식 $|x-a|+|x-b|\leq10$의 해가 $-2\leq x\leq8$일 때, $a+b$의 값은?

① 5   ② 6   ③ 7
④ 8   ⑤ 9

05 서술형

부등식 $|2x-3|+|3-x|+|x+2|\leq16$이 성립하는 범위에서 이차함수 $f(x)=ax^2+2ax+b$의 최댓값은 76, 최솟값은 4이다. $ab>0$일 때, a, b의 값을 구하시오.

06

부등식 $(x-10)|x-a|\leq0$을 만족하는 자연수 x가 11개일 때, 실수 a의 최솟값을 구하시오.

07 개념 통합

부등식 $2[x-1]^2-5[x+1]+7<0$의 해가 $\alpha \le x < \beta$일 때, $\beta-\alpha$의 값은? (단, $[x]$는 x보다 크지 않은 최대 정수)

① 1   ② 3   ③ 5

④ 7   ⑤ 9

08 신유형

$f(x)$는 x^2의 계수가 -1인 이차함수이고, $y=f(x)$의 그래프와 직선 $y=k$의 교점이 $(2, k)$, $(12, k)$이다. 부등식 $f(x)>f(3)-2$의 해가 $\alpha<x<\beta$일 때, $\alpha+\beta$의 값을 구하시오.

09

부등식 $bx^2+2x+a<0$의 해가 $\alpha<x<\beta$일 때, 부등식 $4ax^2-4x+b>0$의 해는? (단, $\alpha\beta<0$)

① $\dfrac{1}{2\alpha}<x<\dfrac{1}{2\beta}$ ② $-\dfrac{1}{\beta}<x<-\dfrac{1}{\alpha}$

③ $x<\dfrac{1}{2\alpha}$ 또는 $x>\dfrac{1}{2\beta}$ ④ $-\dfrac{1}{2\beta}<x<-\dfrac{1}{2\alpha}$

⑤ $x<-\dfrac{1}{2\beta}$ 또는 $x>-\dfrac{1}{2\alpha}$

10 서술형

연립부등식 $\begin{cases} x^2+x-6>0 \\ |x-a| \le 1 \end{cases}$ 이 해를 갖기 위한 실수 a의 값의 범위를 구하시오.

11 번뜩 아이디어

연립부등식 $\begin{cases} (x+a)(x-3)<0 \\ (x-a)(x-2)>0 \end{cases}$ 의 해가 $2<x<3$일 때, 실수 a의 최댓값과 최솟값의 합은?

① -3 ② -2 ③ -1

④ 0   ⑤ 1

12

연립부등식 $\begin{cases} |x-2|<k \\ x^2-6|x|+8 \le 0 \end{cases}$ 을 만족하는 정수 x가 3개일 때, 양수 k의 최댓값은?

① 1   ② 2   ③ 3

④ 4   ⑤ 5

13

연립부등식 $\begin{cases} x^2-8x+12 \le 0 \\ x^2+ax+b < 0 \end{cases}$ 의 해가 없고, 연립부등식

$\begin{cases} x^2-8x+12 > 0 \\ x^2+ax+b \ge 0 \end{cases}$ 의 해가 $x \le -1$ 또는 $x > 6$일 때, $a+b$의

값은?

① -11 ② -9 ③ -7

④ -5 ⑤ -3

14

연립부등식 $\begin{cases} x^2+ax+b \ge 0 \\ x^2+cx+d \le 0 \end{cases}$ 의 해가 $1 \le x \le 3$ 또는 $x=4$일

때, $a+b+c+d$의 값은?

① 1   ② 2   ③ 3

④ 4   ⑤ 5

15

두 부등식

$$[x]^2-[x]-2 > 0, \quad 2x^2+(5-2a)x-5a < 0$$

을 동시에 만족하는 정수 x가 -2뿐일 때, 실수 a의 값의 범위를 구하시오. (단, $[x]$는 x보다 크지 않은 최대 정수)

16 서술형

함수 $f(x)=x^2+ax-2$, $g(x)=-x^2-5x-a+1$이 있다. $-2 \le x \le 0$에서 $f(x) \le g(x)$일 때, 실수 a의 값의 범위를 구하시오.

17

두 실수 a, b $(a < b)$가

$$(a-1)(a-2)=(b-1)(b-2)$$

를 만족할 때, 부등식 $(x-1)(x-2) > (a-1)(a-2)$의 해는?

① $x > a$ ② $x < a$ ③ $x > b$

④ $a < x < b$ ⑤ $x < a$ 또는 $x > b$

18

모든 실수 x, y에 대하여 부등식

$$x^2-4xy+4y^2-10x+ay+b > 0$$

이 성립한다. 정수 a, b에 대하여 $a+b$의 최솟값은?

① 42   ② 43   ③ 44

④ 45   ⑤ 46

01 신유형

정수 a, b가 $b-a=10$을 만족한다. 부등식
$$|5x-4a-b|+|5x-6a+b|\leq k$$
를 만족하는 정수 x가 7개일 때, 정수 k의 개수는?

① 8   ② 9   ③ 10

④ 11   ⑤ 12

02 서술형

p는 0이 아닌 정수이고, $f(x)=x^2+px+p$이다.
곡선 $y=f(x)$의 꼭짓점을 A, y축과 만나는 점을 B라 할 때, A, B를 지나는 직선의 방정식을 $y=g(x)$라 하자. 부등식 $f(x)-g(x)\leq 0$을 만족하는 정수 x가 10개일 때, 정수 p의 최댓값과 최솟값을 구하시오.

03 번뜩 아이디어

a, b, c가 양의 실수일 때, 연립부등식
$$\begin{cases} ax^2-bx+c<0 \\ cx^2-bx+a<0 \end{cases}$$
의 해가 존재하기 위한 조건은?

① $a+c<\dfrac{b}{2}$ ② $a+c<b$ ③ $a+c<2b$

④ $a+c<1$ ⑤ $a+c<2$

04

m, n이 실수이고, 모든 실수 x에 대하여 연립부등식
$$-x^2+3x+2\leq mx+n\leq x^2-x+4$$
가 성립할 때, m^2+n^2의 값은?

① 9   ② 10   ③ 11

④ 12   ⑤ 13

05

$0\leq x\leq 1$에서 부등식 $x^2-2ax+a+6>0$이 성립할 때, 실수 a의 값의 범위를 구하시오.

Let's go on a trip!

지쳐 있었구나.

너무 긴장하고 웅크리고 있었구나.

미로에 갇힌 실험용 생쥐처럼 길을 잃고 헤매었구나.

자, 길을 나서자.

여행은 마치 비오는 날, 유리창을 닦아 내는 자동차 와이퍼와 같아.

와이퍼가 시야를 확보해 주듯 여행은 진정한 내 길을 찾아주거든.

여행에서 발견한 우연과 만남은 언제나 좋은 길잡이였어.

여행으로 새로워진 만큼 매일의 일상을 힘차게 달려갈 수 있었어.

여기가 답답하고 비좁다고 느껴질 때마다

얼룩진 기억들을 와이퍼로 말끔히 닦아 내고

미로 속을 벗어나 먼 길을 가자.

Ⅲ. 도형의 방정식

09. 점과 직선

수직선에서 점 $A(x_1)$, $B(x_2)$ 사이의 거리는 $\overline{AB}=|x_2-x_1|$

1 좌표평면에서 두 점 사이의 거리

점 $A(x_1,\ y_1)$, $B(x_2,\ y_2)$ 사이의 거리는

$$\overline{AB}=\sqrt{(x_2-x_1)^2+(y_2-y_1)^2}$$

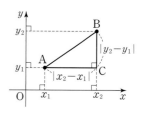

수직선에서 점 $A(x_1)$, $B(x_2)$일 때,
선분 AB를 $m:n$으로
내분하는 점은 $P\left(\dfrac{mx_2+nx_1}{m+n}\right)$
외분하는 점은 $Q\left(\dfrac{mx_2-nx_1}{m-n}\right)$
중점은 $M\left(\dfrac{x_1+x_2}{2}\right)$

2 좌표평면에서 선분의 내분점과 외분점

점 $A(x_1,\ y_1)$, $B(x_2,\ y_2)$일 때, 선분 AB를 $m:n$으로

내분하는 점은 $P\left(\dfrac{mx_2+nx_1}{m+n},\ \dfrac{my_2+ny_1}{m+n}\right)$

외분하는 점은 $Q\left(\dfrac{mx_2-nx_1}{m-n},\ \dfrac{my_2-ny_1}{m-n}\right)$

중점은 $M\left(\dfrac{x_1+x_2}{2},\ \dfrac{y_1+y_2}{2}\right)$ ⟶ 외분할 때는 $m\neq n$이다.

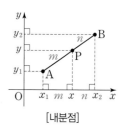

[내분점]

3 삼각형의 무게중심

점 $A(x_1,\ y_1)$, $B(x_2,\ y_2)$, $C(x_3,\ y_3)$일 때, 삼각형 ABC의 무게중심은

$$G\left(\dfrac{x_1+x_2+x_3}{3},\ \dfrac{y_1+y_2+y_3}{3}\right)$$

4 직선의 방정식

(1) 기울기가 m이고 점 $(x_1,\ y_1)$을 지나는 직선의 방정식 ⇨ $y-y_1=m(x-x_1)$

(2) 점 $(x_1,\ y_1)$, $(x_2,\ y_2)$를 지나는 직선의 방정식 ⇨ $y-y_1=\dfrac{y_2-y_1}{x_2-x_1}(x-x_1)$

x절편이 a, y절편이 b인
직선의 방정식은 $\dfrac{x}{a}+\dfrac{y}{b}=1$

(3) 점 $(x_1,\ y_1)$을 지나고 x축에 평행한 직선의 방정식 ⇨ $y=y_1$

(4) 점 $(x_1,\ y_1)$을 지나고 y축에 평행한 직선의 방정식 ⇨ $x=x_1$

5 정점을 지나는 직선

(1) $y-y_1=m(x-x_1)$ ⇨ 기울기가 m이고 점 $(x_1,\ y_1)$을 지나는 직선

$y-y_1=m(x-x_1)$은
직선 $y=y_1$과 $x=x_1$의 교점 $(x_1,\ y_1)$을
지나는 직선이라 생각해도 된다.

(2) $ax+by+c+k(a'x+b'y+c')=0$
⇨ 두 직선 $ax+by+c=0$, $a'x+b'y+c'=0$의 교점을 지나는 직선

6 두 직선의 위치 관계

직선 $ax+by+c=0$과
평행한 직선은 $ax+by+c'=0$
수직인 직선은 $bx-ay+c''=0$
꼴이다.

두 직선	$\begin{cases}y=mx+n\\y=m'x+n'\end{cases}$	$\begin{cases}ax+by+c=0\\a'x+b'y+c'=0\end{cases}$	연립방정식의 해
평행	$m=m',\ n\neq n'$	$\dfrac{a}{a'}=\dfrac{b}{b'}\neq\dfrac{c}{c'}$	해가 없다.
일치	$m=m',\ n=n'$	$\dfrac{a}{a'}=\dfrac{b}{b'}=\dfrac{c}{c'}$	해가 무수히 많다.
한 점에서 만난다.	$m\neq m'$	$\dfrac{a}{a'}\neq\dfrac{b}{b'}$	해가 1개
수직	$mm'=-1$	$aa'+bb'=0$	

7 점과 직선 사이의 거리

점 $P(x_1,\ y_1)$과 직선 $ax+by+c=0$ 사이의 거리는

$$d=\dfrac{|ax_1+by_1+c|}{\sqrt{a^2+b^2}}$$

Note 평행한 두 직선 l, l' 사이의 거리는
직선 l' 위의 한 점과 직선 l 사이의 거리이다.

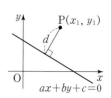

→ 정답 및 풀이 83쪽

code 1	두 점 사이의 거리

01

좌표평면 위의 두 점 A(4, 0), B(2, 2)로부터 같은 거리에 있고 y축 위에 있는 점 P의 좌표는?

① $(0, -2)$ ② $\left(0, -\dfrac{3}{2}\right)$ ③ $(0, -1)$

④ $\left(0, -\dfrac{1}{2}\right)$ ⑤ $(0, 1)$

02

좌표평면 위의 두 점 A(−5, −1), B(3, 0)으로부터 같은 거리에 있고 직선 $y=x+2$ 위에 있는 점 P의 좌표가 (a, b)일 때, $a+b$의 값은?

① $-\dfrac{1}{3}$ ② $\dfrac{1}{3}$ ③ $\dfrac{2}{3}$

④ 1 ⑤ $\dfrac{4}{3}$

03

좌표평면 위에 세 점 O(0, 0), A(a, −3), B(b, a)가 있다. 삼각형 OAB에서 ∠AOB=90°일 때, b의 값을 구하시오. (단, $a \neq 0$)

04

그림과 같이 점 P는 점 A(9, 0)에서 매초 1의 속력으로 x축을 따라 왼쪽으로 움직이고, 점 Q는 점 B(0, 3)에서 매초 2의 속력으로 y축을 따라 아래쪽으로 움직인다.
P, Q가 동시에 출발할 때, P, Q 사이의 거리의 최솟값은?

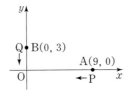

① $3\sqrt{5}$ ② 7 ③ $4\sqrt{5}$

④ 25 ⑤ 45

code 2	내분점, 외분점

05

그림과 같이 수직선 위에 일정한 간격으로 점 A, B, C, D, E, F, G가 있다. **보기**에서 옳은 것을 모두 고른 것은?

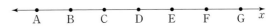

┌─ 보기 ────────────────────────┐
ㄱ. 선분 AG를 2 : 1로 내분하는 점은 E이다.
ㄴ. 선분 AC를 3 : 1로 외분하는 점은 D이다.
ㄷ. 선분 CD를 2 : 3으로 외분하는 점은 F이다.
└──────────────────────────────┘

① ㄱ   ② ㄷ   ③ ㄱ, ㄴ

④ ㄱ, ㄷ   ⑤ ㄴ, ㄷ

06

두 점 A(1, −4), B(7, 8)에 대하여 선분 AB를 1 : 2로 내분하는 점을 P, 2 : 1로 외분하는 점을 Q라 하자. 선분 PQ의 길이를 구하시오.

07

두 점 A(a, 4), B(−9, 0)에 대하여 선분 AB를 4 : 3으로 내분하는 점이 y축 위에 있을 때, a의 값은?

① 6   ② 8   ③ 10

④ 12   ⑤ 14

08

세 점 A(1, 4), B(−1, 0), C(−5, 1)이 꼭짓점인 삼각형이 있다. ∠A의 이등분선이 변 BC와 만나는 점 D의 좌표를 (a, b)라 할 때, $a+b$의 값은?

① $-\dfrac{11}{5}$ ② -1 ③ 0

④ 1 ⑤ $\dfrac{11}{5}$

09

평행사변형 ABCD의 네 꼭짓점의 좌표가

$$A(5, a), B(b, 3), C(1, 5), D(1, 2)$$

일 때, 대각선 AC와 BD의 길이의 제곱의 합은?

① 57   ② 58   ③ 59

④ 60   ⑤ 61

---

code 3   삼각형의 무게중심

10

좌표평면 위에 세 점 $A(-1, 1)$, $B(2, 5)$, $C(a, b)$가 있다. 삼각형 ABC의 무게중심의 좌표가 $(-1, 3)$일 때, $a+b$의 값은?

① -5 ② -3 ③ -1

④ 1   ⑤ 3

11

꼭짓점 A의 좌표가 $(1, -2)$인 삼각형 ABC에서 변 BC의 중점 M의 좌표가 $(-2, 4)$일 때, 삼각형 ABC의 무게중심의 좌표를 구하시오.

12

좌표평면 위의 세 점 $A(2, 4)$, $B(-2, 6)$, $C(6, 8)$이 꼭짓점인 삼각형 ABC가 있다. 변 AB의 중점을 P, 변 BC의 중점을 Q, 변 CA의 중점을 R라 하자. 삼각형 PQR의 무게중심의 좌표를 (a, b)라 할 때, $a+b$의 값은?

① 4   ② 5   ③ 6

④ 7   ⑤ 8

13

세 점 $A(2, 2)$, $B(0, 3)$, $C(4, 4)$에 대하여 $\overline{PA}^2 + \overline{PB}^2 + \overline{PC}^2$의 값이 최소일 때, 점 P의 좌표는?

① $(1, 2)$ ② $(1, 3)$ ③ $(2, 2)$

④ $(2, 3)$ ⑤ $(3, 1)$

---

code 4   평행 또는 수직인 직선

14

직선 $2x+y+3=0$과 평행하고, 점 $(4, -5)$를 지나는 직선이 점 $(-1, k)$를 지날 때, k의 값을 구하시오.

15

두 직선 $x+3y=-6$, $2x-y=-5$의 교점을 지나고 직선 $3x+2y=1$에 수직인 직선의 y절편은?

① -1 ② $-\dfrac{1}{2}$ ③ $\dfrac{1}{2}$

④ 1   ⑤ $\dfrac{3}{2}$

16

점 $(1, 1)$에서 직선 $y=2x+1$에 내린 수선의 발의 좌표는?

① $\left(\dfrac{1}{2}, 3\right)$ ② $\left(\dfrac{1}{3}, \dfrac{5}{3}\right)$ ③ $\left(\dfrac{1}{5}, \dfrac{7}{5}\right)$

④ $\left(-\dfrac{1}{3}, \dfrac{1}{3}\right)$ ⑤ $\left(-\dfrac{3}{4}, -\dfrac{1}{2}\right)$

17

직선 $y=mx+3$이 직선 $nx-2y-2=0$과는 수직이고, 직선 $(3-n)x-y-1=0$과는 평행할 때, m^2+n^2의 값은?

① 13   ② 14   ③ 15

④ 16   ⑤ 17

18

좌표평면 위의 서로 다른 세 점

$$A(-2k-1, 5), B(k, -k-10), C(2k+5, k-1)$$

이 일직선 위에 있을 때, k의 값의 곱을 구하시오.

19

좌표평면에서 세 직선

$$x+2y-3=0, 3x-y-2=0, ax-4y=0$$

이 삼각형을 이루지 않을 때, 실수 a의 값의 합을 구하시오.

---

code **5** **정점을 지나는 직선**

20

직선 $y=mx+m-1$이 두 점 $A(0, 2)$, $B(2, 1)$을 잇는 선분과 만날 때, $a\leq m\leq b$이다. ab의 값은?

① -2 ② -1 ③ 1

④ 2 ⑤ 3

21

직선 $(1+k)x-2y-2k=0$이 제4사분면을 지나지 않을 때, 실수 k의 값의 범위는?

① $k\leq -1$ ② $k\geq -1$

③ $-1\leq k\leq 0$ ④ $k\geq 0$

⑤ $k\leq -1$ 또는 $k\geq 0$

22

직선 $(k+1)x-(k-2)y-3=0$에 대하여 **보기**에서 옳은 것을 모두 고른 것은?

> **• 보기 •**
>
> ㄱ. $k=-1$이면 점 $(1, 0)$을 지난다.
>
> ㄴ. $k=2$이면 y축에 평행하다.
>
> ㄷ. k의 값에 관계없이 점 $(1, 1)$을 지난다.

① ㄷ   ② ㄱ, ㄴ   ③ ㄱ, ㄷ

④ ㄴ, ㄷ   ⑤ ㄱ, ㄴ, ㄷ

---

code **6** **직선과 도형의 넓이**

23

좌표평면 위에 세 점 $O(0, 0)$, $A(2, 4)$, $B(6, 2)$가 있다. 직선 $y=mx-2m+4$가 삼각형 OAB의 넓이를 이등분할 때, m의 값은?

① -1 ② -3 ③ -5

④ -6 ⑤ -9

24

좌표평면 위에 세 점 $A(4, 2)$, $B(0, -2)$, $C(4, 0)$이 있다. 직선 $x=k$가 삼각형 ABC의 넓이를 이등분할 때, k의 값을 구하시오.

25

좌표평면 위에 점 A$(5, 0)$, B$(5, 1)$, C$(3, 1)$, D$(3, 3)$, E$(0, 3)$이 있다. 원점 O를 지나는 직선 l이 도형 OABCDE의 넓이를 이등분할 때, 직선 l의 기울기를 구하시오.

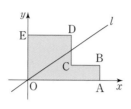

26

좌표평면 위에 네 점 O$(0, 0)$, A$(5, 3)$, B$(2, 1)$, C$(3, 0)$이 있다. 점 D가 선분 OC 위에 있고, 삼각형 ABC의 넓이와 삼각형 ADC의 넓이가 같을 때, 직선 AD의 기울기는?

① $\dfrac{5}{7}$　　　② $\dfrac{3}{4}$　　　③ $\dfrac{7}{9}$

④ $\dfrac{4}{5}$　　　⑤ $\dfrac{9}{11}$

---

code 7 점과 직선 사이의 거리

27

점 $(3, a)$와 직선 $3x-4y-2=0$ 사이의 거리가 3일 때, a의 값의 곱은?

① -15　　　② -13　　　③ -11

④ -9　　　⑤ -7

28

두 직선 $x+2y=5$, $y=2x-2$에서 같은 거리에 있는 y축 위의 점의 좌표를 모두 구하시오.

29

점 $(2, 3)$을 지나고 원점으로부터의 거리가 3인 직선은 2개 있다. 두 직선의 기울기의 합은?

① $-\dfrac{16}{5}$　　　② $-\dfrac{14}{5}$　　　③ $-\dfrac{13}{5}$

④ $-\dfrac{12}{5}$　　　⑤ $-\dfrac{11}{5}$

30

원점과 직선 $3x-y+2-k(x+y)=0$ 사이의 거리가 최대일 때, 실수 k의 값과 거리의 최댓값을 구하시오.

31

a, b가 실수이고 $a^2+b^2=9$일 때, 두 직선
$$ax+by=-6, \quad ax+by=3$$
사이의 거리는?

① 3　　　② 6　　　③ 9

④ 12　　　⑤ 15

32

좌표평면 위에 점 A$(5, 0)$이 있다. A와 원점 O에서 직선 $3x+4y-30=0$에 내린 수선의 발을 각각 B, C라 할 때, 사다리꼴 OABC의 넓이는?

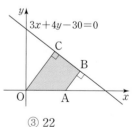

① 18　　　② 20　　　③ 22

④ 24　　　⑤ 26

01

두 점 A(2, 3), B(4, 1)로부터 같은 거리에 있고 x축 위에 있는 점을 P, y축 위에 있는 점을 Q라 할 때, 선분 PQ의 길이는?

① 1   ② $\sqrt{2}$ ③ $2\sqrt{2}$
④ $3\sqrt{2}$ ⑤ $4\sqrt{2}$

02

좌표평면 위에 세 점 A(2, -2), B(4, 2), C(a, 0)이 있다. 삼각형 ABC가 이등변삼각형일 때, a의 값의 합은?

① 12   ② 13   ③ 14
④ 15   ⑤ 16

03

세 점 A(3, 5), B(7, 10), C(a, b)에 대하여
$$\sqrt{(a-7)^2+(b-10)^2}+\sqrt{(a-3)^2+(b-5)^2}$$
의 최솟값은?

① $\sqrt{29}$ ② $\sqrt{33}$ ③ $\sqrt{37}$
④ $\sqrt{41}$ ⑤ $\sqrt{43}$

04

좌표평면 위에 점 A(3, 2), B, C가 있다. 삼각형 ABC의 외심 (0, 1)이 변 BC 위에 있을 때, $\overline{AB}^2+\overline{AC}^2$의 값은?

① 40   ② 44   ③ 48
④ 52   ⑤ 56

05

두 점 A(-2, 5), B(6, -3)을 잇는 선분 AB를 $t : (1-t)$로 내분하는 점이 제1사분면 위에 있을 때, t의 값의 범위는? (단, $0<t<1$)

① $\dfrac{1}{8}<t<\dfrac{1}{4}$ ② $\dfrac{1}{4}<t<\dfrac{5}{8}$ ③ $\dfrac{3}{8}<t<\dfrac{3}{4}$
④ $\dfrac{1}{2}<t<\dfrac{7}{8}$ ⑤ $\dfrac{5}{8}<t<1$

06 서술형

삼각형 ABC에서 선분 BC를 1 : 3으로 내분하는 점을 D, 선분 BC를 2 : 3으로 외분하는 점을 E, 선분 AB를 1 : 2로 외분하는 점을 F라 하자. 삼각형 FEB의 넓이와 삼각형 ABD의 넓이의 비를 가장 간단한 자연수의 비로 나타내시오.

07

좌표평면 위의 두 점 A(2, 3), B(0, 4)에 대하여 선분 AB를 $m : n$ $(m>n>0)$으로 외분하는 점을 Q라 하자. 삼각형 OAQ의 넓이가 16일 때, $\dfrac{n}{m}$의 값은? (단, O는 원점)

① $\dfrac{3}{8}$ ② $\dfrac{1}{2}$ ③ $\dfrac{5}{8}$

④ $\dfrac{3}{4}$ ⑤ $\dfrac{7}{8}$

08 번뜩 아이디어

좌표평면 위에 세 점 O(0, 0), A(4, 1), B(1, 4)가 있다. 선분 AB를 1 : 2로 외분하는 점을 C, 2 : 1로 외분하는 점을 D라 하자. 두 삼각형 OCB, OAD의 무게중심을 각각 G_1, G_2라 할 때, 선분 G_1G_2의 길이는?

① $2\sqrt{2}$ ② $\dfrac{5\sqrt{2}}{3}$ ③ $\dfrac{4\sqrt{2}}{3}$

④ $\sqrt{2}$ ⑤ $\dfrac{2\sqrt{2}}{3}$

09 서술형

좌표평면 위의 세 점 P(3, 7), Q(1, 1), R(9, 3)으로부터 같은 거리에 있는 직선 l이 두 선분 PQ, PR와 만나는 점을 각각 A, B라 하고, 선분 QR의 중점을 C라 하자. 삼각형 ABC의 무게중심의 좌표를 구하시오.

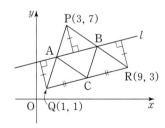

10

좌표평면 위에 마름모 ABCD가 있다. A(1, 3), C(5, 1)이고, 두 점 B, D를 지나는 직선 l의 방정식이 $2x+ay+b=0$일 때, ab의 값은?

① 3 ② 4 ③ 5

④ 6 ⑤ 7

11

좌표평면 위에 네 점 O(0, 0), A(0, 8), B(10, 8), C(10, 0)이 있다. 직사각형 OABC를 그림과 같이 두 부분 P, Q로 나눌 때, P와 Q의 넓이를 동시에 이등분하는 직선의 방정식을 구하시오.

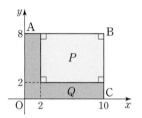

12

좌표평면 위에 세 점 A(0, 2), B(−1, 0), C(4, 0)이 있다. 삼각형 ABC의 내접원의 중심을 I라 할 때, 직선 AI의 기울기는?

① -2 ② $-\dfrac{7}{3}$ ③ $-\dfrac{8}{3}$

④ -3 ⑤ $-\dfrac{10}{3}$

13

좌표평면 위에 세 점 A(6, 3), B(2, 1), C(3, 0)이 있다. 선분 AB와 선분 BC는 그림의 직사각형을 두 부분으로 나누는 경계선이다. 두 부분의 넓이가 변하지 않게 점 A를 지나는 직선으로 경계를 바꿀 때, 이 직선의 기울기를 구하시오.

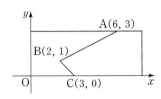

14 번뜩 아이디어

두 직선 $y=ax$, $y=bx$ $(a>b)$가 직선 $\dfrac{x}{6}+\dfrac{y}{15}=1$과 x축 및 y축으로 둘러싸인 부분의 넓이를 삼등분할 때, $\dfrac{a}{b}$의 값은?

① 1   ② 2   ③ 3
④ 4   ⑤ 5

15 개념 통합

a, b는 양수이고, 직선 $\dfrac{x}{a}+\dfrac{y}{b}=1$은 점 (2, 8)을 지난다. 이 직선이 x축, y축과 만나는 점을 각각 A, B라 할 때, $\overline{OA}+\overline{OB}$의 최솟값은? (단, O는 원점)

① 14   ② 16   ③ 18
④ 20   ⑤ 22

16 서술형

서로 다른 세 직선

$$3x+y-1=0,\ x+5y+9=0,\ ax+(a^2+3)y+7=0$$

이 좌표평면을 여섯 부분으로 나눌 때, 실수 a의 값의 곱을 구하시오.

17

a, b가 실수이고, 네 직선

$$x+ay+1=0,\ x-(b-2)y-1=0,$$
$$2x+by+2=0,\ 2x+by-2=0$$

의 교점이 꼭짓점인 사각형이 직사각형일 때, a^2+b^2의 값은?

① 2   ② 4   ③ 6
④ 8   ⑤ 10

18

두 직선 $3x+y+3=0$, $3mx+y-9m-2=0$이 제3사분면에서 만날 때, $a<m<\beta$이다. $a\beta$의 값은?

① $\dfrac{1}{6}$ ② $\dfrac{5}{6}$ ③ $\dfrac{7}{6}$
④ $\dfrac{5}{54}$ ⑤ $\dfrac{7}{54}$

19

두 직선 $2x+ay+8=0$, $(a-2)x+4y+8=0$이 평행할 때, 이 두 직선 사이의 거리는?

① $\sqrt{2}$　　　　② $\sqrt{3}$　　　　③ $2\sqrt{2}$

④ $2\sqrt{3}$　　　　⑤ $3\sqrt{2}$

20

m이 실수일 때, 점 $A(4, 3)$과 직선 $mx-y+2m=0$ 사이의 거리의 최댓값은?

① $2\sqrt{10}$　　　　② $\sqrt{42}$　　　　③ $2\sqrt{11}$

④ $3\sqrt{5}$　　　　⑤ $4\sqrt{3}$

21

좌표평면 위에 세 점 $A(3, 1)$, $B(1, -3)$, $C(4, 0)$이 있다. 삼각형 ABC의 외심과 직선 $3x-4y+10=0$ 사이의 거리를 구하시오.

22 서술형

x, y에 대한 방정식
$$3x^2+2y^2-5x+5xy-4y+2=0$$
은 두 직선을 나타낸다. 이 두 직선과 x축으로 둘러싸인 부분의 넓이를 구하시오.

23

다음은 삼각형 ABC에서 선분 BC 위의 두 점 M, N에 대하여 $\overline{BM}=\overline{MN}=\overline{NC}$일 때,
$$\overline{AB}^2+\overline{AC}^2=\overline{AM}^2+\overline{AN}^2+4\overline{MN}^2$$
임을 보이는 과정이다. (가), (나), (다)에 알맞은 수를 써넣으시오.

직선 BC를 x축, 선분 BC의 중점을 원점으로 하는 좌표평면을 생각하자. 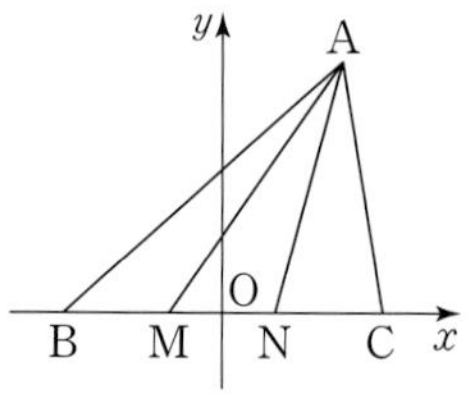
$$A(a, b), N(c, 0) (c>0)$$
이라 하면
$$B(-3c, 0), M(-c, 0),$$
$$C(3c, 0)$$
이므로
$$\overline{AB}^2+\overline{AC}^2=2a^2+2b^2+\boxed{\text{(가)}}c^2$$
$$\overline{AM}^2+\overline{AN}^2=\boxed{\text{(나)}}(a^2+b^2+c^2)$$
$$4\overline{MN}^2=\boxed{\text{(다)}}c^2$$
$$\therefore \overline{AB}^2+\overline{AC}^2=\overline{AM}^2+\overline{AN}^2+4\overline{MN}^2$$

24

사각형 ABCD는 $\overline{AB}=3$, $\overline{BC}=5$, $\overline{AC}=6$인 평행사변형이다. $\overline{BD}^2$의 값은?

① 30　　　　② 32　　　　③ 34

④ 36　　　　⑤ 38

01

다음 물음에 답하시오.

(1) 삼각형 ABC에서 변 BC를 $n:1$로 내분하는 점을 D라 하자. 이때 다음 식이 성립함을 보이시오.

$$\overline{AB}^2 + n\,\overline{AC}^2 = (n+1)(\overline{AD}^2 + n\,\overline{CD}^2)$$

(2) 삼각형 ABC에서 변 BC의 중점을 M, 변 BC를 $3:1$로 내분하는 점을 D라 하자. $\overline{BC}=4$, $\overline{AM}=\sqrt{5}$, $\overline{AD}=2\sqrt{2}$ 일 때, $\overline{AC}^2 - \overline{AB}^2$의 값을 구하시오.

02 번뜩 아이디어

좌표평면 위에 네 점

A$(-1,\ 0)$, B$(-1,\ -1)$, C$(0,\ -1)$, D$(a,\ a)$

가 있다. y축이 사각형 ABCD의 넓이를 이등분할 때, 양수 a의 값은?

① $\dfrac{-1+\sqrt{5}}{2}$ ② $\dfrac{\sqrt{5}}{2}$ ③ $\dfrac{1+\sqrt{5}}{2}$

④ $\dfrac{2+\sqrt{5}}{2}$ ⑤ $\sqrt{5}$

03 개념 통합

그림과 같이 직선 $y=x$와 곡선 $y=x^2$으로 둘러싸인 도형이 있다. 곡선 $y=x^2$ 위에 두 점 A, B를 잡고, 직선 $y=x$ 위에 두 점 C, D를 잡아 정사각형 ABCD를 그릴 때, 정사각형 ABCD의 대각선의 길이를 구하시오.

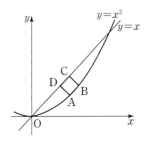

04 서술형

세 직선

$l:4x-3y+21=0$

$m:y+5=0$

$n:3x+4y-28=0$

으로 둘러싸인 삼각형의 내심의 좌표를 구하시오.

10. 원과 도형의 이동

1 원의 방정식

중심의 좌표가 (a, b)이고 반지름의 길이가 r인 원의 방정식은
$$(x-a)^2+(y-b)^2=r^2$$

오른쪽 식을 전개하면
$x^2+y^2+Ax+By+C=0$
꼴로 나타낼 수 있다.

2 축에 접하는 원의 방정식

원 $(x-a)^2+(y-b)^2=r^2$이 x축 또는 y축에 접하는 경우를 정리하면 다음과 같다.

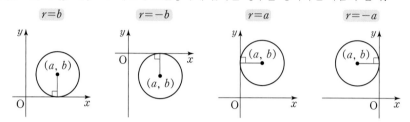

3 원과 직선

(1) 원의 중심과 직선 사이의 거리를 d, 원의 반지름의 길이를 r라 할 때, 원과 직선의 위치 관계는

    $d<r$: 두 점에서 만난다.

    $d=r$: 한 점에서 만난다.(접한다.)

    $d>r$: 만나지 않는다.

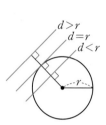

(2) 원의 방정식 $f(x, y)=0$과 직선의 방정식 $y=mx+n$에서 y를 소거한 이차방정식 $f(x, mx+n)=0$의 실근이 원과 직선이 만나는 점의 x좌표이다.

$f(x, mx+n)=0$의
판별식을 D라 하면

4 원의 접선의 방정식

(1) 원 $x^2+y^2=r^2$에 접하고 기울기가 m인 접선의 방정식은 $y=mx\pm r\sqrt{m^2+1}$

(2) 원 $x^2+y^2=r^2$ 위의 점 (x_1, y_1)에서의 접선의 방정식은 $x_1x+y_1y=r^2$

5 평행이동

평행이동하면
직선의 기울기나
원의 반지름의 길이는
변하지 않는다.

점 (x, y)와 도형 $f(x, y)=0$을 x축 방향으로 m만큼, y축 방향으로 n만큼 평행이동하면
$$(x, y) \longrightarrow (x+m, y+n)$$
$$f(x, y)=0 \longrightarrow f(x-m, y-n)=0 \quad \Leftarrow m, n의 부호가 바뀐다.$$

6 대칭이동

	점 (x, y)	도형 $f(x, y)=0$
x축에 대칭이동	$(x, -y)$	$f(x, -y)=0$
y축에 대칭이동	$(-x, y)$	$f(-x, y)=0$
원점에 대칭이동	$(-x, -y)$	$f(-x, -y)=0$
직선 $y=x$에 대칭이동	(y, x)	$f(y, x)=0$
직선 $y=-x$에 대칭이동	$(-y, -x)$	$f(-y, -x)=0$

7 점과 직선에 대한 대칭이동

점 P를 점 A 또는 직선 l에 대칭이동한 점 P′의 좌표는 다음을 이용하여 구한다.

(1) 점 P를 점 A에 대칭이동한 점 P′의 좌표
    ⇨ 선분 PP′의 중점이 A이다.

(2) 점 P를 직선 l에 대칭이동한 점 P′의 좌표
    ⇨ (i) 직선 PP′과 직선 l은 수직이다.
       (ii) 선분 PP′의 중점이 직선 l 위에 있다.

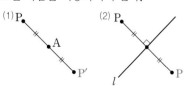

code 1 | **원의 방정식**

01

x, y에 대한 방정식 $x^2+y^2-2x+4y+2k=0$이 원을 나타낼 때, 자연수 k의 개수는?

① 1　　　② 2　　　③ 3
④ 4　　　⑤ 5

02

원 $x^2+y^2+2ax-8y+4a-9=0$의 넓이의 최솟값은?

① 15π　　　② 17π　　　③ 19π
④ 21π　　　⑤ 23π

03

두 점 A$(-2, -4)$, B$(6, 2)$를 지름의 양 끝 점으로 하는 원의 중심의 좌표를 (a, b), 반지름의 길이를 r라 할 때, $a+b+r$의 값은?

① 5　　　② 6　　　③ 7
④ 8　　　⑤ 9

04

그림과 같이 좌표평면 위에 두 점 A$(0, 4)$, B$(6, 6)$이 있다. x축 위의 점 P가 세 점 O, A, B를 지나는 원 위에 있을 때, P의 좌표를 구하시오.

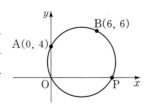

05

원 $x^2+y^2-2x-4y=0$의 넓이를 두 직선 $y=ax$, $y=bx+c$ 가 4등분할 때, abc의 값은?

① -3　　　② $-\dfrac{5}{2}$　　　③ -2
④ $-\dfrac{3}{2}$　　　⑤ -1

code 2 | **축에 접하는 원의 방정식**

06

원 $(x-a)^2+(y-a^2+1)^2=4a^2$이 x축에 접할 때, 양수 a의 값을 구하시오.

07

중심이 직선 $y=x-1$ 위에 있고 y축에 접하며 점 $(3, -1)$을 지나는 원의 반지름의 길이는?

① 2　　　② 3　　　③ 4
④ 5　　　⑤ 6

08

점 $(2, -1)$을 지나고 x축과 y축에 동시에 접하는 원은 두 개이다. 두 원의 중심 사이의 거리는?

① $\sqrt{2}$　　　② 2　　　③ $2\sqrt{2}$
④ $3\sqrt{2}$　　　⑤ $4\sqrt{2}$

code 3 두 원 사이의 관계

09

두 원 $x^2+y^2=18$, $(x-2)^2+(y-2)^2=r^2$이 접할 때, 양수 r의 값의 합은?

① $3\sqrt{2}$ ② $4\sqrt{2}$ ③ $5\sqrt{2}$
④ $6\sqrt{2}$ ⑤ $7\sqrt{2}$

10

원 $x^2+y^2=16$과 원 $(x-a)^2+(y-b)^2=1$이 외부에서 접할 때, 점 (a, b)가 그리는 도형의 길이는?

① 10π ② 12π ③ 14π
④ 16π ⑤ 18π

11

원 $(x-3)^2+(y-2)^2=1$과 외부에서 접하고 x축, y축에 동시에 접하는 원은 두 개 있다. 두 원의 반지름의 길이의 합을 구하시오.

12

두 원
$$x^2+y^2-6y+4=0,\ x^2+y^2+ax-4y+2=0$$
의 교점과 원점을 지나는 원의 넓이가 10π일 때, 양수 a의 값은?

① 2   ② 3   ③ 4
④ 5   ⑤ 6

code 4 원과 직선

13

원 $x^2+y^2-4x-2y=a-3$이 x축과 만나고, y축과 만나지 않을 때, 실수 a의 값의 범위는?

① $a>-2$ ② $a\geq-1$ ③ $-1\leq a<2$
④ $-2<a\leq2$ ⑤ $-2\leq a<3$

14

세 점 $(0, 0)$, $(2, 0)$, $(3, -1)$을 지나는 원이 직선 $x+y=k$와 만날 때, 정수 k의 개수를 구하시오.

15

원 $(x-1)^2+(y-a)^2=21$과 직선 $ax+2y=0$이 두 점 P, Q에서 만난다. 선분 PQ의 길이가 8일 때, 양수 a의 값은?

① $\sqrt{2}$ ② $\sqrt{3}$ ③ 2
④ $\sqrt{5}$ ⑤ $\sqrt{6}$

16

점 P$(-1, 2)$를 지나고, 원 $x^2+y^2=9$와 만나서 생기는 현의 길이가 $3\sqrt{2}$인 두 직선이 있다. 두 직선의 기울기의 합은?

① $\dfrac{2}{7}$ ② $\dfrac{4}{7}$ ③ $\dfrac{8}{7}$
④ $\dfrac{10}{7}$ ⑤ $\dfrac{12}{7}$

code 5 원의 접선

17

좌표평면 위에 두 점 A(1, −1), B(4, 8)이 있다. 중심이 선분 AB를 2 : 1로 내분하는 점이고, 직선 $3x-4y-9=0$에 접하는 원의 반지름의 길이를 구하시오.

18

원 $x^2+y^2-2x-4y=0$ 위의 점 A(2, 4)에서 접하는 직선의 방정식이 $y=px+q$일 때, $p+q$의 값은?

① $\dfrac{7}{2}$ ② $\dfrac{9}{2}$ ③ 5

④ $\dfrac{11}{2}$ ⑤ 6

19

그림과 같이 마름모의 모든 변에 접하는 원의 둘레의 길이는?

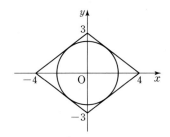

① $\dfrac{19}{5}\pi$ ② $\dfrac{21}{5}\pi$ ③ $\dfrac{22}{5}\pi$

④ $\dfrac{23}{5}\pi$ ⑤ $\dfrac{24}{5}\pi$

20

점 P가 원 $(x-2)^2+(y-3)^2=5$ 위를 움직인다.
점 A(5, −1)과 P를 지나는 직선의 기울기의 최댓값과 최솟값을 구하시오.

21

원 $(x-2)^2+(y+1)^2=r^2$ 밖의 한 점 A(2, 3)에서 이 원에 그은 두 접선이 수직일 때, 양수 r의 값은?

① $\sqrt{2}$ ② 2   ③ $2\sqrt{2}$

④ 3   ⑤ $2\sqrt{3}$

code 6 원과 점 사이의 거리

22

점 P(a, b)가 원 $(x+1)^2+(y+2)^2=4$ 위를 움직일 때, $\sqrt{(a-5)^2+(b-6)^2}$의 최솟값은?

① 8   ② 9   ③ 10

④ $8\sqrt{2}$ ⑤ $8\sqrt{3}$

23

점 A(1, 4)와 원 $x^2+y^2-8x+12=0$ 위의 점 P에 대하여 선분 AP의 길이가 정수가 되는 P의 개수를 구하시오.

24

점 P는 원 $(x-4)^2+(y-1)^2=1$ 위를 움직이고, 점 Q는 직선 $y=x+1$ 위를 움직인다. 선분 PQ의 길이의 최솟값은?

① $\sqrt{5}-1$ ② $\sqrt{2}$ ③ $2\sqrt{2}-1$

④ 3   ⑤ 5

25

점 P가 원 $x^2+y^2-4x+4y-4=0$ 위를 움직일 때, 선분 OP의 중점이 그리는 도형의 넓이는? (단, O는 원점)

① π ② 2π ③ 3π

④ 4π ⑤ 5π

---

code 7   **원의 활용**

26

그림과 같이 5 km 떨어진 곳까지 빛을 비추는 등대가 지점 O에 있고, 지점 O에서 정서쪽으로 6 km 떨어진 지점 A에 배가 있다. 이 배가 북동쪽 45°의 방향으로 움직일 때, 배에서 등대의 불빛을 볼 수 있는 구간을 나타내는 선분 BC의 길이를 구하시오.

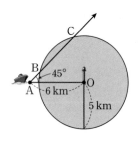

---

code 8   **평행이동, 대칭이동**

27

점 $(1, 3)$을 직선 $y=x$에 대칭이동한 다음 x축 방향으로 -3만큼, y축 방향으로 1만큼 평행이동한 점의 좌표가 (p, q)일 때, $p+q$의 값은?

① 2   ② 3   ③ 4

④ 5   ⑤ 6

28

직선 $x-3y+4=0$을 x축 방향으로 2만큼, y축 방향으로 -3만큼 평행이동한 직선의 방정식은 $x-3y+a=0$이다. a의 값은?

① -7 ② -1 ③ 3

④ 9   ⑤ 15

29

직선 $y=2x$를 x축 방향으로 a만큼, y축 방향으로 b만큼 평행이동한 직선의 방정식이 $y=2x+4$일 때, 점 $P(a, b)$와 원점 사이의 거리의 최솟값은?

① $\dfrac{2\sqrt{5}}{5}$ ② $\dfrac{3\sqrt{5}}{5}$ ③ $\dfrac{4\sqrt{5}}{5}$

④ $\sqrt{5}$ ⑤ $\dfrac{6\sqrt{5}}{5}$

30

원 $x^2+y^2=9$를 x축, y축 방향으로 각각 a, b만큼 평행이동한 원은 처음 원과 외부에서 접한다. a^2+b^2의 값은?

① 17   ② 25   ③ 32

④ 36   ⑤ 40

31

직선 $x-y+2=0$을 원점에 대칭이동한 다음 직선 $y=x$에 대칭이동하면 원 $(x-1)^2+(y-a)^2=1$의 둘레의 길이를 이등분한다. a의 값은?

① 2   ② 3   ③ 4

④ 5   ⑤ 6

32

원 $x^2+y^2-4x+6y+k=0$을 x축에 대칭이동한 다음 y축 방향으로 2만큼 평행이동하면 직선 $x-y+1=0$에 접한다. k의 값은?

① 8   ② 9   ③ 10
④ 11   ⑤ 12

33

원 $C_1 : x^2-2x+y^2+4y+4=0$을 직선 $y=x$에 대칭이동한 원을 C_2라 하자. 점 P는 원 C_1 위를, 점 Q는 원 C_2 위를 움직일 때, P, Q 사이의 거리의 최솟값은?

① $2\sqrt{3}-2$ ② $2\sqrt{3}+2$ ③ $3\sqrt{2}-2$
④ $3\sqrt{2}+2$ ⑤ $3\sqrt{3}-2$

34

두 원 $x^2+6x+y^2-2y+9=0$, $x^2+2x+y^2+6y+9=0$이 직선 l에 대칭일 때, l의 방정식을 구하시오.

---

code 9   대칭과 거리의 최솟값

35

좌표평면 위에 두 점 A(2, 1), B(5, 6)이 있다. 점 P가 x축 위를 움직일 때, $\overline{AP}+\overline{PB}$의 최솟값은?

① $\sqrt{34}$ ② $\sqrt{53}$ ③ $\sqrt{58}$
④ $\sqrt{65}$ ⑤ $\sqrt{73}$

36

그림과 같이 가로의 길이가 3, 세로의 길이가 2인 직사각형 ABCD가 있다. 변 AB의 중점을 P, 변 AD를 1 : 2로 내분하는 점을 S라 하자. 두 점 Q, R가 각각 변 BC와 변 CD 위를 움직일 때, $\overline{PQ}+\overline{QR}+\overline{RS}$의 최솟값을 구하시오.

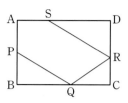

---

code 10   대칭과 그래프

37

어떤 도형을 원점에 대칭이동할 때, 자기 자신과 일치하는 도형의 방정식을 **보기**에서 모두 고른 것은?

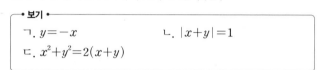

• 보기 •
ㄱ. $y=-x$ ㄴ. $|x+y|=1$
ㄷ. $x^2+y^2=2(x+y)$

① ㄱ   ② ㄷ   ③ ㄱ, ㄴ
④ ㄴ, ㄷ   ⑤ ㄱ, ㄴ, ㄷ

38

함수 $y=f(x)$의 그래프가 그림과 같을 때, 다음 중 함수 $y=-f(1-x)+1$의 그래프로 옳은 것은?

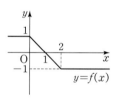

① 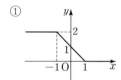   ②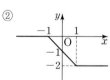

③ 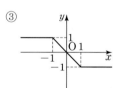   ④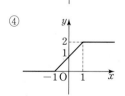

⑤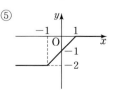

01

A 공장에서 서쪽으로 2 km 떨어진 지점에 B 공장이 있고, A 공장에서 동쪽으로 2 km, 남쪽으로 4 km 떨어진 지점에 C 공장이 있다. A, B, C 세 공장으로부터 거리가 같은 지점에 물류창고를 지을 때, 각 공장에서 물류창고까지의 거리는? (단, 세 공장 A, B, C와 물류창고는 동일 평면 위에 있고, 세 공장과 물류창고의 크기는 무시한다.)

① $\sqrt{10}$ km   ② $\sqrt{11}$ km   ③ $2\sqrt{3}$ km

④ $\sqrt{13}$ km   ⑤ $\sqrt{14}$ km

02

그림과 같이 한 변의 길이가 10인 정사각형 ABCD에 내접하는 원이 있다. 선분 BC를 1 : 2로 내분하는 점을 P라 하고 선분 AP가 원과 만나는 두 점을 각각 Q, R라 할 때, 선분 QR의 길이를 구하시오.

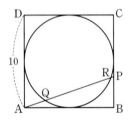

03

원 $x^2+y^2=25$와 직선 $x+2y+5=0$의 두 교점을 지나는 원 중에서 넓이가 최소인 원의 반지름의 길이는?

① $2\sqrt{2}$ ② $2\sqrt{3}$ ③ 4

④ $3\sqrt{2}$ ⑤ $2\sqrt{5}$

04 번뜩 아이디어

원 $(x-2)^2+(y-4)^2=r^2$이 원 $(x-1)^2+(y-1)^2=4$의 둘레의 길이를 이등분할 때, 양수 r의 값은?

① 3   ② $2\sqrt{3}$ ③ $\sqrt{14}$

④ 4   ⑤ $\sqrt{17}$

05 서술형

두 원
$$x^2+y^2-4x-2my-16=0, \quad x^2+y^2-2mx-4y-8=0$$
이 만나는 점에서의 각 원의 접선이 서로 수직일 때, m의 값을 구하시오.

06

직선 $y=kx$가 원 $x^2+y^2-2x-4y-5=0$과 만나는 두 점 사이의 거리를 $f(k)$라 할 때, $f(k)$의 최솟값은?

① $\sqrt{5}$ ② $2\sqrt{5}$ ③ $\sqrt{10}$

④ $2\sqrt{10}$ ⑤ 20

→ 정답 및 풀이 101쪽

07

그림과 같이 반지름의 길이가 8인 원을 접어 접힌 호가 지름 AB 위의 점 P에서 접하도록 하였다. 원의 중심 O와 P 사이의 거리가 6일 때, O와 접힌 호 위의 점 사이의 거리의 최솟값은?

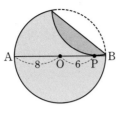

① $\sqrt{2}$ ② $\sqrt{3}$ ③ 2
④ $2\sqrt{2}$ ⑤ 3

08

그림과 같이 좌표평면 위에 원과 반원으로 이루어진 태극문양이 있다. 태극문양과 직선 $y=a(x-1)$의 교점이 5개일 때, a의 값의 범위를 구하시오.

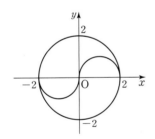

09 서술형

원 $(x-2)^2+y^2=1$ 밖의 점 $(0, k)$에서 이 원에 그은 두 접선의 기울기의 곱이 1일 때, 양수 k의 값을 구하시오.

10

점 P(a, b)가 원 $x^2+y^2+2x+4y+2=0$ 위를 움직일 때, $\dfrac{b-3}{a-4}$의 최댓값과 최솟값의 곱은?

① -3 ② -1 ③ 1
④ 3 ⑤ 5

11

이차함수 $y=2x^2$의 그래프와 원 $x^2+(y+1)^2=1$에 모두 접하는 직선의 방정식이 $y=ax+b$일 때, a^2+b의 값은? (단, $b<0$)

① 64 ② 66 ③ 68
④ 70 ⑤ 72

12 번뜩 아이디어

두 원 $x^2+y^2=4$, $(x-10)^2+y^2=9$에 모두 접하는 직선들의 서로 다른 x절편의 합은?

① 16 ② 10 ③ 0
④ -10 ⑤ -16

13

좌표평면 위의 점 A$(-2, 0)$과 중심이 C인
원 $x^2-4x+y^2=0$ 위를 움직이는 점 P가 있다. 삼각형 ACP
의 넓이가 자연수일 때, P의 개수는?

① 12   ② 13   ③ 14

④ 15   ⑤ 16

14

원 $x^2+y^2=13$ 위의 두 점 A$(-3, -2)$, B$(2, -3)$과 원
위를 움직이는 점 P가 있다. 삼각형 ABP의 넓이의 최댓값
을 구하시오.

15

좌표평면에서 원 $x^2+y^2=2$ 위를 움직이는 점 A와 직선
$y=x-4$ 위를 움직이는 두 점 B, C를 연결하여 정삼각형
ABC를 만들었다. 정삼각형 ABC의 넓이의 최솟값과 최댓
값의 비는?

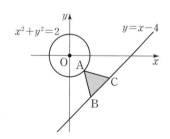

① 1 : 7   ② 1 : 8   ③ 1 : 9

④ 1 : 10   ⑤ 1 : 11

16 서술형

좌표평면 위에 두 점 A$(-\sqrt{5}, -1)$, B$(\sqrt{5}, 3)$이 있다.
직선 $y=x-2$ 위의 서로 다른 두 점 P, Q에 대하여
$\angle APB=\angle AQB=90°$일 때, 선분 PQ의 길이를 구하시오.

17

좌표평면 위에 두 점 A$(5, 2)$, B$(3, 4)$가 있다. 점 P는
$\overline{PA}^2+\overline{PB}^2=12$를 만족하고, 점 Q는
원 $(x+1)^2+(y-2)^2=1$ 위를 움직인다. 선분 PQ의 길이
의 최댓값과 최솟값을 구하시오.

18

점 P에서 두 원
$$(x+1)^2+(y-2)^2=8, \quad (x-2)^2+(y+3)^2=4$$
에 그은 접선의 길이가 같을 때, P가 그리는 도형의 방정식을
구하시오. (단, 접선의 길이는 접점과 P 사이의 거리이다.)

19 개념 통합

원 $x^2+y^2-2x-35=0$ 위를 움직이는 점 P와 원 위의 두 점 A$(-5,\ 0)$, B$(7,\ 0)$에 대하여 삼각형 PAB의 무게중심이 그리는 도형의 길이는?

① 2π ② $\dfrac{5}{2}\pi$ ③ 3π

④ $\dfrac{7}{2}\pi$ ⑤ 4π

20

원 $(x+1)^2+y^2=25$ 밖의 한 점 P에서 원에 그은 두 접선의 접점을 Q, R라 하자. 선분 QR의 길이가 원의 반지름의 길이와 같을 때, P가 그리는 도형의 방정식은?

① $x^2+y^2=\dfrac{100}{3}$ ② $x^2+(y+1)^2=25$

③ $x^2+(y+1)^2=\dfrac{100}{3}$ ④ $(x+1)^2+y^2=25$

⑤ $(x+1)^2+y^2=\dfrac{100}{3}$

21 번뜩 아이디어

좌표평면 위에 두 점 A$(-2,\ 2)$, B$(4,\ 2)$와 원 $x^2+y^2=1$ 위를 움직이는 점 P가 있다. $\overline{\text{PA}}^2+\overline{\text{PB}}^2$의 최솟값은?

① $2\sqrt{5}+40$ ② $-2\sqrt{5}+40$ ③ $4\sqrt{5}+30$
④ $-4\sqrt{5}+30$ ⑤ $5\sqrt{5}+20$

22 서술형

좌표평면에서 점 $(1,\ 4)$를 점 $(-2,\ a)$로 옮기는 평행이동에 의해 원 $x^2+y^2+8x-6y+21=0$은
원 $x^2+y^2+bx-18y+c=0$으로 옮겨진다. a, b, c의 값을 구하시오.

23

직선 $y=x+2$ 위에 있고, 제1사분면 위에 있는 한 점 A를 직선 $y=x$에 대칭이동한 점을 B라 하고 점 B를 원점에 대칭이동한 점을 C라 하자. 삼각형 ABC의 넓이가 16일 때, A의 좌표는?

① $(1,\ 3)$ ② $(2,\ 4)$ ③ $(3,\ 5)$
④ $(4,\ 6)$ ⑤ $(5,\ 7)$

24

원 $C_1 : x^2+2x+y^2-10y+24=0$을 직선 $y=x$에 대칭이동한 원을 C_2라 하자. 점 A$(1,\ 1)$과 점 B$(3,\ 3)$, 원 C_1 위를 움직이는 점 P와 원 C_2 위를 움직이는 점 Q에 대하여 사각형 APBQ의 넓이의 최댓값은?

① 8   ② 10   ③ 12
④ 14   ⑤ 16

25

직선 $ax+3y-4=0$을 y축에 대칭이동한 후 직선 $y=-x$에 대칭이동하였더니 원 $x^2+y^2-4x+4y+4=0$의 넓이를 이등분하였다. a의 값을 구하시오.

26

방정식 $f(x, y)=0$이 나타내는 도형이 그림과 같을 때, 다음 중 방정식 $f(y, x+1)=0$이 나타내는 도형은?

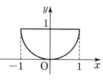

①

②

③

④

⑤

27

원 $x^2+y^2-4x-6y+9=0$을 직선 $x+y-2=0$에 대칭이동한 원의 방정식이 $(x-a)^2+(y-b)^2=r^2$일 때, $ab+r$의 값은? (단, $r>0$)

① 1　　　　② 2　　　　③ 3
④ 4　　　　⑤ 5

28

이차함수 $y=x^2$의 그래프 위의 서로 다른 두 점이 직선 $y=-x+3$에 대칭일 때, 두 점 사이의 거리는?

① $\sqrt{10}$　　　② $2\sqrt{3}$　　　③ $\sqrt{14}$
④ 4　　　　⑤ $3\sqrt{2}$

29 서술형

그림과 같이 좌표평면 위에 점 P(2, 1)과 직선 $y=x$ 위를 움직이는 점 Q, x축 위를 움직이는 점 R가 있다. 삼각형 PQR의 둘레의 길이가 최소일 때, R의 좌표를 구하시오.

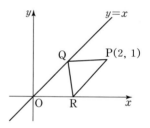

30

그림과 같이 세 점 O(0, 0), A(10, 10), B(15, 0)에 대하여 삼각형 OAB의 세 변 AO, OB, BA 위의 세 점을 각각 P, Q, R라 하자. 삼각형 PQR의 둘레의 길이의 최솟값을 구하시오. (단, P, Q, R는 변의 양 끝 점이 아니다.)

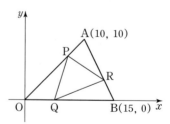

01 번뜩 아이디어

좌표평면에서 세 원

$$x^2+y^2=1, \quad (x-6)^2+y^2=1, \quad (x-2)^2+(y+4)^2=1$$

을 모두 포함하는 가장 작은 원의 반지름의 길이를 구하시오.

02

좌표평면 위에 점 $A(0, 2)$, $B(-2, -2)$, $C(10, -8)$이 있다. 삼각형 ABC와 원 $x^2+y^2=r^2$의 교점이 3개일 때, 양수 r의 값의 곱은?

① $\dfrac{12\sqrt{10}}{5}$ 　　② 8 　　③ $\dfrac{24\sqrt{5}}{5}$

④ $\dfrac{48\sqrt{5}}{5}$ 　　⑤ $\dfrac{96}{5}$

03 개념 통합

이차함수 $y=x^2-2x-3$의 그래프 위의 점 C는 직선 $y=2x+9$의 아래쪽에서 움직인다. 중심이 C이고 직선 $y=2x+9$에 접하는 원의 넓이의 최댓값은 $\dfrac{q}{p}\pi$이다. $p+q$의 값은? (단, p, q는 서로소인 자연수)

① 257 　　② 259 　　③ 261

④ 263 　　⑤ 265

04 서술형

좌표평면 위에 세 점 $A(6, 0)$, $B(6, 6)$, $C(0, 6)$이 있다. 원 $x^2-2ax+y^2-4ay+5a^2-\dfrac{1}{2}=0$이 삼각형 ABC의 내부에 있을 때, 실수 a의 값의 범위를 구하시오.

05 번뜩 아이디어

m이 0이 아닌 실수일 때, 좌표평면에서 두 직선

$$y=m(x-2), \quad y=-\frac{1}{m}x+6$$

의 교점을 P라 하자. P가 그리는 도형의 방정식을 구하시오.

07

그림과 같이 두 원

$$C_1 : (x+6)^2+y^2=10^2,$$
$$C_2 : (x-15)^2+y^2=17^2$$

이 y축 위의 두 점 A, B에서
만난다. 제2사분면에 있는 C_1
위의 점 P에 대하여 직선 PA
가 C_2와 만나는 점 중 A가 아

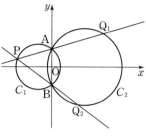

닌 점을 Q_1, 직선 PB가 C_2와 만나는 점 중 B가 아닌 점을
Q_2라 할 때, **보기**에서 옳은 것을 모두 고른 것은?

> **•보기•**
>
> ㄱ. $\overline{AB}=16$
>
> ㄴ. $\triangle PAQ_2 \backsim \triangle PBQ_1$
>
> ㄷ. 선분 PQ_1의 길이의 최댓값은 42이다.

① ㄱ　　　　　　② ㄷ　　　　　　③ ㄱ, ㄴ

④ ㄴ, ㄷ　　　　　⑤ ㄱ, ㄴ, ㄷ

06 서술형

좌표평면 위에 세 점 O(0, 0), A(0, 2), B(0, 3)이 있다.
점 P(x, y)가 ∠OPA＝∠APB를 만족하며 움직일 때,
$y-x^2$의 최솟값을 구하시오.

08 개념 통합

x가 실수일 때, 다음 물음에 답하시오.

(1) $\sqrt{x^2+2x+26}+\sqrt{x^2-6x+10}$이 최소일 때, x의 값과 식
의 최솟값을 구하시오.

(2) $|\sqrt{x^2+2x+26}-\sqrt{x^2-6x+10}|$이 최대일 때, x의 값과
식의 최댓값을 구하시오.

Memo

Memo

내신 1등급 문제서

절대등급

절대등급으로
수학 내신 1등급에
도전하세요.

절대등급으로
수학 내신 1등급에
도전하세요.

내신 1등급 문제서

절대등급

정답 및 풀이

고등
수학(상)

동아출판

내신 1등급
문제서

절대등급

고등 수학(상)

정답 및 풀이

I. 다항식

01. 다항식의 연산

step A 기본 문제　　7~9쪽

01 ③　**02** ⑤　**03** ④　**04** -1　**05** ⑤
06 $-y$　**07** ②　**08** ④　**09** ③　**10** ③, ⑤
11 49　**12** $64x^6+16x^3+1$　**13** -2　**14** ①
15 ②　**16** ⑤　**17** ⑤　**18** 96　**19** ②
20 ①　**21** $4\sqrt{7}$　**22** 18　**23** $60\ \text{cm}^2$　**24** ②

step B 실력 문제　　10~12쪽

01 $-3x^2+10x-1$　**02** ④　**03** ②　**04** 6
05 ⑤　**06** ③　**07** $a=-2,\ b=1$ 또는 $a=1,\ b=1$
08 ②　**09** $-6a^2+7ab-2b^2$　**10** 64　**11** ③
12 $\dfrac{30}{11}$　**13** $\dfrac{49}{4}$　**14** ③　**15** ②　**16** $\dfrac{20}{3}\pi$
17 $\dfrac{5}{54}x$

step C 최상위 문제　　13쪽

01 8　**02** $\pm1,\ \pm2$　**03** 3　**04** ②
05 32

02. 항등식과 나머지정리

step A 기본 문제　　15~17쪽

01 ④　**02** ②　**03** ⑤　**04** 11
05 $x=-5,\ y=10$　**06** $a=1,\ b=2,\ c=1$　**07** ②
08 ③　**09** ③　**10** ②　**11** $x+5$　**12** ④
13 ⑤　**14** ⑤　**15** ①　**16** -4　**17** ②
18 13　**19** $2x^2+3x-4$　**20** ⑤　**21** ④
22 -55　**23** ④　**24** ①

step B 실력 문제　　18~20쪽

01 ④　**02** $a=1,\ b=-5,\ c=9,\ d=-5$
03 (1) 7　(2) $\dfrac{1}{2}$　**04** ②　**05** ④
06 $-8x^3+18x^2-9$　**07** ②　**08** ③　**09** $4x-3$
10 ⑤　**11** ①
12 (1) 몫 : $x^4+x^3+x^2+x+1$, 나머지 : 0　(2) $5x-5$
13 ⑤　**14** 31　**15** ③　**16** 58　**17** ④
18 $f(x)=x^2+2x-1$

step C 최상위 문제　　21~22쪽

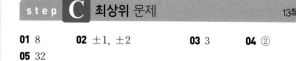

01 $f(x)=x^2,\ f(x)=x^2-x,\ f(x)=x^2+x+1,\ f(x)=x^2-2x+1$
02 ③　**03** $\dfrac{17}{15}$　**04** ①　**05** ④　**06** ①
07 (1) $f(x)=x^7+x^6+x^5+\cdots+x+1$　(2) $-x^4-x-1$
08 (1) $P(x)=\dfrac{1}{2}x^2+\dfrac{1}{2}x-2$　(2) $f(x)=\dfrac{1}{6}x^3-\dfrac{13}{6}x+2$

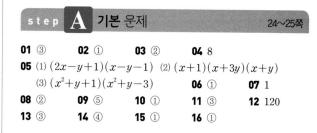

03. 인수분해

step A 기본 문제　　24~25쪽

01 ③　**02** ①　**03** ②　**04** 8
05 (1) $(2x-y+1)(x-y-1)$　(2) $(x+1)(x+3y)(x+y)$
　(3) $(x^2+y+1)(x^2+y-3)$　**06** ①　**07** 1
08 ②　**09** ⑤　**10** ①　**11** ③　**12** 120
13 ③　**14** ④　**15** ①　**16** ①

step B 실력 문제　　26~28쪽

01 ③　**02** ①　**03** ②　**04** ④　**05** ③
06 빗변의 길이가 b인 직각삼각형　**07** ①　**08** ⑤
09 ②　**10** 30　**11** ③　**12** 5　**13** ④
14 18　**15** 23　**16** 46　**17** ①　**18** 31

step C 최상위 문제　　29~30쪽

01 ⑤　**02** 325　**03** ⑤　**04** ③　**05** ②
06 ④　**07** $a=-3,\ b=0$　**08** (1) 1　(2) $-x$

II. 방정식과 부등식

04. 복소수와 이차방정식

step A 기본 문제   33~35쪽

01 16   **02** ②   **03** ②   **04** ⑤   **05** $2+2i$

06 $p=4$, $q=\dfrac{1}{2}$ **07** ②   **08** ②   **09** ③

10 ⑤   **11** 6   **12** ④

13 (1) $50-50i$ (2) $100+100i$ **14** ⑤   **15** 10

16 ⑤   **17** ③   **18** ③   **19** ④

20 $x=0$ 또는 $x=3$ **21** ③   **22** ①   **23** 2

24 ②

step B 실력 문제   36~39쪽

01 ⑤   **02** 24   **03** ②   **04** 2   **05** ④

06 ②   **07** ③   **08** ⑤   **09** 8, 10

10 $-\dfrac{\sqrt{2}}{2}-\dfrac{\sqrt{2}}{2}i$, $\dfrac{\sqrt{2}}{2}+\dfrac{\sqrt{2}}{2}i$

11 i, $\dfrac{\sqrt{3}}{4}+\dfrac{1}{4}i$, $-\dfrac{\sqrt{3}}{4}+\dfrac{1}{4}i$ **12** ④   **13** ①

14 ③   **15** 27   **16** ②   **17** ②

18 $a=29$, $b=70$ **19** ①   **20** $x=2\pm\sqrt{2}i$

21 $x=1-2i$ **22** ①   **23** $x=\dfrac{1+\sqrt{5}}{2}$

24 $1+\sqrt{22}$

step C 최상위 문제   40쪽

01 $-\dfrac{1}{2}-\dfrac{\sqrt{3}}{2}i$ **02** ③   **03** ②   **04** 94

05. 판별식과 근과 계수의 관계

step A 기본 문제   42~44쪽

01 ④   **02** ⑤   **03** 0, 1, 2   **04** ①

05 ③   **06** (1) 18 (2) 32 (3) $-i$ (4) $2\sqrt{5}$ **07** 112

08 $\dfrac{1}{3}$ **09** ③   **10** ⑤   **11** ③   **12** ⑤

13 ⑤   **14** ③   **15** $a=8$, $b=13$ **16** ③

17 13   **18** $n=23$, 두 근 : -12, -11 **19** ②

20 $a=9$, $b=19$ **21** ③   **22** $a=-1$, $b=1$

23 49   **24** ①

step B 실력 문제   45~48쪽

01 ④   **02** ③   **03** ⑤   **04** -2, -1

05 $a=2$, $b=-2$ **06** ⑤   **07** $x=-4$ 또는 $x=-2$

08 ①   **09** -1 **10** 15   **11** ④   **12** ⑤

13 $x=1\pm\sqrt{7}$ **14** ④   **15** ⑤

16 $a=3$, $b=-6$ **17** ④   **18** ④   **19** ②

20 $m=1$, $n=1$ **21** ④   **22** ①   **23** ③

24 -1

step C 최상위 문제   49~50쪽

01 ⑤   **02** 4   **03** $a=-2$, $b=4$ **04** ④

05 ④   **06** 1   **07** x의 최솟값 : 3, $y=\dfrac{1}{2}$, $z=\dfrac{1}{2}$

08 $\sqrt{17}$

06. 이차함수

step A 기본 문제   52~55쪽

01 ④   **02** ④   **03** 2, 3, 4   **04** ①   **05** -4

06 ①   **07** ②   **08** ⑤   **09** 3   **10** 27

11 ③   **12** 2   **13** 2   **14** 24   **15** ②

16 $-32<k<-21$ **17** ③   **18** ①   **19** ①

20 $a=-\dfrac{3}{2}$, $k=\dfrac{3}{4}$ **21** 4   **22** -2 **23** ④

24 최댓값 : 17, 최솟값 : -1 **25** ④

26 $x=0$, $y=2$일 때 최댓값 12 / $x=\dfrac{3}{2}$, $y=\dfrac{1}{2}$일 때 최솟값 3

27 ②   **28** $a=-1$, 최댓값 : 0   **29** 3

30 최대 이익 : 980,000원, 판매 가격 : 44,000원   **31** ⑤

step B 실력 문제   56~59쪽

01 ③   **02** 6   **03** ③   **04** ④

05 $a=3$, $b=8$ **06** ④   **07** ③   **08** ⑤

09 ①   **10** -4, 4   **11** 4   **12** $4-\sqrt{7}$ **13** ⑤

14 5   **15** ①   **16** $2\sqrt{2}$ **17** ②   **18** ④

19 ④   **20** ⑤   **21** 3   **22** 750 m²   **23** ②

II. 방정식과 부등식

step C 최상위 문제　60~61쪽

01 -5　**02** $m=1$, $n=\dfrac{7}{4}$　**03** ②　**04** ④

05 $\dfrac{9}{2}$　**06** ③　**07** $x=-3$ 또는 $x=0$ 또는 $x=1$

08 $\dfrac{3}{8}$

07. 여러 가지 방정식

step A 기본 문제　63~66쪽

01 ③　**02** (1) $x=\pm\sqrt{2}$ 또는 $x=\pm2i$

(2) $x=-1\pm\sqrt{3}$ 또는 $x=1\pm\sqrt{3}$　**03** $a=6$, $x=\pm\sqrt{3}i$

04 ⑤　**05** ⑤　**06** ⑤　**07** 2　**08** ③

09 ②　**10** 1　**11** ②　**12** ①　**13** 15

14 ③　**15** ②　**16** 8　**17** 3　**18** ④

19 ⑤　**20** $x=7$, $y=1$, $z=-2$　**21** 2　**22** ②

23 ①　**24** ④　**25** $a\geq-\dfrac{1}{6}$　**26** ①

27 $(1, 3)$, $(-2, 3)$　**28** ④　**29** ②　**30** ⑤

31 ④　**32** ②

step B 실력 문제　67~70쪽

01 ④　**02** ①　**03** $-\dfrac{4}{3}$　**04** 4　**05** 3, 6, 6

06 ②　**07** ⑤　**08** ④　**09** ③　**10** ⑤

11 ⑤　**12** $a=-2$, $b=9$　**13** ③　**14** ②

15 ③　**16** 6　**17** ③　**18** $k\leq4$　**19** ②

20 $a=-\dfrac{5}{8}$, $b=-\dfrac{3}{8}$　**21** ⑤　**22** 1　**23** ②

24 ①

step C 최상위 문제　71~72쪽

01 ②　**02** 8　**03** ②　**04** 12　**05** 21

06 ④　**07** 10　**08** ③

08. 부등식

step A 기본 문제　74~77쪽

01 ⑤　**02** ①　**03** 5　**04** ⑤　**05** ③

06 $1\leq a<2$　**07** ②　**08** ③　**09** 4

10 ④　**11** $-2\leq a\leq1$　**12** ②　**13** $2\leq k<6$

14 $x<3-2\sqrt{2}$ 또는 $x>3+2\sqrt{2}$　**15** ⑤

16 $-4<x<3$　**17** $a=4$, $b=3$　**18** ⑤

19 $4<a\leq5$　**20** ①　**21** ②　**22** ②

23 ③　**24** $3<a\leq4$　**25** ②

26 $a=2$, $b=1$　**27** 18　**28** ②　**29** ⑤

30 ③　**31** $\dfrac{11}{7}<a<5$　**32** $1<x<3$

step B 실력 문제　78~80쪽

01 ②　**02** $1<x<3$　**03** ①　**04** ②

05 $a=2$, $b=6$　**06** 11　**07** ②　**08** 14

09 ④　**10** $a<-2$ 또는 $a>1$　**11** ②　**12** ④

13 ⑤　**14** ④　**15** $-2<a\leq3$

16 $-5\leq a\leq3$　**17** ⑤　**18** ⑤

step C 최상위 문제　81쪽

01 ③　**02** 최댓값 : 19, 최솟값 : -19　**03** ②

04 ②　**05** $-6<a<7$

III. 도형의 방정식

09. 점과 직선

10. 원과 도형의 이동

I. 다항식

01. 다항식의 연산

01 ③	**02** ⑤	**03** ④	**04** −1	**05** ⑤
06 −y	**07** ②	**08** ④	**09** ③	**10** ③, ⑤
11 49	**12** $64x^6+16x^3+1$	**13** −2	**14** ①	
15 ②	**16** ⑤	**17** ⑤	**18** 96	**19** ②
20 ①	**21** $4\sqrt{7}$	**22** 18	**23** 60 cm²	**24** ②

01 [전략] $(3A-B)-(2A-C)$부터 간단히 한다.

$(3A-B)-(2A-C)$
$=3A-B-2A+C$
$=A-B+C$
$=(x^2+2xy-y^2)-(2x^2-3xy)+(x^2-y^2)$
$=5xy-2y^2$ 답 ③

02 [전략] $2X-3A=B$에서 X를 A, B로 나타낸다.

$$X=\frac{1}{2}(3A+B)$$

이때 $3A+B=3(3x^2-4x+5)+(x^2+2x+3)$
$\qquad\qquad =10x^2-10x+18$

$\therefore X=\frac{1}{2}(10x^2-10x+18)=5x^2-5x+9$ 답 ⑤

03 [전략] 분배법칙을 연속하여 적용한다.
$\quad (a+b+c)(x+y)=a(x+y)+b(x+y)+c(x+y)$
$\qquad\qquad\qquad\qquad\quad =ax+ay+bx+by+cx+cy$

$(x-3y+1)(2x-y+3)$
$=x(2x-y+3)-3y(2x-y+3)+1\times(2x-y+3)$
$=2x^2-xy+3x-6xy+3y^2-9y+2x-y+3$
$=2x^2+3y^2-7xy+5x-10y+3$ 답 ④

04 [전략] 상수항과 x^2항이 나오는 경우만 곱해도 된다.

$(x+a)(x^2-3x-2)$의 전개식에서 상수항은 $-2a$이므로
$\quad -2a=-4 \qquad \therefore a=2$
이때 $(x+2)(x^2-3x-2)$이므로
x^2항은 $x\times(-3x)+2\times x^2=-x^2$
따라서 x^2의 계수는 -1이다.   답 −1

05 [전략] x^4항이 나오는 경우는 다음과 같다.

$$(4x^3-2x^2+3x)(4x^3-2x^2+3x)$$

$(4x^3-2x^2+3x)^2=(4x^3-2x^2+3x)(4x^3-2x^2+3x)$
이므로 x^4항이 나오는 경우는

$4x^3\times 3x=12x^4$
$\quad -2x^2\times(-2x^2)=4x^4$
$\quad 3x\times 4x^3=12x^4$

모두 더하면 $28x^4$이므로 x^4의 계수는 28이다.   답 ⑤

06 [전략] m이 단항식일 때
$$(A+B)\div m=(A+B)\times\frac{1}{m}=\frac{A}{m}+\frac{B}{m}$$

$(12x^2-9xy)\div(-3x)-(8y^2-8xy)\div 2y$

$=\dfrac{12x^2-9xy}{-3x}-\dfrac{8y^2-8xy}{2y}$

$=-4x+3y-(4y-4x)=-y$ 답 −y

07 [전략] 직접 나눌 수 있다.

$3x^3-5x^2+5$를 x^2-2x+5로 나누면

$$
\begin{array}{r}
3x+1 \\
x^2-2x+5\,\overline{)\,3x^3-5x^2+5} \\
\underline{3x^3-6x^2+15x} \\
x^2-15x+5 \\
\underline{x^2-2x+5} \\
-13x
\end{array}
$$

$Q(x)=3x+1$, $R(x)=-13x$이므로
$\quad Q(1)+R(2)=4+(-26)=-22$ 답 ②

08 [전략] 바로 나눌 수 없는 경우 $A=BQ+R$ 꼴로 정리한다.

$f(x)=(x-3)Q(x)+R$이므로
$\quad xf(x)+7=x(x-3)Q(x)+Rx+7$
$\qquad\qquad\quad =(x-3)\{xQ(x)+R\}+3R+7$
따라서 $xf(x)+7$을 $x-3$으로 나눈 몫은 $xQ(x)+R$, 나머지는 $3R+7$이다.   답 ④

09 [전략] $f(x)=(3x-2)Q(x)+R$임을 이용한다.

$f(x)=(3x-2)Q(x)+R$
$\qquad =3\left(x-\dfrac{2}{3}\right)Q(x)+R$
$\qquad =\left(x-\dfrac{2}{3}\right)\times 3Q(x)+R$

이므로 $f(x)$를 $x-\dfrac{2}{3}$로 나눈 몫은 $3Q(x)$, 나머지는 R이다.   답 ③

10 [전략] 곱셈 공식을 이용한다.

③ $(x-y-z)^2=x^2+y^2+z^2-2xy+2yz-2zx$
⑤ $(4x^2+2xy+y^2)(4x^2-2xy+y^2)=16x^4+4x^2y^2+y^4$
따라서 옳지 않은 것은 ③, ⑤이다.   답 ③, ⑤

Note

$(4x^2+2xy+y^2)(4x^2-2xy+y^2)=(4x^2+y^2)^2-(2xy)^2$
$\qquad\qquad\qquad\qquad\qquad\qquad =16x^4+8x^2y^2+y^4-4x^2y^2$
$\qquad\qquad\qquad\qquad\qquad\qquad =16x^4+4x^2y^2+y^4$

11 [전략] $(a+b)(a-b)=a^2-b^2$

$(x-1)(x+1)(x^2+1)(x^4+1)=(x^2-1)(x^2+1)(x^4+1)$
$\qquad\qquad\qquad\qquad\qquad\qquad =(x^4-1)(x^4+1)$
$\qquad\qquad\qquad\qquad\qquad\qquad =x^8-1=50-1=49$ 답 49

12 [전략] $(2x+1)(4x^2-2x+1)$이 간단히 정리되는지 확인한다.

$$(2x+1)^2(4x^2-2x+1)^2=\{(2x+1)(4x^2-2x+1)\}^2$$
$$=\{(2x)^3+1^3\}^2=(8x^3+1)^2$$
$$=64x^6+16x^3+1$$

답 $64x^6+16x^3+1$

13 [전략] 공통부분 x^2+2x를 치환하고 전개한다.

$x^2+2x=X$라 하면

$$(x^2+2x+3)(x^2+2x+k)$$
$$=(X+3)(X+k)$$
$$=X^2+(3+k)X+3k$$
$$=(x^2+2x)^2+(3+k)(x^2+2x)+3k$$
$$=x^4+4x^3+4x^2+(3+k)x^2+(6+2k)x+3k$$
$$=x^4+4x^3+(7+k)x^2+(6+2k)x+3k$$

x^2의 계수와 x의 계수의 합이 7이므로

$$(7+k)+(6+2k)=7 \qquad \therefore k=-2$$

답 -2

14 [전략] 공통부분이 나오게 두 개씩 묶어 전개한다.

$$(x-2)(x-1)(x+2)(x+3)$$
$$=\{(x-2)(x+3)\}\{(x-1)(x+2)\}$$
$$=(x^2+x-6)(x^2+x-2)$$
$$=(x^2+x)^2-8(x^2+x)+12$$
$$=x^4+2x^3+x^2-8x^2-8x+12$$
$$=x^4+2x^3-7x^2-8x+12$$

x^2의 계수는 -7, x의 계수는 -8이므로 합은 -15

답 ①

15 [전략] 잘라낸 정육면체의 한 모서리의 길이를 생각한다.

처음 나무토막의 부피는 $a^2(a-2)$

잘라낸 정육면체의 부피는 $(a-2)^3$

따라서 구멍이 뚫린 나무토막의 부피는

$$a^2(a-2)-(a-2)^3=a^3-2a^2-(a^3-6a^2+12a-8)$$
$$=4a^2-12a+8$$

답 ②

16 [전략] a^2+b^2의 값부터 구한다.

$$a^2+b^2=(a+b)^2-2ab=3^2-2\times1=7$$

$(a^2+b^2)^2=a^4+b^4+2(ab)^2$이므로

$$a^4+b^4=(a^2+b^2)^2-2(ab)^2$$
$$=7^2-2\times1^2=47$$

답 ⑤

17 [전략] $(x-y)^3=x^3-3xy(x-y)-y^3$을 이용한다.

$$x^3-y^3=(x-y)^3+3xy(x-y)$$
$$=4^3+3\times4\times4=112$$

답 ⑤

18 [전략] $a+b$, ab의 값부터 구한다.

$$(x+a)(x+b)(x+1)$$
$$=\{x^2+(a+b)x+ab\}(x+1)$$
$$=x^3+(a+b+1)x^2+(ab+a+b)x+ab$$

에서 x^2의 계수가 7이므로

$$a+b+1=7 \qquad \therefore a+b=6$$

x의 계수가 14이므로

$$ab+a+b=14 \qquad \therefore ab=8$$
$$\therefore a^3+b^3+3ab=(a+b)^3-3ab(a+b)+3ab$$
$$=6^3-3\times8\times6+3\times8=96$$

답 96

19 [전략] $(x+y+z)^2$을 생각한다.

$$x^2+y^2+z^2=(x+y+z)^2-2(xy+yz+zx)$$
$$=7^2-2\times14=21$$

답 ②

20 [전략] $x^2-5x+3=0$의 양변을 x로 나누면 $x-5+\dfrac{3}{x}=0$

$x^2-5x+3=0$에서 $x\neq0$이므로 양변을 x로 나누면

$$x-5+\frac{3}{x}=0 \qquad \therefore x+\frac{3}{x}=5$$
$$\therefore x^3+\frac{27}{x^3}=\left(x+\frac{3}{x}\right)^3-3\times x\times\frac{3}{x}\times\left(x+\frac{3}{x}\right)$$
$$=5^3-3\times3\times5=80$$

답 ①

21 [전략] a^3+b^3을 구하므로 $a+b$, ab의 값부터 구한다.

$$a^2+ab+b^2=6 \qquad \cdots ❶$$
$$a^2-ab+b^2=4 \qquad \cdots ❷$$

❶+❷를 하면 $2a^2+2b^2=10 \qquad \therefore a^2+b^2=5$

❶-❷를 하면 $2ab=2 \qquad \therefore ab=1$

$$(a+b)^2=a^2+b^2+2ab=5+2\times1=7$$

이고 $a>0$, $b>0$이므로 $a+b=\sqrt{7}$

$$\therefore a^3+b^3=(a+b)^3-3ab(a+b)$$
$$=(\sqrt{7})^3-3\times1\times\sqrt{7}=4\sqrt{7}$$

답 $4\sqrt{7}$

22 [전략] $\overline{OP}=a$, $\overline{OR}=b$로 놓는다.

$\overline{OP}=a$, $\overline{OR}=b$라 하자.

직사각형 OPQR의 넓이가 22이므로

$$ab=22$$

반지름의 길이가 10이고, 직사각형의 두 대각선의 길이는 같으므로

$$\overline{PR}=\overline{OQ}=10$$

직각삼각형 OPR에서 $a^2+b^2=10^2$

$$(a+b)^2=a^2+b^2+2ab=10^2+2\times22=144$$이고

$a>0$, $b>0$이므로 $a+b=12$

$$\therefore \overline{AP}+\overline{PR}+\overline{RB}=(10-a)+10+(10-b)$$
$$=30-(a+b)$$
$$=30-12=18$$

답 18

23 [전략] 모서리의 길이를 문자로 나타낸다.

밑면의 가로와 세로의 길이를 각각 a cm, b cm라 하면

$$a^2+b^2=13^2$$

밑면의 가로와 세로의 길이를 각각 3 cm 늘이면 부피는 600 cm³ 증가하므로

$$a\times b\times10+600=(a+3)\times(b+3)\times10$$
$$ab+60=ab+3a+3b+9$$
$$\therefore a+b=17$$

$(a+b)^2=a^2+b^2+2ab$이므로

$\quad 17^2=13^2+2ab \qquad \therefore ab=60$

따라서 처음 직육면체의 밑면의 넓이는 $60\ \text{cm}^2$이다. <답> $60\ \text{cm}^2$

24 [전략] 모서리의 길이를 문자로 나타낸다.

직육면체의 가로와 세로의 길이, 높이를

각각 a, b, c라 하자.

직육면체의 겉넓이가 94이므로

$\quad 2(ab+bc+ca)=94$

$\quad \therefore ab+bc+ca=47$

삼각형 BDG의 세 변의 길이는

$\quad \overline{\text{BD}}=\sqrt{a^2+b^2},\ \overline{\text{DG}}=\sqrt{b^2+c^2},\ \overline{\text{GB}}=\sqrt{c^2+a^2}$

세 변의 길이의 제곱의 합이 100이므로

$\quad 2(a^2+b^2+c^2)=100 \qquad \therefore a^2+b^2+c^2=50$

$(a+b+c)^2=a^2+b^2+c^2+2(ab+bc+ca)$에서

$\quad (a+b+c)^2=50+2\times47=144$

$a>0,\ b>0,\ c>0$이므로 $a+b+c=12$

따라서 직육면체의 모든 모서리의 길이의 합은

$\quad 4(a+b+c)=4\times12=48$ <답> ②

---

step B 실력 문제 10~12쪽

01 $-3x^2+10x-1$	**02** ④	**03** ②	**04** 6
05 ⑤	**06** ③	**07** $a=-2,\ b=1$ 또는 $a=1,\ b=1$	
08 ②	**09** $-6a^2+7ab-2b^2$	**10** 64	**11** ③
12 $\dfrac{30}{11}$	**13** $\dfrac{49}{4}$	**14** ③	**15** ②	**16** $\dfrac{20}{3}\pi$
17 $\dfrac{5}{54}x$			

01 [전략] 연립방정식을 푸는 것과 같다.

$\quad A+B=x^3-2x^2+5x+1 \qquad \cdots\ \boldsymbol{1}$

$\quad 2A-B=5x^3-x^2-5x+8$

변끼리 더하면 $3A=6x^3-3x^2+9$

$\quad \therefore A=2x^3-x^2+3$

$\boldsymbol{1}$에 대입하면

$\quad B=x^3-2x^2+5x+1-(2x^3-x^2+3)$

$\qquad =-x^3-x^2+5x-2$

$\quad \therefore A+2B=2x^3-x^2+3+2(-x^3-x^2+5x-2)$

$\qquad\qquad\qquad =-3x^2+10x-1$ <답> $-3x^2+10x-1$

02 [전략] 곱셈 공식을 써서 전개한다.

$\quad (2x+1)^3(x+2)^2$

$\quad =(8x^3+12x^2+6x+1)(x^2+4x+4)$

$\quad =8x^5+44x^4+86x^3+73x^2+28x+4$

이므로

$\quad a+b+c+e=8+44+86+28=166$ <답> ④

---

03 [전략] $<A, B>=A^3+AB$에

$\qquad A=2x-3,\ B=4x^2+6x+9$를 대입한 꼴이다.

$\quad <2x-3,\ 4x^2+6x+9>$

$\quad =(2x-3)^3+(2x-3)(4x^2+6x+9)$

$\quad =8x^3-36x^2+54x-27+8x^3-27$

$\quad =16x^3-36x^2+54x-54$ <답> ②

04 [전략] 분배법칙을 써서 전개한다.

$\quad (x^2+ax+1)(x^2-bx+2)$

$\quad =x^2(x^2-bx+2)+ax(x^2-bx+2)+1\times(x^2-bx+2)$

$\quad =x^4-bx^3+2x^2+ax^3-abx^2+2ax+x^2-bx+2$

$\quad =x^4+(a-b)x^3+(3-ab)x^2+(2a-b)x+2$ $\cdots$ ㉮

x^2과 x^3의 계수가 모두 2이므로

$\quad 3-ab=2,\ a-b=2 \qquad \therefore a-b=2,\ ab=1$ $\cdots$ ㉯

$\quad \therefore a^2+b^2=(a-b)^2+2ab=6$ $\cdots$ ㉰

단계	채점 기준	배점
㉮	식을 전개하여 x에 대한 내림차순으로 정리하기	40%
㉯	x^2과 x^3의 계수가 2임을 이용하여 $a-b$, ab의 값 구하기	30%
㉰	a^2+b^2의 값 구하기	30%

<답> 6

05 [전략] $(1+2x+3x^2)^2$을 전개하고, $(1+2x+3x^2)$과의 곱을 생각한다.

$\quad (1+2x+3x^2)^2=1+4x^2+9x^4+4x+12x^3+6x^2$

$\qquad\qquad\qquad\quad =9x^4+12x^3+10x^2+4x+1$

이므로

$\quad (1+2x+3x^2)^3$

$\quad =(9x^4+12x^3+10x^2+4x+1)(1+2x+3x^2)$

전개식에서 x^4항이 나오는 경우는

$\quad 9x^4\times1=9x^4,\ 12x^3\times2x=24x^4,\ 10x^2\times3x^2=30x^4$

모두 더하면 $63x^4$이므로 계수는 63이다. <답> ⑤

다른 풀이

$(1+2x+3x^2)(1+2x+3x^2)(1+2x+3x^2)$에서 x^4항이 나오는 경우를 각 다항식에서 뽑으면

$\quad 1\times3x^2\times3x^2$

$\quad 2x\times2x\times3x^2,\ 2x\times3x^2\times2x$

$\quad 3x^2\times1\times3x^2,\ 3x^2\times2x\times2x,\ 3x^2\times3x^2\times1$

모두 더하면 $63x^4$이므로 계수는 63이다.

06 [전략] $(2x^2+x+3)(2x^2+x+3)(2x^2+x+3)(x+2)$의 한 다항식에서만 x항을, 나머지 다항식에서는 상수항을 뽑아 곱해야 한다.

$\quad (2x^2+x+3)^3(x+2)$

$\quad =(2x^2+x+3)(2x^2+x+3)(2x^2+x+3)(x+2)$

첫 번째 괄호 안의 식에서 x항을 선택하면 나머지 괄호 안의 식에서는 상수항만 선택해야 x항이 나온다.

두 번째, 세 번째, 네 번째 괄호 안의 식에서 x항을 선택하는 경우도 마찬가지이므로 x항이 나오는 경우는

$\quad x\times3\times3\times2,\ 3\times x\times3\times2,$

$\quad 3\times3\times x\times2,\ 3\times3\times3\times x$

모두 더하면 $81x$이므로 계수는 81이다. <답> ③

07 [전략] 직접 나눈다.

$$
\begin{array}{r}
x^2-ax+a-b+a^2 \\
x^2+ax+b\overline{\smash{\big)}\ x^4+ax^2+b} \\
\underline{x^4+ax^3+bx^2} \\
-ax^3+(a-b)x^2 \\
\underline{-ax^3-a^2x^2-abx} \\
(a-b+a^2)x^2+abx+b \\
\underline{(a-b+a^2)x^2+a(a-b+a^2)x+b(a-b+a^2)} \\
\{ab-a(a-b+a^2)\}x+b-b(a-b+a^2)
\end{array}
$$

나머지가 0이므로

$$ab-a(a-b+a^2)=0 \quad \cdots ❶$$
$$b-b(a-b+a^2)=0 \quad \cdots ❷$$

❷에서 $b\{1-(a-b+a^2)\}=0$
$b\neq0$이므로 $a-b+a^2=1 \quad \cdots ❸$
❶에 대입하면 $ab-a=0$, $a(b-1)=0$
$a\neq0$이므로 $b=1$
❸에 대입하면

$$a-1+a^2=1, \ a^2+a-2=0$$
$$(a+2)(a-1)=0$$
$$\therefore a=-2 \ \text{또는} \ a=1$$
$$\therefore a=-2, \ b=1 \ \text{또는} \ a=1, \ b=1$$

답 $a=-2, b=1$ 또는 $a=1, b=1$

다른 풀이

몫이 이차식이고, 최고차항의 계수가 1이므로 몫을 x^2+cx+d
로 놓을 수 있다. 곧,

$$x^4+ax^2+b=(x^2+ax+b)(x^2+cx+d)$$

상수항을 생각하면 $b\neq0$이므로 $d=1$
이때 (우변)$=(x^2+ax+b)(x^2+cx+1)$
$$=x^4+(a+c)x^3+(b+ac+1)x^2+(a+bc)x+b$$

좌변과 비교하면

$$a+c=0 \quad \cdots ❹$$
$$b+ac+1=a \quad \cdots ❺$$
$$a+bc=0 \quad \cdots ❻$$

❹에서 $c=-a$
❻에 대입하면 $a-ba=0$
$a\neq0$이므로 $1-b=0$ $\therefore b=1$
$b=1$과 $c=-a$를 ❺에 대입하면

$$1-a^2+1=a, \ a^2+a-2=0, \ (a+2)(a-1)=0$$
$$\therefore a=-2, \ b=1 \ \text{또는} \ a=1, \ b=1$$

08 [전략] $x-2=\sqrt{3}$의 양변을 제곱하면 $x^2-4x=-1$
이 식을 이용하여 주어진 식을 간단히 한다.

$x=2+\sqrt{3}$에서 $x-2=\sqrt{3}$
양변을 제곱하여 정리하면 $x^2-4x=-1$

$$\therefore \frac{x^3-5x^2+6x-3}{x^2-4x+2}$$
$$=\frac{x(x^2-4x)-(x^2-4x)+2x-3}{(x^2-4x)+2}$$
$$=\frac{x\times(-1)-(-1)+2x-3}{-1+2}$$
$$=x-2=\sqrt{3}$$

답 ②

다른 풀이

$x=2+\sqrt{3}$에서
$$x^2-4x+1=0$$
주어진 식의 분자를
x^2-4x+1로 나누면 몫이
$x-1$, 나머지가 $x-2$이므로

$$
\begin{array}{r}
x-1 \\
x^2-4x+1\overline{\smash{\big)}\ x^3-5x^2+6x-3} \\
\underline{x^3-4x^2+x} \\
-x^2+5x-3 \\
\underline{-x^2+4x-1} \\
x-2
\end{array}
$$

$$\text{(분자)}=(x^2-4x+1)(x-1)+x-2$$
$$=x-2=(2+\sqrt{3})-2=\sqrt{3}$$
$$\text{(분모)}=(x^2-4x+1)+1=1$$
$$\therefore \text{(주어진 식)}=\sqrt{3}$$

09 [전략] 변의 길이를 a, b에 대한 식으로 나타낸다.

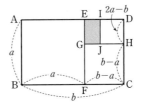

위의 그림에서

$$\overline{FC}=\overline{CH}=b-a$$
$$\overline{IJ}=\overline{JH}=\overline{HD}=a-(b-a)=2a-b \quad \cdots ㉮$$
$$\overline{GJ}=(b-a)-(2a-b)=-3a+2b \quad \cdots ㉯$$
$$\therefore \square EGJI=\overline{IJ}\times\overline{GJ}=(2a-b)(-3a+2b)$$
$$=-6a^2+7ab-2b^2 \quad \cdots ㉰$$

단계	채점 기준	배점
㉮	$\overline{IJ}$의 길이 구하기	30%
㉯	$\overline{GJ}$의 길이 구하기	30%
㉰	사각형 EGJI의 넓이 구하기	40%

답 $-6a^2+7ab-2b^2$

Note

사각형 EGJI의 넓이를 다음과 같이 구할 수도 있다.

$$\square ABFE=a^2$$
$$\square GFCH=(b-a)^2$$
$$\square IJHD=\{a-(b-a)\}^2=(2a-b)^2$$
$$\therefore \square EGJI=ab-\{a^2+(b-a)^2+(2a-b)^2\}$$
$$=ab-(a^2+b^2-2ab+a^2+4a^2-4ab+b^2)$$
$$=-6a^2+7ab-2b^2$$

10 [전략] $(x+y)^8=a$, $(x-y)^8=b$로 놓고 식을 정리한다.

$(x+y)^8=a$, $(x-y)^8=b$로 놓으면

$$\{(x+y)^8+(x-y)^8\}^2-\{(x+y)^8-(x-y)^8\}^2$$
$$=(a+b)^2-(a-b)^2$$
$$=(a^2+2ab+b^2)-(a^2-2ab+b^2)$$
$$=4ab=4(x+y)^8(x-y)^8$$
$$=4\{(x+y)(x-y)\}^8=4(x^2-y^2)^8$$
$$=4(\sqrt{2})^8=4\{(\sqrt{2})^2\}^4=64$$

답 64

다른 풀이

$x+y=a$, $x-y=b$로 놓으면

$$\{(x+y)^8+(x-y)^8\}^2-\{(x+y)^8-(x-y)^8\}^2$$
$$=(a^8+b^8)^2-(a^8-b^8)^2$$
$$=(a^{16}+2a^8b^8+b^{16})-(a^{16}-2a^8b^8+b^{16})$$

$$=4(ab)^8$$
$$=4\{(x+y)(x-y)\}^8$$
$$=4(x^2-y^2)^8$$
$$=4(\sqrt{2})^8=64$$

11 [전략] $|a|^2=a^2$을 이용한다.

$$\left|\frac{x-y}{x+y}\right|^2=\left(\frac{x-y}{x+y}\right)^2=\frac{x^2-2xy+y^2}{x^2+2xy+y^2}$$

$x^2+y^2=6xy$이므로

$$\left|\frac{x-y}{x+y}\right|^2=\frac{4xy}{8xy}=\frac{1}{2}$$

$\left|\frac{x-y}{x+y}\right|>0$이므로 $\left|\frac{x-y}{x+y}\right|=\frac{1}{\sqrt{2}}=\frac{\sqrt{2}}{2}$　　　답 ③

절대등급 Note

임의의 실수 a, b에 대하여
① $|a|\ge 0$, $|a|=|-a|$
② $|a|^2=a^2$
③ $|ab|=|a||b|$, $\left|\dfrac{a}{b}\right|=\dfrac{|a|}{|b|}$

12 [전략] 조건식을 이용하여 $x+y$, $x-y$, xy부터 구한다.

조건식에서
$$x^2+y^2=8,\ x^2-y^2=4\sqrt{3}$$
$$x^2y^2=4^2-(2\sqrt{3})^2=4$$
$x>0$, $y>0$이므로 $xy=2$
$$(x+y)^2=x^2+y^2+2xy=8+4=12$$
이고 $x>0$, $y>0$이므로 $x+y=\sqrt{12}=2\sqrt{3}$　　 … ❶
$x^2-y^2=4\sqrt{3}$에서 $(x+y)(x-y)=4\sqrt{3}$
❶을 대입하면 $x-y=2$
$$x^3+y^3=(x+y)^3-3xy(x+y)$$
$$=24\sqrt{3}-12\sqrt{3}=12\sqrt{3}$$
$$x^3-y^3=(x-y)^3+3xy(x-y)=8+12=20$$
또 $(x^2+y^2)(x^3+y^3)=x^5+x^2y^3+y^2x^3+y^5$
$$=x^5+y^5+x^2y^2(x+y)$$
이므로
$$8\times 12\sqrt{3}=x^5+y^5+8\sqrt{3},\ x^5+y^5=88\sqrt{3}$$
$$\therefore \frac{(x^3-y^3)(x^3+y^3)}{x^5+y^5}=\frac{20\times 12\sqrt{3}}{88\sqrt{3}}=\frac{30}{11}$$
답 $\dfrac{30}{11}$

Note 💡
$$x^2=4+2\sqrt{3}=(\sqrt{3})^2+2\times\sqrt{3}\times 1+1^2$$
$$=(\sqrt{3}+1)^2$$
이고, $x>0$이므로 $x=\sqrt{3}+1$
$$y^2=4-2\sqrt{3}=(\sqrt{3})^2-2\times\sqrt{3}\times 1+1^2$$
$$=(\sqrt{3}-1)^2$$
이고, $y>0$이므로 $y=\sqrt{3}-1$
$$\therefore x+y=2\sqrt{3},\ x-y=2,\ xy=2$$

13 [전략] $(xy+yz+zx)^2$의 전개식을 생각한다.

$$(x+y+z)^2=x^2+y^2+z^2+2(xy+yz+zx)$$
이므로
$$0=7+2(xy+yz+zx)\qquad\therefore xy+yz+zx=-\frac{7}{2}$$

또 $(xy+yz+zx)^2$
$$=x^2y^2+y^2z^2+z^2x^2+2xy^2z+2yz^2x+2zx^2y$$
$$=x^2y^2+y^2z^2+z^2x^2+2xyz(x+y+z)$$
이므로
$$\left(-\frac{7}{2}\right)^2=x^2y^2+y^2z^2+z^2x^2+2xyz\times 0$$
$$\therefore x^2y^2+y^2z^2+z^2x^2=\frac{49}{4}$$
답 $\dfrac{49}{4}$

14 [전략] $\dfrac{1}{a}+\dfrac{1}{b}+\dfrac{1}{c}=3$의 좌변을 통분하거나 양변에 abc를 곱하여 정리한다.

$\dfrac{1}{a}+\dfrac{1}{b}+\dfrac{1}{c}=3$의 양변에 abc를 곱하면
$$bc+ca+ab=3abc\qquad \cdots ❶$$
또 $(a+b+c)^2=a^2+b^2+c^2+2(ab+bc+ca)$
이므로 ❶을 대입하면
$$6^2=18+2\times 3abc\qquad\therefore abc=3$$
답 ③

15 [전략] $x+y+z=k$이면
$(x+y)(y+z)(z+x)=(k-z)(k-x)(k-y)$

$(x+y)(y+z)(z+x)$에
$$x+y=2-z,\ y+z=2-x,\ z+x=2-y$$
를 대입하면
$$(2-x)(2-y)(2-z)$$
$$=\{4-2(x+y)+xy\}(2-z)$$
$$=8-4(x+y)+2xy-4z+2(x+y)z-xyz$$
$$=8-4(x+y+z)+2(xy+yz+zx)-xyz$$
$$=8-4\times 2+2\times(-4)+3=-5$$
답 ②

Note
$(x+a)(x+b)(x+c)$
$$=x^3+(a+b+c)x^2+(ab+bc+ca)x+abc$$
를 이용하면
$(2-x)(2-y)(2-z)$
$$=2^3-(x+y+z)\times 2^2+(xy+yz+zx)\times 2-xyz$$

16 [전략] 부피의 합이 $\dfrac{4}{3}\pi(r_1{}^3+r_3{}^3)$이므로 r_1+r_3, r_1r_3의 값부터 구한다.

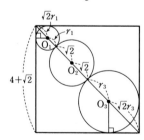

위의 그림에서 정사각형의 대각선의 길이가 $4\sqrt{2}+2$이므로
$$\sqrt{2}r_1+r_1+\sqrt{2}+\sqrt{2}+r_3+\sqrt{2}r_3=4\sqrt{2}+2$$
$$(\sqrt{2}+1)(r_1+r_3)=2\sqrt{2}+2$$
$$\therefore r_1+r_3=2\qquad\qquad \cdots ㉮$$
두 원 O_1, O_3의 넓이의 합에서
$$\pi r_1{}^2+\pi r_3{}^2=\pi\times 3$$
$$\therefore r_1{}^2+r_3{}^2=3$$

$(r_1+r_3)^2=r_1{}^2+r_3{}^2+2r_1r_3$에 대입하면

$$4=3+2r_1r_3 \qquad \therefore r_1r_3=\frac{1}{2} \qquad \cdots ❹$$

반지름의 길이가 r_1, r_3인 구의 부피의 합은

$$\frac{4}{3}\pi r_1{}^3+\frac{4}{3}\pi r_3{}^3=\frac{4}{3}\pi(r_1{}^3+r_3{}^3)$$
$$=\frac{4}{3}\pi\{(r_1+r_3)^3-3r_1r_3(r_1+r_3)\}$$
$$=\frac{4}{3}\pi(8-3)=\frac{20}{3}\pi \qquad \cdots ❺$$

단계	채점 기준	배점
㉮	대각선의 길이를 이용하여 r_1+r_3의 값 구하기	40%
㉯	넓이를 이용하여 r_1r_3의 값 구하기	30%
㉰	구의 부피의 합 구하기	30%

답 $\dfrac{20}{3}\pi$

17 [전략] [그림 2]에서 생긴 작은 정육면체의 개수를 기준으로 생각해 본다.

[그림 2]의 입체도형의 부피는 한 모서리의 길이가 $\dfrac{x}{3}$인 정육면체 20개의 부피의 합과 같으므로

$$V=\frac{x^3}{27}\times 20=\frac{20x^3}{27}$$

[그림 2]의 큰 정육면체 한 면에 있는 작은 정육면체의 한 면은 8개, 가운데 있는 구멍 안으로 생기는 작은 정육면체의 한 면은 24개이다.

그런데 작은 정육면체 한 면의 넓이가 $\dfrac{x^2}{9}$이므로

$$S=\frac{x^2}{9}\times 8\times 6+\frac{x^2}{9}\times 24=8x^2$$

$$\therefore \frac{V}{S}=\frac{\frac{20x^3}{27}}{8x^2}=\frac{5}{54}x$$

답 $\dfrac{5}{54}x$

step **C** 최상위 문제   13쪽

01 8   **02** ± 1, ± 2 **03** 3   **04** ②
05 32

01 [전략] 분자를 분모로 나눈 몫과 나머지를 구한 다음

$A=BQ+R$이면 $\dfrac{A}{B}=Q+\dfrac{R}{B}$임을 이용한다.

$$\begin{array}{r}2x+5\\ x^2+x-2\,{\overline{\smash{\big)}\,2x^3+7x^2+\ 9x+\ 6}}\\ \underline{2x^3+2x^2-\ 4x}\\ 5x^2+13x+\ 6\\ \underline{5x^2+\ 5x-10}\\ 8x+16\end{array}$$

이므로

$2x^3+7x^2+9x+6=(x^2+x-2)(2x+5)+8x+16$

$$\therefore \frac{2x^3+7x^2+9x+6}{x^2+x-2}=2x+5+\frac{8x+16}{x^2+x-2}$$
$$=2x+5+\frac{8(x+2)}{(x+2)(x-1)}$$
$$=2x+5+\frac{8}{x-1}$$

$2x+5$가 정수이므로 $\dfrac{8}{x-1}$도 정수이다.

그런데 x가 정수이므로 가능한 $x-1$의 값은

$$x-1=1, -1, 2, -2, 4, -4, 8, -8$$
$$\therefore x=2, 0, 3, -1, 5, -3, 9, -7$$

따라서 x의 값의 합은 8이다.   답 8

02 [전략] 먼저 xy를 a로 나타낸다.

$x+y=a$의 양변을 세제곱하면

$$x^3+y^3+3xy(x+y)=a^3$$
$$a+3xy\times a=a^3 \qquad \therefore xy=\frac{a^2-1}{3}\ (\because a\neq 0)$$

$x+y=a$의 양변을 제곱하면

$$x^2+y^2+2xy=a^2$$
$$x^2+y^2+2\times\frac{a^2-1}{3}=a^2$$
$$\therefore x^2+y^2=\frac{a^2+2}{3}$$

$(x^2+y^2)(x^3+y^3)=x^5+y^5+x^2y^2(x+y)$이므로

$$\frac{a^2+2}{3}\times a=a+\left(\frac{a^2-1}{3}\right)^2\times a$$

양변을 a로 나누면

$$\frac{a^2+2}{3}=1+\left(\frac{a^2-1}{3}\right)^2$$
$$a^4-5a^2+4=0,\ (a^2-1)(a^2-4)=0$$
$$\therefore a=\pm 1\ \text{또는}\ a=\pm 2 \qquad \text{답 } \pm 1, \pm 2$$

03 [전략] x, y 중 적어도 하나가 a이다.
$\Rightarrow (x-a)(y-a)=0$

(가)에서

$$(x-3)(y-3)(z-3)=0$$
$$(xy-3x-3y+9)(z-3)=0$$
$$xyz-3(xy+yz+zx)+9(x+y+z)-27=0 \qquad \cdots ❶$$

(나)의 양변에 $3xyz$를 곱하면

$$3(xy+yz+zx)=xyz$$

❶에 대입하면

$$9(x+y+z)-27=0 \qquad \therefore x+y+z=3 \qquad \text{답 } 3$$

다른풀이

(가)에서 x, y, z 중 적어도 하나는 3이고
(나)에서 $3(xy+yz+zx)=xyz$ $\cdots ❷$
이므로 $x=3$이라 해도 된다.
이때 ❷는

$$3(3y+yz+3z)=3yz,\ y+z=0$$
$$\therefore x+y+z=3$$

04 [전략] 1. 정삼각형은 무게중심, 외심, 내심이 일치한다.

2. $x-\dfrac{1}{x}$의 값을 구하거나 $x^2-ax-1=0$ 꼴의 식을 만든다.

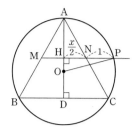

위의 그림에서

$$\overline{BC}=2x,\ \overline{AD}=\dfrac{\sqrt{3}}{2}\overline{BC}=\sqrt{3}x,\ \overline{AH}=\dfrac{\sqrt{3}}{2}x$$

정삼각형 ABC의 외심 O는 무게중심이기도 하므로

$$\overline{OP}=\overline{OA}=\dfrac{2}{3}\overline{AD}=\dfrac{2\sqrt{3}}{3}x$$

$$\overline{OH}=\dfrac{2\sqrt{3}}{3}x-\dfrac{\sqrt{3}}{2}x=\dfrac{\sqrt{3}}{6}x$$

따라서 직각삼각형 OPH에서

$$\left(\dfrac{x}{2}+1\right)^2+\left(\dfrac{\sqrt{3}}{6}x\right)^2=\left(\dfrac{2\sqrt{3}}{3}x\right)^2$$

$$\dfrac{x^2}{4}+x+1+\dfrac{1}{12}x^2=\dfrac{4}{3}x^2$$

$$x^2-x-1=0 \qquad \therefore x-\dfrac{1}{x}=1$$

또 $\left(x+\dfrac{1}{x}\right)^2=\left(x-\dfrac{1}{x}\right)^2+4=5$이고,

$x>0$이므로 $x+\dfrac{1}{x}=\sqrt{5}$

$$\therefore 5\left(x^2-\dfrac{1}{x^2}\right)=5\left(x+\dfrac{1}{x}\right)\left(x-\dfrac{1}{x}\right)=5\sqrt{5} \qquad \text{답 ②}$$

절대등급 Note

삼각형의 두 변의 중점을 연결할 때, 곧
$\overline{AM}=\overline{BM},\ \overline{AN}=\overline{CN}$이면

$$\overline{MN}\,/\!/\,\overline{BC},\ \overline{MN}=\dfrac{1}{2}\overline{BC}$$

05 [전략] 색칠한 세 삼각형은 삼각형 ABC와 닮음이므로 닮음비를 구한다.

선분 P_1Q_1과 선분 Q_2R_2의 교점을 A_1이라 하면

$$\triangle ABC \circlearrowright \triangle P_2BQ_2 \circlearrowright \triangle A_1Q_2Q_1 \circlearrowright \triangle R_1Q_1C$$

이고 닮음비는 $(a+b+c):c:b:a$

따라서 넓이의 비는 $(a+b+c)^2:c^2:b^2:a^2$ ⋯ ㉮

삼각형 ABC의 넓이와 색칠한 부분의 넓이의 합의 비가 $2:1$이므로

$$(a+b+c)^2:(a^2+b^2+c^2)=2:1$$
$$2(a^2+b^2+c^2)=(a+b+c)^2$$

$a+b+c=8$이므로

$$2(a^2+b^2+c^2)=64,\ a^2+b^2+c^2=32 \qquad \cdots ㉯$$

$$\therefore (a-b)^2+(b-c)^2+(c-a)^2$$
$$=2a^2+2b^2+2c^2-2ab-2bc-2ca$$
$$=3(a^2+b^2+c^2)-(a+b+c)^2$$
$$=3\times32-64=32 \qquad \cdots ㉰$$

단계	채점 기준	배점
㉮	$\triangle ABC$, $\triangle P_2BQ_2$, $\triangle A_1Q_2Q_1$, $\triangle R_1Q_1C$의 닮음비와 넓이의 비를 a, b, c로 나타내기	40%
㉯	$\triangle ABC$의 넓이와 색칠한 부분의 넓이의 합의 비를 이용하여 $a^2+b^2+c^2$의 값 구하기	30%
㉰	$(a-b)^2+(b-c)^2+(c-a)^2$의 값 구하기	30%

답 32

02. 항등식과 나머지정리

01 ④	**02** ②	**03** ⑤	**04** 11
05 $x=-5,\ y=10$		**06** $a=1,\ b=2,\ c=1$	**07** ②
08 ③	**09** ③	**10** ②	**11** $x+5$　**12** ④
13 ⑤	**14** ⑤	**15** ①	**16** -4　**17** ②
18 13	**19** $2x^2+3x-4$		**20** ⑤　**21** ④
22 -55	**23** ④	**24** ①	

---

01 [전략] $x=0,\ 1,\ 2$를 대입하면 우변이 간단해진다.

$x=0$을 대입하면 $6=2a$　$\therefore\ a=3$

$x=1$을 대입하면 $6=-b$　$\therefore\ b=-6$

$x=2$를 대입하면 $8=2c$　$\therefore\ c=4$

　$\therefore\ 2a+b+c=4$　　　　　　　답 ④

Note

우변을 $(a+b+c)x^2-(3a+2b+c)x+2a$로 정리한 다음 양변의 계수를 비교해도 된다.

02 [전략] 좌변을 전개하기 전에 최고차항의 계수, 상수항을 먼저 생각한다.

좌변의 x^3항, 상수항은 각각 ax^3, $-c$이므로

우변과 계수를 비교하면 $a=1,\ c=-1$

이때 (좌변)$=(x-1)(x^2+bx-1)$

　　　　$=x^3+(b-1)x^2+(-b-1)x+1$

우변과 계수를 비교하면

　$b-1=d,\ -b-1=-3$

　$\therefore\ b=2,\ d=1$

　$\therefore\ abcd=-2$　　　　　　　답 ②

Note

주어진 식의 양변에 $x=1$을 대입하여 d의 값을 먼저 구해도 된다.

03 [전략] $a^2+b^2,\ a^3+b^3 \Rightarrow a+b,\ ab$부터 구한다.

　(우변)$=ab(x+1)^2+(a+b)(x-1)-4$

　　　$=abx^2+(a+b+2ab)x+(ab-a-b-4)$

좌변과 계수를 비교하면

　$ab=2,\ a+b=-5$

　$\therefore\ a^3+b^3=(a+b)^3-3ab(a+b)=-95$　　답 ⑤

Note

주어진 식의 양변에 $x=-1,\ x=1$을 각각 대입하여 $a+b$의 값과 ab의 값을 구해도 된다.

04 [전략] 모든 x에 대해 성립하므로 항등식에 대한 문제이다.

　　　$f(x)$가 소거되는 x의 값을 대입한다.

$x=-1$을 대입하면 $1-a+1+b=0$　$\therefore\ a-b=2$

$x=2$를 대입하면 $16-4a-2+b=0$　$\therefore\ 4a-b=14$

연립하여 풀면 $a=4,\ b=2$

이때 주어진 등식은

　$x^4-4x^2-x+2=(x+1)(x-2)f(x)$

$x=3$을 대입하면 $44=4f(3)$

　$\therefore\ f(3)=11$　　　　　　　답 11

---

05 [전략] k에 대한 항등식이므로 k에 대해 정리한다.

　　　k의 값에 관계없이 $\Rightarrow k$에 대해 정리

좌변을 k에 대해 정리하면

　$(2x+y)k+(-x-y+5)=0$

k에 대한 항등식이므로

　$2x+y=0,\ -x-y+5=0$

연립하여 풀면 $x=-5,\ y=10$　　답 $x=-5,\ y=10$

06 [전략] $y=-x+1$을 $ax^2+bxy+cy^2=1$에 대입하고 정리한다.

　　　조건으로 등식이 주어지면 한 문자를 소거한다.

$x+y=1$에서 $y=-x+1$

이것을 $ax^2+bxy+cy^2=1$에 대입하면

　$ax^2+bx(-x+1)+c(-x+1)^2=1$

　$\therefore\ (a-b+c)x^2+(b-2c)x+c-1=0$

x에 대한 항등식이므로

　$a-b+c=0,\ b-2c=0,\ c-1=0$

　$\therefore\ a=1,\ b=2,\ c=1$　　답 $a=1,\ b=2,\ c=1$

07 [전략] 조립제법을 이용하여 x^3-3x^2+3x+1을 $x-2$로 나눈 다음 주어진 계산과 비교한다.

조립제법을 이용하여 x^3-3x^2+3x+1을 $x-2$로 나누면

```
2 │ 1   -3    3    1
  │      2   -2    2
  ├───────────────┬──
    1   -1    1   │ 3
```

　$\therefore\ a=2,\ b=-1,\ c=-2,\ d=3,\ a+b+c+d=2$　답 ②

08 [전략] $x-1$에 대하여 정리한 꼴이다. $x-1$로 나눈 나머지를 찾고 몫을 다시 $x-1$로 나누는 과정을 반복하면 된다.

```
1 │ 1   -1   -3    6
  │      1    0   -3
  ├────────────────┬───
1 │ 1    0   -3   │ 3 ← d
  │      1    1
  ├───────────┬──
1 │ 1    1   │ -2 ← c
  │      1
  ├───────┬──
1 │ 1   │ 2 ← b
      ↑
      a
```

이므로

　$x^3-x^2-3x+6=(x-1)^3+2(x-1)^2-2(x-1)+3$

　$\therefore\ a=1,\ b=2,\ c=-2,\ d=3,\ ab+cd=-4$　답 ③

Note

1. 위 조립제법에서

　$x^3-x^2-3x+6=(x-1)(x^2-3)+3$　… ❶

　$x^2-3=(x-1)(x+1)-2$　… ❷

　$x+1=1\times(x-1)+2$　… ❸

❸을 ❷에 대입하고 정리하면

　$x^2-3=(x-1)^2+2(x-1)-2$　… ❹

❹를 ❶에 대입하고 정리하면

　$x^3-x^2-3x+6=(x-1)^3+2(x-1)^2-2(x-1)+3$

2. $x^3-x^2-3x+6=a(x-1)^3+b(x-1)^2+c(x-1)+d$

의 양변에 $x=1$을 대입하면 $3=d$

이때 (우변)$=ax^3+(-3a+b)x^2+(3a-2b+c)x-a+b-c+3$

이 식과 좌변의 계수를 비교해서 $a,\ b,\ c$의 값을 구해도 된다.

09 [전략] A를 B로 나눈 몫을 Q, 나머지를 R라 하면
$A=BQ+R \Leftarrow$ 이 식은 항등식이다.
$$3x^3-6x^2-3x+a=(x+b)(3x^2-3)+11$$
은 x에 대한 항등식이고
$$(우변)=3x^3+3bx^2-3x-3b+11$$
좌변과 계수를 비교하면
$$3b=-6,\ a=-3b+11$$
$$\therefore a=17,\ b=-2,\ ab=-34 \qquad \text{답 ③}$$

Note
직접 나누어도 되지만 과정이 복잡하다.

10 [전략] $Q(x)$의 상수항을 포함한 모든 계수의 합은 $Q(1)$임을 이용한다.
$f(x)$를 $x-2$로 나눈 나머지를 R라 하면
$$f(x)=(x-2)Q(x)+R$$
$f(2)=2^{21}$이므로 $x=2$를 대입하면 $2^{21}=R$
$$\therefore f(x)=(x-2)Q(x)+2^{21} \qquad \cdots \text{❶}$$
$f(1)=5$이고, $Q(x)$의 상수항을 포함한 모든 계수의 합은 $Q(1)$
이므로 ❶에 $x=1$을 대입하면
$$5=-Q(1)+2^{21} \quad \therefore Q(1)=2^{21}-5 \qquad \text{답 ②}$$

11 [전략] $f(x)-2g(x)$를 x^2+x+1로 직접 나눌 수는 없다.
조건을 이용하여 $f(x)$와 $g(x)$를 $BQ+R$ 꼴로 나타낸 다음
$f(x)-2g(x)=(x^2+x+1)Q+\boxed{}$ 꼴로 나타낸다.
$f(x)$를 x^2+x+1로 나눈 몫을 $Q_1(x)$라 하면
$$f(x)=(x^2+x+1)Q_1(x)+x-1$$
$g(x)$를 x^2+x+1로 나눈 몫을 $Q_2(x)$라 하면
$$g(x)=(x^2+x+1)Q_2(x)-3$$
$$\therefore f(x)-2g(x)$$
$$=(x^2+x+1)\{Q_1(x)-2Q_2(x)\}+x+5$$
따라서 $x+5$의 차수는 x^2+x+1의 차수보다 낮으므로
$f(x)-2g(x)$를 x^2+x+1로 나눈 나머지는 $x+5$이다.

Note
$$\text{답 } x+5$$
나누는 다항식이 x^2+x+1로 같기 때문에 풀 수 있는 문제이다.

12 [전략] 다항식 $f(x)$를 일차식 $x-a$, $ax+b$로 나눈 나머지는 각각
$f(a)$, $f\left(-\dfrac{b}{a}\right)$임을 이용한다.
$f(x)=2x^3+x^2+ax+1$이라 하자.
$f(x)$를 $x+2$로 나눈 나머지는 $f(-2)=-2a-11$
$f(x)$를 $2x+1$로 나눈 나머지는 $f\left(-\dfrac{1}{2}\right)=-\dfrac{1}{2}a+1$
나머지가 같으므로
$$-2a-11=-\dfrac{1}{2}a+1 \qquad \therefore a=-8 \qquad \text{답 ④}$$

13 [전략] $x^2-x-2=(x+1)(x-2)$이므로 x^2-x-2로 나누어떨어진다는 것은 $x+1$과 $x-2$로 나누어떨어진다는 것과 같다.
$f(x)=x^3-4x^2+ax+b$라 하자.
$x^2-x-2=(x+1)(x-2)$이므로 $f(x)$는 $x+1$과 $x-2$로 나누어떨어진다.
따라서 $f(-1)=0$이고 $f(2)=0$이다.
$$f(-1)=-5-a+b=0 \quad \therefore a-b=-5$$
$$f(2)=-8+2a+b=0 \quad \therefore 2a+b=8$$

연립하여 풀면 $a=1$, $b=6$
$$\therefore a+b=7 \qquad \text{답 ⑤}$$

14 [전략] 다항식을 $2x+1$로 나눈 나머지는 $x=-\dfrac{1}{2}$을 대입한 값이다.
따라서 $f(2x+3)$에 $x=-\dfrac{1}{2}$을 대입한 값을 구한다.
$f(x)$를 x^2+x-6으로 나눈 몫을 $Q(x)$라 하면
$$f(x)=(x^2+x-6)Q(x)+5x-1 \qquad \cdots \text{❶}$$
$f(2x+3)$을 $2x+1$로 나눈 나머지는 $f(2x+3)$에 $x=-\dfrac{1}{2}$을
대입한 값이므로 $f(2)$이다.
따라서 ❶에 $x=2$를 대입하면 $f(2)=9 \qquad \text{답 ⑤}$

Note
$f(2x+3)$을 $2x+1$로 나눈 몫을 $Q_1(x)$, 나머지를 R라 하면
$$f(2x+3)=(2x+1)Q_1(x)+R$$
$x=-\dfrac{1}{2}$을 대입하면 $f(2)=R$

15 [전략] $f(x)+g(x)$를 $x+1$로 나눈 나머지는 $f(-1)+g(-1)$이다.
$f(x)$를 x^2-1로 나눈 몫을 $Q_1(x)$라 하면
$$f(x)=(x^2-1)Q_1(x)+3 \qquad \cdots \text{❶}$$
$g(x)$를 x^2+x로 나눈 몫을 $Q_2(x)$라 하면
$$g(x)=(x^2+x)Q_2(x)-1 \qquad \cdots \text{❷}$$
$f(x)+g(x)$를 $x+1$로 나눈 나머지는 $f(-1)+g(-1)$이다.
❶에 $x=-1$을 대입하면 $f(-1)=3$
❷에 $x=-1$을 대입하면 $g(-1)=-1$
따라서 나머지는 $f(-1)+g(-1)=2 \qquad \text{답 ①}$

Note
$x^2-1=(x+1)(x-1)$, $x^2+x=x(x+1)$
이므로 풀 수 있는 문제이다.

16 [전략] $f(x)=(x+2)(x-5)Q(x)+ax+60$다.
이 식에서 $f(5)$를 구하는 방법을 생각한다.
$f(x)$를 $(x+2)(x-5)$로 나눈 몫을 $Q(x)$라 하면
$$f(x)=(x+2)(x-5)Q(x)+ax+6 \qquad \cdots \text{❶}$$
$f(x)$를 $x+2$로 나눈 나머지가 10이므로 $f(-2)=10$
❶에 $x=-2$를 대입하면
$$10=-2a+6 \quad \therefore a=-2$$
$$\therefore f(x)=(x+2)(x-5)Q(x)-2x+6$$
$f(x)$를 $x-5$로 나눈 나머지는 $f(5)$이므로
$x=5$를 대입하면 $f(5)=-4 \qquad \text{답 } -4$

17 [전략] $f(x)=(x-1)(x+2)Q(x)+2x+1$이다.
이 식에서 $Q(2)$를 구한다.
$f(x)$를 $(x-1)(x+2)$로 나눈 몫이 $Q(x)$, 나머지가 $2x+1$이므로
$$f(x)=(x-1)(x+2)Q(x)+2x+1 \qquad \cdots \text{❶}$$
$f(x)$를 $x-2$로 나눈 나머지가 -3이므로 $f(2)=-3$
❶에 $x=2$를 대입하면
$$-3=4Q(2)+5 \quad \therefore Q(2)=-2$$
따라서 $Q(x)$를 $x-2$로 나눈 나머지는 -2이다. $\qquad \text{답 ②}$

18 [전략] 이차식으로 나눈 나머지는 일차식 또는 상수이므로 나머지를 $ax+b$로 놓고 다음 꼴을 이용한다.
$$f(x)=(x-2)(x-3)g(x)+ax+b$$

$f(x)$를 이차식 $(x-2)(x-3)$으로 나눈 나머지는 $ax+b$ 꼴이므로
$$f(x)=(x-2)(x-3)g(x)+ax+b \qquad \cdots \text{❶}$$
조건에서 $f(2)=3$이므로 $3=2a+b$
$\qquad\qquad\quad f(3)=6$이므로 $6=3a+b$
연립하여 풀면 $a=3$, $b=-3$
따라서 ❶은
$$f(x)=(x-2)(x-3)g(x)+3x-3$$
$g(4)=2$이므로 $f(4)=13$ 　　　　　　　　　**目** 13

19 [전략] 나머지를 ax^2+bx+c로 놓고 $A=BQ+R$ 꼴로 정리한다.
　　이차식으로 나눈 나머지 $\Rightarrow ax+b$
　　삼차식으로 나눈 나머지 $\Rightarrow ax^2+bx+c$

$f(x)$를 삼차식 $x(x-1)(x+3)$으로 나눈 나머지는 ax^2+bx+c 꼴이므로 몫을 $Q(x)$라 하면
$$f(x)=x(x-1)(x+3)Q(x)+ax^2+bx+c$$
조건에서 $f(0)=-4$이므로 $-4=c$
$\qquad\qquad\quad f(1)=1$이므로 $1=a+b+c$
$\qquad\qquad\quad f(-3)=5$이므로 $5=9a-3b+c$
$c=-4$이므로 $a+b=5$, $9a-3b=9$
연립하여 풀면 $a=2$, $b=3$
따라서 나머지는 $2x^2+3x-4$ 　　　　**目** $2x^2+3x-4$

20 [전략] 나머지를 $ax+b$라 하면
$$x^5-4x^3+px^2+2=(x^2-4)Q(x)+ax+b$$
　　따라서 $x=\pm 2$를 대입하면 a, b를 구할 수 있다.

주어진 다항식을 x^2-4로 나눈 나머지를 $ax+b$라 하면
$$x^5-4x^3+px^2+2=(x^2-4)Q(x)+ax+b \qquad \cdots \text{❶}$$
❶에 $x=2$를 대입하면 $4p+2=2a+b$
❶에 $x=-2$를 대입하면 $4p+2=-2a+b$
변변 빼면 $0=4a$ 　　$\therefore a=0$, $b=4p+2$
따라서 ❶은
$$x^5-4x^3+px^2+2=(x^2-4)Q(x)+4p+2$$
$Q(1)=3$이므로 $x=1$을 대입하면
$p-1=-9+4p+2$ 　　$\therefore p=2$ 　　　　**目** ⑤

절대등급 Note
$f(x)=x^5-4x^3+px^2+2$라 하면 $f(-2)=f(2)=4p+2$이다.
이와 같이 $f(a)=f(b)\ (a\ne b)$이면 $f(x)$를 $(x-a)(x-b)$로 나눈 나머지는 상수 $f(a)$이다.

21 [전략] $(x-2)(x+1)$로 나눈 나머지를 구하므로 $f(2)$와 $f(-1)$의 값을 알면 된다.

$f(x)-4$는 $x+1$로 나누어떨어지므로 $x=-1$을 대입하면 0이다. 곧,
$$f(-1)-4=0 \qquad \therefore f(-1)=4$$
$f(x)+2$를 $x-2$로 나눈 나머지가 -3이므로 $x=2$를 대입하면 -3이다. 곧,

$f(2)+2=-3$ 　　$\therefore f(2)=-5$
$f(x)$를 $(x-2)(x+1)$로 나눈 나머지는 $ax+b$ 꼴이므로 몫을 $Q(x)$라 하면
$$f(x)=(x-2)(x+1)Q(x)+ax+b$$
$f(-1)=4$이므로 $4=-a+b$
$f(2)=-5$이므로 $-5=2a+b$
연립하여 풀면 $a=-3$, $b=1$
따라서 나머지는 $-3x+1$ 　　　　　　　　　**目** ④

22 [전략] $f(x)=(x^2+2)(x+1)Q(x)+ax^2+bx+c$에서 $f(x)$를 x^2+2로 나눈 나머지는 ax^2+bx+c를 x^2+2로 나눈 나머지이다.

$f(x)$를 $(x^2+2)(x+1)$로 나눈 몫을 $Q(x)$, 나머지를 ax^2+bx+c라 하면
$$f(x)=(x^2+2)(x+1)Q(x)+ax^2+bx+c \qquad \cdots \text{❶}$$
$(x^2+2)(x+1)$이 x^2+2로 나누어떨어지므로 $f(x)$를 x^2+2로 나눈 나머지는 ax^2+bx+c를 x^2+2로 나눈 나머지이다.
따라서 $ax^2+bx+c=a(x^2+2)+x+4$로 놓을 수 있다.
❶에 대입하면
$$f(x)=(x^2+2)(x+1)Q(x)+a(x^2+2)+x+4$$
$f(-1)=-3$이므로
$\qquad -3=3a+3$ 　　$\therefore a=-2$
$\qquad R(x)=-2(x^2+2)+x+4=-2x^2+x$
이므로 $R(-5)=-55$ 　　　　　　　　　**目** -55

Note
ax^2+bx+c를 x^2+2로 나누면
$$\begin{array}{r} a \\ x^2+2\,\overline{\smash{)}\,ax^2+bx+c } \\ \underline{ax^2+2a} \\ bx+c-2a \end{array}$$
따라서 $bx+c-2a=x+4$를 이용할 수도 있다.

23 [전략] 삼차식을 이차식으로 나눈 몫은 일차식이다.

x^3의 계수가 1이므로 $f(x)$를 x^2+1로 나눈 몫을 $x+a$로 놓을 수 있다.
또 나머지가 $4x+2$이므로
$$f(x)=(x^2+1)(x+a)+4x+2$$
$f(x)$가 $x-2$로 나누어떨어지므로 $f(2)=0$이다.
따라서 $x=2$를 대입하면
$\qquad 0=5(2+a)+10$, $a=-4$
$\qquad \therefore f(x)=(x^2+1)(x-4)+4x+2$
$f(x)$를 $x-3$으로 나눈 나머지는 $f(3)=4$ 　　　**目** ④

24 [전략] 나머지가 $ax+b$이므로 몫도 $ax+b$이다.

$f(x)$를 $(x-2)(x+1)$로 나누면 나머지가 $ax+b$ 꼴이므로
$$f(x)=(x-2)(x+1)(ax+b)+ax+b$$
$f(2)=7$이므로 $7=2a+b$
$f(-1)=1$이므로 $1=-a+b$
연립하여 풀면 $a=2$, $b=3$
$\qquad \therefore f(x)=(x-2)(x+1)(2x+3)+2x+3$
$\qquad\qquad f(0)=-3$ 　　　　　　　　　**目** ①

01 ④	**02** $a=1$, $b=-5$, $c=9$, $d=-5$		

03 (1) 7 (2) $\dfrac{1}{2}$ **04** ②   **05** ④

06 $-8x^3+18x^2-9$ **07** ②   **08** ③   **09** $4x-3$

10 ⑤   **11** ①

12 (1) 몫 : $x^4+x^3+x^2+x+1$, 나머지 : 0 (2) $5x-5$

13 ⑤   **14** 31   **15** ③   **16** 58   **17** ④

18 $f(x)=x^2+2x-1$

---

01 [전략] 우변이 간단해지는 x의 값을 대입하거나
좌변, 우변을 각각 전개하고 계수를 비교한다.

(좌변)$=(x^2+2x+1)^2=x^4+4x^3+6x^2+4x+1$
(우변)$=a_0+a_1x+a_2(x^2-x)+a_3(x^3-3x^2+2x)$
$\qquad +a_4(x^4-6x^3+11x^2-6x)$

x^4의 계수를 비교하면 $1=a_4$
x^3의 계수를 비교하면 $4=a_3-6a_4$ $\therefore a_3=10$
x^2의 계수를 비교하면 $6=a_2-3a_3+11a_4$ $\therefore a_2=25$
x의 계수를 비교하면 $4=a_1-a_2+2a_3-6a_4$ $\therefore a_1=15$
상수항을 비교하면 $1=a_0$
$\qquad \therefore a_0+a_1+a_2+a_3+a_4=52$ 답 ④

다른 풀이

x^4의 계수를 비교하면 $a_4=1$
$x=0$을 대입하면 $1=a_0$
$x=1$을 대입하면 $2^4=a_0+a_1$ $\therefore a_1=15$
$x=2$를 대입하면 $3^4=a_0+2a_1+2a_2$ $\therefore a_2=25$
$x=3$을 대입하면 $4^4=a_0+3a_1+6a_2+6a_3$ $\therefore a_3=10$

02 [전략] 좌변은 $x+1$, 우변은 $x+3$이 반복되므로 $x+3=t$로 치환해서
좌변과 우변을 각각 전개한다.

$x+3=t$라 하면 $x+1=t-2$이므로
(좌변)$=(t-2)^3+(t-2)^2+(t-2)+1$
$\qquad =t^3-6t^2+12t-8+t^2-4t+4+t-2+1$
$\qquad =t^3-5t^2+9t-5$
(우변)$=at^3+bt^2+ct+d$
이 등식이 t에 대한 항등식이므로 계수를 비교하면
$\qquad a=1$, $b=-5$, $c=9$, $d=-5$

Note   답 $a=1$, $b=-5$, $c=9$, $d=-5$

치환하지 않고 양변을 각각 전개하여 동류항의 계수를 비교해도 되지만 적당한 식을 한 문자로 치환하면 전개과정을 줄일 수 있어 편하다.

03 [전략] (1) 주어진 식에 $x=1$, $x=-1$, $x=0$을 각각 대입하면
$a_0+a_1+a_2+a_3+\cdots+a_8$, $a_0-a_1+a_2-a_3+\cdots+a_8$, a_0
의 값을 구할 수 있다.

(2) 주어진 식에 $x=\dfrac{1}{2}$, $x=-\dfrac{1}{2}$을 각각 대입하면
$a_0+\dfrac{a_1}{2}+\dfrac{a_2}{2^2}+\dfrac{a_3}{2^3}+\cdots+\dfrac{a_8}{2^8}$, $a_0-\dfrac{a_1}{2}+\dfrac{a_2}{2^2}-\dfrac{a_3}{2^3}+\cdots+\dfrac{a_8}{2^8}$
의 값을 구할 수 있다.

(1) $(1+x-2x^2)^4=a_0+a_1x+a_2x^2+\cdots+a_7x^7+a_8x^8$ … ❶

❶에 $x=1$을 대입하면
$\qquad 0=a_0+a_1+a_2+a_3+\cdots+a_8$ … ❷

---

❶에 $x=-1$을 대입하면
$\qquad 16=a_0-a_1+a_2-a_3+\cdots+a_8$ … ❸

❷+❸을 하면 $16=2(a_0+a_2+a_4+a_6+a_8)$
$\qquad \therefore a_0+a_2+a_4+a_6+a_8=8$ … ㉮

또 ❶에 $x=0$을 대입하면 $1=a_0$
$\qquad \therefore a_2+a_4+a_6+a_8=7$ … ㉯

(2) ❶에 $x=\dfrac{1}{2}$을 대입하면
$\qquad 1=a_0+\dfrac{a_1}{2}+\dfrac{a_2}{2^2}+\dfrac{a_3}{2^3}+\cdots+\dfrac{a_8}{2^8}$ … ❹

❶에 $x=-\dfrac{1}{2}$을 대입하면
$\qquad 0=a_0-\dfrac{a_1}{2}+\dfrac{a_2}{2^2}-\dfrac{a_3}{2^3}+\cdots+\dfrac{a_8}{2^8}$ … ❺

❹+❺를 하면 $1=2\left(a_0+\dfrac{a_2}{2^2}+\dfrac{a_4}{2^4}+\dfrac{a_6}{2^6}+\dfrac{a_8}{2^8}\right)$
$\qquad \therefore a_0+\dfrac{a_2}{2^2}+\dfrac{a_4}{2^4}+\dfrac{a_6}{2^6}+\dfrac{a_8}{2^8}=\dfrac{1}{2}$ … ㉰

단계	채점 기준	배점
㉮	주어진 식에 $x=1$, $x=-1$을 각각 대입하여 $a_0+a_2+a_4+a_6+a_8$의 값 구하기	40%
㉯	주어진 식에 $x=0$을 대입하여 a_0을 구하고 $a_2+a_4+a_6+a_8$의 값 구하기	10%
㉰	주어진 식에 $x=\dfrac{1}{2}$, $x=-\dfrac{1}{2}$을 각각 대입하여 $a_0+\dfrac{a_2}{2^2}+\dfrac{a_4}{2^4}+\dfrac{a_6}{2^6}+\dfrac{a_8}{2^8}$의 값 구하기	50%

답 (1) 7 (2) $\dfrac{1}{2}$

04 [전략] $f(x)$를 $x-1$로 나눈 몫을 $Q(x)$라 하면 마지막 줄이 $Q(x)$를
$x+1$로 나눈 몫과 나머지이다.

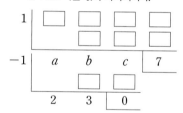

첫 줄에서 $f(x)$를 $x-1$로 나눈 몫은 $Q(x)=ax^2+bx+c$, 나머지는 $R=7$이다.
또 $Q(x)$를 $x+1$로 나눈 몫이 $2x+3$, 나머지가 0이므로
$\qquad Q(x)=(x+1)(2x+3)$
$\therefore f(x)=(x-1)Q(x)+7=(x-1)(x+1)(2x+3)+7$
$\qquad\qquad =2x^3+3x^2-2x+4$ 답 ②

05 [전략] 조립제법을 써서 $f(x)=(x-p)^3+a(x-p)^2+b(x-p)+c$로 나타낸다. 이때 적당한 p의 값을 정한다.

$$
\begin{array}{r|rrrr}
1 & 1 & -3 & 5 & -2 \\
  &   & 1 & -2 & 3 \\
\hline
1 & 1 & -2 & 3 & \;1 \\
  &   & 1 & -1 & \\
\hline
1 & 1 & -1 & \;2 & \\
  &   & 1 & & \\
\hline
  & 1 & \;0 & & \\
\end{array}
$$

$f(x)$를 $x-1$에 대해 정리하면
$$f(x)=(x-1)^3+2(x-1)+1$$
이므로
$$f(1.2)=(0.2)^3+2\times0.2+1=1.408$$
$$f(0.9)=(-0.1)^3+2\times(-0.1)+1=0.799$$
$$\therefore f(1.2)+f(0.9)=2.207 \qquad\qquad 답 ④$$

06 [전략] $2f(x)+3g(x)$와 $f(x)-g(x)$를 $BQ+R$ 꼴로 정리하면
$2f(x)+7g(x)$도 $BQ+R$ 꼴로 나타낼 수 있다.

(가)에서 $2f(x)+3g(x)$를 x^4+x로 나눈 몫을 $Q_1(x)$라 하면
$$2f(x)+3g(x)=(x^4+x)Q_1(x)+10x^2-5 \qquad\cdots❶$$
(나)에서 $f(x)-g(x)$를 x^4+x로 나눈 몫을 $Q_2(x)$라 하면
$$f(x)-g(x)=(x^4+x)Q_2(x)+5x^3 \qquad\cdots❷$$
❶+❷×3을 하면
$$5f(x)=(x^4+x)\{Q_1(x)+3Q_2(x)\}+15x^3+10x^2-5$$
$$\therefore f(x)=\frac{1}{5}(x^4+x)\{Q_1(x)+3Q_2(x)\}+3x^3+2x^2-1$$
❶-❷×2를 하면
$$5g(x)=(x^4+x)\{Q_1(x)-2Q_2(x)\}-10x^3+10x^2-5$$
$$\therefore g(x)=\frac{1}{5}(x^4+x)\{Q_1(x)-2Q_2(x)\}-2x^3+2x^2-1$$
이때 $2f(x)+7g(x)$
$$=\frac{1}{5}(x^4+x)\{2Q_1(x)+6Q_2(x)\}+6x^3+4x^2-2$$
$$\quad+\frac{1}{5}(x^4+x)\{7Q_1(x)-14Q_2(x)\}-14x^3+14x^2-7$$
$$=\frac{1}{5}(x^4+x)\{9Q_1(x)-8Q_2(x)\}-8x^3+18x^2-9$$
이므로 $2f(x)+7g(x)$를 x^4+x로 나눈 나머지는
$-8x^3+18x^2-9$이다. $\qquad\qquad$ 답 $-8x^3+18x^2-9$

07 [전략] $f(x)=(x^2-2)Q(x)+x+1$로 나타낸 다음
$\{f(x)\}^2$을 계산하고 $(x^2-2)\boxed{}+\boxed{}$ 꼴로 정리한다.

$f(x)$를 x^2-2로 나눈 몫을 $Q(x)$라 하면
$$f(x)=(x^2-2)Q(x)+x+1$$
$$\therefore \{f(x)\}^2=\{(x^2-2)Q(x)+x+1\}^2$$
$$=(x^2-2)^2\{Q(x)\}^2+2(x^2-2)(x+1)Q(x)$$
$$\quad+(x+1)^2$$
$$=\underline{(x^2-2)Q(x)\{(x^2-2)Q(x)+2(x+1)\}}$$
$$\quad+(x+1)^2$$
밑줄 친 부분은 x^2-2로 나누어떨어지므로 $\{f(x)\}^2$을 x^2-2로
나눈 나머지는 $(x+1)^2$을 x^2-2로 나눈 나머지와 같다.
$$(x+1)^2=x^2+2x+1=(x^2-2)+2x+3$$
이므로 나머지는 $2x+3$이다. $\qquad\qquad$ 답 ②

08 [전략] $f(x)=(x-3)Q(x)$로 놓고 a, b에 대한 조건을 찾는다.
$f(x)$가 $x-3$으로 나누어떨어지므로
$$f(x)=x^n(x^2+ax+b)=(x-3)Q(x) \qquad\cdots❶$$
$x=3$을 대입하면 $3^n(9+3a+b)=0$
$3^n\neq0$이므로 $9+3a+b=0$, $b=-3a-9$
이때 $x^2+ax+b=x^2+ax-3a-9$
$$=(x-3)(x+a+3)$$

❶에 대입하면 $x^n(x-3)(x+a+3)=(x-3)Q(x)$
$$\therefore Q(x)=x^n(x+a+3) \qquad\cdots❷$$
$Q(x)$를 $x-3$으로 나눈 나머지가 3^n이므로 $Q(3)=3^n$
따라서 ❷에 $x=3$을 대입하면 $3^n=3^n(6+a)$, $6+a=1$
$$\therefore a=-5,\ b=-3a-9=6,\ ab=-30 \qquad 답 ③$$

Note
$x^2+ax-3a-9$를 인수분해할 때 합이 a, 곱이 $-3a-9=-3(a+3)$인 두
수는 -3, $a+3$임을 이용하였다.
$$x^2-9+ax-3a=(x+3)(x-3)+a(x-3)$$
$$=(x-3)(x+a+3)$$
과 같이 인수분해해도 된다.

09 [전략] $x^2-5x+6=(x-2)(x-3)$이므로 $f(2)$, $f(3)$부터 구한다.

$f(x)$를 $x^2-5x+6=(x-2)(x-3)$으로 나눈 몫을 $Q(x)$, 나
머지를 $ax+b$라 하면
$$f(x)=(x-2)(x-3)Q(x)+ax+b \qquad\cdots❶ \qquad\cdots㉮$$
(나)의 $f(x+1)=f(x)+2x$에 $x=1$을 대입하면
$$f(2)=f(1)+2$$
(가)에서 $f(1)=3$이므로 $f(2)=5$
(나)의 $f(x+1)=f(x)+2x$에 $x=2$를 대입하면
$$f(3)=f(2)+4=9 \qquad\cdots㉯$$
❶에 $x=2$를 대입하면 $5=2a+b$
❶에 $x=3$을 대입하면 $9=3a+b$
연립하여 풀면 $a=4$, $b=-3$
따라서 나머지는 $4x-3$ $\qquad\cdots㉰$

단계	채점 기준	배점
㉮	$f(x)=(x-2)(x-3)Q(x)+R(x)$ 꼴로 놓기	30%
㉯	주어진 조건을 이용하여 $f(2)$, $f(3)$의 값 구하기	50%
㉰	$f(x)$를 x^2-5x+6으로 나눈 나머지 구하기	20%

답 $4x-3$

10 [전략] 이차식으로 나눈 나머지는 일차식이므로
$$f(8x)=(8x^2-6x+1)Q(x)+ax+b$$
로 놓고 $8x^2-6x+1=0$인 x를 대입한다.

$f(8x)$를 $8x^2-6x+1$로 나눈 몫을 $Q(x)$, 나머지를 $ax+b$라
하면
$$f(8x)=(8x^2-6x+1)Q(x)+ax+b$$
$$=(2x-1)(4x-1)Q(x)+ax+b \qquad\cdots❶$$
또 $f(x)$를 $(x-2)(x-3)(x-4)$로 나눈 몫을 $Q_1(x)$라 하면
$$f(x)=(x-2)(x-3)(x-4)Q_1(x)+x^2-x+1$$
$x=2$, $x=4$를 대입하면 $f(2)=3$, $f(4)=13$
❶에 $x=\frac{1}{2}$을 대입하면 $f(4)=\frac{1}{2}a+b$ $\quad\therefore 13=\frac{1}{2}a+b$
❶에 $x=\frac{1}{4}$을 대입하면 $f(2)=\frac{1}{4}a+b$ $\quad\therefore 3=\frac{1}{4}a+b$
연립하여 풀면 $a=40$, $b=-7$
따라서 나머지는 $40x-7$ $\qquad\qquad$ 답 ⑤

11 [전략] $f(2x+1)=(x^2+x)Q(x)+ax+b$로 놓을 수 있으므로
$x=0$, $x=-1$을 대입한 값이 필요하다.

$f(2x+1)$을 $x^2+x=x(x+1)$로 나눈 몫을 $Q(x)$, 나머지를
$ax+b$라 하면

$$f(2x+1)=x(x+1)Q(x)+ax+b$$

$x=0$을 대입하면 $f(1)=b$ ··· ❶

$x=-1$을 대입하면 $f(-1)=-a+b$ ··· ❷

$f(x)=a_0+a_1x+a_2x^2+\cdots+a_{10}x^{10}$에

$x=1$을 대입하면

$f(1)=a_0+a_1+a_2+\cdots+a_{10}$

$\qquad=(a_0+a_2+a_4+\cdots+a_{10})+(a_1+a_3+\cdots+a_9)=1$

$x=-1$을 대입하면

$f(-1)=a_0-a_1+a_2-a_3+\cdots+a_{10}$

$\qquad=(a_0+a_2+a_4+\cdots+a_{10})-(a_1+a_3+\cdots+a_9)$

$\qquad=-1$

❶, ❷에서 $a=2$, $b=1$

따라서 나머지는 $2x+1$ 답 ①

12 [전략] (1) 조립제법을 이용한다.

(2) $f(x)=(x-1)^2Q(x)+ax+b$로 놓고 (1)의 결과를 이용한다.

(1)

$$\begin{array}{r|rrrrrr}
1 & 1 & 0 & 0 & 0 & 0 & -1 \\
  &   & 1 & 1 & 1 & 1 & 1 \\
\hline
  & 1 & 1 & 1 & 1 & 1 & 0 \\
\end{array}$$

$\therefore$ 몫: $x^4+x^3+x^2+x+1$, 나머지: 0

(2) $f(x)$를 $(x-1)^2$으로 나눈 몫을 $Q(x)$, 나머지를 $ax+b$라 하면

$\qquad x^5-1=(x-1)^2Q(x)+ax+b$ ··· ❶

$x=1$을 대입하면 $a+b=0$ $\therefore b=-a$

❶에 대입하면

$\qquad x^5-1=(x-1)^2Q(x)+a(x-1)$

(1)의 결과를 대입하면

$\qquad (x-1)(x^4+x^3+x^2+x+1)$

$\qquad =(x-1)^2Q(x)+a(x-1)$

이 식은 x에 대한 항등식이므로 양변을 $x-1$로 나누어도 성립한다.

$\qquad \therefore x^4+x^3+x^2+x+1=(x-1)Q(x)+a$

$x=1$을 대입하면 $5=a$ $\therefore b=-5$

따라서 나머지는 $5x-5$

답 (1) 몫: $x^4+x^3+x^2+x+1$, 나머지: 0 (2) $5x-5$

(1)에서 조립제법을 한번 더 하면

$$\begin{array}{r|rrrrrr}
1 & 1 & 0 & 0 & 0 & 0 & -1 \\
  &   & 1 & 1 & 1 & 1 & 1 \\
\hline
1 & 1 & 1 & 1 & 1 & 1 & 0 \\
  &   & 1 & 2 & 3 & 4 &   \\
\hline
  & 1 & 2 & 3 & 4 & 5 &   \\
\end{array}$$

$\therefore f(x)=(x-1)\{(x-1)(x^3+2x^2+3x+4)+5\}$

$\qquad\quad =(x-1)^2(x^3+2x^2+3x+4)+5(x-1)$

따라서 $f(x)$를 $(x-1)^2$으로 나눈 나머지는 $5x-5$

13 [전략] $(x-4)f(x)=(x+2)f(x-2)$에 $x=4$, $x=-2$를 대입하면 $f(2)=0$, $f(-2)=0$임을 알 수 있다.

몫이 일차식이므로 $ax+b$라 하면

$$f(x)=(x^2-x-1)(ax+b)-2x+1 \quad\cdots ❶$$

$(x-4)f(x)=(x+2)f(x-2)$의 양변에

$x=4$를 대입하면 $0=6f(2)$ $\therefore f(2)=0$

$x=-2$를 대입하면 $-6f(-2)=0$ $\therefore f(-2)=0$

❶에 $x=2$를 대입하면 $0=2a+b-3$

❶에 $x=-2$를 대입하면 $0=5(-2a+b)+5$

연립하여 풀면 $a=1$, $b=1$

❶에 대입하면 $f(x)=(x^2-x-1)(x+1)-2x+1$

$\qquad \therefore f(3)=5\times4-5=15$ 답 ⑤

Note

$f(2)=0$, $f(-2)=0$이므로 $f(x)=(x-2)(x+2)(ax+b)$로 놓을 수 있다. 우변을 전개한 다음 x^2-x-1로 나눈 나머지가 $-2x+1$일 조건을 찾아도 된다.

14 [전략] $f(x)=(x+4)^2(x+3)Q(x)+ax^2+bx+c$로 놓고 $(x+4)^2$으로 나눈 나머지를 생각한다.

$f(x)$를 $(x+4)^2(x+3)$으로 나눈 몫을 $Q(x)$, 나머지를 ax^2+bx+c라 하면

$\qquad f(x)=(x+4)^2(x+3)Q(x)+ax^2+bx+c$ ··· ❶

$(x+4)^2(x+3)Q(x)$는 $(x+4)^2$으로 나누어떨어지므로

ax^2+bx+c를 $(x+4)^2$으로 나눈 나머지가 $x+5$이다.

$\qquad \therefore ax^2+bx+c=a(x+4)^2+x+5$

❶에 대입하고 정리하면

$\qquad f(x)=(x+4)^2\{(x+3)Q(x)+a\}+x+5$ ··· ❷

$f(x)$를 $(x+3)^2$으로 나눈 몫을 $Q_1(x)$라 하면

$\qquad f(x)=(x+3)^2Q_1(x)+x+6$

$\qquad \therefore f(-3)=3$

❷에 대입하면 $3=a+2$ $\therefore a=1$

$\qquad \therefore R(x)=(x+4)^2+x+5$, $R(1)=31$ 답 31

15 [전략] $f(x)=(x-1)(x^2-4)Q(x)+ax^2+bx+c$이므로 $f(1)$, $f(-2)$, $f(2)$의 값을 알면 a, b, c를 구할 수 있다.

$f(x)$를 $(x-1)(x^2-4)$로 나눈 나머지를 ax^2+bx+c라 하면

$\qquad f(x)=(x-1)(x^2-4)Q(x)+ax^2+bx+c$ ··· ❶

$f(x)$를 $(x-1)(x+2)$로 나눈 몫을 $Q_1(x)$라 하면

$\qquad f(x)=(x-1)(x+2)Q_1(x)+x-3$

$\qquad \therefore f(1)=-2$, $f(-2)=-5$

또 $(x+1)f(3x-1)$을 $x-1$로 나눈 나머지가 6이므로 $x=1$을 대입한 값이 6이다.

$\qquad \therefore 2f(2)=6$, $f(2)=3$

$f(1)=-2$이므로 ❶에서 $-2=a+b+c$ ··· ❷

$f(-2)=-5$이므로 ❶에서 $-5=4a-2b+c$ ··· ❸

$f(2)=3$이므로 ❶에서 $3=4a+2b+c$ ··· ❹

❸−❹를 하면 $-8=-4b$ $\therefore b=2$

❷, ❹에 대입하면 $a+c=-4$, $4a+c=-1$

연립하여 풀면 $a=1$, $c=-5$

$\qquad \therefore f(x)=(x-1)(x^2-4)Q(x)+x^2+2x-5$

$Q(x)$를 $x-3$으로 나눈 나머지가 1이므로 $Q(3)=1$

따라서 $f(x)$를 $x-3$으로 나눈 나머지는

$\qquad f(3)=10Q(3)+10=20$ 답 ③

16 [전략] $f(x)$가 삼차식이므로 $f(x)$를 $(x-1)^2$으로 나눈 몫과 나머지는 $ax+b$ $(a\neq0)$ 꼴이다.

삼차식 $f(x)$를 $(x-1)^2$으로 나눈 몫은 일차식이므로 몫과 나머지를 $ax+b$ $(a\neq0)$이라 하면

$$f(x)=(x-1)^2(ax+b)+ax+b \qquad \cdots \text{㉮}$$

$f(1)=2$이므로 $a+b=2$ $\quad \therefore b=2-a$

$$f(x)=(x-1)^2(ax+2-a)+ax+2-a$$
$$=(x-1)^2\{a(x-1)+2\}+ax+2-a$$
$$=a(x-1)^3+2(x-1)^2+ax+2-a \qquad \cdots \text{㉯}$$

$R(x)=2(x-1)^2+ax+2-a$이므로

$$R(2)=a+4$$
$$R(3)=2a+10$$

$R(2)=R(3)$이므로

$$a+4=2a+10, \ a=-6$$
$$\therefore R(x)=2(x-1)^2-6x+8 \qquad \cdots \text{㉰}$$

따라서 $R(x)$를 $x+3$으로 나눈 나머지는

$$R(-3)=32+18+8=58 \qquad \cdots \text{㉱}$$

단계	채점 기준	배점
㉮	$f(x)$를 $(x-1)^2$으로 나눈 몫과 나머지가 같음을 이용하여 $f(x)$ 나타내기	20%
㉯	$f(1)=2$임을 이용하여 $f(x)$ 정리하기	30%
㉰	$R(2)=R(3)$임을 이용하여 $R(x)$ 구하기	30%
㉱	$R(x)$를 $x+3$으로 나눈 나머지 구하기	20%

目 58

17 [전략] $202=51\times4-2$이므로 $51=x$로 치환하면 $202^{10}=(4x-2)^{10}$임을 이용한다.

$202=51\times4-2$이므로 $f(x)=(4x-2)^{10}$이라 하자.

$f(x)$를 x로 나눈 나머지는 $f(0)=2^{10}$이므로 몫을 $Q(x)$라 하면

$$(4x-2)^{10}=xQ(x)+2^{10}$$

$x=51$을 대입하면 $202^{10}=51\times Q(51)+2^{10}$

$$2^{10}=1024=51\times20+4$$

이고, $Q(51)$은 자연수이므로 202^{10}을 51로 나눈 나머지는 4이다.

目 ④

18 [전략] 먼저 $f(x)$의 차수를 알아본다.

$f(x)$가 n차식이라 하면

$f(x^2-1)$은 $2n$차,

$x^2f(x-2)$는 $(2+n)$차, $2x^3+x^2-2$는 3차

이때 등식이 성립하려면 $2n\neq3$이므로

$$2n=2+n \quad \therefore n=2$$

따라서 $f(x)=ax^2+bx+c$ $(a\neq0)$이라 하면 주어진 등식은

$$a(x^2-1)^2+b(x^2-1)+c$$
$$=x^2\{a(x-2)^2+b(x-2)+c\}+2x^3+x^2-2$$

양변을 전개하여 정리하면

$$ax^4+(-2a+b)x^2+a-b+c$$
$$=ax^4+(-4a+b+2)x^3+(4a-2b+c+1)x^2-2$$

양변의 계수를 비교하면

$$0=-4a+b+2 \qquad \cdots \text{❶}$$
$$-2a+b=4a-2b+c+1, \ 6a-3b+c=-1 \qquad \cdots \text{❷}$$

$$a-b+c=-2 \qquad \cdots \text{❸}$$

❷$-$❸을 하면 $5a-2b=1$ $\qquad \cdots \text{❹}$

❶, ❹를 연립하여 풀면 $a=1, b=2$

❸에 대입하면 $c=-1$

$$\therefore f(x)=x^2+2x-1 \qquad \text{目 } f(x)=x^2+2x-1$$

step C 최상위 문제 *21~22쪽*

01 $f(x)=x^2, f(x)=x^2-x, f(x)=x^2+x+1, f(x)=x^2-2x+1$

02 ③ **03** $\dfrac{17}{15}$ **04** ① **05** ④ **06** ①

07 (1) $f(x)=x^7+x^6+x^5+\cdots+x+1$ (2) $-x^4-x-1$

08 (1) $P(x)=\dfrac{1}{2}x^2+\dfrac{1}{2}x-2$ (2) $f(x)=\dfrac{1}{6}x^3-\dfrac{13}{6}x+2$

01 [전략] $f(x)=ax^2+bx+c$로 놓을 수 있다.

$f(x)=ax^2+bx+c$라 하자.

$f(x^2)=f(x)f(-x)$이므로

$$ax^4+bx^2+c=(ax^2+bx+c)(ax^2-bx+c) \qquad \cdots \text{❶}$$

x^4의 계수를 비교하면 $a=a^2$

$a\neq0$이므로 $a=1$

상수항을 비교하면 $c=c^2$ $\quad \therefore c=0$ 또는 $c=1$

$c=0$일 때 ❶은

$$x^4+bx^2=(x^2+bx)(x^2-bx)$$

우변을 전개하면 $x^4-b^2x^2$이므로

$$b=-b^2 \quad \therefore b=0 \text{ 또는 } b=-1 \qquad \cdots \text{❷}$$

$c=1$일 때 ❶은

$$x^4+bx^2+1=(x^2+bx+1)(x^2-bx+1)$$

우변을 전개하면 $x^4+(2-b^2)x^2+1$이므로

$$b=2-b^2, \ b^2+b-2=0$$
$$\therefore b=1 \text{ 또는 } b=-2 \qquad \cdots \text{❸}$$

❷에서 $f(x)=x^2, f(x)=x^2-x$

❸에서 $f(x)=x^2+x+1, f(x)=x^2-2x+1$

$$\text{目 } f(x)=x^2, f(x)=x^2-x,$$
$$f(x)=x^2+x+1, f(x)=x^2-2x+1$$

02 [전략] $h(x)=(x-1)f(x)=(x-3)g(x)$라 할 때, $h(1)=0, h(3)=0$이고 $h(x)$가 삼차식임을 이용한다.

$h(x)=(x-1)f(x)=(x-3)g(x)$라 하자.

$h(1)=0, h(3)=0$이므로 $h(x)$는 $x-1, x-3$으로 나누어떨어진다.

또 $h(x)$는 삼차식이므로

$$h(x)=(x-1)(x-3)(ax+b) \ (a\neq0)$$

으로 놓을 수 있다.

$h(x)=(x-1)f(x)$에서 $f(x)=(x-3)(ax+b)$

$h(x)=(x-3)g(x)$에서 $g(x)=(x-1)(ax+b)$

$f(1)=2$이므로 $-2(a+b)=2$

$g(2)=1$이므로 $2a+b=1$

연립하여 풀면 $a=2$, $b=-3$

$\therefore f(x)=(x-3)(2x-3)$

$\therefore f(0)=(-3)\times(-3)=9$ 답 ③

03 [전략] 주어진 조건에서 $f(x)=\dfrac{x+2}{x+1}$ $(x=1, 2, 3, 4)$임을 이용한다.

주어진 조건에서 $x=1, 2, 3, 4$일 때 $f(x)=\dfrac{x+2}{x+1}$이므로

$$(x+1)f(x)=x+2, \quad (x+1)f(x)-(x+2)=0$$

$$g(x)=(x+1)f(x)-(x+2) \quad \cdots ❶ \qquad \cdots ㉮$$

라 하면 $g(1)=g(2)=g(3)=g(4)=0$이므로 $g(x)$는 $x-1$,
$x-2$, $x-3$, $x-4$로 나누어떨어진다.

그런데 $g(x)$는 사차식이므로

$$g(x)=a(x-1)(x-2)(x-3)(x-4)$$

❶에서 $g(-1)=-1$이므로

$$-1=a(-2)(-3)(-4)(-5) \qquad \therefore a=-\dfrac{1}{120}$$

$$\therefore g(x)=(x+1)f(x)-(x+2)$$

$$=-\dfrac{1}{120}(x-1)(x-2)(x-3)(x-4) \quad \cdots ㉯$$

$x=5$를 대입하면

$$6f(5)-7=-\dfrac{1}{120}\times 4\times 3\times 2\times 1$$

$$\therefore f(5)=\dfrac{17}{15} \qquad \cdots ㉰$$

단계	채점 기준	배점
㉮	$g(x)=(x+1)f(x)-(x+2)$로 놓기	40%
㉯	$g(1)=g(2)=g(3)=g(4)=0$이고 $g(-1)=-1$ 임을 이용하여 $g(x)$ 구하기	50%
㉰	$f(5)$의 값 구하기	10%

답 $\dfrac{17}{15}$

04 [전략] $f(x)=(x-4)Q(x)+R$에서 $Q(x)=(x-4)Q_1(x)+\dfrac{1}{R}$ 꼴임을 이용하여 $f(x)$를 다시 정리한다.

$$f(x)=(x-4)Q(x)+R \qquad \cdots ❶$$

이고, $Q(x)$를 $x-4$로 나눈 몫을 $Q_1(x)$라 하면

$$Q(x)=(x-4)Q_1(x)+\dfrac{1}{R}$$

$$\therefore f(x)=(x-4)\left\{(x-4)Q_1(x)+\dfrac{1}{R}\right\}+R$$

$$=(x-4)^2 Q_1(x)+\dfrac{1}{R}(x-4)+R \quad \cdots ❷$$

ㄱ. ❶의 x에 $x+2$를 대입하면

$$f(x+2)=(x+2-4)Q(x+2)+R$$

$$=(x-2)Q(x+2)+R \text{ (참)}$$

ㄴ. ❷에서 $f(x)$를 $(x-4)^2$으로 나눈 나머지는

$$\dfrac{1}{R}(x-4)+R$$

❷의 x에 $x+2$를 대입하면

$f(x+2)$

$$=(x+2-4)^2 Q_1(x+2)+\dfrac{1}{R}(x+2-4)+R$$

$$=(x-2)^2 Q_1(x+2)+\dfrac{1}{R}(x-2)+R \quad \cdots ❸$$

$f(x+2)$를 $(x-2)^2$으로 나눈 나머지는 $\dfrac{1}{R}(x-2)+R$

따라서 나머지가 다르다. (거짓)

ㄷ. ❸에서 $\dfrac{1}{R}(x-2)+R=k$라 하면

$$\{f(x+2)\}^2-R^2=(x-2)^4\{Q_1(x+2)\}^2$$
$$+2k(x-2)^2 Q_1(x+2)+k^2-R^2$$

곧, k^2-R^2을 $(x-2)^2$으로 나눈 나머지만 생각하면 된다.

$$k^2-R^2=\dfrac{1}{R^2}(x-2)^2+2(x-2)$$

이므로 나머지는 $2(x-2)$이다. (거짓)

따라서 옳은 것은 ㄱ이다. 답 ①

05 [전략] $f(x)$를 $(x-1)^2$으로 나눈 나머지와 $x+1$로 나눈 나머지를 이용하여 $f(x)$를 $(x-1)^2(x+1)$로 나눈 나머지 $R(x)$를 구한다.

$f(x)$를 $(x-1)^2(x+2)$로 나눈 몫을 $Q_1(x)$라 하면

$$f(x)=(x-1)^2(x+2)Q_1(x)+2x^2+7x-3$$

$2x^2+7x-3=2(x-1)^2+11x-5$이므로 $f(x)$를 $(x-1)^2$으로 나눈 나머지는 $11x-5$이다.

$f(x)$를 $(x+1)^2(x+3)$으로 나눈 몫을 $Q_2(x)$라 하면

$$f(x)=(x+1)^2(x+3)Q_2(x)+7x^2+20x+9$$

$x=-1$을 대입하면 $f(-1)=-4$

$f(x)$를 $(x-1)^2(x+1)$로 나눈 몫을 $Q(x)$, 나머지를 ax^2+bx+c라 하면

$$f(x)=(x-1)^2(x+1)Q(x)+ax^2+bx+c \quad \cdots ❶$$

$f(x)$를 $(x-1)^2$으로 나눈 나머지는 $11x-5$이므로

ax^2+bx+c를 $(x-1)^2$으로 나눈 나머지도 $11x-5$이다.

$$\therefore ax^2+bx+c=a(x-1)^2+11x-5$$

❶에 대입하면

$$f(x)=(x-1)^2(x+1)Q(x)+a(x-1)^2+11x-5$$

$f(-1)=-4$이므로 $-4=4a-16$ $\qquad \therefore a=3$

$$\therefore R(x)=3(x-1)^2+11x-5, \quad R(2)=20$$ 답 ④

06 [전략] 나머지 $g(x)$, $f(x)-x^2-3x$의 차수부터 생각한다.

$f(x)$는 이차식이므로 (가)에서 나머지 $g(x)$는 일차식 또는 상수이다.

이때 (나)에서 $f(x)-x^2-3x$는 상수이다.

따라서 $f(x)=x^2+3x+a$로 놓을 수 있다.

x^3+5x^2+9x+6을 $f(x)$로 나누면

$$\begin{array}{r}
x+2 \\
x^2+3x+a \overline{\smash{)}\,x^3+5x^2+9x+6} \\
\underline{x^3+3x^2+ax} \\
2x^2+(9-a)x+6 \\
\underline{2x^2+6x+2a} \\
(3-a)x+6-2a
\end{array}$$

곧, 몫이 $x+2$, 나머지가 $(3-a)x+6-2a$이므로
$$g(x)=(3-a)x+2(3-a)$$
$$=(3-a)(x+2)$$

x^3+5x^2+9x+6을 $g(x)$로 나눈 몫을 $Q(x)$라 하면
$$x^3+5x^2+9x+6=(3-a)(x+2)Q(x)+a$$
$x=-2$를 대입하면 $0=a$
$$\therefore g(x)=3(x+2),\ g(1)=9 \qquad \text{답 ①}$$

Note

x^3+5x^2+9x+6을 $f(x)$로 나눈 나머지 $g(x)$는 다음과 같이 구할 수도 있다. 몫이 일차식이고 x의 계수가 1이므로
$$x^3+5x^2+9x+6=(x^2+3x+a)(x+b)+g(x)$$
$g(x)$가 일차 이하의 식이므로 우변의 x^2의 계수는 $b+3$
좌변과 비교하면 $b=2$
$$\therefore g(x)=x^3+5x^2+9x+6-(x^2+3x+a)(x+2)$$
$$=(3-a)x+6-2a$$

07 [전략] (1) 조립제법을 이용한다.
　　　(2) $f(x)$와 x^5+x^4+x+1 사이의 관계부터 구한다.

(1)
$$
\begin{array}{r|rrrrrrrrr}
1 & 1 & 0 & 0 & 0 & 0 & 0 & 0 & 0 & -1 \\
  &   & 1 & 1 & 1 & 1 & 1 & 1 & 1 & 1 \\
\hline
  & 1 & 1 & 1 & 1 & 1 & 1 & 1 & 1 & 0
\end{array}
$$
$$\therefore f(x)=x^7+x^6+x^5+\cdots+x+1 \qquad \cdots ㉮$$

(2) $g(x)$를 $f(x)$로 나눈 몫을 $Q(x)$라 하면
$$g(x)=f(x)Q(x)+x^5$$
$$=(x^7+x^6+x^5+\cdots+1)Q(x)+x^5 \qquad \cdots ❶$$
그런데 $x^2(x^5+x^4+x+1)=x^7+x^6+x^3+x^2$이므로
$$(x^2+1)(x^5+x^4+x+1)=f(x)$$
따라서 ❶은
$$g(x)=(x^5+x^4+x+1)(x^2+1)Q(x)+x^5 \qquad \cdots ❷$$
곧, x^5을 x^5+x^4+x+1로 나눈 나머지만 구하면 된다.
$$x^5=(x^5+x^4+x+1)\times 1-(x^4+x+1)$$
이므로 나머지는 $-x^4-x-1$ $\qquad \cdots ❸$

단계	채점 기준	배점
㉮	조립제법을 이용하여 $f(x)$ 구하기	30%
❷	$f(x)$를 변형하고 $g(x)=f(x)Q(x)+x^5$ 꼴로 나타내기	40%
❸	$g(x)$를 x^5+x^4+x+1로 나눈 나머지 구하기	30%

$$\text{답 }(1)\,f(x)=x^7+x^6+x^5+\cdots+x+1 \quad (2)\,-x^4-x-1$$

08 [전략] (1) 이런 꼴에서는 항상 다항식의 차수부터 구한다.
　　　(2) (1)의 결과를 이용할 수 있는 꼴로 고친다.

(1) $P(x)=a_nx^n+a_{n-1}x^{n-1}+\cdots\ (a_n\neq 0)$이라 하면
$$P(x+1)=a_n(x+1)^n+a_{n-1}(x+1)^{n-1}+\cdots$$
$(x+1)^n=x^n+nx^{n-1}+\cdots$이므로
$$P(x+1)-P(x)=na_nx^{n-1}+\cdots$$
따라서 $P(x+1)-P(x)$의 차수는 $n-1$이다. $\qquad \cdots ❶$
그런데 $P(x+1)=x+1$에서 차수는 1이므로
$$n-1=1 \qquad \therefore n=2 \qquad \cdots ㉮$$
곧, $P(x)$는 이차식이므로 $P(x)=ax^2+bx+c\ (a\neq 0)$이라 하면

$$P(x+1)-P(x)$$
$$=a(x+1)^2+b(x+1)+c-(ax^2+bx+c)$$
$$=2ax+a+b$$
이 식이 $x+1$과 같으므로
$$2a=1,\ a+b=1 \qquad \therefore a=\frac{1}{2},\ b=\frac{1}{2}$$
$P(1)=-1$이므로 $a+b+c=-1 \qquad \therefore c=-2$
$$\therefore P(x)=\frac{1}{2}x^2+\frac{1}{2}x-2 \qquad \cdots ❷$$

(2) $f(x+1)-f(x)=P(x)$라 하면 조건식은
$$P(x+1)-P(x)=x+1$$
$P(1)=f(2)-f(1)=-1$이므로 (1)의 결과에서
$$f(x+1)-f(x)=\frac{1}{2}x^2+\frac{1}{2}x-2 \qquad \cdots ❸$$
❶과 같은 이유로 $f(x)$는 삼차식이므로
$f(x)=px^3+qx^2+rx+s\ (p\neq 0)$이라 하면
$$f(x+1)-f(x)=p(x+1)^3+q(x+1)^2+r(x+1)+s$$
$$-(px^3+qx^2+rx+s)$$
$$=3px^2+(3p+2q)x+p+q+r$$
이 식이 $\frac{1}{2}x^2+\frac{1}{2}x-2$와 같으므로
$$3p=\frac{1}{2},\ 3p+2q=\frac{1}{2},\ p+q+r=-2$$
$$\therefore p=\frac{1}{6},\ q=0,\ r=-\frac{13}{6}$$
$f(1)=0$이므로 $p+q+r+s=0 \qquad \therefore s=2$
$$\therefore f(x)=\frac{1}{6}x^3-\frac{13}{6}x+2 \qquad \cdots ❹$$

단계	채점 기준	배점
㉮	주어진 식의 차수를 비교하여 $P(x)$의 차수 구하기	30%
❷	$P(x)=ax^2+bx+c$라 하고 항등식을 이용하여 a, b, c의 값과 $P(x)$ 구하기	20%
❸	$f(1)=0,\ f(2)=-1$과 (1)의 결과를 이용하여 $f(x+1)-f(x)$ 구하기	20%
❹	$f(1)=0$과 항등식을 이용하여 삼차식 $f(x)$ 구하기	30%

$$\text{답 }(1)\,P(x)=\frac{1}{2}x^2+\frac{1}{2}x-2 \quad (2)\,f(x)=\frac{1}{6}x^3-\frac{13}{6}x+2$$

Note
$$(x+1)^2=x^2+2x+1$$
$$(x+1)^3=x^3+3x^2+3x+1$$
$$(x+1)^4=(x^2+2x+1)^2$$
$$=x^4+4x^2+1+4x^3+4x+2x^2$$
$$=x^4+4x^3+6x^2+4x+1$$
$$\vdots$$
$$(x+1)^n=x^n+nx^{n-1}+\cdots$$

03. 인수분해

24~25쪽

step **A** 기본 문제

01 ③	**02** ①	**03** ②	**04** 8
05 (1) $(2x-y+1)(x-y-1)$ (2) $(x+1)(x+3y)(x+y)$			
(3) $(x^2+y+1)(x^2+y-3)$		**06** ①	**07** 1
08 ②	**09** ⑤	**10** ①	**11** ③	**12** 120
13 ③	**14** ④	**15** ①	**16** ①

01 [전략] 우변을 전개하거나 좌변을 인수분해하여 확인한다.

③ $(a-b-c)^2$을 전개해 보면
$$(a-b-c)^2=a^2+b^2+c^2-2ab+2bc-2ca$$
$$\therefore a^2+b^2+c^2-2ab-2bc-2ca \neq (a-b-c)^2$$

④ $x^4-13x^2y^2+4y^4=x^4-4x^2y^2+4y^4-9x^2y^2$
$$=(x^2-2y^2)^2-(3xy)^2$$
$$=(x^2+3xy-2y^2)(x^2-3xy-2y^2)$$

⑤ $(x^2-2x)^2-2(x^2-2x)-3$에서 $x^2-2x=t$라 하면
$$t^2-2t-3=(t+1)(t-3)$$
$$=(x^2-2x+1)(x^2-2x-3)$$
$$=(x-1)^2(x-3)(x+1)$$

답 ③

02 [전략] 등식으로 나타낸 다음 x에 대한 항등식임을 이용한다.
$$(x-a)(x+1)-6=(x-5)(x-b)$$
x에 대한 항등식이므로
$x=-1$을 대입하면 $-6=-6(-1-b)$ $\therefore b=-2$
$x=5$를 대입하면 $6(5-a)-6=0$ $\therefore a=4$
$$\therefore a+b=2$$

답 ①

03 [전략] $(\ \ \ )^2-(\ \ \ )^2$ 꼴로 정리하는 문제이다.
$$4x^2+y^2-9z^2-4xy=4x^2-4xy+y^2-9z^2$$
$$=(2x-y)^2-(3z)^2$$
$$=(2x-y+3z)(2x-y-3z)$$
$\therefore a=3$, $b=-1$, $c=-3$ 또는 $a=-3$, $b=-1$, $c=3$
$$\therefore a+b+c=-1$$

답 ②

04 [전략] $f(x)=(x^3+1)Q(x)+3x-1$이고
$x^3+1=(x+1)(x^2-x+1)$임을 이용한다.

$f(x)$를 x^3+1로 나눈 몫을 $Q(x)$라 하면
$$f(x)=(x^3+1)Q(x)+3x-1$$
$$=(x+1)(x^2-x+1)Q(x)+3x-1$$
$3x-1$이 일차식이므로 $f(x)$를 x^2-x+1로 나눈 몫은
$(x+1)Q(x)$이다.
조건에서 $(x+1)Q(x)=2x^2+3x+1$
$2x^2+3x+1=(x+1)(2x+1)$이므로
$$Q(x)=2x+1$$
$$\therefore f(x)=(x+1)(x^2-x+1)(2x+1)+3x-1$$
따라서 $f(x)$를 $x-1$로 나눈 나머지는
$$f(1)=2\times1\times3+2=8$$

답 8

05 [전략] 문자가 2개 이상 ⇨ 차수가 가장 낮은 문자에 대해 정리한다.

(1) y에 대해 정리하면
$$y^2-3xy+2x^2-x-1=y^2-3xy+(2x+1)(x-1)$$
곱해서 $(2x+1)(x-1)$, 더해서 $-3x$인 두 식은
$-(2x+1)$, $-(x-1)$이므로
$$(y-2x-1)(y-x+1)=(2x-y+1)(x-y-1)$$

(2) y에 대해 정리하면
$$3(x+1)y^2+4x(x+1)y+x^2(x+1)$$
$$=(x+1)(3y^2+4xy+x^2)$$
$$=(x+1)(x+3y)(x+y)$$

(3) y에 대해 정리하면
$$y^2+2(x^2-1)y+x^4-2x^2-3$$
$$=y^2+2(x^2-1)y+(x^2+1)(x^2-3)$$
$$=(y+x^2+1)(y+x^2-3)$$
$$=(x^2+y+1)(x^2+y-3)$$

답 (1) $(2x-y+1)(x-y-1)$ (2) $(x+1)(x+3y)(x+y)$
(3) $(x^2+y+1)(x^2+y-3)$

Note

(1) y^2의 계수가 1이므로 y에 대해 정리하였다.
x에 대해 정리해도 된다.
$$2x^2+(-3y-1)x+y^2-1$$
에서 $y^2-1=(y+1)(y-1)$이므로

$$\begin{array}{ccc} 2 & \diagdown & -(y-1) \longrightarrow -y+1 \\ 1 & \diagup & -(y+1) \longrightarrow \underline{-2y-2} \, (+ \\ & & -3y-1 \end{array}$$

$$\therefore (2x-y+1)(x-y-1)$$

(3) x에 대해 정리해도 된다.
$$x^4+2(y-1)x^2+y^2-2y-3$$
$$=x^4+2(y-1)x^2+(y+1)(y-3)$$
$$=(x^2+y+1)(x^2+y-3)$$

06 [전략] $5x(x-3)$을 이용할 수 있게 첫 항을 전개한다.
$$x(x-1)(x-2)(x-3)+5x(x-3)+10$$
$$=x(x-3)(x-1)(x-2)+5x(x-3)+10$$
$$=(x^2-3x)(x^2-3x+2)+5(x^2-3x)+10$$
$x^2-3x=t$라 하면
$$t(t+2)+5t+10=t^2+7t+10=(t+2)(t+5)$$
$$=(x^2-3x+2)(x^2-3x+5)$$
$$=(x-1)(x-2)(x^2-3x+5)$$
따라서 인수인 것은 ① x^2-3x+5이다.

답 ①

07 [전략] 공통부분이 나오게 두 개씩 묶어 전개한다.
$$x(x+1)(x+2)(x+3)+k$$
$$=x(x+3)(x+1)(x+2)+k$$
$$=(x^2+3x)(x^2+3x+2)+k$$
$x^2+3x=A$라 하면
$$A(A+2)+k=A^2+2A+k=(A+1)^2+k-1$$
따라서 $k=1$이면
$$(A+1)^2=(x^2+3x+1)^2$$
으로 인수분해된다.

답 1

08 [전략] 삼차 이상인 다항식의 인수분해 ⇨ 인수정리를 이용한다.

$P(1)=0$이므로 조립제법을 쓰면

$$
\begin{array}{r|rrrr}
1 & 1 & 2 & -1 & -2 \\
  &   & 1 & 3 & 2 \\
\hline
  & 1 & 3 & 2 & \fbox{0}
\end{array}
$$

$$
\begin{aligned}
\therefore P(x) &= (x-1)(x^2+3x+2) \\
&= (x-1)(x+1)(x+2)
\end{aligned}
$$

$Q(1)=0$이므로 조립제법을 쓰면

$$
\begin{array}{r|rrrrr}
1 & 1 & -3 & 3 & -3 & 2 \\
  &   & 1 & -2 & 1 & -2 \\
\hline
  & 1 & -2 & 1 & -2 & \fbox{0}
\end{array}
$$

$$\therefore Q(x)=(x-1)(x^3-2x^2+x-2)$$

$R(x)=x^3-2x^2+x-2$라 하면 $R(2)=0$이므로 조립제법을 쓰면

$$
\begin{array}{r|rrrr}
2 & 1 & -2 & 1 & -2 \\
  &   & 2 & 0 & 2 \\
\hline
  & 1 & 0 & 1 & \fbox{0}
\end{array}
$$

$$\therefore Q(x)=(x-1)(x-2)(x^2+1)$$

따라서 $P(x)$와 $Q(x)$의 공통인수는 $x-1$이다.   🈺 ②

Note

$P(x)$는 다음과 같이 두 항씩 묶어 인수분해할 수 있다.

$$
\begin{aligned}
P(x) &= x^2(x+2)-(x+2)=(x+2)(x^2-1) \\
&= (x+2)(x+1)(x-1)
\end{aligned}
$$

09 [전략] $(x+2)^3$, $(x+2)^2$을 전개해도 되고, $x+2=t$로 치환해도 된다.

$$
\begin{aligned}
&(x+2)^3-7(x+2)^2-10x-4 \\
&= (x+2)^3-7(x+2)^2-10(x+2)+16 \quad \cdots ❶
\end{aligned}
$$

$x+2=t$로 놓고, ❶의 식을 $f(t)$라 하면

$$f(t)=t^3-7t^2-10t+16$$

$f(1)=0$이므로 조립제법을 쓰면

$$
\begin{array}{r|rrrr}
1 & 1 & -7 & -10 & 16 \\
  &   & 1 & -6 & -16 \\
\hline
  & 1 & -6 & -16 & \fbox{0}
\end{array}
$$

$$\therefore f(t)=(t-1)(t^2-6t-16)=(t-1)(t-8)(t+2)$$

$t=x+2$를 대입하면 $(x+1)(x-6)(x+4)$

$p<q<r$이므로 $p=-6$, $q=1$, $r=4$

$$\therefore 3p+q+2r=-18+1+8=-9$$ 🈺 ⑤

10 [전략] $f(x)$가 $(x-a)^2$으로 나누어떨어지면
$f(x)$를 $x-a$로 나눈 나머지가 0이고,
몫을 $x-a$로 나눈 나머지도 0이다.

주어진 식이 $(x+1)^2$으로 나누어떨어지므로 조립제법을 쓰면

$$
\begin{array}{r|rrrrr}
-1 & 2 & 6 & a & 0 & b \\
   &   & -2 & -4 & -a+4 & a-4 \\
\hline
-1 & 2 & 4 & a-4 & -a+4 & \fbox{$a+b-4$} \\
   &   & -2 & -2 & -a+6 & \\
\hline
   & 2 & 2 & a-6 & \fbox{$-2a+10$}
\end{array}
$$

$a+b-4=0$이고 $-2a+10=0$이므로

$$a=5,\ b=-1 \quad \therefore ab=-5$$ 🈺 ①

11 [전략] $f(1)=0$임을 이용하여 a, b, c의 관계를 구하고 대입한 다음 $f(x)$를 인수분해한다.

$f(1)=0$이므로 $a+b+c-a=0$ $\therefore c=-b$

$$
\begin{aligned}
\therefore f(x) &= ax^4+bx^3-bx-a \\
&= a(x^4-1)+bx(x^2-1) \\
&= (x^2-1)\{a(x^2+1)+bx\} \\
&= (x+1)(x-1)(ax^2+bx+a)
\end{aligned}
$$

따라서 인수인 것은 ③ $x+1$이다.   🈺 ③

Note

$f(x)$를 a에 대해 정리한 후 인수분해하였다. 다음과 같이 조립제법을 이용하여 인수분해할 수도 있다.

$$
\begin{array}{r|rrrrr}
1 & a & b & 0 & -b & -a \\
  &   & a & a+b & a+b & a \\
\hline
-1 & a & a+b & a+b & a & \fbox{0} \\
   &   & -a & -b & -a & \\
\hline
   & a & b & a & \fbox{0}
\end{array}
$$

$$\therefore ax^4+bx^3-bx-a=(x-1)(x+1)(ax^2+bx+a)$$

12 [전략] 수를 문자로 치환하고 분모, 분자를 인수분해한다.

$17=a$, $13=b$로 놓으면

$$
\begin{aligned}
&\frac{(17^3-13^3)(17^3+13^3)}{17^4+17^2\times13^2+13^4} \\
&= \frac{(a^3-b^3)(a^3+b^3)}{a^4+a^2b^2+b^4} \\
&= \frac{(a-b)(a^2+ab+b^2)(a+b)(a^2-ab+b^2)}{(a^2+ab+b^2)(a^2-ab+b^2)} \\
&= (a-b)(a+b) \\
&= (17-13)(17+13)=120
\end{aligned}
$$ 🈺 120

13 [전략] 수를 문자로 치환하고 인수분해한 다음 다시 대입하면 계산이 쉽다.

$18=t$라 하면 $t^3-6t^2-36t-40$

이 식을 $f(t)$라 하면 $f(-2)=0$이므로 조립제법을 쓰면

$$
\begin{array}{r|rrrr}
-2 & 1 & -6 & -36 & -40 \\
   &   & -2 & 16 & 40 \\
\hline
   & 1 & -8 & -20 & \fbox{0}
\end{array}
$$

$$\therefore f(t)=(t+2)(t^2-8t-20)=(t+2)^2(t-10)$$

$t=18$을 대입하면

$$f(18)=20^2\times8=3200$$ 🈺 ③

14 [전략] 1. $a^3+b^3+c^3$은 다음 공식을 이용한다.
$$a^3+b^3+c^3-3abc=(a+b+c)(a^2+b^2+c^2-ab-bc-ca)$$
2. $a+b+c=2$이므로 다음과 같이 고쳐 전개한다.
$$(a+b)(b+c)(c+a)=(2-c)(2-a)(2-b)$$

$a+b+c=2$이므로

$$
\begin{aligned}
&(a+b)(b+c)(c+a) \\
&= (2-c)(2-a)(2-b) \\
&= 8-4(a+b+c)+2(ab+bc+ca)-abc \\
&= 8-4\times2+2\times(-1)-abc=-2-abc \quad \cdots ❶
\end{aligned}
$$

이때 $a^2+b^2+c^2=(a+b+c)^2-2(ab+bc+ca)$
$$=2^2-2\times(-1)=6$$
이므로
$$a^3+b^3+c^3-3abc$$
$$=(a+b+c)(a^2+b^2+c^2-ab-bc-ca)$$
에서 $11-3abc=2\times\{6-(-1)\}$ $\therefore abc=-1$
❶에 대입하면 $(a+b)(b+c)(c+a)=-1$ 답 ④

15 [전략] $(px+q)(rx+s)$ 꼴로 인수분해되면 $pr=3$, $qs=2$이다.
$$3x^2+ax+2=(px+q)(rx+s)$$
라 하면 $pr=3$, $qs=2$이다.
p, q, r, s가 정수이므로 가능한 경우는 다음과 같다.
$$(3x+1)(x+2)=3x^2+7x+2$$
$$(3x+2)(x+1)=3x^2+5x+2$$
$$(3x-1)(x-2)=3x^2-7x+2$$
$$(3x-2)(x-1)=3x^2-5x+2$$
따라서 가능한 a의 값은 7, 5, -7, -5이고, 합은 0이다.   답 ①

Note
곱해서 3이 되는 정수는 1과 3, -1과 -3이고
곱해서 2가 되는 정수는 1과 2, -1과 -2이다.
곧, 음수도 생각해야 한다.

16 [전략] $f(x)$의 모든 계수와 상수항이 정수이고 최고차항의 계수가
    1일 때, $f(p)=0$이면 p는 $\pm$(상수항의 약수)이다.
$f(x)=x^4+ax^3+x^2+bx-2$의 모든 계수와 상수항이 정수이
므로 일차식 인수는 $x-p$ 꼴이고, $f(p)=0$이다.
또 $f(x)$의 상수항이 -2이므로 가능한 p는 ±1, ±2이다.
(i) $f(1)=0$일 때
  $1+a+1+b-2=0$ $\therefore a+b=0$
  $a>0$, $b>0$이므로 모순이다.
(ii) $f(-1)=0$일 때
  $1-a+1-b-2=0$ $\therefore a+b=0$
  $a>0$, $b>0$이므로 모순이다.
(iii) $f(2)=0$일 때
  $16+8a+4+2b-2=0$ $\therefore 4a+b=-9$
  $a>0$, $b>0$이므로 모순이다.
(iv) $f(-2)=0$일 때
  $16-8a+4-2b-2=0$ $\therefore 4a+b=9$
  a, b는 양의 정수이고 $a>b$이므로
   $a=2$, $b=1$ $\therefore a+b=3$ 답 ①

---

step B 실력 문제   26~28쪽

01 ③	02 ①	03 ②	04 ④	05 ③
06 빗변의 길이가 b인 직각삼각형			07 ①	08 ⑤
09 ②	10 30	11 ③	12 5	13 ④
14 18	15 23	16 46	17 ①	18 31

01 [전략] 문자가 2개 이상 ⇨ 차수가 가장 낮은 문자에 대해 정리한다.
b에 대해 정리하면
$$2b^2+(a^2+4a)b+a^3-8$$
$$=2b^2+(a^2+4a)b+a^3-2^3$$
$$=2b^2+(a^2+4a)b+(a-2)(a^2+2a+4)$$

$$\begin{array}{ccc} 1 & \quad a-2 & \longrightarrow \quad 2a-4 \\ & \diagdown\diagup & \\ 2 & \quad a^2+2a+4 & \longrightarrow \quad \underline{a^2+2a+4}\,(+ \\ & & \qquad a^2+4a \end{array}$$

$$\therefore (b+a-2)(2b+a^2+2a+4)$$
$$=(a+b-2)(a^2+2a+2b+4)$$
따라서 인수인 것은 ③ $a+b-2$이다.   답 ③

02 [전략] x^2-x, x^2+3x+2를 각각 인수분해하고
    공통부분이 나오게 다시 묶어 정리한다.
$$(x^2-x)(x^2+3x+2)-3=x(x-1)(x+1)(x+2)-3$$
$$=(x^2+x)(x^2+x-2)-3$$
이므로 $x^2+x=t$로 놓으면
$$t(t-2)-3=t^2-2t-3$$
$$=(t+1)(t-3)$$
$$=(x^2+x+1)(x^2+x-3)$$
$$\therefore a+b+c+d=1+1+1-3=0$$ 답 ①

Note
공통부분이 나오도록 식을 조작하고 치환하면 전개도 쉽고 인수분해도 쉽다.

03 [전략] 순환하는 꼴 ⇨ 전개부터
$$(a+b-c)^2+(a-b+c)^2+(-a+b+c)^2$$
$$=3(a^2+b^2+c^2)-2ab-2bc-2ca$$
이므로
$$(주어진 식)=3(a^2+b^2+c^2)-6ab+6bc-6ca$$
$$=3\{a^2-2(b+c)a+b^2+2bc+c^2\}$$
$$=3\{a^2-2(b+c)a+(b+c)^2\}$$
$$=3\{a-(b+c)\}^2$$
$$=3(a-b-c)^2$$ 답 ②

다른 풀이
$a+b+c=X$로 놓으면
$$a+b=X-c, \ a+c=X-b, \ b+c=X-a$$
이므로
$$(a+b-c)^2+(a-b+c)^2+(-a+b+c)^2$$
$$-4(ab-2bc+ca)$$
$$=(X-2c)^2+(X-2b)^2+(X-2a)^2$$
$$-4(ab-2bc+ca)$$
$$=3X^2-4(a+b+c)X+4(a^2+b^2+c^2)$$
$$-4(ab-2bc+ca)$$
이때 $a^2+b^2+c^2=X^2-2(ab+bc+ca)$이므로
$$3X^2-4X^2+4X^2-8(ab+bc+ca)-4(ab-2bc+ca)$$
$$=3X^2-12ab-12ca$$
$$=3(a^2+b^2+c^2+2ab+2bc+2ca-4ab-4ca)$$
$$=3(a^2+b^2+c^2-2ab+2bc-2ca)$$
$$=3(a-b-c)^2$$

04 [전략] 적당한 수를 x로 놓고 인수분해한다.

$x=50$이라 하면

$$
\begin{aligned}
50\times51\times52\times53+1 &= x(x+1)(x+2)(x+3)+1 \\
&= x(x+3)(x+1)(x+2)+1 \\
&= (x^2+3x)(x^2+3x+2)+1 \\
&= (x^2+3x)^2+2(x^2+3x)+1 \\
&= (x^2+3x+1)^2
\end{aligned}
$$

$$
\begin{aligned}
\therefore \sqrt{50\times51\times52\times53+1} &= \sqrt{(50^2+3\times50+1)^2} \\
&= 50^2+3\times50+1 \\
&= 2651
\end{aligned}
$$

$\therefore a=2, b=6, c=5, d=1, a+b+c+d=14$ 답 ④

05 [전략] 좌변을 전개한 다음 한 문자에 대해 정리하고 인수분해한다.

좌변을 전개하면

$$a^2b+ab^2-b^2c-bc^2-c^2a+ca^2=0$$

좌변을 a에 대해 정리하고 인수분해하면

$$(b+c)a^2+(b^2-c^2)a-b^2c-bc^2=0$$
$$(b+c)a^2+(b+c)(b-c)a-bc(b+c)=0$$
$$(b+c)\{a^2+(b-c)a-bc\}=0$$
$$\therefore (b+c)(a+b)(a-c)=0$$

$b+c>0, a+b>0$이므로 $a-c=0$

따라서 삼각형 ABC는 $a=c$인 이등변삼각형이다.   답 ③

06 [전략] $f(a)=0$으로 놓고 차수가 가장 낮은 문자에 대해 정리한다.

$f(x)$가 $x-a$로 나누어떨어지므로 $f(a)=0$ ⋯ ㉮

$f(a)=0$의 좌변을 인수분해하면

$$a^3+ca^2+(c^2-b^2)a+c^3-b^2c=0$$
$$a^3+ca^2+c^2a-ab^2+c^3-b^2c=0$$
$$-(a+c)b^2+a^2(a+c)+c^2(a+c)=0$$
$$(a+c)(-b^2+a^2+c^2)=0$$
$$\therefore a+c=0 \text{ 또는 } a^2+c^2=b^2 \quad ⋯ ㉯$$

a, b, c가 세 변의 길이이면 $a+c>0$이므로

$$a^2+c^2=b^2$$

따라서 빗변의 길이가 b인 직각삼각형이다.   ⋯ ㉰

단계	채점 기준	배점
㉮	$f(a)=0$임을 알기	20%
㉯	$f(a)=0$의 좌변을 인수분해하고 a, b, c의 관계식 구하기	50%
㉰	어떤 삼각형인지 보이기	30%

답 빗변의 길이가 b인 직각삼각형

07 [전략] $x^3+y^3+z^3$이 주어지면 다음 공식을 생각한다.

$$x^3+y^3+z^3-3xyz=(x+y+z)(x^2+y^2+z^2-xy-yz-zx)$$

$x+y+z=3, x^2+y^2+z^2=5$이므로

$$(x+y+z)^2=x^2+y^2+z^2+2(xy+yz+zx)$$

에서 $9=5+2(xy+yz+zx)$ $\therefore xy+yz+zx=2$

$\dfrac{1}{x}+\dfrac{1}{y}+\dfrac{1}{z}=6$의 양변에 xyz를 곱하면

$$xy+yz+zx=6xyz \quad \therefore xyz=\dfrac{1}{3}$$

$$
\begin{aligned}
\therefore\ & x^3+y^3+z^3 \\
&= (x+y+z)(x^2+y^2+z^2-xy-yz-zx)+3xyz \\
&= 3\times(5-2)+3\times\dfrac{1}{3}=10
\end{aligned}
$$
답 ①

08 [전략] 다음 변형도 공식처럼 기억해야 한다.

$$
\begin{aligned}
&x^2+y^2+z^2-xy-yz-zx \\
&= \frac{1}{2}\{(x-y)^2+(y-z)^2+(z-x)^2\}
\end{aligned}
$$

$a^3+8b^3+27c^3-18abc=0$의 좌변을 인수분해하면

$$(a+2b+3c)(a^2+4b^2+9c^2-2ab-6bc-3ca)=0$$

a, b, c가 모두 양수이므로 $a+2b+3c\neq0$

$$\therefore a^2+4b^2+9c^2-2ab-6bc-3ca=0$$

이때 $a^2+4b^2+9c^2-2ab-6bc-3ca$

$$= \frac{1}{2}\{(a-2b)^2+(2b-3c)^2+(3c-a)^2\}=0$$

이고 a, b, c가 모두 양수이므로

$$(a-2b)^2=(2b-3c)^2=(3c-a)^2=0$$
$$\therefore a=2b, 2b=3c, 3c=a$$
$$\therefore \frac{2b}{a}+\frac{6c}{b}+\frac{3a}{c}=\frac{2b}{2b}+\frac{4b}{b}+\frac{9c}{c}=14$$
답 ⑤

09 [전략] $a+b+c=2$이므로 $ab(a+b)+bc(b+c)+ca(c+a)$는 $a+b=2-c, b+c=2-a, c+a=2-b$를 이용하여 전개한다.

$a+b=2-c, b+c=2-a, c+a=2-b$이므로

$$
\begin{aligned}
&ab(a+b)+bc(b+c)+ca(c+a) \\
&= ab(2-c)+bc(2-a)+ca(2-b) \\
&= 2(ab+bc+ca)-3abc \quad ⋯ ❶
\end{aligned}
$$

$(a+b+c)^2=a^2+b^2+c^2+2(ab+bc+ca)$이므로

$$2^2=10+2(ab+bc+ca) \quad \therefore ab+bc+ca=-3$$

$$
\begin{aligned}
&a^3+b^3+c^3-3abc \\
&= (a+b+c)(a^2+b^2+c^2-ab-bc-ca)
\end{aligned}
$$

이므로 $8-3abc=2\times(10+3)$ $\therefore abc=-6$

❶에 대입하면 $2\times(-3)-3\times(-6)=12$ 답 ②

10 [전략] 좌변을 인수분해하고 식을 정리한다.

좌변의 분모, 분자를 각각 인수분해하면

$$\frac{(a+b)(a^2-ab+b^2)}{(a+c)(a^2-ac+c^2)}=\frac{a+b}{a+c}$$

$a+b\neq0, a+c\neq0$이므로 $\dfrac{a^2-ab+b^2}{a^2-ac+c^2}=1$

$$a^2-ab+b^2=a^2-ac+c^2$$
$$b^2-c^2-ab+ac=0$$
$$-(b-c)a+(b+c)(b-c)=0$$
$$(b-c)(b+c-a)=0$$

$b\neq c$이므로 $b+c=a$

$a=5$일 때, $(b, c)=(1, 4), (2, 3), (3, 2), (4, 1)$

$a=4$일 때, $(b, c)=(1, 3), (3, 1)$

$a=3$일 때, $(b, c)=(1, 2), (2, 1)$

따라서 abc의 최댓값은 $a=5, b=2, c=3$ 또는 $a=5, b=3, c=2$일 때, 30이다.   답 30

11 [전략] $f(n)=AB$ 꼴로 인수분해될 때, $f(n)$이 소수이면 A, B 중 하나는 1이고 하나는 소수이다.

$$f(n)=(n^2-7)^2-(2n)^2$$
$$=(n^2-2n-7)(n^2+2n-7) \quad \cdots ❶$$

n이 자연수이고 $n^2-2n-7<n^2+2n-7$이므로
$f(n)$이 소수이면 $n^2-2n-7=1$이고 n^2+2n-7은 소수이다.
$n^2-2n-7=1$에서 $(n-4)(n+2)=0$
n은 자연수이므로 $n=4$
❶에 대입하면 $f(4)=1\times(4^2+2\times4-7)=17$
따라서 $f(4)$는 소수이고 $n+f(n)=21$ 답 ③

Note
$f(n)$이 소수이면 $n^2+2n-7=-1$이고 $|n^2-2n-7|$이 소수인 경우도 생각할 수 있다. 그러나 이를 만족하는 자연수 n이 존재하지 않는다.

12 [전략] 좌변을 인수분해하면 곱해서 70인 자연수를 찾을 수 있다.

좌변을 a에 대해 정리하고 인수분해하면
$$a^2(b+c)+b^2(a-c)-c^2(a+b)$$
$$=(b+c)a^2+(b^2-c^2)a-b^2c-bc^2$$
$$=(b+c)a^2+(b+c)(b-c)a-bc(b+c)$$
$$=(b+c)\{a^2+(b-c)a-bc\}$$
$$=(b+c)(a+b)(a-c) \quad \cdots ㉮$$

$b+c$, $a+b$, $a-c$의 곱이 70이고 $b+c$, $a+b$가 자연수이므로 $a-c$도 자연수이다.
또 $70=2\times5\times7$이므로 $b+c$, $a+b$, $a-c$의 값은
    2, 5, 7 또는 1, 7, 10 또는 1, 5, 14 또는 1, 2, 35
    또는 1, 1, 70
중 하나씩이다.
이때 $a+b>a-c$이고 $(a-c)+(b+c)=a+b$이므로 가능한 경우는 다음 표와 같다.

	$a-c$	$a+b$	$b+c$
(i)	2	7	5
(ii)	5	7	2

$\cdots ㉯$

각 경우 가능한 자연수 a, b, c를 찾으면
  (i) $(a,b,c)=(3,4,1), (4,3,2), (5,2,3), (6,1,4)$
  (ii) $(a,b,c)=(6,1,1)$
따라서 5개이다. $\cdots ㉰$

단계	채점 기준	배점
㉮	주어진 식의 좌변 인수분해하기	30%
㉯	$70=2\times5\times7$임을 이용하여 가능한 $a-c$, $a+b$, $b+c$의 값을 표로 나타내기	40%
㉰	순서쌍 (a,b,c)의 개수 구하기	30%

답 5

13 [전략] 상수항이 -1이므로 $(ax+1)(bx-1)$ 꼴로 인수분해된다.

각 다항식은 상수항이 -1이므로
$$(ax+1)(bx-1) \ (a, b는 정수)$$
꼴로 인수분해된다.
전개하면 $abx^2+(-a+b)x-1$
x의 계수가 -2이므로 $-a+b=-2$ $\therefore b=a-2$
x^2의 계수는 $ab=a(a-2)$

$a(a-2)$가 1 이상 2000 이하인 경우를 찾으면
    3×1, 4×2, $\cdots$, 45×43
따라서 43개이다. 답 ④

Note
자연수 $a(a-2)$의 개수를 구하는 것이므로 a, $a-2$를 양의 정수라 생각하고 풀면 된다.

14 [전략] $f(x)$가 인수분해되는지부터 확인한다.

$f(1)=0$이므로 $f(x)$를 $x-1$로 나누면
$$f(x)=(x-1)(x^2+3x-k)$$
따라서 x^2+3x-k가 x의 계수와 상수항이 정수인 두 일차식의 곱으로 인수분해되면 된다.
$$x^2+3x-k=(x+a)(x+b)$$
$$=x^2+(a+b)x+ab \ (a, b는 정수)$$
이므로 $a+b=3$, $ab=-k$
b를 소거하면 $a(a-3)=k$
k는 400 이하의 자연수이므로
    4×1, 5×2, $\cdots$, 21×18
따라서 자연수 k는 18개이다. 답 18

Note
13번과 마찬가지로 자연수 $k=a(a-3)$의 개수를 구하는 것이므로 a, $a-3$을 양의 정수라 생각하고 풀면 된다.

15 [전략] n^4+2n^2-3을 $(n-1)(n-2)=n^2-3n+2$로 나눈 나머지를 생각한다.

$f(n)=n^4+2n^2-3$이라 하면
$$f(n)=(n^2-1)(n^2+3)$$
$$=(n-1)(n+1)(n^2+3)$$
$$=(n-1)(n^3+n^2+3n+3)$$
$$=(n-1)\{(n-2)(n^2+3n+9)+21\} \quad \cdots ❶$$
$$=(n-1)(n-2)(n^2+3n+9)+21(n-1)$$
따라서 $f(n)$이 $(n-1)(n-2)$의 배수이면 $21(n-1)$이 $(n-1)(n-2)$의 배수이다.
곧, 21이 $n-2$의 배수이므로 $n-2$는 21의 약수이다.
따라서 n이 최대일 때
$$n-2=21 \qquad \therefore n=23$$ 답 23

Note
❶에서 n^3+n^2+3n+3을 $n-2$로 나누면 몫이 n^2+3n+9, 나머지가 21임을 이용하였다.

16 [전략] $f(a)=a^3$인 실수 a가 1과 3뿐이므로
$f(x)-x^3$의 인수는 $x-1$과 $x-3$뿐이다.

$f(x)$가 삼차식이고 (나)에서 $f(a)=a^3$인 실수 a가 1과 3뿐이므로 $f(x)-x^3$의 인수는 $x-1$과 $x-3$뿐이다.
(가)에서 $f(x)-x^3$은 삼차식이므로 다음 둘 중 하나이다.
$$f(x)-x^3=p(x-1)^2(x-3) \quad \cdots (i)$$
$$f(x)-x^3=p(x-1)(x-3)^2 \quad \cdots (ii)$$
(i) (다)에서 $f(2)=10$이므로 $10-2^3=-p$, $p=-2$
$$\therefore f(x)=x^3-2(x-1)^2(x-3)$$
이는 (가)를 만족하므로
$$f(4)=64-2\times9\times1=46$$

(ii) (다)에서 $f(2)=10$이므로 $10-2^3=p$, $p=2$
$$\therefore f(x)=x^3+2(x-1)(x-3)^2$$
이는 (가)에 모순이다.
(i), (ii)에서 $f(4)=46$ 답 46

17 [전략] $f(x)$가 $(x-a)(x-b)$로 나누어떨어지면 $f(a)=0$, $f(b)=0$
$f(x)=x^3-3b^2x+2c^3$이라 하자.
$f(x)$가 $(x-a)(x-b)$로 나누어떨어지므로
$f(a)=0$, $f(b)=0$이다.
$f(a)=0$이므로 $a^3-3b^2a+2c^3=0$ $\cdots$ ❶
$f(b)=0$이므로 $b^3-3b^3+2c^3=0$ $\cdots$ ❷
❷에서 $b^3=c^3$, $(b-c)(b^2+bc+c^2)=0$
b, c는 양수이므로 $b=c$
❶에 대입하면 $a^3-3b^2a+2b^3=0$ $\cdots$ ❸
$g(x)=x^3-3b^2x+2b^3$이라 하면 $g(b)=0$이므로
$$g(x)=(x-b)(x^2+bx-2b^2)=(x-b)^2(x+2b)$$
곧, ❸은 $(a-b)^2(a+2b)=0$
a, b는 양수이므로 $a=b$
또 $b=c$이므로 $a=b=c$
따라서 한 변의 길이가 4인 정삼각형이므로 넓이는
$$\frac{\sqrt{3}}{4}\times 4^2=4\sqrt{3}$$
답 ①

18 [전략] $f(a)-13=f(b)-13=f(c)-13=0$임을 이용한다.
$a<b<c$라 하자.
$f(a)-13=f(b)-13=f(c)-13=0$이므로
$f(x)-13$은 $x-a$, $x-b$, $x-c$로 나누어떨어진다.
$f(x)$는 x^3의 계수가 1인 삼차식이므로
$$f(x)-13=(x-a)(x-b)(x-c) \quad \cdots \text{㉮}$$
우변을 전개하면
$$x^3-10x^2+px-30$$
$$=x^3-(a+b+c)x^2+(ab+bc+ca)x-abc$$
계수를 비교하면
$$a+b+c=10,\ abc=30$$
a, b, c가 자연수이므로
$$a=2,\ b=3,\ c=5 \ (\because a<b<c) \quad \cdots \text{㉯}$$
$$\therefore p=ab+bc+ca=6+15+10=31 \quad \cdots \text{㉰}$$

단계	채점 기준	배점
㉮	$f(x)-13=(x-a)(x-b)(x-c)$임을 알기	50%
㉯	㉮에서 구한 식의 우변을 전개하고 계수를 비교하여 a, b, c의 값 구하기	20%
㉰	p의 값 구하기	30%

답 31

step **C** 최상위 문제 29~30쪽

01 ⑤	**02** 325	**03** ⑤	**04** ③	**05** ②
06 ④	**07** $a=-3$, $b=0$		**08** (1) 1 (2) $-x$	

01 [전략] 세제곱 꼴에 착안하여 다음을 이용한다.
$$a^3+b^3=(a+b)(a^2-ab+b^2)$$
$$a^3-b^3=(a-b)(a^2+ab+b^2)$$
$x+y-z=a$, $y+z-x=b$, $z+x-y=c$라 하면
$$a+b+c=x+y+z$$
$$\therefore (\text{좌변})=(a+b+c)^3-a^3-b^3-c^3$$
$$=\{(a+b+c)^3-a^3\}-(b^3+c^3)$$
$$=(a+b+c-a)\{(a+b+c)^2+(a+b+c)a+a^2\}$$
$$\quad -(b+c)(b^2-bc+c^2)$$
$$=(b+c)(3a^2+b^2+c^2+3ab+2bc+3ca)$$
$$\quad -(b+c)(b^2-bc+c^2)$$
$$=(b+c)(3a^2+3ab+3bc+3ca)$$
$$=3(b+c)(a+b)(a+c)$$
$$=3\times 2z\times 2y\times 2x=24xyz$$
$$\therefore 24xyz=144,\ xyz=6$$
이때 x, y, z는 서로 다른 자연수이므로 세 수는 1, 2, 3이고,
$x+y+z=6$ 답 ⑤

다른 풀이 1 🧠✓
다음과 같이 치환하여 풀 수도 있다.
$x+y=a$, $x-y=b$라 하면
$$(\text{좌변})=(a+z)^3-(a-z)^3-(z-b)^3-(z+b)^3$$
$$=6za^2-6zb^2=6z(a+b)(a-b)$$
$$=6z\times 2x\times 2y=24xyz$$
$$\therefore 24xyz=144,\ xyz=6$$

다른 풀이 2 🧠✓
$$a^3+b^3=(a+b)^3-3ab(a+b)$$
$$a^3-b^3=(a-b)^3+3ab(a-b)$$
를 이용할 수도 있다.
$x+y+z=a$, $x+y-z=b$, $y+z-x=c$, $z+x-y=d$라 하면
$$(\text{좌변})=(a-b)^3+3ab(a-b)-\{(c+d)^3-3cd(c+d)\}$$
$a-b=2z$, $c+d=2z$이므로
$$(\text{좌변})=(2z)^3+3ab\times 2z-(2z)^3+3cd\times 2z$$
$$=6z(ab+cd)$$
이때 $ab+cd=(x+y)^2-z^2+z^2-(x-y)^2=4xy$이므로
$$(\text{좌변})=24xyz \quad \therefore 24xyz=144,\ xyz=6$$

02 [전략] $(x^2+y^2+z^2)(x^3+y^3+z^3)$을 생각한다.
이때 주어진 조건을 활용할 수 있는 꼴로 전개한다.
$(x+y+z)^2=x^2+y^2+z^2+2(xy+yz+zx)$에서
$$5^2=15+2(xy+yz+zx) \quad \therefore xy+yz+zx=5 \ \cdots \text{㉮}$$
또 $x^3+y^3+z^3-3xyz=(x+y+z)(x^2+y^2+z^2-xy-yz-zx)$
에서 $x^3+y^3+z^3=5(15-5)+3\times(-3)=41$ $\cdots$ ㉯
$$\therefore x^5+y^5+z^5$$
$$=(x^2+y^2+z^2)(x^3+y^3+z^3)$$
$$\quad -\{x^2y^2(x+y)+y^2z^2(y+z)+z^2x^2(z+x)\}$$
$$=(x^2+y^2+z^2)(x^3+y^3+z^3)$$
$$\quad -\{x^2y^2(5-z)+y^2z^2(5-x)+z^2x^2(5-y)\}$$
$$=(x^2+y^2+z^2)(x^3+y^3+z^3)$$
$$\quad -5(x^2y^2+y^2z^2+z^2x^2)+xyz(xy+yz+zx)$$

$$= (x^2+y^2+z^2)(x^3+y^3+z^3)$$
$$\quad -5\{(xy+yz+zx)^2-2xyz(x+y+z)\}$$
$$\quad +xyz(xy+yz+zx)$$
$$=15\times41-5\{5^2-2\times(-3)\times5\}-3\times5=325 \cdots$$ ㉰

단계	채점 기준	배점
㉮	$xy+yz+zx$의 값 구하기	20%
㉯	$x^3+y^3+z^3$의 값 구하기	30%
㉰	$x^5+y^5+z^5$의 값 구하기	50%

답 325

03 [전략] $f(x)=a_nx^n+\cdots\ (a_n\neq0)$이라 하고
조건식에서 최고차항을 비교하여 n부터 구한다.

$$f(x^2)=(x^4-3x^2+8)f(x)-12x^2-28 \cdots ❶$$

ㄱ. $f(x)=a_nx^n+\cdots\ (a_n\neq0)$이라 하면 ❶에서
좌변의 최고차항은 a_nx^{2n}
우변의 최고차항은 $x^4\times a_nx^n=a_nx^{n+4}$
$2n=n+4$이므로 $n=4$
곧, $f(x)$는 사차식이다. (참)

ㄴ. ❶의 x에 $-x$를 대입하면
$$f(x^2)=(x^4-3x^2+8)f(-x)-12x^2-28$$
❶과 비교하면 $f(x)=f(-x)$ (참)

ㄷ. $f(x)=ax^4+bx^3+cx^2+dx+e$라 하면
$$f(-x)=ax^4-bx^3+cx^2-dx+e$$
$f(x)=f(-x)$이므로
$$b=-b,\ d=-d \quad \therefore b=d=0$$
$f(x)=ax^4+cx^2+e$를 ❶에 대입하면
$$(좌변)=ax^8+cx^4+e$$
$$(우변)=ax^8+(c-3a)x^6+(8a-3c+e)x^4$$
$$\quad +(8c-3e-12)x^2+8e-28$$
양변의 계수를 비교하면
$$0=c-3a,\ c=8a-3c+e$$
$$0=8c-3e-12,\ e=8e-28$$
연립하여 풀면 $e=4,\ c=3,\ a=1$
$$\therefore f(x)=x^4+3x^2+4=(x^2+2)^2-x^2$$
$$=(x^2+x+2)(x^2-x+2)$$
곧, $f(x)$는 x^2+x+2를 인수로 가진다. (참)
따라서 옳은 것은 ㄱ, ㄴ, ㄷ이다.　　답 ⑤

Note
$f(x)$가 다항식일 때
1. $f(x)=f(-x)$이면 $\Rightarrow f(x)=a+bx^2+cx^4+\cdots$ 꼴
2. $f(x)=-f(-x)$이면 $\Rightarrow f(x)=ax+bx^3+cx^5+\cdots$ 꼴

04 [전략] $P(x)$를 x^2+kx+1로 나눈 몫을 생각한다.
$P(x)$를 x^2+kx+1로 나눈 몫은 x^2+ax+b 꼴이므로
$$P(x)=(x^2+kx+1)(x^2+ax+b)$$
$P(x)$의 상수항은 1이므로 $b=1$
x^3의 계수를 생각하면 $n-1=a+k \cdots ❶$
x^2의 계수를 생각하면 $n=2+ak \cdots ❷$
❶에서 $a=n-k-1$을 ❷에 대입하면
$$n=2+k(n-k-1)$$

$$k^2+(1-n)k+n-2=0$$
$$(k-1)(k-n+2)=0$$
$k>1$이므로 $n=k+2 \quad \therefore f(k)=k+2$
$$\therefore f(3)+f(4)+f(5)+f(6)+f(7)$$
$$=5+6+7+8+9=35$$　　답 ③

다른 풀이
$P(x)$의 계수가 대칭이므로 다음과 같이 풀 수도 있다.
$$P(x)=x^4+(n-1)x^3+nx^2+(n-1)x+1$$
$$=x^2\left\{\left(x^2+\frac{1}{x^2}\right)+(n-1)\left(x+\frac{1}{x}\right)+n\right\}$$
$$=x^2\left\{\left(x+\frac{1}{x}\right)^2+(n-1)\left(x+\frac{1}{x}\right)+n-2\right\}$$
$$=x^2\left(x+\frac{1}{x}+1\right)\left(x+\frac{1}{x}+n-2\right)$$
$$=(x^2+x+1)\{x^2+(n-2)x+1\}$$
이고 $P(x)$가 $x^2+kx+1(k\neq1)$을 인수로 가지므로
$$k=n-2,\ n=k+2 \quad \therefore f(k)=k+2$$
$$\therefore f(3)+f(4)+f(5)+f(6)+f(7)$$
$$=5+6+7+8+9=35$$

05 [전략] $x^3+y^3+kxy+8$을 x에 대한 다항식으로 생각할 때,
y^3+8이 인수분해됨을 이용한다.
$f(x)=x^3+y^3+kxy+8$이라 하면
$$f(x)=x^3+kyx+y^3+8$$
$$=x^3+kyx+(y+2)(y^2-2y+4)$$
따라서 $f(x)$의 $x,\ y$에 대한 일차식 인수는
$$x-a(y+2)\ (a는\ 정수)$$
꼴이고, $f(a(y+2))=0$이므로
$$a^3(y+2)^3+aky(y+2)+y^3+8=0$$
$$(a^3+1)y^3+(6a^3+ak)y^2+2a(6a^2+k)y+8a^3+8=0$$
y에 대한 항등식이므로 $a=-1,\ k=-6$　　답 ②

다른 풀이
일차식 인수를 $x+py+q\ (p,\ q는\ 정수)$라 하면
$$x^3+y^3+kxy+8$$
$$=(x+py+q)(x^2+ay^2+bxy+cx+dy+e)$$
y^3의 계수는 $1=ap,\ a=\frac{1}{p}$
$$x^3+y^3+kxy+8$$
$$=(x+py+q)\left(x^2+\frac{1}{p}y^2+bxy+cx+dy+e\right)$$
x^2y의 계수는 $0=b+p$
xy^2의 계수는 $0=\frac{1}{p}+bp$
$b=-p$를 대입하면 $0=\frac{1}{p}-p^2,\ p^3-1=0$
$$(p-1)(p^2+p+1)=0$$
p는 정수이므로 $p=1,\ a=1,\ b=-1$
$$x^3+y^3+kxy+8$$
$$=(x+y+q)(x^2+y^2-xy+cx+dy+e)$$
x^2의 계수는 $0=c+q,\ y^2$의 계수는 $0=d+q$
x의 계수는 $0=e+cq,\ y$의 계수는 $0=e+dq$

상수항은 $8=eq$

$c=-q$이므로 $0=e-q^2$

$eq=8$이므로

$$0=\frac{8}{q}-q^2,\ q^3-8=0,\ (q-2)(q^2+2q+4)=0$$

q는 정수이므로 $q=2,\ c=d=-2,\ e=4$

따라서 xy의 계수는 $k=c+d-q=-6$

06 [전략] 주어진 다항식을
$$(x^2+ax+b)(x^2+cx+d)\ (a,b,c,d\text{는 정수})$$
로 놓고, 양변의 계수와 상수항을 비교한다.

$f(x)=x^4+kx^2+16$이라 하자.

$f(x)$는 두 이차식의 곱으로 나타낼 수 있으므로
$$x^4+kx^2+16=(x^2+ax+b)(x^2+cx+d)$$
라 하자.

x^3의 계수를 생각하면 $0=a+c$ $\quad\therefore c=-a$

x의 계수를 생각하면 $0=ad+bc$

$c=-a$를 대입하면
$$0=a(d-b)\quad\therefore a=0\ \text{또는}\ b=d$$

(ⅰ) $a=0$일 때 $x^4+kx^2+16=(x^2+b)(x^2+d)$
$$bd=16,\ b+d=k$$

b,d는 정수이므로
$$k=1+16,\ 2+8,\ 4+4,\ -1-16,\ -2-8,\ -4-4$$

k는 자연수이므로 $k=17,\ 10,\ 8$

(ⅱ) $b=d$일 때 $x^4+kx^2+16=(x^2+ax+b)(x^2-ax+b)$
$$(\text{우변})=(x^2+b)^2-(ax)^2=x^4+(2b-a^2)x^2+b^2$$

$b^2=16$이고 b는 정수이므로 $b=\pm4$

$k=2b-a^2$이므로 $k=8-a^2$ 또는 $k=-8-a^2$

k는 자연수이므로 $k=8-a^2$이고,
$$a^2=0\ \text{또는}\ a^2=1\ \text{또는}\ a^2=4$$
$$\therefore k=8,\ 7,\ 4$$

(ⅰ), (ⅱ)에 의하여 자연수 k는 5개이다. **답 ④**

Note

Ax^4+Bx^2+C 꼴의 사차식이 계수와 상수항이 정수인 두 개 이상의 다항식의 곱으로 인수분해되는 경우는 (일차식)×(삼차식), (이차식)×(이차식), (일차식)×(일차식)×(이차식), (일차식)×(일차식)×(일차식)×(일차식) 등 여러 가지 경우가 있지만, 적당히 묶으면 항상 이차식 두 개의 곱으로 표현할 수 있으므로 이차식 두 개의 곱으로 표현되는 경우만 생각하면 된다.

07 [전략] 주어진 다항식을 $(x-3)^3Q(x)+3^{n+1}(x-3)^2$으로 놓고, 이 식이 $(x-3)^2$으로 나누어떨어짐을 이용한다.

$f(x)=x^n\{x^3+(a-3)x^2+(b-3a)x-3b\}$,

$g(x)=x^3+(a-3)x^2+(b-3a)x-3b$라 하자.

$f(x)$를 $(x-3)^3$으로 나눈 몫을 $Q(x)$라 하면 나머지가 $3^{n+1}(x-3)^2$이므로
$$f(x)=(x-3)^3Q(x)+3^{n+1}(x-3)^2$$
$$=(x-3)^2\{(x-3)Q(x)+3^{n+1}\}\quad\cdots\ ❶$$

곧, $g(x)$는 $(x-3)^2$을 인수로 가진다.

$g(3)=0$이므로 $g(x)$를 $x-3$으로 나누면
$$x^3+(a-3)x^2+(b-3a)x-3b=(x-3)(x^2+ax+b)$$

이때 x^2+ax+b도 $x-3$으로 나누어떨어지므로
$$9+3a+b=0\quad\therefore b=-3a-9$$
$$x^2+ax+b=x^2+ax-3a-9$$
$$=(x-3)(x+3)+a(x-3)$$
$$=(x-3)(x+3+a)$$
$$\therefore x^n\{x^3+(a-3)x^2+(b-3a)x-3b\}$$
$$=x^n(x-3)^2(x+3+a)$$
$$=(x-3)^2(x^{n+1}+3x^n+ax^n)\quad\cdots\ ❷$$

$h(x)=x^{n+1}+3x^n+ax^n$이라 하면 ❶, ❷에서
$$h(3)=3^{n+1}$$

$h(x)$에 $x=3$을 대입하면
$$3^{n+1}+3\times3^n+a\times3^n=3^{n+1}$$
$$\therefore a=-3,\ b=-3a-9=0\qquad\text{답 } a=-3,\ b=0$$

08 [전략] (1) $x^3-1=(x-1)(x^2+x+1)$임을 이용하여 $f(x)$를 정리한다.
(2) $(x+1)(x^2-x+1)=x^3+1$임을 이용하여 $Q(x)$를 정리한다.

(1) $x^{11}+x^{10}+2$
$$=(x^{11}+x^{10}+x^9)-x^9+1+1$$
$$=(x^{11}+x^{10}+x^9)-(x^9-1)+1$$
$$=x^9(x^2+x+1)-(x^3-1)(x^6+x^3+1)+1$$
$$=(x^2+x+1)x^9-(x^2+x+1)(x-1)(x^6+x^3+1)+1$$
$$=(x^2+x+1)\{x^9-(x-1)(x^6+x^3+1)\}+1$$

따라서 나머지 $R(x)=1$이다. $\quad\cdots\ ㉮$

(2) $Q(x)=x^9-(x-1)(x^6+x^3+1)$
$$=x^9-x^7+x^6-x^4+x^3-x+1\quad\cdots\ ㉯$$

$(x+1)(x^2-x+1)=x^3+1$이고,
$$Q(x)=x^6(x^3+1)-x^4(x^3+1)+(x^3+1)-x$$

곧, $x^6(x^3+1)-x^4(x^3+1)+(x^3+1)$은 x^2-x+1로 나누어떨어지므로 $Q(x)$를 x^2-x+1로 나눈 나머지는 $-x$이다.
$\quad\cdots\ ㉰$

단계	채점 기준	배점
㉮	$f(x)=(x^2+x+1)Q(x)+R(x)$ 꼴로 변형하여 $R(x)$ 구하기	40%
㉯	㉮에서 구한 $Q(x)$의 식 전개하기	20%
㉰	$(x+1)(x^2-x+1)=x^3+1$임을 이용하여 $Q(x)$를 x^2-x+1로 나눈 나머지 구하기	40%

답 (1) 1 (2) $-x$

Ⅱ. 방정식과 부등식

04. 복소수와 이차방정식

01 16	**02** ②	**03** ②	**04** ⑤	**05** $2+2i$
06 $p=4$, $q=\dfrac{1}{2}$	**07** ②	**08** ②	**09** ③	
10 ⑤	**11** 6	**12** ④		
13 (1) $50-50i$ (2) $100+100i$		**14** ⑤	**15** 10	
16 ⑤	**17** ③	**18** ③	**19** ④	
20 $x=0$ 또는 $x=3$	**21** ③	**22** ①	**23** 2	
24 ②				

01 [전략] $z=a+bi$ (a, b는 실수) $\Rightarrow \overline{z}=a-bi$

$$z^2+\overline{z}^2=(3+i)^2+(3-i)^2$$
$$=(3^2+6i+i^2)+(3^2-6i+i^2)$$
$$=9-1+9-1=16$$

답 16

다른 풀이

$z+\overline{z}=(3+i)+(3-i)=6$,
$z\overline{z}=(3+i)(3-i)=3^2+1=10$이므로
$$z^2+\overline{z}^2=(z+\overline{z})^2-2z\overline{z}=6^2-2\times10=16$$

02 [전략] $z=a+bi$ 꼴 $\Rightarrow (z-a)^2=-b^2$
이 식을 이용하여 z^2, z^3을 z에 대한 일차식으로 나타낸다.

$$z=\frac{1+3i}{1-i}=\frac{(1+3i)(1+i)}{1^2-i^2}$$
$$=\frac{-2+4i}{2}=-1+2i$$

에서 $z+1=2i$
양변을 제곱하면 $z^2+2z+1=-4$ $\therefore z^2=-2z-5$
양변에 z를 곱하면
$$z^3=-2z^2-5z=-2(-2z-5)-5z=-z+10$$
$$\therefore z^3+2z^2+7z+1=(-z+10)+2(-2z-5)+7z+1$$
$$=2z+1=2(-1+2i)+1$$
$$=-1+4i$$

답 ②

03 [전략] $a+bi=c+di$ (a, b, c, d는 실수) $\Rightarrow a=c$, $b=d$

$$(x+i)(y+i)=xy+(x+y)i+i^2=(xy-1)+(x+y)i$$
$$(1+i)^2=1+2i+i^2=2i, \quad (1+i)^4=(2i)^2=-4$$

따라서 주어진 식은 $(xy-1)+(x+y)i=-4$
x, y가 실수이므로
$$xy-1=-4, \quad x+y=0$$
$$xy=-3, \quad x+y=0$$
$$\therefore x^2+y^2=(x+y)^2-2xy=6$$

답 ②

04 [전략] x, y가 실수이므로 다음 꼴로 정리한다.
$$a+bi=c+di \ (a, b, c, d\text{는 실수})$$
주어진 식의 양변에 $(1-i)(1+i)$를 곱하고 정리하면
$$x(1+i)+y(1-i)=2(12-9i)$$
$$(x+y)+(x-y)i=24-18i$$
x, y가 실수이므로 $x+y=24$, $x-y=-18$
연립하여 풀면 $x=3$, $y=21$
$$\therefore x+10y=213$$

답 ⑤

05 [전략] $z=a+bi$로 놓고 다음 꼴로 정리한다.
$$a+bi=c+di \ (a, b, c, d\text{는 실수})$$
$z=a+bi$ (a, b는 실수)라 하면 $\overline{z}=a-bi$
$(1+i)z+2\overline{z}=4$에 대입하면
$$(1+i)(a+bi)+2(a-bi)=4$$
$$a+(a+b)i+bi^2+2a-2bi=4$$
$$(3a-b)+(a-b)i=4$$
a, b는 실수이므로 $3a-b=4$, $a-b=0$
연립하여 풀면 $a=2$, $b=2$ $\therefore z=2+2i$

답 $2+2i$

06 [전략] $f(x)=(x^2+4)Q(x)$로 나타낼 수 있다.
항등식은 x에 복소수를 대입해도 성립한다.
$f(x)$를 x^2+4로 나눈 몫을 $Q(x)$라 하면
$$x^5+px^3+qx^2+2=(x^2+4)Q(x) \quad \cdots ❶$$
$x=2i$를 대입하면
$$32i-8pi-4q+2=0, \ 8(4-p)i-4q+2=0$$
p, q는 실수이므로 $p=4$, $q=\dfrac{1}{2}$

답 $p=4$, $q=\dfrac{1}{2}$

Note

❶에 $x=-2i$를 대입하면
$$-32i+8pi-4q+2=0, \ -8(4-p)i-4q+2=0$$
$$\therefore p=4, \ q=\frac{1}{2}$$
따라서 $x=-2i$를 대입해도 된다.

07 [전략] $a>0$일 때 $\sqrt{-a}=\sqrt{a}i$로 고쳐 계산한다.

$$(\text{좌변})=\left(\sqrt{2}\times2i+\frac{4}{4\sqrt{2}i}\right)\left(2i\times2\sqrt{2}i+\frac{8i}{8\sqrt{2}}\right)$$
$$=\left(2\sqrt{2}i+\frac{1}{\sqrt{2}i}\right)\left(-4\sqrt{2}+\frac{i}{\sqrt{2}}\right)$$
$$=\left(2\sqrt{2}i-\frac{\sqrt{2}i}{2}\right)\left(-4\sqrt{2}+\frac{\sqrt{2}i}{2}\right)$$
$$=\frac{3\sqrt{2}i}{2}\left(-4\sqrt{2}+\frac{\sqrt{2}i}{2}\right)$$
$$=-12i-\frac{3}{2}$$

이므로 $a=-\dfrac{3}{2}$, $b=-12$
$$\therefore \frac{b}{a}=-12\times\left(-\frac{2}{3}\right)=8$$

답 ②

다른 풀이

$a<0$, $b<0$일 때 $\sqrt{a}\sqrt{b}=-\sqrt{ab}$
$a>0$, $b<0$일 때 $\dfrac{\sqrt{a}}{\sqrt{b}}=-\sqrt{\dfrac{a}{b}}$
임을 이용하여 다음과 같이 풀 수도 있다.

$$(\text{좌변}) = \left(\sqrt{-8} - \sqrt{-\frac{1}{2}}\right)\left(-\sqrt{32} + \sqrt{-\frac{1}{2}}\right)$$

$$= \left(2\sqrt{2}\,i - \frac{\sqrt{2}\,i}{2}\right)\left(-4\sqrt{2} + \frac{\sqrt{2}\,i}{2}\right)$$

$$= \frac{3\sqrt{2}\,i}{2} \times \left(-4\sqrt{2} + \frac{\sqrt{2}\,i}{2}\right)$$

$$= -12i - \frac{3}{2}$$

08 [전략] a, b가 0이 아닌 실수일 때

$$\sqrt{a}\sqrt{b} = -\sqrt{ab} \Rightarrow a < 0, \, b < 0$$

$$\frac{\sqrt{a}}{\sqrt{b}} = -\sqrt{\frac{a}{b}} \Rightarrow a > 0, \, b < 0$$

$\dfrac{\sqrt{z}}{\sqrt{y}} = -\sqrt{\dfrac{z}{y}}$ 이므로 $z > 0$, $y < 0$

$\sqrt{x}\sqrt{y} = \sqrt{xy}$ 이고 $y < 0$ 이므로 $x > 0$

이때 $x - y > 0$, $y - z < 0$, $x - y + z > 0$

$$\therefore \; |x - y| + |y - z| - \sqrt{(x - y + z)^2}$$
$$= x - y - (y - z) - (x - y + z) = -y$$ 답 ②

Note

$\sqrt{x}\sqrt{y} = \sqrt{xy}$ 만으로는 x, y의 부호를 알 수 없다.
이 문제에서는 $y < 0$ 이므로 $x > 0$ 이다.

09 [전략] $\dfrac{c + di}{a + bi}$ 꼴의 복소수는 분모, 분자에 $a - bi$를 곱하여 분모를 실수로 정리한다.

$$\frac{iz}{z - 6} = \frac{i(a + bi)}{a + bi - 6} = \frac{-b + ai}{(a - 6) + bi}$$
$$= \frac{(-b + ai)(a - 6 - bi)}{(a - 6)^2 + b^2}$$

에서 (분자) $= -b(a - 6) + \{a(a - 6) + b^2\}i - abi^2$
$$= 6b + (a^2 + b^2 - 6a)i$$

$\dfrac{iz}{z - 6}$ 가 실수이므로 분자의 허수부분이 0이다.

$$\therefore \; a^2 + b^2 - 6a = 0$$ 답 ③

10 [전략] $z = a + bi$ (a, b는 실수)에 대하여

z^2이 음의 실수 $\Rightarrow$ z는 순허수 $\Rightarrow$ $a = 0$, $b \neq 0$
z^2이 양의 실수 $\Rightarrow$ z는 실수 $\Rightarrow$ $a \neq 0$, $b = 0$

주어진 식의 우변을 정리하면

$$z = (x^2 - 3x - 18) + (x^2 + 4x + 3)i$$

z^2이 음의 실수이면 z는 순허수이므로

$$x^2 - 3x - 18 = 0, \; x^2 + 4x + 3 \neq 0$$
$$(x + 3)(x - 6) = 0, \; (x + 1)(x + 3) \neq 0$$

$$\therefore \; x = 6$$ 답 ⑤

11 [전략] $(1 + i)^2$, $(1 + i)^3$, $\cdots$을 차례로 구한다.

$$(1 + i)^2 = 1 + 2i + i^2 = 2i$$
$$(1 + i)^3 = (1 + i)^2(1 + i) = 2i(1 + i) = 2i - 2$$
$$(1 + i)^4 = (1 + i)^2(1 + i)^2 = (2i)^2 = -4$$
$$(1 + i)^5 = (1 + i)^4(1 + i) = -4(1 + i) = -4 - 4i$$
$$(1 + i)^6 = (1 + i)^4(1 + i)^2 = -4 \times 2i = -8i$$

따라서 $i(1 + i)^6 = i(-8i) = 8$로 양의 실수이고, 이때 n의 최솟값은 6이다. 답 6

$i(1 + i)^n$이 양의 실수이려면 $(1 + i)^n$이 ai ($a < 0$) 꼴이어야 한다.

12 [전략] z를 간단히 한 다음 a_1, a_2, a_3, a_4, $\cdots$를 계산하여 반복되는 규칙을 찾는다.

$z = \dfrac{1 - i}{1 + i} = \dfrac{(1 - i)^2}{(1 + i)(1 - i)} = \dfrac{1 - 2i + i^2}{1 - i^2} = -i$ 이므로

$$a_1 = -i + \frac{1}{-i} = -i + \frac{i}{-i \times i} = -i + i = 0$$

$$a_2 = (-i)^2 + \frac{1}{(-i)^2} = -1 + \frac{1}{-1} = -2$$

$$a_3 = (-i)^3 + \frac{1}{(-i)^3} = i + \frac{1}{i} = i + \frac{i}{i \times i} = i - i = 0$$

$$a_4 = (-i)^4 + \frac{1}{(-i)^4} = 1 + \frac{1}{1} = 2$$

$(-i)^4 = 1$ 이므로 $a_5 = a_1$, $a_6 = a_2$, $\cdots$

$$\therefore \; a_1 + a_2 + a_3 + \cdots + a_{99}$$
$$= (a_1 + a_2 + a_3 + a_4) + \cdots + (a_{93} + a_{94} + a_{95} + a_{96})$$
$$+ a_{97} + a_{98} + a_{99}$$
$$= a_1 + a_2 + a_3 = -2$$ 답 ④

Note

이 문제와 같이 반복되는 꼴은 규칙이 보일 때까지 처음부터 나열한다.

13 [전략] 계수가 변한다. 이런 경우 몇 항의 합의 규칙을 찾는다.

$$z = \frac{1 + i}{1 - i} = \frac{(1 + i)^2}{(1 - i)(1 + i)} = \frac{1 + 2i + i^2}{1 - i^2} = i$$

이므로 $z^2 = -1$, $z^3 = -i$, $z^4 = 1$, $z^5 = z$, $\cdots$

(1) $z + 2z^2 + 3z^3 + 4z^4 = i - 2 - 3i + 4 = 2 - 2i$
$5z^5 + 6z^6 + 7z^7 + 8z^8 = 5i - 6 - 7i + 8 = 2 - 2i$
$\vdots$
$97z^{97} + 98z^{98} + 99z^{99} + 100z^{100} = 97i - 98 - 99i + 100$
$$= 2 - 2i$$

$$\therefore \; z + 2z^2 + 3z^3 + \cdots + 100z^{100} = (2 - 2i) \times 25$$
$$= 50 - 50i$$

(2) $\dfrac{1}{z} + \dfrac{2}{z^2} + \dfrac{3}{z^3} + \dfrac{4}{z^4} = \dfrac{1}{i} + \dfrac{2}{i^2} + \dfrac{3}{i^3} + \dfrac{4}{i^4}$
$$= -i - 2 + 3i + 4 = 2 + 2i$$

$\dfrac{5}{z^5} + \dfrac{6}{z^6} + \dfrac{7}{z^7} + \dfrac{8}{z^8} = \dfrac{5}{i^5} + \dfrac{6}{i^6} + \dfrac{7}{i^7} + \dfrac{8}{i^8}$
$$= -5i - 6 + 7i + 8 = 2 + 2i$$

$\vdots$

$\dfrac{197}{z^{197}} + \dfrac{198}{z^{198}} + \dfrac{199}{z^{199}} + \dfrac{200}{z^{200}} = \dfrac{197}{i^{197}} + \dfrac{198}{i^{198}} + \dfrac{199}{i^{199}} + \dfrac{200}{i^{200}}$
$$= -197i - 198 + 199i + 200$$
$$= 2 + 2i$$

$$\therefore \; \frac{1}{z} + \frac{2}{z^2} + \frac{3}{z^3} + \cdots + \frac{200}{z^{200}} = (2 + 2i) \times 50 = 100 + 100i$$

답 (1) $50 - 50i$ (2) $100 + 100i$

14 [전략] $i + i^2 + i^3 + i^4 = 0$, $i^k = i^{k+4}$을 이용한다.

ㄱ. $z_1 = i + i^2 = i - 1$, $z_3 = i^3 + i^4 = -i + 1$, $\overline{z_3} = 1 + i$
   이므로 거짓이다.

ㄴ. $i^4=1$, $i^{4n}=(i^4)^n=1$ (n은 자연수)이고

$$z_{4k-1}=i^{4k-1}+i^{4k}=i^{4(k-1)}i^3+i^{4k}=i^3+1=-i+1$$

$$z_{4k}=i^{4k}+i^{4k+1}=i^{4k}+i^{4k}i=1+i, \ \overline{z_{4k}}=1-i$$

이므로 참이다.

ㄷ. $z_1+z_3=i+i^2+i^3+i^4=0$

$$z_2+z_4=i^2+i^3+i^4+i^5=i(i+i^2+i^3+i^4)=0$$

이므로

$$z_1+z_2+z_3+z_4=0$$

$$z_5+z_6+z_7+z_8=i^4(z_1+z_2+z_3+z_4)=0$$

$$\vdots$$

$$z_{93}+z_{94}+z_{95}+z_{96}=0$$

$$\therefore z_1+z_2+\cdots+z_{97}+z_{98}+z_{99}$$

$$=z_{97}+z_{98}+z_{99}=z_1+z_2+z_3=z_2$$

그런데 $z_6=i^4z_2=z_2$이므로 참이다.

따라서 옳은 것은 ㄴ, ㄷ이다.　　　답 ⑤

Note

ㄷ. $z_1+z_2+z_3+z_4=(i-1)+(-1-i)+(-i+1)+(1+i)=0$과 같이 계산해도 된다.

15 [전략] $\overline{\alpha}+\overline{\beta}$, $\overline{\alpha}\overline{\beta}$의 값이 주어져 있으므로 $(\overline{\alpha}-\overline{\beta})^2$의 값부터 생각한다.

$$\overline{(\alpha-\beta)^2}=(\overline{\alpha}-\overline{\beta})^2=\overline{\alpha}^2-2\overline{\alpha}\overline{\beta}+\overline{\beta}^2$$

$$=(\overline{\alpha}+\overline{\beta})^2-4\overline{\alpha}\overline{\beta}=(3-i)^2-4(2+i)$$

$$=9-6i+i^2-8-4i=-10i$$

이므로 $(\alpha-\beta)^2=10i$이고, 허수부분은 10이다.　　답 10

절대등급 Note

1. 다음 켤레복소수의 성질을 이용하였다.

$$\overline{\overline{\alpha}}=\alpha, \ \overline{\alpha\pm\beta}=\overline{\alpha}\pm\overline{\beta}, \ \overline{\alpha\beta}=\overline{\alpha}\overline{\beta}, \ \overline{\left(\dfrac{\beta}{\alpha}\right)}=\dfrac{\overline{\beta}}{\overline{\alpha}}$$

2. $\alpha+\beta=\overline{\overline{\alpha}+\overline{\beta}}=3+i$, $\alpha\beta=\overline{\overline{\alpha}\overline{\beta}}=2-i$이므로 $(\alpha-\beta)^2=(\alpha+\beta)^2-4\alpha\beta$를 계산해도 된다.

16 [전략] 두 식은 α, β가 바뀐 꼴이므로 변변 더하거나 빼서 정리한다.

$$\alpha^2-\beta=i \quad \cdots ❶, \quad \beta^2-\alpha=i \quad \cdots ❷$$

❶-❷를 하면 $\alpha^2-\beta-\beta^2+\alpha=0$

$$(\alpha+\beta)(\alpha-\beta)+(\alpha-\beta)=0$$

$$(\alpha+\beta+1)(\alpha-\beta)=0$$

$\alpha\ne\beta$이므로 $\alpha+\beta=-1$

❶+❷를 하면 $\alpha^2-\beta+\beta^2-\alpha=2i$

$$\alpha^2+\beta^2-\alpha-\beta=2i$$

$$\therefore \alpha^2+\beta^2=2i+\alpha+\beta=2i-1$$　　답 ⑤

17 [전략] $z_1=a+bi$ (a, b는 실수)라 하고 z_2부터 구한다.

$z_1=a+bi$ (a, b는 실수)라 하자.

ㄱ. $z_2=a+bi$이므로

$$z_1+\overline{z_2}=(a+bi)+(a-bi)=2a$$

$2a$는 실수이므로 참이다.

ㄴ. $z_1+\overline{z_2}=0$에서

$$\overline{z_2}=-z_1=-a-bi, \ z_2=-a+bi$$

이때 $z_1z_2=(a+bi)(-a+bi)=-a^2+b^2i^2=-a^2-b^2$

이므로 $z_1z_2=0$이면

$$a^2+b^2=0 \quad \therefore a=0이고 \ b=0$$

$z_2=0$이므로 참이다.

ㄷ. $\overline{z_1}=\overline{z_2}$, 곧 $z_2=\overline{z_1}=a-bi$이므로

$$z_1^2+z_2^2=(a+bi)^2+(a-bi)^2$$

$$=(a^2+2abi+b^2i^2)+(a^2-2abi+b^2i^2)$$

$$=2(a^2-b^2)$$

곧, $a\ne\pm b$이면 $z_1^2+z_2^2\ne0$이므로 거짓이다.

따라서 옳은 것은 ㄱ, ㄴ이다.　　　답 ③

Note

ㄴ. $z_1+\overline{z_2}=0$이면 $\overline{z_2}=-z_1$, $z_2=-\overline{z_1}$이므로

$$z_1z_2=z_1(-\overline{z_1})=-z_1\overline{z_1}$$

$$=-(a+bi)(a-bi)=-(a^2+b^2)$$

18 [전략] $z=a+bi$ (a, b는 실수)라 하고 조건을 정리한다.

$z=a+bi$ (a, b는 실수, $b\ne0$)이라 하자.

ㄱ. $z-\overline{z}=(a+bi)-(a-bi)=2bi$이므로 순허수이고 참이다.

ㄴ. α가 $\overline{z}$ 또는 0이면 $z\alpha$는 실수이므로 거짓이다.

ㄷ. $z+\dfrac{1}{z}=(a+bi)+\dfrac{1}{a+bi}$

$$=a+bi+\dfrac{a-bi}{a^2+b^2}$$

$$=a+\dfrac{a}{a^2+b^2}+\left(b-\dfrac{b}{a^2+b^2}\right)i$$

가 실수이면

$$b-\dfrac{b}{a^2+b^2}=0, \ b\left(1-\dfrac{1}{a^2+b^2}\right)=0$$

$b\ne0$이므로 $a^2+b^2=1$

이때 $z\overline{z}=(a+bi)(a-bi)=a^2+b^2=1$ (참)

따라서 옳은 것은 ㄱ, ㄷ이다.　　　답 ③

Note

ㄴ. $\alpha=x+yi$ (x, y는 실수)라 하면

$$z\alpha=(a+bi)(x+yi)=(ax-by)+(bx+ay)i$$

$z\alpha$가 실수이면 $bx+ay=0$, $y=-\dfrac{bx}{a}$

따라서 $\alpha=x-\dfrac{bx}{a}i$이면 $z\alpha$는 실수이다.

ㄷ. $z+\dfrac{1}{z}$이 실수이면

$$z+\dfrac{1}{z}=\overline{\left(z+\dfrac{1}{z}\right)}, \ z+\dfrac{1}{z}=\overline{z}+\dfrac{1}{\overline{z}}$$

$$z-\overline{z}+\dfrac{1}{z}-\dfrac{1}{\overline{z}}=0, \ z-\overline{z}+\dfrac{\overline{z}-z}{z\overline{z}}=0$$

$$(z-\overline{z})\left(1-\dfrac{1}{z\overline{z}}\right)=0$$

z가 실수가 아니면 $z-\overline{z}\ne0$이므로

$$1-\dfrac{1}{z\overline{z}}=0 \quad \therefore z\overline{z}=1$$

19 [전략] $ax=b$에서 $a\ne0$이면 $x=\dfrac{b}{a}$

$a=0$, $b=0$이면 해가 무수히 많다.

$a=0$, $b\ne0$이면 해가 없다.

$(a-2)^2x=a-1+x$에서

$$(a^2-4a+4)x=a-1+x$$

$$(a^2-4a+3)x=a-1$$

$$\therefore (a-1)(a-3)x=a-1$$

ㄱ. $a=3$이면 $0\times x=2$이므로 해가 없다. (참)

ㄴ. $a=1$이면 $0\times x=0$이므로 해가 무수히 많다. (참)

ㄷ. $a=2$이면 $-x=1$에서 $x=-1$

　곧, 해가 한 개이다. (참)

ㄹ. $a=-1$이면 $8x=-2$에서 $x=-\dfrac{1}{4}$

　곧, 해가 한 개이다. (거짓)

따라서 옳은 것은 ㄱ, ㄴ, ㄷ이다. 　　　　　　답 ④

Note

$a\ne1$, $a\ne3$이면 $x=\dfrac{1}{a-3}$이므로 해가 한 개이다.

20 [전략] 다음을 이용하여 x의 범위를 나누어 절댓값 기호를 없앤다.

$$|a|=\begin{cases}a & (a\ge0)\\ -a & (a<0)\end{cases}$$

(i) $x<1$일 때

$-(x-1)-(x-2)=3$ 　　$\therefore x=0$

(ii) $1\le x<2$일 때

$x-1-(x-2)=3$, $0\times x=2$

따라서 해는 없다.

(iii) $x\ge2$일 때

$x-1+x-2=3$ 　　$\therefore x=3$

(i), (ii), (iii)에서 $x=0$ 또는 $x=3$ 　　答 $x=0$ 또는 $x=3$

21 [전략] x의 범위를 나누어 절댓값 기호를 없앤다.

(i) $x<1$일 때 $x^2-3(x-1)-7=0$

$x^2-3x-4=0$, $(x+1)(x-4)=0$

$\therefore x=-1$ 또는 $x=4$

$x<1$이므로 $x=-1$

(ii) $x\ge1$일 때 $x^2+3(x-1)-7=0$

$x^2+3x-10=0$, $(x+5)(x-2)=0$

$\therefore x=-5$ 또는 $x=2$

$x\ge1$이므로 $x=2$

(i), (ii)에서 방정식의 근은 $x=-1$ 또는 $x=2$

$\therefore |\alpha-\beta|=3$ 　　　　　　답 ③

22 [전략] $x=1$이 근이므로 대입하면 k에 관계없이 항상 성립한다.

$x=1$이 근이므로 주어진 이차방정식에 대입하면

$1-(k-2)-a(2k+1)+b=0$

k의 값에 관계없이 성립하므로 k에 대해 정리하면

$-(2a+1)k+(-a+b+3)=0$

$2a+1=0$이고 $-a+b+3=0$

$\therefore a=-\dfrac{1}{2}$, $b=-\dfrac{7}{2}$, $a+b=-4$ 　　答 ①

23 [전략] 실근을 α라 하고 대입한 다음 (　)+(　)$i=0$ 꼴로 정리한다.

$x^2+(i-3)x+k-i=0$의 실근을 α라 하면

$\alpha^2+(i-3)\alpha+k-i=0$

$(\alpha^2-3\alpha+k)+(\alpha-1)i=0$

k, α가 실수이므로 $\alpha^2-3\alpha+k=0$, $\alpha-1=0$

$\therefore \alpha=1$, $k=2$ 　　　　　　답 2

24 [전략] 양변에 $1-i$를 곱해 x^2의 계수를 실수로 고친 다음 좌변이

$(x+2-i)(x-p)$ 꼴로 인수분해됨을 이용한다.

주어진 방정식의 양변에 $1-i$를 곱하면

$(1-i^2)x^2+(1-i)ax-(1-i)(6+2i)=0$

$2x^2+(1-i)ax-(8-4i)=0$

$-2+i$가 근이고 x^2의 계수가 2이므로 나머지 한 근을 p라 하면

$2x^2+(1-i)ax-(8-4i)=2(x+2-i)(x-p)$

라 할 수 있다. 우변을 전개하면

$2x^2+2(2-i-p)x-2p(2-i)$

좌변과 계수를 비교하면

$(1-i)a=2(2-i-p)$, $8-4i=2p(2-i)$

$\therefore p=2$, $a=\dfrac{-2i}{1-i}=\dfrac{-2i(1+i)}{1^2-i^2}=-i+1$

$\therefore p+a=3-i$ 　　　　　　답 ②

다른 풀이

주어진 방정식의 양변에 $1-i$를 곱하면

$(1-i^2)x^2+(1-i)ax-(1-i)(6+2i)=0$

$2x^2+(1-i)ax-(8-4i)=0$

한 근이 $-2+i$이므로 대입하면

$2(-2+i)^2+(1-i)(-2+i)a-(8-4i)=0$

$6-8i+(-1+3i)a-(8-4i)=0$

$\therefore a=\dfrac{2+4i}{-1+3i}=\dfrac{2(1+2i)(-1-3i)}{(-1)^2-(3i)^2}$

$=\dfrac{2(5-5i)}{10}=1-i$

주어진 방정식은 $2x^2+(1-i)^2x-(8-4i)=0$이므로

$2x^2-2ix-4(2-i)=0$, $x^2-ix-2(2-i)=0$

$(x+2-i)(x-2)=0$

곧, 나머지 한 근은 2

Note

1. 05단원에서 공부하는 근과 계수의 관계를 이용하여 풀 수도 있다.

나머지 한 근을 β라 하면

$(-2+i)\beta=\dfrac{-6-2i}{1+i}$, $\beta=\dfrac{-6-2i}{(1+i)(-2+i)}$ 　　$\therefore \beta=2$

2. 방정식의 좌변이 인수분해된다고 생각하고 다음과 같이 놓고 풀어도 된다.

$(1+i)x^2+ax-6-2i=(1+i)(x+2-i)(x-p)$

01 [전략] x, y가 실수이므로 다음 꼴로 정리한다.
$$(\quad)+(\quad)i=(\quad)+(\quad)i$$
주어진 식에서
$$(x^2+2xi-1)+(4+12i-9)=y+26i$$
$$(x^2-6)+(2x+12)i=y+26i$$
x, y가 실수이므로
$$x^2-6=y,\ 2x+12=26$$
$$\therefore x=7,\ y=43,\ x+y=50$$
답 ⑤

02 [전략] $z=2\pm i$에서 $z-2=\pm i$
양변을 제곱하여 정리하면 $z^2-4z+5=0$
이를 이용하여 z^3, z^2을 z에 대한 일차식으로 나타낸다.

$2+i=z$라 하면 $z-2=i$
양변을 제곱하면 $z^2-4z+4=-1$
$$\therefore z^2=4z-5$$
양변에 z를 곱하면
$$z^3=4z^2-5z=4(4z-5)-5z=11z-20$$
$$\therefore f(2+i)=f(z)=2z^3-6z^2+9z+8$$
$$=2(11z-20)-6(4z-5)+9z+8$$
$$=7z-2=7(2+i)-2=12+7i$$
$2-i=z$라 하면 $z-2=-i$
양변을 제곱하면 $z^2-4z+4=-1$, $z^2=4z-5$
따라서 같은 이유로
$$f(z)=7z-2,\ f(2-i)=7(2-i)-2=12-7i$$
$$\therefore f(2+i)+f(2-i)=(12+7i)+(12-7i)$$
$$=24$$
답 24

03 [전략] $z=a+bi$ (a, b는 실수)를 조건에 대입하고 a, b의 값을 구한다.
$z=a+bi$ (a, b는 실수, $b>0$)이라 하자.
$z+\bar{z}=4$이므로
$$(a+bi)+(a-bi)=4,\ 2a=4 \qquad \therefore a=2$$
이때 $z=2+bi$, $z\bar{z}=7$이므로
$$(2+bi)(2-bi)=7,\ 4+b^2=7,\ b^2=3$$
$b>0$이므로 $b=\sqrt{3}$ $\therefore z=2+\sqrt{3}i$, $\bar{z}=2-\sqrt{3}i$
$$\therefore \frac{\bar{z}}{z}-\frac{z}{\bar{z}}=\frac{\bar{z}^2-z^2}{z\bar{z}}=\frac{(\bar{z}+z)(\bar{z}-z)}{z\bar{z}}$$
$$=\frac{4\times(-2\sqrt{3}i)}{7}=-\frac{8\sqrt{3}}{7}i$$
답 ②

Note
$(z-\bar{z})^2=(z+\bar{z})^2-4z\bar{z}$이므로
$$(z-\bar{z})^2=4^2-4\times 7=-12$$
이고, z의 허수부분이 양수이면 $\bar{z}$의 허수부분이 음수이므로
$$z-\bar{z}=2\sqrt{3}i$$
이를 이용하여 계산해도 된다.

04 [전략] $z=a+bi$ (a, b는 실수)에 대하여
z^2이 음의 실수 $\Rightarrow a=0, b\neq0$
z^2이 양의 실수 $\Rightarrow a\neq0, b=0$
$$z=(n-2-ni)^2=(n-2)^2-2n(n-2)i-n^2$$
$$=-4n+4-2n(n-2)i \qquad \cdots ㉮$$
z^2이 양의 실수이면 z의 실수부분이 0이 아니고, z의 허수부분이 0이므로 $\qquad \cdots ㉯$

$$-4n+4\neq0,\ -2n(n-2)=0$$
n은 자연수이므로 $n=2$ $\qquad \cdots ㉰$

단계	채점 기준	배점
㉮	z를 $(\quad)+(\quad)i$ 꼴로 정리하기	30%
㉯	z^2이 양의 실수일 조건 알기	40%
㉰	자연수 n의 값 구하기	30%

답 2

05 [전략] $R_1=ax+b$, $R_2=cx+d$ (a, b, c, d는 실수) 꼴이다.
$f(x^{12})$, $f(-x^{12})$을 각각 나눗셈에 대한 항등식 꼴로 나타낸 다음 $f(x)=0$, $f(-x)=0$인 x를 대입한다.

$f(x^{12})$을 $f(x)$로 나눈 몫을 $Q_1(x)$라 하고,
$R_1=ax+b$ (a, b는 실수)라 하면
$$f(x^{12})=f(x)Q_1(x)+ax+b \qquad \cdots ❶$$
$f(x)=0$의 해를 ω라 하면 $\omega^2+\omega+1=0$
양변에 $\omega-1$을 곱하면 $\omega^3-1=0$, $\omega^{12}=(\omega^3)^4=1$
❶에 $x=\omega$를 대입하면 $f(1)=a\omega+b$
$f(1)=3$, ω는 허수이므로 $a=0, b=3$ $\therefore R_1=3$
$f(-x^{12})$을 $f(-x)$로 나눈 몫을 $Q_2(x)$라 하고,
$R_2=cx+d$ (c, d는 실수)라 하면
$$f(-x^{12})=f(-x)Q_2(x)+cx+d \qquad \cdots ❷$$
$f(-x)=x^2-x+1$이므로 $f(-x)=0$의 해를 δ라 하면
$$\delta^2-\delta+1=0$$
양변에 $\delta+1$을 곱하면 $\delta^3+1=0$, $\delta^{12}=(\delta^3)^4=1$
❷에 $x=\delta$를 대입하면 $f(-1)=c\delta+d$
$f(-1)=1$, δ는 허수이므로 $c=0, d=1$ $\therefore R_2=1$
$$\therefore R_1+R_2=4$$
답 ④

Note
$f(x^{12})$, $f(x)$의 계수가 실수이므로 몫과 나머지의 계수도 실수이다.

06 [전략] $z=a+bi$ (a, b는 실수)를 조건에 대입하고 a, b의 값을 구한다.
$z=a+bi$ (a, b는 실수, $b>0$)이라 하자.
$(z-3+i)^2<0$이므로 $z-3+i$는 순허수이다.
그런데 $z-3+i=(a-3)+(b+1)i$이므로 $a=3$
$z=3+bi$이므로 $z\bar{z}+z+\bar{z}=19$에 대입하면
$$(3+bi)(3-bi)+(3+bi)+(3-bi)=19$$
$$9+b^2+6=19,\ b^2=4$$
$b>0$이므로 $b=2$ $\therefore z=3+2i$
$$\therefore z-\bar{z}=(3+2i)-(3-2i)=4i$$
답 ②

Note
1. z^2이 양의 실수 또는 음의 실수일 조건을 기억하고 있어야 한다.
2. $z\bar{z}+z+\bar{z}=19$에서 $(z+1)\overline{(z+1)}=20$임을 이용하여 계산해도 된다.

07 [전략] $z=a+bi$ (a, b는 실수)로 놓고 w부터 구한다.
$z=a+bi$ ($a\neq0, b\neq0$인 실수)라 하자.
$z+w$의 실수부분이 0이므로 $w=-a+ci$ ($c\neq0$인 실수)
이때 $zw=(a+bi)(-a+ci)=-(a^2+bc)+a(c-b)i$이고
zw의 허수부분이 0이므로 $a(c-b)=0$
$a\neq0$이므로 $b=c$
$$\therefore w=-a+bi$$
ㄱ. $z+\bar{w}=(a+bi)+(-a-bi)=0$이고 참이다.

ㄴ. $z^2+w^2=(a+bi)^2+(-a+bi)^2=2a^2-2b^2$

　　$|a|\leq|b|$이면 $z^2+w^2\leq0$이므로 거짓이다.

ㄷ. $zw=(a+bi)(-a+bi)=-a^2-b^2$

　　$a\neq0$, $b\neq0$이므로 $zw<0$이고 참이다.

따라서 옳은 것은 ㄱ, ㄷ이다.　　　　　　　　🅐 ③

08 [전략] $\alpha=a+bi$, $\beta=c+di$ (a, b, c, d는 실수)로 놓고 조건에 대입하여 a, b, c, d의 값이나 관계를 구한다.

$\alpha=a+bi$, $\beta=c+di$ (a, b, c, d는 실수)라 하자.

$\alpha\bar{\alpha}=3$이므로

　　$(a+bi)(a-bi)=3$　　　∴ $a^2+b^2=3$　　… ❶

$\beta\bar{\beta}=3$이므로

　　$(c+di)(c-di)=3$　　　∴ $c^2+d^2=3$　　… ❷

$\alpha+\beta=2i$이므로

　　$(a+bi)+(c+di)=(a+c)+(b+d)i=2i$

a, b, c, d는 실수이므로

　　$a+c=0$, $b+d=2$

이때 $a^2=c^2$이므로 ❶$-$❷를 하면

　　$b^2-d^2=0$, $(b+d)(b-d)=0$

$b+d=2$이므로 $2(b-d)=0$　　∴ $b=d=1$

❶, ❷에 대입하면 $a^2=2$, $c^2=2$

α, β는 서로 다른 복소수이므로 $a=\sqrt{2}$, $c=-\sqrt{2}$라 할 수 있다.

　　∴ $\alpha=\sqrt{2}+i$, $\beta=-\sqrt{2}+i$,

　　　$\alpha\beta=(\sqrt{2}+i)(-\sqrt{2}+i)=-2-1=-3$　🅐 ⑤

다른 풀이 💡

$\alpha+\beta=2i$이므로 $\bar{\alpha}+\bar{\beta}=-2i$　　　　… ❸

$\alpha\bar{\alpha}=3$, $\beta\bar{\beta}=3$이므로 $\bar{\alpha}=\dfrac{3}{\alpha}$, $\bar{\beta}=\dfrac{3}{\beta}$　… ❹

❹를 ❸에 대입하면

　　$\dfrac{3}{\alpha}+\dfrac{3}{\beta}=-2i$, $\dfrac{3(\alpha+\beta)}{\alpha\beta}=-2i$

$\alpha+\beta=2i$이므로 $\alpha\beta=-3$

09 [전략] $z=a+bi$, $w=c+di$ (a, b, c, d는 자연수)로 놓고 a, b, c, d의 관계를 찾는다.

$z=a+bi$, $w=c+di$ (a, b, c, d는 자연수)라 하면

　$z\bar{z}+w\bar{w}+z\bar{w}+\bar{z}w$

　$=z(\bar{z}+\bar{w})+w(\bar{z}+\bar{w})=(z+w)(\bar{z}+\bar{w})$

　$=\{(a+c)+(b+d)i\}\{(a+c)-(b+d)i\}$

　$=(a+c)^2+(b+d)^2$

주어진 조건에서 $(a+c)^2+(b+d)^2=25$

a, b, c, d는 자연수이므로

　　$a+c=3$, $b+d=4$ 또는 $a+c=4$, $b+d=3$

또 $z\bar{z}=5$이므로 $a^2+b^2=5$

　　∴ $a=1$, $b=2$ 또는 $a=2$, $b=1$

(i) $a=1$, $b=2$일 때 $c=2$, $d=2$ 또는 $c=3$, $d=1$이고

　　　$w\bar{w}=c^2+d^2=8$ 또는 10

(ii) $a=2$, $b=1$일 때 $c=1$, $d=3$ 또는 $c=2$, $d=2$이고

　　　$w\bar{w}=c^2+d^2=10$ 또는 8

(i), (ii)에서 $w\bar{w}$의 값은 8, 10이다.　　🅐 8, 10

Note

$z\bar{z}+w\bar{w}+z\bar{w}+\bar{z}w$에 $z=a+bi$, $w=c+di$를 대입하여 정리해도 된다.

10 [전략] $z=a+bi$ (a, b는 실수)로 놓고 $z^2=i$에 대입한다.

$z=a+bi$ (a, b는 실수)라 하고 $z^2=i$에 대입하면

　　$(a+bi)^2=i$, $a^2+2abi+b^2i^2=i$

　　$a^2-b^2+2abi=i$

a, b는 실수이므로

　　$a^2-b^2=0$　　… ❶

　　$2ab=1$　　… ❷

❶에서 $(a+b)(a-b)=0$　　∴ $a+b=0$ 또는 $a-b=0$

(i) $a+b=0$일 때 $b=-a$를 ❷에 대입하면 $-2a^2=1$

　　a는 실수이므로 모순이다.

(ii) $a-b=0$일 때 $b=a$를 ❷에 대입하면

　　　$2a^2=1$　　∴ $a=b=-\dfrac{\sqrt{2}}{2}$ 또는 $a=b=\dfrac{\sqrt{2}}{2}$

(i), (ii)에서 $z=-\dfrac{\sqrt{2}}{2}-\dfrac{\sqrt{2}}{2}i$ 또는 $z=\dfrac{\sqrt{2}}{2}+\dfrac{\sqrt{2}}{2}i$

🅐 $-\dfrac{\sqrt{2}}{2}-\dfrac{\sqrt{2}}{2}i$, $\dfrac{\sqrt{2}}{2}+\dfrac{\sqrt{2}}{2}i$

11 [전략] $z=a+bi$ (a, b는 실수)로 놓고 등식을 ( )$+$( )$i=0$ 꼴로 정리한다.

$z=a+bi$ (a, b는 실수)라 하면

　　$(a+bi)^2=(a+bi)(a-bi)+(a-bi)^2+(a+bi)i$

　　$a^2+2abi-b^2=a^2+b^2+a^2-2abi-b^2+ai-b$

　　$(a^2+b^2-b)+(a-4ab)i=0$　　　… ㉮

a, b는 실수이므로 $a^2+b^2-b=0$, $a(1-4b)=0$　… ㉯

$a(1-4b)=0$에서 $a=0$ 또는 $b=\dfrac{1}{4}$

(i) $a=0$일 때 $b^2-b=0$　　∴ $b=0$ 또는 $b=1$

(ii) $b=\dfrac{1}{4}$일 때 $a^2=\dfrac{3}{16}$　　∴ $a=\dfrac{\sqrt{3}}{4}$ 또는 $a=-\dfrac{\sqrt{3}}{4}$

(i), (ii)에서 $z\neq0$이므로 $z=i$ 또는 $z=\pm\dfrac{\sqrt{3}}{4}+\dfrac{1}{4}i$　… ㉰

단계	채점 기준	배점
㉮	$z=a+bi$ (a, b는 실수)로 놓고 등식을 정리하기	40%
㉯	복소수의 상등 이용하기	20%
㉰	a, b의 값을 구한 후 복소수 z 모두 구하기	40%

🅐 i, $\dfrac{\sqrt{3}}{4}+\dfrac{1}{4}i$, $-\dfrac{\sqrt{3}}{4}+\dfrac{1}{4}i$

12 [전략] $z_2, z_3, \cdots$을 z_1에 대한 식으로 나타낸다.

$z_1=\dfrac{\sqrt{2}i}{1-i}$이므로 $z_2=z_1^2$, $z_3=z_1^3$, $\cdots$, $z_n=z_1^n$

ㄱ. $z_2=z_1^2=\left(\dfrac{\sqrt{2}i}{1-i}\right)^2=\dfrac{-2}{1-2i-1}=\dfrac{1}{i}=-i$ (거짓)

ㄴ. $z_2=-i$, $z_6=z_1^6=(z_1^2)^3=(-i)^3=i$이므로

　　$z_2+z_6=-i+i=0$ (참)

ㄷ. $z_1^4=(z_1^2)^2=(-i)^2=-1$, $z_1^8=(z_1^4)^2=1$이므로

　　$z_{n+4}=z_1^{n+4}=z_1^n z_1^4=-z_1^n$

$$z_{n+8} = z_1^{n+8} = z_1^n z_1^8 = z_1^n$$

$$\therefore z_n + 2z_{n+4} + z_{n+8} = z_1^n - 2z_1^n + z_1^n = 0 \ (참)$$

따라서 옳은 것은 ㄴ, ㄷ이다.　　　　　　　　　달 ④

13 [전략] $z_2 = iz_1$, $z_3 = iz_2 = i^2 z_1$, $\cdots$이라 생각하면 z_n을 z_1로 나타낼 수 있다.

$$z_2 = iz_1$$
$$z_3 = iz_2 = i^2 z_1$$
$$z_4 = iz_3 = i^3 z_1$$
$$\vdots$$
$$\therefore z_{999} = i^{998} z_1 = (i^4)^{249} i^2 z_1 = -z_1 = -1 - i$$　　달 ①

다른 풀이

$$z_1 = 1 + i$$
$$z_2 = iz_1 = i(1+i) = -1 + i$$
$$z_3 = iz_2 = i(-1+i) = -1 - i$$
$$z_4 = iz_3 = i(-1-i) = 1 - i$$
$$z_5 = iz_4 = i(1-i) = 1 + i$$
$$\vdots$$

곧, $z_1 = z_5$, $z_2 = z_6$, $z_3 = z_7$, $\cdots$, $z_n = z_{n+4}$이므로

$$z_{999} = z_3 = -1 - i$$

14 [전략] 분모, 분자의 거듭제곱 규칙이 다른 꼴이다.
$(1+i)^2$, $(1+i)^3$, $\cdots$과 $(1-\sqrt{3}i)^2$, $(1-\sqrt{3}i)^3$, $\cdots$
을 따로 생각한다.

$$(1+i)^2 = 1 + 2i - 1 = 2i$$

이므로

$$(1+i)^{13} = \{(1+i)^2\}^6 (1+i) = (2i)^6 (1+i) = -2^6 (1+i)$$

또 $(1-\sqrt{3}i)^2 = 1 - 2\sqrt{3}i - 3 = -2(1 + \sqrt{3}i)$

$$(1-\sqrt{3}i)^3 = -2(1+\sqrt{3}i)(1-\sqrt{3}i) = -2(1+3) = -2^3$$

이므로

$$(1-\sqrt{3}i)^{13} = \{(1-\sqrt{3}i)^3\}^4 (1-\sqrt{3}i)$$
$$= (-2^3)^4 (1-\sqrt{3}i) = 2^{12}(1-\sqrt{3}i)$$

$$\therefore \left(\frac{1+i}{1-\sqrt{3}i}\right)^{13} = \frac{-2^6(1+i)}{2^{12}(1-\sqrt{3}i)}$$
$$= -\frac{(1+i)(1+\sqrt{3}i)}{2^6(1+3)}$$
$$= -\frac{1-\sqrt{3}+(1+\sqrt{3})i}{2^8}$$

따라서 $x = \dfrac{\sqrt{3}-1}{2^8}$, $y = -\dfrac{\sqrt{3}+1}{2^8}$이므로

$$|x| = \frac{\sqrt{3}-1}{2^8}, \quad |y| = \frac{\sqrt{3}+1}{2^8}$$

$$\therefore |x| + |y| = \frac{\sqrt{3}}{2^7}$$　　달 ③

15 [전략] α, β의 관계부터 구한다.

$$\alpha^2 = \left(\frac{\sqrt{3}+i}{2}\right)^2 = \frac{3+2\sqrt{3}i-1}{4} = \frac{1+\sqrt{3}i}{2}$$　　… ❶

$$\alpha^3 = \left(\frac{1+\sqrt{3}i}{2}\right)\left(\frac{\sqrt{3}+i}{2}\right)$$
$$= \frac{\sqrt{3}+(1+3)i-\sqrt{3}}{4} = i$$

$$\alpha^6 = (\alpha^3)^2 = -1, \ \alpha^9 = -i, \ \alpha^{12} = 1$$　　… ㉮

❶에서 $\beta = \alpha^2$이므로

$$\alpha^m \beta^n = \alpha^m (\alpha^2)^n = \alpha^{m+2n}$$　　… ㉯

따라서 $\alpha^m \beta^n = i$이면

$$m + 2n = 3, \ 3+12, \ 3+2\times12, \ \cdots$$

$m + 2n \leq 30$이므로 $m + 2n$의 최댓값은 27이다.　　… ㉰

단계	채점 기준	배점
㉮	α의 거듭제곱을 구하여 규칙 찾기	40%
㉯	$\alpha^m \beta^n$을 α의 거듭제곱으로 나타내기	30%
㉰	$m+2n$의 최댓값 구하기	30%

달 27

16 [전략] z와 $1-z$의 관계를 구해야 한다.

$$1 - z = \frac{1}{2} + \frac{\sqrt{3}}{2}i = \bar{z}$$

$$z^2 = \left(\frac{1}{2} - \frac{\sqrt{3}}{2}i\right)^2 = \frac{1}{4} - \frac{\sqrt{3}}{2}i - \frac{3}{4} = -\frac{1}{2} - \frac{\sqrt{3}}{2}i$$

$$z^3 = \left(-\frac{1}{2} - \frac{\sqrt{3}}{2}i\right)\left(\frac{1}{2} - \frac{\sqrt{3}}{2}i\right) = -\frac{1}{4} - \frac{3}{4} = -1$$

$$z^6 = 1, \ z^9 = -1, \ \cdots$$

그런데 $z^2 = -\bar{z} = z - 1$이므로

$$z^n(1-z)^{2n-1} = z^n(-z^2)^{2n-1}$$
$$= -z^{5n-2}$$

이 식이 음의 실수이면 $5n-2$가 6의 배수이다.

$$\therefore 5n - 2 = 6k, \ n = \frac{6k+2}{5} \ (단, \ n과 \ k는 \ 자연수)$$

$n \leq 20$이므로 $(k, n) = (3, 4)$, $(8, 10)$, $(13, 16)$

따라서 n의 값의 합은 30이다.　　달 ②

Note

$1 - z = \bar{z}$이므로

$$z^n(1-z)^{2n-1} = z^n \bar{z}^{2n-1} = (z\bar{z})^n \bar{z}^{n-1}$$

이고 $z\bar{z}$가 양수이므로 $\bar{z}^{n-1}$이 음의 실수인 n을 찾아도 된다.

17 [전략] $a^n - b^n = (a-b)(a^{n-1} + a^{n-2}b + \cdots + ab^{n-2} + b^{n-1})$임을 이용한다.

$$(\alpha^{100} + \alpha^{99}\beta + \alpha^{98}\beta^2 + \cdots + \alpha\beta^{99} + \beta^{100})(\alpha - \beta) = \alpha^{101} - \beta^{101}$$

$$\therefore \alpha^{100} + \alpha^{99}\beta + \alpha^{98}\beta^2 + \cdots + \alpha\beta^{99} + \beta^{100} = \frac{\alpha^{101} - \beta^{101}}{\alpha - \beta}$$

$\alpha^2 = \left(\dfrac{\sqrt{2}}{2} + \dfrac{\sqrt{2}}{2}i\right)^2 = i$, $\beta^2 = \left(\dfrac{\sqrt{2}}{2} - \dfrac{\sqrt{2}}{2}i\right)^2 = -i$이므로

$$\alpha^{101} = (\alpha^2)^{50}\alpha = i^{50}\alpha = -\alpha$$
$$\beta^{101} = (\beta^2)^{50}\beta = (-i)^{50}\beta = -\beta$$

$$\therefore (주어진 식) = \frac{-\alpha + \beta}{\alpha - \beta} = -1$$　　달 ②

다른 풀이

$\alpha\beta = 1$이므로

$$\alpha^{99}\beta = \alpha^{98}(\alpha\beta) = \alpha^{98}, \ \alpha^{98}\beta^2 = \alpha^{96}(\alpha\beta)^2 = \alpha^{96}, \ \cdots,$$
$$\alpha^{51}\beta^{49} = \alpha^2(\alpha\beta)^{49} = \alpha^2, \ \alpha^{50}\beta^{50} = 1,$$
$$\alpha^{49}\beta^{51} = (\alpha\beta)^{49}\beta^2 = \beta^2, \ \cdots, \ \alpha\beta^{99} = (\alpha\beta)\beta^{98} = \beta^{98}$$

$$\therefore \alpha^{100} + \alpha^{99}\beta + \alpha^{98}\beta^2 + \cdots + \alpha\beta^{99} + \beta^{100}$$
$$= \alpha^{100} + \alpha^{98} + \cdots + \alpha^4 + \alpha^2 + 1 + \beta^2 + \beta^4 + \cdots + \beta^{98} + \beta^{100}$$

$\alpha^2 = i$, $\beta^2 = -i$이므로

$$\alpha^2+\alpha^4+\alpha^6+\alpha^8=i-1-i+1=0$$
$$\beta^2+\beta^4+\beta^6+\beta^8=-i-1+i+1=0$$
$$\begin{aligned}\therefore\,(\text{주어진 식})&=\alpha^{100}+\alpha^{98}+1+\beta^{98}+\beta^{100}\\&=\alpha^4+\alpha^2+1+\beta^2+\beta^4\\&=-1+i+1-i-1=-1\end{aligned}$$

18 [전략] $\left(\dfrac{1}{z^5}+z^5\right)+\left(\dfrac{1}{z^4}+z^4\right)+\cdots+\left(\dfrac{1}{z}+z\right)+1$을 구하는 문제이다.

$z^2-2iz+1=0$에서 $z+\dfrac{1}{z}=2i$　　　　　… ❶

❶의 양변을 제곱하면
$$z^2+2+\dfrac{1}{z^2}=-4,\ z^2+\dfrac{1}{z^2}=-6\qquad\cdots\text{❷}$$

❶의 양변을 세제곱하면
$$z^3+\dfrac{1}{z^3}+3\left(z+\dfrac{1}{z}\right)=-8i,\ z^3+\dfrac{1}{z^3}=-14i\quad\cdots\text{❸}$$

❷의 양변을 제곱하면
$$z^4+2+\dfrac{1}{z^4}=36,\ z^4+\dfrac{1}{z^4}=34$$

❷, ❸에서
$$\left(z^2+\dfrac{1}{z^2}\right)\left(z^3+\dfrac{1}{z^3}\right)=84i$$
$$z^5+z+\dfrac{1}{z}+\dfrac{1}{z^5}=84i,\ z^5+\dfrac{1}{z^5}=82i$$
$$\begin{aligned}\therefore\,\dfrac{1}{z^5}&(1+z+z^2+\cdots+z^{10})\\&=\left(\dfrac{1}{z^5}+z^5\right)+\left(\dfrac{1}{z^4}+z^4\right)+\cdots+\left(\dfrac{1}{z}+z\right)+1\\&=82i+34-14i-6+2i+1\\&=29+70i\end{aligned}$$
$$\therefore\,a=29,\ b=70$$ 　　　　　　　　　　　　🖺 $a=29,\ b=70$

19 [전략] $x^{100}+x^3=(x^2-2x+4)Q(x)+ax+b$로 놓고 $x^2-2x+4=0$의 해를 대입하여 $a,\ b$의 값을 구한다.

$x^{100}+x^3$을 x^2-2x+4로 나눈 몫을 $Q(x)$, $R(x)$를 $ax+b$라 하면
$$x^{100}+x^3=(x^2-2x+4)Q(x)+ax+b\qquad\cdots\text{❶}$$
$x^2-2x+4=0$의 양변에 $x+2$를 곱하면
$$x^3+8=0$$
$x^2-2x+4=0$의 한 허근을 α라 하면
$$\alpha^3+8=0$$
❶에 $x=\alpha$를 대입하면 $\alpha^{100}+\alpha^3=a\alpha+b$　　… ❷

$\alpha^3=-2^3$이므로 $\alpha^{100}=(\alpha^3)^{33}\alpha=-2^{99}\alpha$

❷에 대입하면 $-2^{99}\alpha-2^3=a\alpha+b$

$ax+b$는 계수가 실수인 다항식을 계수가 실수인 다항식으로 나눈 나머지이므로 $a,\ b$는 실수이다.

α는 허수이므로 $a=-2^{99},\ b=-2^3$
$$\therefore\,R(0)=b=-2^3=-8$$ 　　　　　　　　　　🖺 ①

Note

1. ❶ 꼴의 항등식은 x에 복소수를 대입해도 성립한다.
2. 계수가 실수인 다항식을 계수가 실수인 다항식으로 나누면 몫과 나머지의 계수는 실수이다.

20 [전략] $ax=b$에서 $a\neq0$이면 $x=\dfrac{b}{a}$
$a=0,\ b=0$이면 해가 무수히 많다.
$a=0,\ b\neq0$이면 해가 없다.

$a(ax-1)-(x+1)=0$에서
$$(a^2-1)x=a+1$$
$$(a+1)(a-1)x=a+1$$
이 방정식의 해가 없으면
$$(a+1)(a-1)=0\text{이고 }a+1\neq0\qquad\therefore\,a=1$$
이때 이차방정식은 $x^2-4x+6=0$
근의 공식을 쓰면 $x=2\pm\sqrt{-2}=2\pm\sqrt{2}i$ 　🖺 $x=2\pm\sqrt{2}i$

21 [전략] 실근 α를 대입하고 (　)+(　)$i=0$ 꼴로 정리한다.

$(1+i)x^2-(p+i)x+6-2i=0$의 실근을 α라 하면
$$(1+i)\alpha^2-(p+i)\alpha+6-2i=0$$
$$(\alpha^2-p\alpha+6)+(\alpha^2-\alpha-2)i=0\qquad\cdots\text{㉮}$$
$p,\ \alpha$가 실수이므로
$$\alpha^2-p\alpha+6=0\quad\cdots\text{❶}$$
$$\alpha^2-\alpha-2=0\quad\cdots\text{❷}$$
❷에서 $(\alpha+1)(\alpha-2)=0\qquad\therefore\,\alpha=-1$ 또는 $\alpha=2$

(i) $\alpha=-1$이면 ❶에서 $p=-7$

(ii) $\alpha=2$이면 ❶에서 $p=5$

이때 $p>0$이므로 $p=5$ 　　　　　　　　　　… ㉯

주어진 방정식은
$$(1+i)x^2-(5+i)x+6-2i=0$$
양변에 $1-i$를 곱하면
$$(1-i)(1+i)x^2-(1-i)(5+i)x+(1-i)(6-2i)=0$$
$$2x^2-(6-4i)x+4-8i=0$$
$$x^2-(3-2i)x+2(1-2i)=0$$
$$(x-2)(x-1+2i)=0$$
$$\therefore\,x=2 \text{ 또는 } x=1-2i$$
따라서 다른 한 근은 $x=1-2i$ 　　　　　　… ㉰

단계	채점 기준	배점
㉮	실근을 α라 하고, 주어진 이차방정식에 대입하여 (　)+(　)$i=0$ 꼴로 정리하기	30%
㉯	복소수의 상등을 이용하여 $\alpha,\ p$의 값 구하기	30%
㉰	주어진 이차방정식을 풀어 다른 한 근 구하기	40%

🖺 $x=1-2i$

22 [전략] $\alpha^2-p\alpha+3=0$을 이용하여 α^3을 α에 대한 식으로 정리한다.

주어진 식에 $x=\alpha$를 대입하면
$$\alpha^2-p\alpha+3=0\qquad\therefore\,\alpha^2=p\alpha-3\qquad\cdots\text{❶}$$
양변에 α를 곱하면 $\alpha^3=p\alpha^2-3\alpha$

❶을 대입하면
$$\alpha^3=p(p\alpha-3)-3\alpha=(p^2-3)\alpha-3p$$
$\alpha^3,\ p$가 실수, α가 허수이므로
$$p^2=3\qquad\therefore\,p=\pm\sqrt{3}$$
이때 방정식은 $x^2\pm\sqrt{3}x+3=0$이므로 허근을 가진다.

따라서 p의 값의 곱은 -3이다. 　　　　　🖺 ①

23 [전략] $1<x^2<4$이므로
$$1<x^2<2, 2\le x^2<3, 3\le x^2<4$$
로 나누면 $[x^2]$을 간단히 할 수 있다.

(i) $1<x<\sqrt{2}$일 때
$[x^2]=1$이므로 $x^2-x=0$
$x(x-1)=0$ $\therefore x=0$ 또는 $x=1$
$1<x<\sqrt{2}$이므로 해가 없다.

(ii) $\sqrt{2}\le x<\sqrt{3}$일 때
$[x^2]=2$이므로 $x^2-x=1$
$x^2-x-1=0$ $\therefore x=\dfrac{1\pm\sqrt{5}}{2}$
$\sqrt{2}\le x<\sqrt{3}$이므로 $x=\dfrac{1+\sqrt{5}}{2}$

(iii) $\sqrt{3}\le x<2$일 때
$[x^2]=3$이므로 $x^2-x=2$
$(x+1)(x-2)=0$ $\therefore x=-1$ 또는 $x=2$
$\sqrt{3}\le x<2$이므로 해가 없다.

(i), (ii), (iii)에서 해는 $x=\dfrac{1+\sqrt{5}}{2}$ 　답 $x=\dfrac{1+\sqrt{5}}{2}$

24 [전략] $\overline{JC}=x$, $\overline{CI}=y$로 놓고
직사각형 EICJ의 둘레의 길이와 넓이를 각각 x, y로 나타낸다.

$\overline{JC}=x$, $\overline{CI}=y$라 하자.
직사각형 EICJ의 둘레의 길이가
8이므로
$$2(x+y)=8$$
$$\therefore x+y=4$$
직사각형 EICJ의 넓이가 2이므로
$$xy=2$$
$\overline{AG}=6\sqrt{5}$이고 $\overline{AK}=2a-x$, $\overline{GK}=2a-y$이므로
직각삼각형 AKG에서
$$(2a-x)^2+(2a-y)^2=(6\sqrt{5})^2$$
$$8a^2-4(x+y)a+x^2+y^2-180=0$$
$x^2+y^2=(x+y)^2-2xy=4^2-2\times 2=12$이므로
$$a^2-2a-21=0$$
$a>0$이므로 $a=1+\sqrt{22}$ 　답 $1+\sqrt{22}$

01 [전략] α가 실수이면 $\alpha=\overline{\alpha}$

(i) $\dfrac{z}{1+z^2}$가 실수이므로
$$\dfrac{z}{1+z^2}=\overline{\left(\dfrac{z}{1+z^2}\right)}, \ \dfrac{z}{1+z^2}=\dfrac{\overline{z}}{1+\overline{z}^2}$$
양변에 $(1+z^2)(1+\overline{z}^2)$을 곱하면
$$z+z\overline{z}^2=\overline{z}+z^2\overline{z}, \ (z-\overline{z})+z\overline{z}(\overline{z}-z)=0$$
$$\therefore (z-\overline{z})(z\overline{z}-1)=0$$
$\dfrac{z-\overline{z}}{i}$가 음수이면 $z-\overline{z}\ne 0$이므로 $z\overline{z}=1$ …❶ …㉮

(ii) $\dfrac{z^2}{1+z}$이 실수이므로
$$\dfrac{z^2}{1+z}=\overline{\left(\dfrac{z^2}{1+z}\right)}, \ \dfrac{z^2}{1+z}=\dfrac{\overline{z}^2}{1+\overline{z}}$$
양변에 $(1+z)(1+\overline{z})$를 곱하면
$$z^2+z^2\overline{z}=\overline{z}^2+z\overline{z}^2, \ (z+\overline{z})(z-\overline{z})+z\overline{z}(z-\overline{z})=0$$
$$\therefore (z-\overline{z})(z+\overline{z}+z\overline{z})=0$$
$z-\overline{z}\ne 0$이므로 $z+\overline{z}+z\overline{z}=0$
❶을 대입하면 $z+\overline{z}=-1$ …❷ …㉯
$z=a+bi$ (a, b는 실수)라 하면
❷에서 $(a+bi)+(a-bi)=-1$ $\therefore a=-\dfrac{1}{2}$
❶에서 $\left(-\dfrac{1}{2}+bi\right)\left(-\dfrac{1}{2}-bi\right)=1$
$\dfrac{1}{4}+b^2=1$ $\therefore b=\pm\dfrac{\sqrt{3}}{2}$
$\dfrac{z-\overline{z}}{i}=\dfrac{2bi}{i}=2b$이고 $\dfrac{z-\overline{z}}{i}$가 음수이므로 $b<0$
$\therefore z=-\dfrac{1}{2}-\dfrac{\sqrt{3}}{2}i$ …㉰

단계	채점 기준	배점
㉮	$\dfrac{z}{1+z^2}$가 실수일 조건 찾기	40%
㉯	$\dfrac{z^2}{1+z}$이 실수일 조건 찾기	40%
㉰	$\dfrac{z-\overline{z}}{i}$가 음수인 복소수 z 구하기	20%

답 $-\dfrac{1}{2}-\dfrac{\sqrt{3}}{2}i$

02 [전략] $\omega^2, \omega^3, \cdots$을 차례로 구한 다음
$x+y+z$, xyz 등을 이용할 수 있는지 확인한다.
$$\omega^2=\left(\dfrac{-1+\sqrt{3}i}{2}\right)^2=\dfrac{1-2\sqrt{3}i+3i^2}{4}=\dfrac{-1-\sqrt{3}i}{2}$$
$$\omega^3=\omega\omega^2=\dfrac{-1+\sqrt{3}i}{2}\times\dfrac{-1-\sqrt{3}i}{2}=\dfrac{1-3i^2}{4}=1$$
$\omega=\dfrac{-1+\sqrt{3}i}{2}$에서 $2\omega+1=\sqrt{3}i$
양변을 제곱하면 $4\omega^2+4\omega+1=-3$ $\therefore \omega^2+\omega+1=0$
이때 $x^3+y^3+z^3-3xyz$
$$=(x+y+z)(x^2+y^2+z^2-xy-yz-zx)$$
이고 $x+y+z=\alpha(\omega^2+\omega+1)-\beta(\omega^2+\omega+1)=0$
이므로 $x^3+y^3+z^3-3xyz=0$

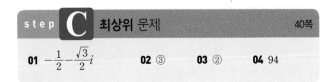

step **C** 최상위 문제 40쪽

01 $-\dfrac{1}{2}-\dfrac{\sqrt{3}}{2}i$ **02** ③ **03** ② **04** 94

$$\therefore x^3+y^3+z^3=3xyz$$
$$=3(\alpha-\beta)(\alpha\omega-\beta\omega^2)(\alpha\omega^2-\beta\omega)$$
$$=3(\alpha-\beta)(\alpha^2\omega^3-\alpha\beta\omega^2-\alpha\beta\omega^4+\beta^2\omega^3)$$

$\omega^2+\omega=-1$, $\omega^3=1$, $\omega^4=\omega^3\omega=\omega$이므로

$$\alpha\beta\omega^2+\alpha\beta\omega^4=\alpha\beta\omega^2+\alpha\beta\omega$$
$$=\alpha\beta(\omega^2+\omega)=-\alpha\beta$$
$$\therefore x^3+y^3+z^3=3(\alpha-\beta)(\alpha^2+\alpha\beta+\beta^2)$$
$$=3(\alpha^3-\beta^3) \qquad \text{답 ③}$$

03 [전략] $\sqrt{3}+i=\alpha$, $-\sqrt{3}+i=\beta$라 하면 $\beta=-\overline{\alpha}$이므로 $\alpha\beta$가 실수이다.

$(\sqrt{3}+i)^n=2^m(-\sqrt{3}+i)$의 양변에 $\sqrt{3}+i$를 곱하면

$$(\sqrt{3}+i)^{n+1}=2^m(-\sqrt{3}+i)(\sqrt{3}+i)$$
$$=2^m(-3-1)=-2^{m+2}$$

또 $\sqrt{3}+i=\alpha$라 하면

$$\alpha^2=(\sqrt{3}+i)^2=3+2\sqrt{3}i-1=2(1+\sqrt{3}i)$$
$$\alpha^3=2(1+\sqrt{3}i)(\sqrt{3}+i)=8i=2^3i$$
$$\alpha^6=-2^6,\ \alpha^{12}=2^{12}$$
$$\alpha^{18}=-2^{18},\ \cdots$$

곧, $n+1$이 6, 18, 30, $\cdots$, $6+12k$, $\cdots$일 때
$\alpha^{n+1}=-2^{m+2}$이 성립하고, $n+1=m+2$이다.

m, n은 100 이하의 자연수이므로 $k=0, 1, 2, \cdots, 7$이고
가능한 순서쌍 (m, n)은 8개이다. \qquad 답 ②

04 [전략] $[x]$는 정수이다.

$x[x]+187=[x^2]+[x]$에서 $[x^2]+[x]$가 정수이므로
$x[x]+187$도 정수이다.
따라서 $x[x]$가 정수이다.
$x=n+\alpha$ (n은 정수, $0\leq\alpha<1$)이라 하면

$$[x]=n,\ x[x]=n^2+\alpha n$$

이때 $x[x]$가 정수이므로 αn은 정수이다.
또 $x^2=(n+\alpha)^2=n^2+2\alpha n+\alpha^2$에서 $2\alpha n$은 정수, $0\leq\alpha^2<1$이
므로 $[x^2]=n^2+2\alpha n$
$x[x]+187=[x^2]+[x]$에 대입하면

$$n^2+\alpha n+187=n^2+2\alpha n+n \qquad \therefore \alpha=\frac{187-n}{n}$$

$0\leq\alpha<1$이므로 $0\leq\dfrac{187-n}{n}<1$

n은 양수이므로 $0\leq187-n<n$

$0\leq187-n$에서 $n\leq187$ \qquad $\cdots$ ❶

$187-n<n$에서 $n>\dfrac{187}{2}$ \qquad $\cdots$ ❷

❶, ❷를 동시에 만족하는 정수 n은 94, 95, 96, $\cdots$, 187이고
94개이므로 방정식의 실근도 94개이다. \qquad 답 94

Note
방정식의 근은 $x=n+\dfrac{187-n}{n}$ ($n=94, 95, 96, \cdots, 187$)

05. 판별식과 근과 계수의 관계

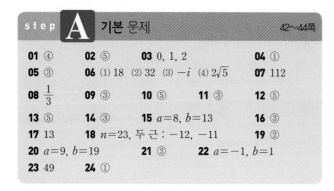

step **A** 기본 문제 42~44쪽

01 ④	**02** ⑤	**03** 0, 1, 2	**04** ①
05 ③	**06** (1) 18 (2) 32 (3) $-i$ (4) $2\sqrt{5}$		**07** 112
08 $\dfrac{1}{3}$	**09** ③	**10** ⑤	**11** ③	**12** ⑤
13 ⑤	**14** ③	**15** $a=8, b=13$	**16** ③
17 13	**18** $n=23$, 두 근 : $-12, -11$		**19** ②
20 $a=9, b=19$	**21** ③	**22** $a=-1, b=1$
23 49	**24** ①		

01 [전략] 중근 $\Rightarrow D=0$

중근을 가지므로 $D=m^2-4(m-1)=0$

$(m-2)^2=0$ ∴ $m=2$

이때 방정식은 $x^2+2x+1=0$, 곧 $(x+1)^2=0$이므로 $\alpha=-1$

∴ $m+\alpha=1$ 답 ④

02 [전략] 서로 다른 두 실근 $\Rightarrow D>0$
       실근 $\Rightarrow D\geq0$

$2x^2+5x+k=0$이 실근을 가지므로 판별식을 D_1이라 하면

$D_1=5^2-8k\geq0$ ∴ $k\leq\dfrac{25}{8}$ … ❶

$x^2-2kx+k^2-k-1=0$이 실근을 가지므로 판별식을 D_2라 하면

$\dfrac{D_2}{4}=k^2-(k^2-k-1)\geq0$ ∴ $k\geq-1$ … ❷

❶, ❷를 동시에 만족하는 정수 k는 $-1, 0, 1, 2, 3$이므로 5개이다. 답 ⑤

03 [전략] 서로 다른 두 실근 $\Rightarrow D>0$
       허근 $\Rightarrow D<0$

$3x^2-5x+a=0$이 서로 다른 두 실근을 가지므로 판별식을 D_1이라 하면

$D_1=(-5)^2-12a>0$ ∴ $a<\dfrac{25}{12}$ … ❶

$x^2-2(a-1)x+a^2+3=0$이 서로 다른 두 허근을 가지므로 판별식을 D_2라 하면

$\dfrac{D_2}{4}=(a-1)^2-(a^2+3)<0$

$a^2-2a+1-a^2-3<0$ ∴ $a>-1$ … ❷

❶, ❷를 동시에 만족하는 정수 a는 0, 1, 2이다. 답 0, 1, 2

04 [전략] 중근을 가지므로 $D=0$을 이용하고
       'k에 관계없이'가 있으므로 k에 대해 정리한다.

중근을 가지므로

$\dfrac{D}{4}=(2k+m)^2-4(k^2-k+n)=0$

$4k^2+4km+m^2-4k^2+4k-4n=0$

$4km+m^2+4k-4n=0$

k에 대해 정리하면

$4(m+1)k+m^2-4n=0$

k에 관계없이 성립하므로

05 [전략] a의 범위를 나누어 제곱근 기호와 절댓값 기호를 없앤다.

$$\sqrt{a^2}=|a|=\begin{cases}a & (a\geq0) \\ -a & (a<0)\end{cases}$$

허근을 가지므로

$\dfrac{D}{4}=(-1)^2-a<0$ ∴ $a>1$

$\sqrt{(a-1)^2}+|a-3|=6$에서 $a-1+|a-3|=6$

(i) $1<a<3$일 때, $a-1-(a-3)=6$

이므로 해가 없다.

(ii) $a\geq3$일 때, $a-1+a-3=6$ ∴ $a=5$

(i), (ii)에서 $a=5$ 답 ③

06 [전략] 근과 계수의 관계를 이용한다.

근과 계수의 관계에서 $\alpha+\beta=2$, $\alpha\beta=-4$

(1) $(\alpha+1)^2+(\beta+1)^2=\alpha^2+\beta^2+2(\alpha+\beta)+2$
  $=(\alpha+\beta)^2-2\alpha\beta+2(\alpha+\beta)+2$
  $=2^2-2\times(-4)+2\times2+2=18$

(2) $\alpha^3+\beta^3=(\alpha+\beta)^3-3\alpha\beta(\alpha+\beta)$
  $=2^3-3\times(-4)\times2=32$

(3) $\alpha\beta<0$이므로 $\sqrt{\alpha}\sqrt{\beta}=\sqrt{\alpha\beta}=\sqrt{-4}=2i$

∴ $\dfrac{\sqrt{\alpha}}{\sqrt{\beta}}+\dfrac{\sqrt{\beta}}{\sqrt{\alpha}}=\dfrac{\alpha+\beta}{\sqrt{\alpha\beta}}=\dfrac{2}{2i}=-i$

Note

a의 부호에 관계없이 $(\sqrt{a})^2=a$

(4) $(\alpha-\beta)^2=(\alpha+\beta)^2-4\alpha\beta=2^2-4\times(-4)=20$

∴ $|\alpha-\beta|=\sqrt{20}=2\sqrt{5}$

답 (1) 18 (2) 32 (3) $-i$ (4) $2\sqrt{5}$

07 [전략] $\alpha+\beta=10$을 이용하여 a의 값을 구한다.

근과 계수의 관계에서

$\alpha+\beta=-2a$, $\alpha\beta=a-1$

조건에서 $-2a=10$ ∴ $a=-5$

이때 $\alpha\beta=a-1=-6$이므로

$\alpha^2+\beta^2=(\alpha+\beta)^2-2\alpha\beta$
  $=10^2-2\times(-6)=112$ 답 112

08 [전략] 근과 계수의 관계를 이용하여 $\alpha^3+\beta^3$을 k로 나타낸다.

근과 계수의 관계에서 $\alpha+\beta=2$, $\alpha\beta=\dfrac{k}{2}$

이때 $\alpha^3+\beta^3=(\alpha+\beta)^3-3\alpha\beta(\alpha+\beta)$

$=8-3\times\dfrac{k}{2}\times2=8-3k$

조건에서 $8-3k=7$ ∴ $k=\dfrac{1}{3}$ 답 $\dfrac{1}{3}$

09 [전략] $\sqrt{(\alpha_n+1)(\beta_n+1)}$부터 간단히 한다.

$x^2-(4n+3)x+n^2=0$의 두 근이 α_n, β_n이므로

근과 계수의 관계에서

$\alpha_n+\beta_n=4n+3$, $\alpha_n\beta_n=n^2$

$$\therefore \sqrt{(a_n+1)(\beta_n+1)}=\sqrt{a_n\beta_n+a_n+\beta_n+1}$$
$$=\sqrt{n^2+4n+3+1}$$
$$=\sqrt{(n+2)^2}=n+2$$
$$\therefore \text{(주어진 식)}=(1+2)+(2+2)+(3+2)=12 \quad \text{답} ③$$

10 [전략] $(\sqrt{\alpha}+\sqrt{\beta})^2$의 값부터 구한다.

$x^2-3x+1=0$에서
$$D=(-3)^2-4\times1\times1>0$$
이므로 서로 다른 두 실근을 가진다.
또 근과 계수의 관계에서
$$\alpha+\beta=3>0, \ \alpha\beta=1>0$$
이므로 두 근 α, β는 모두 양의 실수이다.
$$(\sqrt{\alpha}+\sqrt{\beta})^2=(\sqrt{\alpha})^2+(\sqrt{\beta})^2+2\sqrt{\alpha}\sqrt{\beta}$$
$$=\alpha+\beta+2\sqrt{\alpha\beta}=3+2=5$$
$$\therefore \sqrt{\alpha}+\sqrt{\beta}=\sqrt{5} \quad \text{답} ⑤$$

11 [전략] $\alpha^3-3\alpha^2$은 근과 계수의 관계를 이용할 수 없다.
α가 방정식의 근이므로 대입하면 등식이 성립함을 이용한다.

근과 계수의 관계에서 $\alpha+\beta=3$, $\alpha\beta=-2$
또 α는 $x^2-3x-2=0$의 근이므로 $\alpha^2-3\alpha-2=0$
양변에 α를 곱하면
$$\alpha^3-3\alpha^2-2\alpha=0, \ \alpha^3-3\alpha^2=2\alpha$$
$$\therefore \alpha^3-3\alpha^2+\alpha\beta+2\beta=2\alpha+\alpha\beta+2\beta$$
$$=2(\alpha+\beta)+\alpha\beta$$
$$=2\times3-2=4 \quad \text{답} ③$$

12 [전략] 근과 계수의 관계를 이용하여 a, b에 대한 연립방정식을 만든다.

근과 계수의 관계에서
$$(a+1)+(b+1)=-a \quad \therefore 2a+b+2=0 \quad \cdots ❶$$
$$(a+1)(b+1)=b \quad \therefore ab+a+1=0 \quad \cdots ❷$$
❶에서 $b=-2a-2$를 ❷에 대입하면
$$a(-2a-2)+a+1=0, \ 2a^2+a-1=0$$
$$(a+1)(2a-1)=0 \quad \therefore a=-1 \text{ 또는 } a=\frac{1}{2}$$
$a=-1$일 때 $b=0$이므로 $b\neq0$에 모순이다.
$a=\frac{1}{2}$일 때 $b=-3$ $\quad \therefore a+b=-\frac{5}{2} \quad \text{답} ⑤$

13 [전략] $a^2-3a-11=0$이면 a는 방정식 $x^2-3x-11=0$의 근이다.

a, b는 이차방정식 $x^2-3x-11=0$의 두 근이므로
$$a+b=3, \ ab=-11$$
$$\therefore a^2+b^2=(a+b)^2-2ab=9+22=31 \quad \text{답} ⑤$$

Note
근의 공식을 써서 a, b의 값을 구한 다음 a^2+b^2을 계산해도 된다.

14 [전략] $5x-7=\alpha$, $5x-7=\beta$인 x가 $f(5x-7)=0$의 근이다.

$f(x)=0$의 두 근이 α, β이므로 $f(\alpha)=0$, $f(\beta)=0$
$5x-7=\alpha$라 하면 $x=\dfrac{\alpha+7}{5}$
$f(5x-7)=0$에 대입하면
$$f\left(5\times\frac{\alpha+7}{5}-7\right)=f(\alpha)=0$$

곧, $x=\dfrac{\alpha+7}{5}$은 $f(5x-7)=0$의 근이다.

같은 이유로 $x=\dfrac{\beta+7}{5}$도 $f(5x-7)=0$의 근이다.

따라서 두 근의 합은
$$\frac{\alpha+7}{5}+\frac{\beta+7}{5}=\frac{\alpha+\beta+14}{5}=\frac{1+14}{5}=3 \quad \text{답} ③$$

15 [전략] 방정식의 계수가 유리수일 때 $p+q\sqrt{3}$이 근이면 $p-q\sqrt{3}$도 근이다.

계수가 유리수이므로 한 근이 $-4+\sqrt{3}$이면 다른 한 근은
$-4-\sqrt{3}$이다.
근과 계수의 관계에서
$$-a=(-4+\sqrt{3})+(-4-\sqrt{3})=-8 \quad \therefore a=8$$
$$b=(-4+\sqrt{3})(-4-\sqrt{3})=16-3=13 \quad \text{답} \ a=8, \ b=13$$

16 [전략] 방정식의 계수가 실수일 때 $p+qi$가 근이면 $p-qi$도 근이다.

계수가 실수이므로 한 근이
$$\frac{2}{1-i}=\frac{2(1+i)}{(1-i)(1+i)}=1+i$$
이면 나머지 한 근은 $1-i$이다.
근과 계수의 관계에서
$$-\frac{1}{a}=(1+i)+(1-i), \ a=-\frac{1}{2}$$
$$\frac{b}{a}=(1+i)(1-i)=2, \ b=2a=-1$$
$$\therefore ab=\frac{1}{2} \quad \text{답} ③$$

다른 풀이

$ax^2+x+b=0$에 $x=1+i$를 대입하면
$$a(1+i)^2+(1+i)+b=0, \ (b+1)+(2a+1)i=0$$
a, b가 실수이므로 $b+1=0$, $2a+1=0$
$$\therefore a=-\frac{1}{2}, \ b=-1, \ ab=\frac{1}{2}$$

17 [전략] 두 근을 α, β라 할 때, $|\alpha-\beta|=4$이므로 $(\alpha-\beta)^2=16$을 이용한다.

두 근을 α, β라 하면 근과 계수의 관계에서
$$\alpha+\beta=3m-1, \ \alpha\beta=2m^2-4m-7$$
두 근의 차가 4이므로 $|\alpha-\beta|=4$에서
$$(\alpha-\beta)^2=(\alpha+\beta)^2-4\alpha\beta=16$$
$$(3m-1)^2-4(2m^2-4m-7)=16$$
$$m^2+10m+13=0$$
따라서 $\dfrac{D}{4}=25-13>0$이므로 방정식은 실근을 가지고,
실수 m의 곱은 13이다. $\quad \text{답} 13$

18 [전략] 연속한 두 정수이므로 두 근을 α, $\alpha+1$로 놓는다.

두 근을 α, $\alpha+1$이라 하면 근과 계수의 관계에서
$$2\alpha+1=-n \quad \cdots ❶$$
$$\alpha(\alpha+1)=132 \quad \cdots ❷$$
❷에서 $\alpha^2+\alpha-132=0$, $(\alpha+12)(\alpha-11)=0$
$$\therefore \alpha=-12 \text{ 또는 } \alpha=11$$
$\alpha=-12$일 때 ❶에서 $n=23$

$a=11$일 때 ❶에서 $n=-23$

n은 자연수이므로 $n=23$이고, 두 근은 -12, -11이다.

Note　　　　　　　　　　　　답 $n=23$, 두 근 : -12, -11

두 근을 α, β라 하고, $|\alpha-\beta|=1$임을 이용할 수도 있다.

19 [전략] 두 근을 α, 2α로 놓을 수 있다.

이차방정식 $x^2-3kx+4k-2=0$의 두 근을 α, $2\alpha\,(\alpha\neq0)$이라 하면 근과 계수의 관계에서

$$\alpha+2\alpha=3k \qquad \cdots ❶$$
$$\alpha\times2\alpha=4k-2 \qquad \cdots ❷$$

❶에서 $\alpha=k$이므로 ❷에 대입하면

$$2k^2=4k-2,\ k^2-2k+1=0$$
$$(k-1)^2=0 \qquad \therefore k=1 \qquad\qquad 답 ②$$

20 [전략] x^2의 계수가 1이고 p, q가 두 근인 이차방정식은

$$x^2-(p+q)x+pq=0$$

$x^2+3x+1=0$의 두 근이 α, β이므로

$\alpha+\beta=-3$, $\alpha\beta=1$에서

$$(2\alpha+\beta)+(\alpha+2\beta)=3(\alpha+\beta)=-9$$
$$(2\alpha+\beta)(\alpha+2\beta)=2\alpha^2+2\beta^2+5\alpha\beta$$
$$=2(\alpha+\beta)^2+\alpha\beta$$
$$=18+1=19$$

따라서 구하는 이차방정식은 $x^2+9x+19=0$이므로

$$a=9,\ b=19 \qquad\qquad 답 a=9,\ b=19$$

21 [전략] 근과 계수의 관계를 이용하여 $\alpha+\beta$, $\alpha\beta$의 값만 구하면 된다.

$20x^2-x+1=0$의 두 근이 $\dfrac{1}{\alpha+1}$, $\dfrac{1}{\beta+1}$이므로

$$\frac{1}{\alpha+1}+\frac{1}{\beta+1}=\frac{1}{20} \qquad \cdots ❶$$
$$\frac{1}{\alpha+1}\times\frac{1}{\beta+1}=\frac{1}{20} \qquad \cdots ❷$$

❷에서 $(\alpha+1)(\beta+1)=20$ $\qquad \cdots ❸$

❶에서 $\dfrac{\alpha+\beta+2}{(\alpha+1)(\beta+1)}=\dfrac{1}{20}$ $\qquad \cdots ❹$

❸을 ❹에 대입하면 $\dfrac{\alpha+\beta+2}{20}=\dfrac{1}{20}$ $\qquad \therefore \alpha+\beta=-1$

❸에서 $\alpha\beta+\alpha+\beta+1=20$이므로 $\alpha\beta=20$

따라서 x^2의 계수가 1이고 두 근이 α, β인 이차방정식은

$$x^2+x+20=0 \qquad\qquad 답 ③$$

22 [전략] 근과 계수의 관계를 이용하여 a, b에 대한 연립방정식을 세운다.

$x^2-(2a-1)x+a+5=0$의 두 근의 합과 곱이 각각 $2a-1$, $a+5$이므로 $x^2-bx+12a=0$의 두 근이 $2a-1$, $a+5$이다.

근과 계수의 관계에서

$$(2a-1)+(a+5)=b \qquad \cdots ❶$$
$$(2a-1)(a+5)=12a \qquad \cdots ❷$$

❷에서 $2a^2-3a-5=0$, $(a+1)(2a-5)=0$

a는 정수이므로 $a=-1$

❶에 대입하면 $b=1$ $\qquad\qquad 답 a=-1,\ b=1$

23 [전략] 두 이차방정식이 일치하면 두 근의 합과 곱이 각각 같다.

$x^2+ax+10=0$의 두 근이 α, β이므로

$$\alpha+\beta=-a,\ \alpha\beta=10$$

두 이차방정식이 일치하면 두 근의 합이 같으므로

$$(\alpha-1)+(\beta+1)=(\alpha-2)+(\beta+2)$$

이고 이 식은 항상 성립한다.

또 두 근의 곱이 같으므로

$$(\alpha-1)(\beta+1)=(\alpha-2)(\beta+2)$$
$$\alpha\beta+\alpha-\beta-1=\alpha\beta+2(\alpha-\beta)-4$$
$$\therefore \alpha-\beta=3$$

$(\alpha+\beta)^2=(\alpha-\beta)^2+4\alpha\beta$이므로

$$a^2=3^2+4\times10=49 \qquad\qquad 답 49$$

다른 풀이

두 이차방정식의 근이 같고 $\alpha-1\neq\alpha-2$이므로

$$\alpha-1=\beta+2,\ \beta+1=\alpha-2$$
$$\therefore \alpha-\beta=3$$

$\alpha+\beta=-a$, $\alpha\beta=10$이므로

$$(\alpha-\beta)^2=(\alpha+\beta)^2-4\alpha\beta=9$$

에 대입하면 $a^2-40=9$ $\qquad \therefore a^2=49$

24 [전략] 두 근이 모두 음수 $\Rightarrow D\geq0$, $\alpha+\beta<0$, $\alpha\beta>0$

이차방정식의 두 근을 α, β라 하자.

(i) 두 근이 실수이므로

$$\frac{D}{4}=(k-1)^2-k^2-7\geq0$$
$$-2k-6\geq0 \qquad \therefore k\leq-3$$

(ii) $\alpha+\beta<0$이므로

$$2(k-1)<0 \qquad \therefore k<1$$

(iii) $\alpha\beta>0$이므로 $k^2+7>0$

이 부등식은 항상 성립한다.

(i), (ii), (iii)에서 $k\leq-3$ $\qquad\qquad 답 ①$

절대등급 Note

두 근이 음수이면 근은 실수이므로 $D\geq0$을 확인해야 한다.

step B 실력 문제　　　　　　　　45~48쪽

01 ④	**02** ③	**03** ⑤	**04** -2, -1
05 $a=2$, $b=-2$		**06** ⑤	**07** $x=-4$ 또는 $x=-2$
08 ①	**09** -1	**10** 15	**11** ④　　**12** ⑤
13 $x=1\pm\sqrt{7}$		**14** ④	**15** ⑤
16 $a=3$, $b=-6$		**17** ④	**18** ④　　**19** ②
20 $m=1$, $n=1$		**21** ④	**22** ①　　**23** ③
24 -1			

01 [전략] $D=0$이고, a, b가 실수임을 이용한다.

주어진 이차방정식이 중근을 가지므로

$$\frac{D}{4}=(a+b)^2-(2ab-2a+4b-5)=0$$

$$a^2+b^2+2a-4b+5=0$$
$$(a+1)^2+(b-2)^2=0$$
a, b가 실수이므로 $a+1=0, b-2=0$
$$\therefore a=-1, b=2, a+b=1 \qquad \text{답} ④$$

02 [전략] 이차방정식을 정리하고 $D=0$을 이용한다.

주어진 이차방정식을 정리하면
$$3x^2-2(a+b+c)x+ab+bc+ca=0$$
중근을 가지므로
$$\frac{D}{4}=(a+b+c)^2-3(ab+bc+ca)=0$$
$$a^2+b^2+c^2-ab-bc-ca=0$$
$$\frac{1}{2}\{(a-b)^2+(b-c)^2+(c-a)^2\}=0$$
a, b, c가 실수이므로 $a-b=0, b-c=0, c-a=0$
$$\therefore a=b=c \qquad \text{답} ③$$

03 [전략] 세 이차방정식의 판별식부터 구한다.

$ax^2-2bx+c=0$의 판별식은 $\dfrac{D_1}{4}=b^2-ac$

$bx^2-2cx+a=0$의 판별식은 $\dfrac{D_2}{4}=c^2-ab$

$cx^2-2ax+b=0$의 판별식은 $\dfrac{D_3}{4}=a^2-bc$

$$\frac{D_1}{4}+\frac{D_2}{4}+\frac{D_3}{4}=a^2+b^2+c^2-ab-bc-ca$$
$$=\frac{1}{2}\{(a-b)^2+(b-c)^2+(c-a)^2\}\geq 0$$

$\dfrac{D_1}{4}, \dfrac{D_2}{4}, \dfrac{D_3}{4}$이 모두 음수일 수는 없으므로 적어도 하나는 0보다 크거나 같다.

따라서 적어도 하나의 방정식은 실근을 가진다. $\quad \text{답} ⑤$

04 [전략] $x^2+2x+k=0$과 $x^2-4x-k=0$이 각각 서로 다른 두 실근을 가지고, 근이 겹치지 않으면 된다.

$x^2+2x+k=0, x^2-4x-k=0$의 판별식을 각각 D_1, D_2라 하자. 이차방정식이 각각 서로 다른 두 실근을 가지면
$$\frac{D_1}{4}=1-k>0 \text{이고} \frac{D_2}{4}=4+k>0$$
$$k<1 \text{이고} k>-4 \qquad \therefore -4<k<1$$
k는 정수이므로 $k=-3, -2, -1, 0$

(i) $k=-3$일 때
$x^2+2x-3=0$에서 $x=1$ 또는 $x=-3$
$x^2-4x+3=0$에서 $x=1$ 또는 $x=3$
$x=1$이 중복된다.

(ii) $k=-2$일 때
$x^2+2x-2=0$에서 $x=-1\pm\sqrt{3}$
$x^2-4x+2=0$에서 $x=2\pm\sqrt{2}$

(iii) $k=-1$일 때
$x^2+2x-1=0$에서 $x=-1\pm\sqrt{2}$
$x^2-4x+1=0$에서 $x=2\pm\sqrt{3}$

(iv) $k=0$일 때
$x^2+2x=0$에서 $x=0$ 또는 $x=-2$
$x^2-4x=0$에서 $x=0$ 또는 $x=4$
$x=0$이 중복된다.

(i)~(iv)에서 $k=-2, -1$ $\qquad \text{답} -2, -1$

05 [전략] 이차식 $f(x)$가 완전제곱식이면
이차방정식 $f(x)=0$은 중근을 가지므로 $D=0$이다.

이차방정식 $x^2+2(m-a+2)x+m^2+a^2+2b=0$이 중근을 가지므로
$$\frac{D}{4}=(m-a+2)^2-(m^2+a^2+2b)=0 \qquad \cdots ㉮$$
$$-2am+4m-4a-2b+4=0$$
m에 대해 정리하면
$$(-2a+4)m+(-4a-2b+4)=0 \qquad \cdots ㉯$$
m에 관계없이 성립하므로
$$-2a+4=0, -4a-2b+4=0$$
$$\therefore a=2, b=-2 \qquad \cdots ㉰$$

단계	채점 기준	배점
㉮	이차식이 완전제곱식이 될 조건 찾기	40%
㉯	구한 식을 m에 대해 정리하기	40%
㉰	m에 관계없이 성립하는 a, b의 값 구하기	20%

$$\text{답} \ a=2, b=-2$$

06 [전략] x에 대한 이차식으로 생각하고 판별식을 이용한다.

$2x^2-3xy+my^2-3x+y+1$을 x에 대해 정리하면
$$2x^2-3(y+1)x+my^2+y+1 \qquad \cdots ❶$$
$2x^2-3(y+1)x+my^2+y+1=0$의 판별식을 D_1이라 하면
$$D_1=9(y+1)^2-8(my^2+y+1)$$
$$=(9-8m)y^2+10y+1$$
이 식이 완전제곱식이어야 하므로 $(9-8m)y^2+10y+1=0$의 판별식을 D_2라 하면
$$\frac{D_2}{4}=5^2-(9-8m)=0 \qquad \therefore m=-2 \qquad \text{답} ⑤$$

절대등급 Note

❶에서 $2x^2-3(y+1)x+my^2+y+1=0$으로 놓고 근의 공식을 쓰면
$$x=\frac{3(y+1)\pm\sqrt{D_1}}{4} \text{ (단, } D_1=(9-8m)y^2+10y+1)$$
따라서 ❶은
$$\left\{x-\frac{3(y+1)+\sqrt{D_1}}{4}\right\}\left\{x-\frac{3(y+1)-\sqrt{D_1}}{4}\right\}$$
로 인수분해되므로 두 일차식의 곱이면 D_1은 완전제곱식이다.

07 [전략] 계수와 상수항이 실수이므로 나머지 한 근은 $2+i$이다.
이를 이용하여 a, b, c의 관계를 구한다.

계수와 상수항이 실수이므로 나머지 한 근은 $2+i$이다.
근과 계수의 관계에서
$$(2+i)+(2-i)=-\frac{b}{a} \qquad \therefore b=-4a$$
$$(2+i)(2-i)=\frac{c}{a} \qquad \therefore c=5a$$
따라서 $ax^2+(a+c)x-2b=0$은

$ax^2+6ax+8a=0, a(x+4)(x+2)=0$

$a\neq0$이므로 $x=-4$ 또는 $x=-2$　　圉 $x=-4$ 또는 $x=-2$

08 [전략] $x^2+(a-4)x-4=0$의 두 근을 $t, t+4$로 놓을 수 있다.

$x^2+(a-4)x-4=0$의 두 근을 $t, t+4$라 하면

$$t+(t+4)=4-a \quad \cdots ❶$$
$$t(t+4)=-4 \quad \cdots ❷$$

❷에서 $(t+2)^2=0$　　$\therefore t=-2$

❶에 대입하면 $a=4$

따라서 $x^2+(a+4)x+4=0$의 두 근을 α, β라 하면

$$\alpha+\beta=-(a+4)=-8, \alpha\beta=4$$
$$\therefore d^2=(\alpha-\beta)^2=(\alpha+\beta)^2-4\alpha\beta=48 \quad 圉 ①$$

09 [전략] 두 근의 곱이 음수이므로 두 근은 $\alpha, -4\alpha$ 꼴이다.

$x^2+(2m+1)x-36=0$에서

(두 근의 곱)$=-36<0$

이므로 두 실근은 서로 다른 부호이다. 　　　$\cdots ㉮$

이때 두 근을 $\alpha, -4\alpha\,(\alpha\neq0)$으로 놓으면 근과 계수의 관계에서

$$\alpha+(-4\alpha)=-2m-1 \quad \cdots ❶$$
$$\alpha\times(-4\alpha)=-36 \quad \cdots ❷ \quad \cdots ㉯$$

❷에서 $\alpha=\pm3$

(i) $\alpha=3$을 ❶에 대입하면 $m=4$

(ii) $\alpha=-3$을 ❶에 대입하면 $m=-5$

따라서 m의 값의 합은 -1이다. 　　$\cdots ㉰$

단계	채점 기준	배점
㉮	이차방정식의 두 실근의 부호 알기	20%
㉯	두 근을 $\alpha, -4\alpha$로 놓고 근과 계수의 관계 생각하기	40%
㉰	α를 구한 후 m의 값의 합 구하기	40%

圉 -1

10 [전략] 두 근이 α, β일 때, $\alpha+\beta=4$이고 $|\alpha|+|\beta|=6$이므로 한 근은 양, 한 근은 음이다.

두 근을 $\alpha, \beta\,(\alpha>\beta)$라 하자.

$\alpha+\beta=4, |\alpha|+|\beta|=6$이므로 $\alpha>0, \beta<0$이다.

이때 $|\alpha|+|\beta|=6$에서 $\alpha-\beta=6$

양변을 제곱하면 $(\alpha-\beta)^2=36$

$$(\alpha+\beta)^2-4\alpha\beta=36$$

$\alpha+\beta=4, \alpha\beta=-\dfrac{k}{3}$이므로

$$16+\dfrac{4k}{3}=36 \quad \therefore k=15 \quad 圉 15$$

다른 풀이

$$(|\alpha|+|\beta|)^2=\alpha^2+2|\alpha\beta|+\beta^2$$
$$=(\alpha+\beta)^2-2\alpha\beta+2|\alpha\beta|$$
$$=16+\dfrac{2k}{3}+\dfrac{2|k|}{3}$$

이고 $|\alpha|+|\beta|=6$이므로

$$16+\dfrac{2k}{3}+\dfrac{2|k|}{3}=36, k+|k|=30$$

$k\leq0$이면 $0=30$이므로 모순이다.

$k>0$이면 $2k=30$　　$\therefore k=15$

11 [전략] $\alpha^2-4\alpha+1=0$을 이용하면 $\alpha^2-3\alpha+1$을 간단히 할 수 있다.

α, β가 근이므로 $\alpha^2-4\alpha+1=0, \beta^2-4\beta+1=0$

$$\therefore \alpha^2-3\alpha+1=\alpha, \beta^2-3\beta+1=\beta$$

근과 계수의 관계에서 $\alpha+\beta=4, \alpha\beta=1$

$$\therefore \dfrac{\beta}{\alpha^2-3\alpha+1}+\dfrac{\alpha}{\beta^2-3\beta+1}=\dfrac{\beta}{\alpha}+\dfrac{\alpha}{\beta}=\dfrac{\beta^2+\alpha^2}{\alpha\beta}$$
$$=\dfrac{(\alpha+\beta)^2-2\alpha\beta}{\alpha\beta}$$
$$=14 \quad 圉 ④$$

12 [전략] $\alpha^2-\alpha+6=0, \beta^2-\beta+6=0$을 이용한다.

α, β가 근이므로 $\alpha^2-\alpha+6=0, \beta^2-\beta+6=0$

$$\therefore \alpha^2-\alpha+1=-5, \beta^2-\beta+1=-5$$

이때 주어진 식은

$$\dfrac{1}{5}\{\alpha^3(\alpha^2-\alpha+1)+\beta^3(\beta^2-\beta+1)\}=\dfrac{1}{5}(-5\alpha^3-5\beta^3)$$
$$=-(\alpha^3+\beta^3)$$

근과 계수의 관계에서 $\alpha+\beta=1, \alpha\beta=6$이므로

$$\alpha^3+\beta^3=(\alpha+\beta)^3-3\alpha\beta(\alpha+\beta)=-17$$

따라서 구하는 값은 17이다. 　　圉 ⑤

Note

$\alpha^5+\beta^5, \alpha^4+\beta^4, \alpha^3+\beta^3$을 따로 구해도 된다.

13 [전략] a를 m으로 보고 풀었을 때 근이 $-2, 6$이고, c를 n으로 보고 풀었을 때 근이 $-1, 3$이다.

a를 m으로 보고 푼 근이 $-2, 6$이라 하면 근과 계수의 관계에서

$$4=-\dfrac{b}{m}, -12=\dfrac{c}{m} \quad \therefore b=-4m, c=-12m$$

c를 n으로 보고 푼 근이 $-1, 3$이라 하면 근과 계수의 관계에서

$$2=-\dfrac{b}{a}, -3=\dfrac{n}{a}$$

$b=-4m$을 $2=-\dfrac{b}{a}$에 대입하면

$$2=-\dfrac{-4m}{a} \quad \therefore a=2m$$

따라서 $ax^2+bx+c=0$은

$$2mx^2-4mx-12m=0, x^2-2x-6=0$$
$$\therefore x=1\pm\sqrt{7} \quad 圉 x=1\pm\sqrt{7}$$

14 [전략] 식을 정리하고 근과 계수의 관계를 이용한다.

$$(x-a)(x-b)+(x-b)(x-c)+(x-c)(x-a)=0$$

에서 $3x^2-2(a+b+c)x+ab+bc+ca=0$

근과 계수의 관계에서

$$\dfrac{2(a+b+c)}{3}=4, \dfrac{ab+bc+ca}{3}=-3$$
$$\therefore a+b+c=6, ab+bc+ca=-9$$

또 $(x-a)^2+(x-b)^2+(x-c)^2=0$에서

$$3x^2-2(a+b+c)x+a^2+b^2+c^2=0$$

따라서 두 근의 곱은

$$\dfrac{a^2+b^2+c^2}{3}=\dfrac{1}{3}\{(a+b+c)^2-2(ab+bc+ca)\}$$
$$=\dfrac{1}{3}(36+18)=18 \quad 圉 ④$$

15 [전략] $2x-3=\alpha$ 또는 $2x-3=\beta$인 x가 $f(2x-3)=0$의 근이다.

$2x-3=\alpha$라 하면 $x=\dfrac{\alpha+3}{2}$

$f(2x-3)=0$에 대입하면

$$f\left(2\times\dfrac{\alpha+3}{2}-3\right)=f(\alpha)=0$$

곧, $\dfrac{\alpha+3}{2}$은 $f(2x-3)=0$의 근이다.

같은 이유로 $\dfrac{\beta+3}{2}$도 $f(2x-3)=0$의 근이다.

따라서 $\alpha+\beta=3$, $\alpha\beta=2$일 때, $f(2x-3)=0$의 두 근의 곱은

$$\dfrac{\alpha+3}{2}\times\dfrac{\beta+3}{2}=\dfrac{\alpha\beta+3(\alpha+\beta)+9}{4}$$
$$=\dfrac{2+9+9}{4}=5$$

답 ⑤

16 [전략] 두 근 $\dfrac{\alpha}{\alpha-1}\cdot\dfrac{\beta}{\beta-1}$의 합과 곱을 a, b에 대한 식으로 나타낸다.

$ax^2+bx+1=0$의 두 근이 α, β이므로

$$\alpha+\beta=-\dfrac{b}{a},\ \alpha\beta=\dfrac{1}{a}\qquad\cdots\text{㉮}$$

또 $2x^2-4x-1=0$의 두 근이 $\dfrac{\alpha}{\alpha-1}$, $\dfrac{\beta}{\beta-1}$이므로

$$\dfrac{\alpha}{\alpha-1}+\dfrac{\beta}{\beta-1}=\dfrac{\alpha(\beta-1)+\beta(\alpha-1)}{(\alpha-1)(\beta-1)}$$
$$=\dfrac{2\alpha\beta-(\alpha+\beta)}{\alpha\beta-(\alpha+\beta)+1}=\dfrac{\dfrac{2}{a}+\dfrac{b}{a}}{\dfrac{1}{a}+\dfrac{b}{a}+1}$$
$$=\dfrac{b+2}{a+b+1}=2\qquad\cdots❶\qquad\cdots\text{㉯}$$

$$\dfrac{\alpha}{\alpha-1}\times\dfrac{\beta}{\beta-1}=\dfrac{\alpha\beta}{\alpha\beta-(\alpha+\beta)+1}=\dfrac{\dfrac{1}{a}}{\dfrac{1}{a}+\dfrac{b}{a}+1}$$
$$=\dfrac{1}{a+b+1}=-\dfrac{1}{2}\qquad\cdots❷\qquad\cdots\text{㉰}$$

❶에서 $b+2=2(a+b+1)$ ∴ $2a+b=0$

❷에서 $a+b+1=-2$ ∴ $a+b=-3$

연립하여 풀면 $a=3$, $b=-6$ $\qquad\cdots\text{㉱}$

단계	채점 기준	배점
㉮	$ax^2+bx+1=0$의 두 근의 합과 곱을 a, b에 대한 식으로 나타내기	20%
㉯	$2x^2-4x-1=0$의 두 근의 합을 a, b에 대한 식으로 나타내기	30%
㉰	$2x^2-4x-1=0$의 두 근의 곱을 a, b에 대한 식으로 나타내기	30%
㉱	a, b의 값 구하기	20%

답 $a=3$, $b=-6$

17 [전략] $x^2+x+1=0$의 나머지 한 근은 $\overline{\omega}$이다.

한 허근이 ω이므로 나머지 한 근은 $\overline{\omega}$이다.

따라서 근과 계수의 관계에서 $\omega+\overline{\omega}=-1$, $\omega\overline{\omega}=1$

$$\therefore z\overline{z}=\dfrac{2\omega-1}{\omega+1}\times\dfrac{2\overline{\omega}-1}{\overline{\omega}+1}$$
$$=\dfrac{4\omega\overline{\omega}-2(\omega+\overline{\omega})+1}{\omega\overline{\omega}+\omega+\overline{\omega}+1}=7$$

답 ④

18 [전략] 근과 계수의 관계와 판별식을 이용한다.

ㄱ. $\alpha\beta=1>0$이므로 α, β의 부호가 같다.
$\therefore |\alpha+\beta|=|\alpha|+|\beta|$ (참)

ㄴ. $\alpha^2+\beta^2=(\alpha+\beta)^2-2\alpha\beta=a^2-2$
그런데 $x^2-ax+1=0$이 서로 다른 두 실근을 가지므로
$D=a^2-4>0$
곧, $a^2-2>2$이므로 $\alpha^2+\beta^2>2$이다. (거짓)

ㄷ. $\alpha\beta=1$이므로 $\alpha>1$이면 $0<\beta<1$이다. (참)

따라서 옳은 것은 ㄱ, ㄷ이다. 답 ④

Note 변형

ㄴ. $\alpha\beta=1$에서 $\beta=\dfrac{1}{\alpha}$이므로

$$\alpha^2+\beta^2=\alpha^2+\dfrac{1}{\alpha^2}\qquad\cdots❶$$

산술평균과 기하평균의 관계에서 $a>0$, $b>0$일 때
$$a+b\geq2\sqrt{ab}\ (\text{단, 등호는 } a=b\text{일 때 성립})$$

이므로 ❶은 $\alpha^2+\beta^2\geq2\sqrt{\alpha^2\times\dfrac{1}{\alpha^2}}=2$

이때 $\alpha\neq\beta$이므로 $\alpha^2+\beta^2>2$이다.

19 [전략] 근과 계수의 관계를 이용하여 $\dfrac{\beta}{\alpha}=m\alpha+n$을 α 또는 β에 대한 식으로 정리한다.

α, β는 허근이고 m, n은 실수임에 주의한다.

$\dfrac{\beta}{\alpha}=m\alpha+n$에서 $\beta=m\alpha^2+n\alpha$

근과 계수의 관계에서 $\alpha+\beta=-3$이므로 $\beta=-3-\alpha$

$$\therefore -3-\alpha=m\alpha^2+n\alpha$$
$$m\alpha^2+(n+1)\alpha+3=0\qquad\cdots❶$$

한편 α는 주어진 방정식의 근이므로
$$\alpha^2+3\alpha+4=0,\ \alpha^2=-3\alpha-4$$

❶에 대입하면
$$m(-3\alpha-4)+(n+1)\alpha+3=0$$
$$(-3m+n+1)\alpha-4m+3=0$$

$x^2+3x+4=0$에서 $D=9-16<0$이므로 α는 허수이다.

그리고 m, n은 실수이므로
$$-3m+n+1=0,\ -4m+3=0$$
$$\therefore m=\dfrac{3}{4},\ n=\dfrac{5}{4},\ m+n=2$$

답 ②

20 [전략] 근과 계수의 관계를 이용하여 m, n에 대한 연립방정식을 세운다.

$x^2-mx+n=0$의 두 근이 α, β이므로
$$\alpha+\beta=m,\ \alpha\beta=n$$

$x^2+nx+m=0$의 두 근이 $\alpha-1$, $\beta-1$이므로
$$(\alpha-1)+(\beta-1)=-n\qquad\cdots❶$$
$$(\alpha-1)(\beta-1)=m\qquad\cdots❷$$

❶에서 $\alpha+\beta-2=-n$, $m-2=-n$ ∴ $m+n=2$

❷에서 $\alpha\beta-(\alpha+\beta)+1=m$, $n-m+1=m$ ∴ $2m-n=1$

연립하여 풀면 $m=1$, $n=1$ 답 $m=1$, $n=1$

21 [전략] 두 근이 α, β인 이차방정식은
$$a\{x^2-(\alpha+\beta)x+\alpha\beta\}=0$$

$f(x)+2x-14=0$의 두 근이 α, β이므로

$$f(x)+2x-14=a\{x^2-(\alpha+\beta)x+\alpha\beta\}$$
$$=a(x^2+2x-8)$$

$f(-1)=-11$이므로

$$-11-16=-9a \qquad \therefore a=3$$

이때 $f(x)+2x-14=3(x^2+2x-8)$

$$\therefore f(x)=3x^2+4x-10, \ f(2)=10$$ 　　　답 ④

22 [전략] $\alpha+\beta=1$이므로 주어진 조건은
$$f(\alpha)=1-\alpha, f(\beta)=1-\beta$$
이 식에서 $f(x)$를 구하는 방법을 생각한다.

근과 계수의 관계에서 $\alpha+\beta=1, \ \alpha\beta=-1$

$f(\alpha)=\beta$에서 $f(\alpha)=1-\alpha \qquad \therefore f(\alpha)+\alpha-1=0$

$f(\beta)=\alpha$에서 $f(\beta)=1-\beta \qquad \therefore f(\beta)+\beta-1=0$

따라서 α, β는 이차방정식 $f(x)+x-1=0$의 두 근이다.

$$\therefore f(x)+x-1=a\{x^2-(\alpha+\beta)x+\alpha\beta\}$$
$$f(x)+x-1=a(x^2-x-1)$$

$f(0)=-1$이므로 $-1-1=-a \qquad \therefore a=2$

이때 $f(x)+x-1=2(x^2-x-1)$

$$\therefore f(x)=2x^2-3x-1$$ 　　　답 ①

다른 풀이

$f(\alpha)=\beta, f(\beta)=\alpha$와 같은 꼴은 변변 더하거나 빼서 간단히 할 수 있다.

$f(x)=ax^2+bx+c$라 하면

$f(\alpha)=\beta$에서 $a\alpha^2+b\alpha+c=\beta$ 　　　… ❶

$f(\beta)=\alpha$에서 $a\beta^2+b\beta+c=\alpha$ 　　　… ❷

❶+❷를 하면 $a(\alpha^2+\beta^2)+b(\alpha+\beta)+2c=\alpha+\beta$

근과 계수의 관계에서
$$\alpha+\beta=1, \ \alpha\beta=-1$$
$$\alpha^2+\beta^2=(\alpha+\beta)^2-2\alpha\beta=3$$

이므로 $3a+b+2c=1$ 　　　… ❸

❶−❷를 하면 $a(\alpha^2-\beta^2)+b(\alpha-\beta)=\beta-\alpha$ 　　　… ❹

$(\alpha-\beta)^2=(\alpha+\beta)^2-4\alpha\beta=5$이고, $\alpha>\beta$라 해도 되므로

$$\alpha-\beta=\sqrt{5}$$
$$\alpha^2-\beta^2=(\alpha+\beta)(\alpha-\beta)=\sqrt{5}$$

❹에 대입하면

$$\sqrt{5}a+\sqrt{5}b=-\sqrt{5} \qquad \therefore a+b=-1$$ 　… ❺

한편 $f(0)=-1$이므로 $c=-1$ 　　　… ❻

❸, ❺, ❻에서 $a=2, b=-3, c=-1$

$$\therefore f(x)=2x^2-3x-1$$

23 [전략] 두 근의 곱은 음, 두 근의 합은 양이다.

이차방정식의 두 근을 α, β라 하자.

두 근의 부호가 다르므로

$$\alpha\beta=3m-9<0 \qquad \therefore m<3$$ 　… ❶

음의 근의 절댓값이 양의 근보다 작으므로

$$\alpha+\beta=-(2m+5)>0 \qquad \therefore m<-\frac{5}{2}$$ 　… ❷

❶, ❷에서 $m<-\dfrac{5}{2}$ 　　　답 ③

24 [전략] 적어도 하나가 양의 실근인 경우는
　　　　　두 근이 모두 양
　　　　　한 근은 양이고 한 근은 음
　　　　　한 근은 양이고 한 근은 0

두 근을 α, β라 하자.

$$\frac{D}{4}=m^2+3m+5=\left(m+\frac{3}{2}\right)^2+\frac{11}{4}>0$$

이므로 주어진 이차방정식은 서로 다른 두 실근을 가진다. … ㉮

(i) 두 근이 모두 양인 경우

$$\alpha+\beta=2m>0 \qquad \therefore m>0$$
$$\alpha\beta=-3m-5>0 \qquad \therefore m<-\frac{5}{3}$$

이런 경우는 없다.

(ii) 한 근은 양이고 한 근은 음인 경우

$$\alpha\beta=-3m-5<0 \qquad \therefore m>-\frac{5}{3}$$

(iii) 한 근은 양이고 한 근은 0인 경우

$$\alpha+\beta=2m>0 \qquad \therefore m>0$$
$$\alpha\beta=-3m-5=0 \qquad \therefore m=-\frac{5}{3}$$

이런 경우는 없다. 　　　… ㉯

(i), (ii), (iii)에서 정수 m의 최솟값은 -1이다. 　… ㉰

단계	채점 기준	배점
㉮	이차방정식이 두 실근을 가짐을 알기	20%
㉯	경우를 나누어 근과 계수의 관계를 이용하여 m의 값의 범위 각각 구하기	60%
㉰	정수 m의 최솟값 구하기	20%

답 -1

---

step C　최상위 문제 　　　49~50쪽

01 ⑤	**02** 4	**03** $a=-2, b=4$	**04** ④
05 ④	**06** 1	**07** x의 최솟값 : 3, $y=\dfrac{1}{2}, z=\dfrac{1}{2}$	
08 $\sqrt{17}$			

01 [전략] $\alpha^2-\alpha-1=0$을 이용하여 $\alpha^3, \alpha^4, \cdots, \alpha^{11}$을 α에 대한 일차식으로 나타낸다.

α가 방정식 $x^2-x-1=0$의 근이므로 $\alpha^2-\alpha-1=0$

$$\alpha^2=\alpha+1$$
$$\alpha^3=\alpha^2+\alpha=2\alpha+1$$
$$\alpha^4=2\alpha^2+\alpha=2(\alpha+1)+\alpha=3\alpha+2$$
$$\alpha^5=3\alpha^2+2\alpha=3(\alpha+1)+2\alpha=5\alpha+3$$
$$\alpha^6=5\alpha^2+3\alpha=5(\alpha+1)+3\alpha=8\alpha+5$$
$$\therefore \alpha^{11}=\alpha^5\alpha^6=(5\alpha+3)(8\alpha+5)=40\alpha^2+49\alpha+15$$
$$=40(\alpha+1)+49\alpha+15=89\alpha+55$$

마찬가지 방법으로 $\beta^{11}=89\beta+55$

근과 계수의 관계에서 $\alpha+\beta=1$이므로

$$\alpha^{11}+\beta^{11}=89(\alpha+\beta)+110=199$$ 　　　답 ⑤

다른 풀이

근과 계수의 관계에서 $\alpha+\beta=1, \ \alpha\beta=-1$

$a_n=\alpha^n+\beta^n$ (n은 자연수)라 하면
$$a_{n+2}=(\alpha+\beta)(\alpha^{n+1}+\beta^{n+1})-\alpha\beta(\alpha^n+\beta^n)$$
$$=a_{n+1}+a_n$$
따라서 $a_1=\alpha+\beta=1$, $a_2=(\alpha+\beta)^2-2\alpha\beta=3$이므로

$a_3=1+3=4$	$a_4=3+4=7$
$a_5=4+7=11$	$a_6=7+11=18$
$a_7=11+18=29$	$a_8=18+29=47$
$a_9=29+47=76$	$a_{10}=47+76=123$
$a_{11}=76+123=199$	

$$\therefore \alpha^{11}+\beta^{11}=199$$

02 [전략] 근과 계수의 관계를 이용한다.
서로 다른 실근을 가질 조건도 잊지 않아야 한다.

$x^2-ax+b=0$의 서로 다른 두 실근이 α, β이므로 판별식을 D_1이라 하면
$$D_1=a^2-4b>0 \qquad \cdots \text{❶}$$
$$\alpha+\beta=a, \ \alpha\beta=b \qquad \cdots \text{❷}$$
$x^2-9ax+2b^2=0$의 서로 다른 두 실근이 α^3, β^3이므로 판별식을 D_2라 하면
$$D_2=81a^2-8b^2>0 \qquad \cdots \text{❸}$$
$$\alpha^3+\beta^3=9a, \ \alpha^3\beta^3=2b^2$$
이때 $\alpha^3+\beta^3=(\alpha+\beta)^3-3\alpha\beta(\alpha+\beta)$, $\alpha^3\beta^3=(\alpha\beta)^3$이므로
❷를 대입하면
$$9a=a^3-3ab \qquad \cdots \text{❹}$$
$$2b^2=b^3 \qquad \cdots \text{❺}$$
❺에서 $b^2(b-2)=0 \qquad \therefore b=0$ 또는 $b=2$
(ⅰ) $b=0$일 때 ❹에서 $a^3-9a=0$, $a(a^2-9)=0$
$$\therefore a=0 \text{ 또는 } a=\pm3$$
❶, ❸이 성립하는 경우는 $a=\pm3$, $b=0$
(ⅱ) $b=2$일 때 ❹에서 $a^3-15a=0$, $a(a^2-15)=0$
$$\therefore a=0 \text{ 또는 } a=\pm\sqrt{15}$$
❶, ❸이 성립하는 경우는 $a=\pm\sqrt{15}$, $b=2$
(ⅰ), (ⅱ)에서 (a, b)는 $(-3, 0)$, $(3, 0)$, $(-\sqrt{15}, 2)$, $(\sqrt{15}, 2)$
이고, 4개이다. 달 4

03 [전략] 계수가 실수이므로 $\beta=\bar{\alpha}$이다.
또 $\dfrac{\beta^2}{\alpha}$이 실수이면 $\dfrac{\beta^2}{\alpha}=\overline{\left(\dfrac{\beta^2}{\alpha}\right)}$이다.

a, b가 실수이므로 $\beta=\bar{\alpha}$ $\qquad \cdots$ ㉮
이때 $\dfrac{\beta^2}{\alpha}=\dfrac{\bar{\alpha}^2}{\alpha}$이 실수이므로
$$\dfrac{\bar{\alpha}^2}{\alpha}=\overline{\left(\dfrac{\bar{\alpha}^2}{\alpha}\right)}, \ \dfrac{\bar{\alpha}^2}{\alpha}=\dfrac{\alpha^2}{\bar{\alpha}}, \ \alpha^3=\bar{\alpha}^3$$
$$(\alpha-\bar{\alpha})(\alpha^2+\alpha\bar{\alpha}+\bar{\alpha}^2)=0$$
α가 허수이므로 $\alpha\ne\bar{\alpha}$ $\quad \therefore \alpha^2+\alpha\bar{\alpha}+\bar{\alpha}^2=0$ $\quad \cdots$ ❶ $\quad \cdots$ ㉯
근과 계수의 관계에서 $\alpha+\bar{\alpha}=-a$, $\alpha\bar{\alpha}=b$
$$\therefore \alpha^2+\bar{\alpha}^2=(\alpha+\bar{\alpha})^2-2\alpha\bar{\alpha}=a^2-2b$$
❶에 대입하면 $a^2-b=0$ $\qquad \cdots$ ㉰
$x^2+ax+b=0$이 허근을 가지므로 $D=a^2-4b<0$
$b=a^2$이므로 $a^2-4a^2<0$, $3a^2>0$ $\quad \therefore a\ne0$

또 $b=a^2$을 $2a+b=0$에 대입하면 $2a+a^2=0$
$a\ne0$이므로 $a=-2$, $b=4$ $\qquad \cdots$ ㉱

단계	채점 기준	배점
㉮	α, β 사이의 관계 알기	10%
㉯	$\dfrac{\beta^2}{\alpha}$이 실수임을 이용하여 α, $\bar{\alpha}$의 관계식 구하기	40%
㉰	근과 계수의 관계를 이용하여 a, b의 관계식 구하기	30%
㉱	주어진 방정식이 허근을 가지고, $2a+b=0$임을 이용하여 a, b의 값 구하기	20%

달 $a=-2$, $b=4$

04 [전략] $a^3+b^3+c^3=3abc$에서 a, b, c의 관계부터 구한다.
$a^3+b^3+c^3-3abc=0$에서
$$(a+b+c)(a^2+b^2+c^2-ab-bc-ca)=0$$
$$\dfrac{1}{2}(a+b+c)\{(a-b)^2+(b-c)^2+(c-a)^2\}=0$$
a, b, c가 양수이므로
$$(a-b)^2+(b-c)^2+(c-a)^2=0 \quad \therefore a=b=c$$
이때 이차방정식은
$$ax^2+ax+a=0 \quad \therefore x^2+x+1=0 \qquad \cdots \text{❶}$$
ㄱ. 한 허근이 α이면 나머지 근은 $\bar{\alpha}$이므로 근과 계수의 관계에서
$$\alpha+\bar{\alpha}=-1, \ \alpha\bar{\alpha}=1 \text{ (거짓)}$$
ㄴ. ❶에 $x=\alpha$를 대입하면 $\alpha^2+\alpha+1=0$
이 식의 양변에 $\alpha-1$을 곱하고 정리하면 $\alpha^3=1$
$$\therefore 1+\alpha+\alpha^2+\cdots+\alpha^{1001}+\alpha^{1002}$$
$$=(1+\alpha+\alpha^2)+(\alpha^3+\alpha^4+\alpha^5)+\cdots$$
$$+(\alpha^{999}+\alpha^{1000}+\alpha^{1001})+\alpha^{1002}$$
$$=(1+\alpha+\alpha^2)+\alpha^3(1+\alpha+\alpha^2)+\cdots$$
$$+\alpha^{999}(1+\alpha+\alpha^2)+(\alpha^3)^{334}$$
$$=1 \text{ (참)}$$
ㄷ. $\alpha\bar{\alpha}=1$에서 $\bar{\alpha}=\dfrac{1}{\alpha}=\dfrac{\alpha^3}{\alpha}=\alpha^2$이므로
$$(\bar{\alpha})^{2n}=(\alpha^2)^{2n}=\alpha^{4n}=(\alpha^3)^n\alpha^n=\alpha^n$$
$\alpha^2+\alpha+1=0$에서 $\alpha+1=-\alpha^2$이므로
$$(\alpha+1)^{4n}=(-\alpha^2)^{4n}=\alpha^{8n}=(\alpha^3)^{2n}\alpha^{2n}=\alpha^{2n}$$
$$\therefore (\bar{\alpha})^{2n}+(\alpha+1)^{4n}=\alpha^n+\alpha^{2n}$$
(ⅰ) $n=3k$ (k는 자연수)일 때
$$\alpha^{3k}+\alpha^{6k}=(\alpha^3)^k+(\alpha^3)^{2k}=2$$
(ⅱ) $n=3k+1$ (k는 음이 아닌 정수)일 때
$$\alpha^{3k+1}+\alpha^{6k+2}=(\alpha^3)^k\alpha+(\alpha^3)^{2k}\alpha^2=\alpha+\alpha^2=-1$$
(ⅲ) $n=3k+2$ (k는 음이 아닌 정수)일 때
$$\alpha^{3k+2}+\alpha^{6k+4}=(\alpha^3)^k\alpha^2+(\alpha^3)^{2k+1}\alpha=\alpha^2+\alpha=-1$$
(ⅰ), (ⅱ), (ⅲ)에서 $(\bar{\alpha})^{2n}+(\alpha+1)^{4n}=-1$이면 n은 3의 배수가 아니므로 n의 개수는 $100-33=67$이다. (참)
따라서 옳은 것은 ㄴ, ㄷ이다. 달 ④

05 [전략] $\alpha^2=-\alpha-1$, $\beta^2=-\beta-1$이므로 이 식을
$f(\alpha^2)=-4\alpha$, $f(\beta^2)=-4\beta$에 대입한다.
이차방정식 $x^2+x+1=0$의 두 근이 α, β이므로
$$\alpha^2+\alpha+1=0, \ \beta^2+\beta+1=0$$
$$\therefore \alpha^2=-\alpha-1, \ \beta^2=-\beta-1$$

$f(\alpha^2)=-4\alpha$, $f(\beta^2)=-4\beta$에서
$$f(-\alpha-1)+4\alpha=0,\ f(-\beta-1)+4\beta=0$$
곧, 이차방정식 $f(-x-1)+4x=0$의 두 근은 α, β이다.
따라서 $f(-x-1)+4x=a(x-\alpha)(x-\beta)$로 놓을 수 있다.
$x^2+x+1=(x-\alpha)(x-\beta)$이므로
$$f(-x-1)+4x=a(x^2+x+1)$$
$f(0)=0$이므로 $x=-1$을 대입하면
$$f(0)-4=a,\ a=-4$$
$$\therefore f(-x-1)=-4x^2-8x-4$$
$f(x)$를 $x+1$로 나눈 나머지는 $f(-1)$이므로
$x=0$을 대입하면 $f(-1)=-4$ 답 ④

06 [전략] $g(x)=x^2-6x+2$라 하면 $g(\alpha)=2\beta^2$, $g(\beta)=2\alpha^2$이다.
따라서 $\alpha+\beta=p$라 하면 각 식을 α, β만의 식으로 나타낼 수 있다.

$g(x)=x^2-6x+2$라 하면 주어진 식은
$$g(\alpha)=2\beta^2,\ g(\beta)=2\alpha^2$$
$\alpha+\beta=p$라 하면
$$g(p-\beta)=2\beta^2,\ g(p-\alpha)=2\alpha^2$$
따라서 α, β는 이차방정식 $g(p-x)-2x^2=0$의 근이다.
그런데
$$(좌변)=(p-x)^2-6(p-x)+2-2x^2$$
$$=-x^2+(6-2p)x+p^2-6p+2$$
이므로
$$-x^2+(6-2p)x+p^2-6p+2=-(x-\alpha)(x-\beta) \cdots ❶$$
양변의 x의 계수를 비교하면
$$6-2p=\alpha+\beta,\ 6-2p=p \quad \therefore p=2$$
❶에 대입하고 정리하면
$$x^2-2x+6=(x-\alpha)(x-\beta)$$
따라서 $f(x)=a(x^2-2x+6)$ $(a\neq0)$ 꼴이고
$$\frac{f(2)}{f(0)}=\frac{6a}{6a}=1 \qquad 답\ 1$$

다른 풀이
$$\alpha^2-6\alpha+2=2\beta^2 \quad \cdots ❷$$
$$\beta^2-6\beta+2=2\alpha^2 \quad \cdots ❸$$
❸의 좌변과 우변을 바꾸고 변변 더하면
$$3\alpha^2-6\alpha+2=3\beta^2-6\beta+2$$
이 식을 k로 놓으면
$$3\alpha^2-6\alpha+2=k,\ 3\beta^2-6\beta+2=k$$
따라서 이차방정식 $3x^2-6x+2-k=0$의 근이 α, β이다.
근과 계수의 관계에서 $\alpha+\beta=2$
❷에 $\beta=2-\alpha$를 대입하고 정리하면 $\alpha^2-2\alpha+6=0$
❸에 $\alpha=2-\beta$를 대입하고 정리하면 $\beta^2-2\beta+6=0$
따라서 α, β는 $x^2-2x+6=0$의 근이므로
$f(x)=a(x^2-2x+6)$ $(a\neq0)$으로 놓을 수 있다.
$$\therefore \frac{f(2)}{f(0)}=\frac{6a}{6a}=1$$

07 [전략] $y+z=p$, $yz=q$이면 y, z는 t에 대한 이차방정식 $t^2-pt+q=0$의 두 근이다. $y+z$, yz를 x에 대한 식으로 나타낸 다음 t에 대한 방정식이 실근을 가질 조건을 찾는다.

$$x+y+z=4 \qquad \cdots ❶$$
$$x^2-2y^2-2z^2=8 \qquad \cdots ❷$$
❶에서 $y+z=4-x$이고
❷에서 $x^2-2(y+z)^2+4yz=8$이므로
$$x^2-2(4-x)^2+4yz=8$$
$$\therefore yz=\frac{x^2-16x+40}{4} \qquad \cdots ㉮$$
따라서 y, z는 t에 대한 이차방정식
$$t^2-(4-x)t+\frac{x^2-16x+40}{4}=0 \qquad \cdots ❸$$
의 두 근이다. $\cdots ㉯$
y, z가 실수이므로
$$D=(4-x)^2-(x^2-16x+40)\geq0$$
$$8x-24\geq0 \quad \therefore x\geq3$$
따라서 x의 최솟값은 3이다. $\cdots ㉰$
❸에 $x=3$을 대입하면
$$t^2-t+\frac{1}{4}=0,\ \left(t-\frac{1}{2}\right)^2=0$$
$t=\dfrac{1}{2}$(중근)이므로 $y=\dfrac{1}{2}$, $z=\dfrac{1}{2}$ $\cdots ㉱$

단계	채점 기준	배점
㉮	식을 변형하여 $y+z$, yz를 x에 대한 식으로 나타내기	30%
㉯	y, z를 두 근으로 하는 이차방정식 세우기	20%
㉰	판별식을 이용하여 x의 최솟값 구하기	30%
㉱	y, z의 값 구하기	20%

답 x의 최솟값 : 3, $y=\dfrac{1}{2}$, $z=\dfrac{1}{2}$

08 [전략] $\overline{PA}^2+\overline{PC}^2=\overline{PB}^2+\overline{PD}^2$을 이용한다.

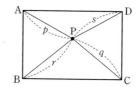

선분 PA, PC, PB, PD의 길이를 각각 p, q, r, s라 하자.
$x^2-5x+5=0$의 해는 p, q이고
$x^2-kx+1=0$의 해는 r, s이다.
또 $\overline{PA}^2+\overline{PC}^2=\overline{PB}^2+\overline{PD}^2$이므로
$$p^2+q^2=r^2+s^2 \qquad \cdots ❶$$
근과 계수의 관계에서
$p+q=5$, $pq=5$이므로 $p^2+q^2=(p+q)^2-2pq=15$
$r+s=k$, $rs=1$이므로 $r^2+s^2=(r+s)^2-2rs=k^2-2$
❶에 대입하면 $15=k^2-2$, $k^2=17$
$k=r+s>0$이므로 $k=\sqrt{17}$ 답 $\sqrt{17}$

절대등급 Note

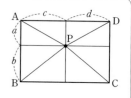

$$\overline{PA}^2=a^2+c^2 \qquad \overline{PC}^2=b^2+d^2$$
$$\overline{PB}^2=b^2+c^2 \qquad \overline{PD}^2=a^2+d^2$$
이므로
$$\overline{PA}^2+\overline{PC}^2=(a^2+c^2)+(b^2+d^2)$$
$$\overline{PB}^2+\overline{PD}^2=(b^2+c^2)+(a^2+d^2)$$
$$\therefore \overline{PA}^2+\overline{PC}^2=\overline{PB}^2+\overline{PD}^2$$

06. 이차함수

01 [전략] 그래프의 꼭짓점이 점 (p, q)인 이차함수의 식
$$\Rightarrow y=a(x-p)^2+q$$

꼭짓점의 좌표가 $(2, 3)$이므로 $y=a(x-2)^2+3$이라 하자.
점 $(0, -1)$을 지나므로 $-1=4a+3,\ a=-1$
$$\therefore y=-(x-2)^2+3=-x^2+4x-1$$
$a=-1,\ b=4,\ c=-1$이므로 $abc=4$ 답 ④

02 [전략] 이차함수의 계수와 상수항의 부호
$\Rightarrow$ 볼록한 방향, 축의 위치, y절편, 함숫값 등을 따진다.

ㄱ. 그래프가 위로 볼록하므로 $a<0$이고, 축이 y축의 왼쪽에 있
으므로 $-\dfrac{b}{2a}<0$이다. $\therefore b<0$ (거짓)

ㄴ. y절편이 양이므로 $c>0$이다. $\therefore ab+c>0$ (참)

ㄷ. $x=-1$일 때 $y>0$이므로 $a-b+c>0$ (참)

따라서 옳은 것은 ㄴ, ㄷ이다. 답 ④

03 [전략] 곡선 $y=f(x)$와 x축의 교점 $\Rightarrow$ $f(x)=0$의 실근을 생각한다.
$f(x)=x^2+2x+5-2k,\ g(x)=2kx^2-6x+1$이라 하자.
(i) 방정식 $f(x)=0$이 실근을 가지므로
$$\dfrac{D_1}{4}=1-5+2k\geq0 \qquad \therefore k\geq2$$
(ii) $k=0$이면 $g(x)$는 일차식이므로 $k\neq0$이다.
또 방정식 $g(x)=0$이 실근을 가지므로
$$\dfrac{D_2}{4}=9-2k\geq0 \qquad \therefore k\leq\dfrac{9}{2}$$
(i), (ii)를 동시에 만족하는 정수 k는 2, 3, 4이다. 답 2, 3, 4

Note
$k=0$일 때 $g(x)=-6x+1$이므로 $g(x)=0$은 실근을 가진다.
따라서 $y=g(x)$가 이차함수는 아니지만 그래프는 x축과 만난다.

04 [전략] A, B의 x좌표는 $x^2-px+q=0$의 실근이다.
선분 AB의 중점이 점 $(-3, 0)$이고
$\overline{AB}=4$이므로 A, B 중 한 점의 x좌표
는 -1, 나머지 점의 x좌표는 -5이다.
따라서 방정식 $x^2-px+q=0$의 해가
$-1,\ -5$이므로
$$p=-1-5,\ q=(-1)\times(-5)$$

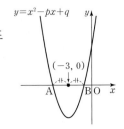

$$\therefore p=-6,\ q=5,\ pq=-30$$ 답 ①

05 [전략] 곡선 $y=f(x)$가 x축과 만나는 점의 x좌표
$\Rightarrow$ 방정식 $f(x)=0$의 실근

방정식 $x^2-2x+a=0$의 두 근을 $\alpha,\ \beta$라 하면 이차함수의 그래
프와 x축이 만나는 점의 좌표가 $(\alpha, 0),\ (\beta, 0)$이다.
두 점 사이의 거리가 $2\sqrt{5}$이므로
$$|\alpha-\beta|=2\sqrt{5},\ (\alpha-\beta)^2=20$$
근과 계수의 관계에서 $\alpha+\beta=2,\ \alpha\beta=a$
$$(\alpha-\beta)^2=(\alpha+\beta)^2-4\alpha\beta$$
$$\therefore 20=4-4a,\ a=-4$$ 답 -4

06 [전략] 곡선 $y=f(x)$와 직선 $y=g(x)$의 교점
$\Rightarrow$ $f(x)=g(x)$의 실근을 생각한다.
(i) $y=2x^2-4x+k$의 그래프가 x축과 만나지 않으므로
$2x^2-4x+k=0$의 실근이 없다.
$$\therefore \dfrac{D_1}{4}=4-2k<0,\ k>2$$
(ii) $y=2x^2-4x+k$의 그래프가 직선 $y=2$와 두 점에서 만나므
로 $2x^2-4x+k=2$는 서로 다른 두 실근을 가진다.
곧, $2x^2-4x+k-2=0$에서
$$\dfrac{D_2}{4}=4-2(k-2)>0,\ k<4$$
(i), (ii)를 동시에 만족하는 정수 k는 3이고, 1개이다. 답 ①

07 [전략] 적어도 한 점에서 만난다. $\Rightarrow$ 적어도 한 실근을 가진다. $\Rightarrow D\geq0$
$y=-x^2+4x$의 그래프와 직선 $y=2x+k$가 적어도 한 점에서
만나면 방정식 $-x^2+4x=2x+k$가 실근을 가진다.
곧, $x^2-2x+k=0$에서 $\dfrac{D}{4}=1-k\geq0$ $\therefore k\leq1$
k의 최댓값은 1이다. 답 ②

08 [전략] 접한다. $\Rightarrow$ 중근을 가진다. $\Rightarrow D=0$
기울기가 1인 접선의 방정식을 $y=x+a$라 하자.
$y=x^2-2x$와 $y=x+a$에서 y를 소거하면
$$x^2-2x=x+a,\ x^2-3x-a=0$$
이 방정식이 중근을 가지므로
$$D=9+4a=0 \qquad \therefore a=-\dfrac{9}{4}$$
접선의 방정식은 $y=x-\dfrac{9}{4}$이다. 답 ⑤

09 [전략] $f(x)=k$의 실근
$\Rightarrow$ 곡선 $y=f(x)$와 직선 $y=k$의 교점의 x좌표
$\{f(x)\}^2-f(x)-2=0$에서
$$\{f(x)-2\}\{f(x)+1\}=0$$
$$\therefore f(x)=2 \text{ 또는 } f(x)=-1$$
곡선 $y=f(x)$와 직선 $y=2$는 한 점
$(1, 2)$에서 만나므로 $f(x)=2$의 실근은
1이다.
또 곡선 $y=f(x)$와 직선 $y=-1$이 만나는 점의 x좌표를 $\alpha,\ \beta$라
하면

$$\frac{\alpha+\beta}{2}=1 \qquad \therefore \alpha+\beta=2$$

곧, $f(x)=-1$의 두 실근의 합은 2이다.
따라서 서로 다른 세 실근의 합은 3이다.   **답 3**

Note
곡선 $y=f(x)$와 직선 $y=2$는 접하므로 $f(x)=2$는 중근을 가진다.

10 [전략] 곡선 $y=f(x)$와 직선 $y=k$의 교점의 x좌표
         $\Rightarrow f(x)=k$의 실근

$y=x^2-6x+3$과 $y=3$에서
   $x^2-6x+3=3,\ x^2-6x=0 \qquad \therefore x=0$ 또는 $x=6$
따라서 $A(0, 3)$, $B(6, 3)$이므로 $\overline{AB}=6$
또 $y=x^2-6x+3=(x-3)^2-6$에서 $C(3, -6)$
점 C와 선분 AB 사이의 거리가 9이므로
$$\triangle ABC=\frac{1}{2}\times 6\times 9=27$$
   답 27

11 [전략] 곡선 $y=f(x)$, $y=g(x)$의 교점의 x좌표
         $\Rightarrow f(x)=g(x)$의 실근

$y=x^2-2x+1$, $y=-x^2+4x-1$에서 y를 소거하면
   $x^2-2x+1=-x^2+4x-1,\ x^2-3x+1=0$
이 방정식의 해가 α, β이므로 근과 계수의 관계에서
   $\alpha+\beta=3,\ \alpha\beta=1 \qquad \therefore \frac{1}{\alpha}+\frac{1}{\beta}=\frac{\alpha+\beta}{\alpha\beta}=3$ **답 ③**

12 [전략] a, b가 유리수이고 교점의 x좌표가 $-1+\sqrt{3}$임을 이용한다.

$y=x^2+ax$와 $y=-x^2+b$의 그래프의 교점의 x좌표는
   $x^2+ax=-x^2+b$, 곧 $2x^2+ax-b=0$
의 실근이다.
한 근이 $-1+\sqrt{3}$이고 a, b는 유리수이므로 나머지 한 근은
$-1-\sqrt{3}$이다.
근과 계수의 관계에서
$$(-1+\sqrt{3})+(-1-\sqrt{3})=-\frac{a}{2} \qquad \therefore a=4$$
$$(-1+\sqrt{3})(-1-\sqrt{3})=-\frac{b}{2} \qquad \therefore b=4$$

P, Q의 x좌표가 각각
$-1+\sqrt{3}$, $-1-\sqrt{3}$이므로
$y=-x^2+4$에 대입하면 y좌표는
각각 $2\sqrt{3}$, $-2\sqrt{3}$이다.
따라서 직선 PQ의 기울기는
$$\frac{2\sqrt{3}-(-2\sqrt{3})}{(-1+\sqrt{3})-(-1-\sqrt{3})}$$
$$=\frac{4\sqrt{3}}{2\sqrt{3}}=2$$
   답 2

다른 풀이
$P(p, -p^2+b)$, $Q(q, -q^2+b)$라 하자.
직선 PQ의 기울기는
$$\frac{-p^2+b-(-q^2+b)}{p-q}=-(p+q)$$
$p=-1+\sqrt{3}$, $q=-1-\sqrt{3}$이므로 기울기는 2이다.

13 [전략] 정사각형의 한 변의 길이를 구한다.

$D\left(a, \frac{1}{2}a^2\right)$이고 C의 y좌표는 $\frac{1}{2}a^2$이다.

C의 x좌표는 $\frac{1}{2}a^2=\frac{1}{8}x^2$에서 $x^2=4a^2$

$x>0$이므로 $x=2a$

이때 $\overline{CD}=2a-a=a$

정사각형의 한 변의 길이가 $\frac{1}{2}a^2$이므로

$\frac{1}{2}a^2=a$이고, $a>0$이므로 $a=2$ **답 2**

14 [전략] B, C, D, …의 좌표를 차례로 생각한다.

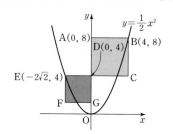

B의 y좌표가 8이므로

$\frac{1}{2}x^2=8$에서 $x=\pm 4 \qquad \therefore B(4, 8)$

따라서 정사각형 ABCD의 한 변의 길이는 4이다.
D의 y좌표는 $8-4=4 \qquad \therefore D(0, 4)$
이때 E의 y좌표도 4이므로

$\frac{1}{2}x^2=4$에서 $x=\pm 2\sqrt{2} \qquad \therefore E(-2\sqrt{2}, 4)$

따라서 정사각형 DEFG의 한 변의 길이는 $2\sqrt{2}$이다.
두 정사각형의 넓이의 합은 $4^2+(2\sqrt{2})^2=24$ **답 24**

15 [전략] $f(x)=0$의 근의 범위에 대한 문제
         $\Rightarrow y=f(x)$의 그래프와 x절편을 생각한다.

$f(x)=2x^2-mx+3(m-6)$이라 하면 $y=f(x)$의 그래프가
x축과 만나는 점의 x좌표가 α, β이다.
따라서 $y=f(x)$의 그래프가 오른쪽 그
림과 같으므로
   $f(0)>0,\ f(2)<0$
$f(0)>0$에서 $3(m-6)>0$
   $\therefore m>6$ ··· **❶**
$f(2)<0$에서 $8-2m+3(m-6)<0 \qquad \therefore m<10$ ··· **❷**
❶, **❷**를 동시에 만족하는 정수 m은 7, 8, 9이고, 3개이다. **답 ②**

다른 풀이
$2x^2-mx+3(m-6)=0$에서
   $(x-3)(2x-m+6)=0$
   $\therefore x=3$ 또는 $x=\frac{m-6}{2}$

따라서 $0<\frac{m-6}{2}<2$이므로 $6<m<10$

16 [전략] $y=x^2+4x+k$의 그래프를 생각한다.
$x^2-7x+12=0$에서 $x=3$ 또는 $x=4$

$f(x)=x^2+4x+k$라 할 때, 오른쪽 그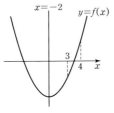
림과 같이 $y=f(x)$의 그래프가
$3<x<4$에서 x축과 한 점에서 만난다.
그런데 $y=f(x)$의 그래프의 축이 직선
$x=-2$이므로
$$f(3)<0, f(4)>0$$
(i) $f(3)<0$에서 $21+k<0$　　$\therefore k<-21$
(ii) $f(4)>0$에서 $32+k>0$　　$\therefore k>-32$
(i), (ii)에서 $-32<k<-21$　　🖎 $-32<k<-21$

Note
$x^2+4x+k=0$의 두 근을 α, β라 하자.
α가 실수이면 $\alpha+\beta=-4$이므로 β가 실수이고, $\alpha\beta=k$도 실수이다.

17 [전략] $y=x^2-6x+k+5$의 그래프를 생각한다.
　　　　이때 판별식, 축, 경계에서 함숫값의 부호를 확인한다.

$f(x)=x^2-6x+k+5$라 할 때, $y=f(x)$의 그래프의 축이 직선
$x=3$이다.
따라서 오른쪽 그림과 같이 $y=f(x)$의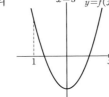
그래프가 x축과 두 점에서 만나고
$f(1)>0$이다.
(i) $\dfrac{D}{4}=9-k-5>0$　　$\therefore k<4$
(ii) $f(1)>0$에서
　　$1-6+k+5>0$　　$\therefore k>0$
(i), (ii)를 만족하는 정수 k는 1, 2, 3이고, 합은 6이다.　　🖎 ③

절대등급 Note
판별식을 꼭 확인해야 한다.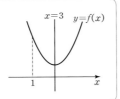
$f(1)>0$만 생각하면 $y=f(x)$의 그래프가
오른쪽 그림과 같은 경우도 있고, 이때는 실
근을 갖지 않는다.

18 [전략] 곡선 $y=f(x)$와 직선 $y=g(x)$의 교점에 대한 조건
　　　　$\Rightarrow f(x)=g(x)$의 실근에 대한 조건

곡선과 직선이 두 점에서 만나므로
$$x^2+3kx-2=kx-3k-6, \ \text{곧} \ x^2+2kx+3k+4=0$$
은 서로 다른 두 실근을 가진다.
또 두 실근 사이에 -1이 있다.
$f(x)=x^2+2kx+3k+4$라 할 때,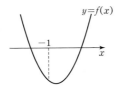
$y=f(x)$의 그래프는 오른쪽 그림과 같
으므로 $f(-1)<0$
　　$\therefore k+5<0, \ k<-5$
따라서 정수 k의 최댓값은 -6　　🖎 ①

19 [전략] $x<0, 0\leq x<1, x\geq1$일 때로 나누어 그래프를 그린다.
$x<0$일 때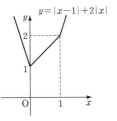
　$y=-(x-1)-2x=-3x+1$
$0\leq x<1$일 때
　$y=-(x-1)+2x=x+1$
$x\geq1$일 때 $y=x-1+2x=3x-1$
따라서 함수의 그래프는 오른쪽 그림과

같고, 최솟값은 $x=0$일 때 1이다.　　🖎 ①

20 [전략] $y=-(x-p)^2+q$ 꼴로 고친 다음 그래프를 생각한다.
$$y=-\left(x+\dfrac{3}{2}\right)^2+k+\dfrac{9}{4}$$
이므로 그래프는 오른쪽 그림과 같다.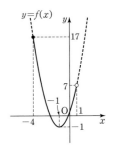
$x=-\dfrac{3}{2}$일 때 최댓값이 $k+\dfrac{9}{4}$이므로
$a=-\dfrac{3}{2}$이고 $k+\dfrac{9}{4}=3$
　　$\therefore k=\dfrac{3}{4}$　　🖎 $a=-\dfrac{3}{2}, \ k=\dfrac{3}{4}$

21 [전략] $f(x)=2(x-p)^2+q$ 꼴로 고쳐 $g(m)$부터 구한다.
$$\begin{aligned}f(x)&=2(x^2-2mx+m^2-m^2)-m^2-6m+1\\&=2(x-m)^2-3m^2-6m+1\end{aligned}$$
이므로 $f(x)$의 최솟값은 $x=m$일 때 $-3m^2-6m+1$이다.
　　$\therefore g(m)=-3m^2-6m+1=-3(m+1)^2+4$
따라서 $g(m)$의 최댓값은 $m=-1$일 때 4이다.　　🖎 4

22 [전략] 이차함수는 그래프의 꼭짓점에서 최댓값 또는 최솟값을 가진다.
(가)에서
$$f(x)=-2(x-a)^2+5 \ (a>0)$$
이라 할 수 있다.
(나)에서
$$-2(x-a)^2+5+g(x)=x^2+16x+13$$
　　$\therefore g(x)=x^2+16x+2(x-a)^2+8$
(다)에서 $g(a)=25$이므로
$$25=a^2+16a+8, \ (a+17)(a-1)=0$$
$a>0$이므로 $a=1$
$$\begin{aligned}\therefore g(x)&=x^2+16x+2(x-1)^2+8\\&=3x^2+12x+10=3(x+2)^2-2\end{aligned}$$
따라서 $g(x)$의 최솟값은 $x=-2$일 때 -2이다.　　🖎 -2

23 [전략] $g(x)-f(x)$는 이차함수이고
　　　　이차함수는 그래프의 꼭짓점에서 최댓값 또는 최솟값을 가진다.

$g(x)-f(x)$는 x^2의 계수가 -1인 이차함수이고 그래프의 꼭짓
점의 좌표가 $(2, 6)$이므로
$$g(x)-f(x)=-(x-2)^2+6=-x^2+4x+2$$
$g(x)-f(x)=0$의 해가 α, β이므로
$$\alpha+\beta=4, \ \alpha\beta=-2$$
$$\begin{aligned}\therefore \alpha^3+\beta^3&=(\alpha+\beta)^3-3\alpha\beta(\alpha+\beta)\\&=4^3-3\times(-2)\times4=88\end{aligned}$$
　　🖎 ④

24 [전략] $\dfrac{\sqrt{b}}{\sqrt{a}}=-\sqrt{\dfrac{b}{a}}$이면 $b=0$ 또는 ($a<0$이고 $b>0$)

$\dfrac{\sqrt{x+4}}{\sqrt{x-1}}=-\sqrt{\dfrac{x+4}{x-1}}$이면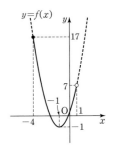
　　$x+4=0$ 또는
　　$x-1<0$이고 $x+4>0$
　　$\therefore -4\leq x<1$　　… ❶
$f(x)=2(x+1)^2-1$이므로
❶의 범위에서

최댓값은 $f(-4)=17$

최솟값은 $f(-1)=-1$　　　　📄 최댓값 : 17, 최솟값 : -1

25 [전략] x^2-2x+3를 t로 놓고 t의 범위부터 구한다.

$x^2-2x+3=t$로 놓으면 $t=(x-1)^2+2$

$-1\le x\le 2$에서 $2\le t\le 6$　…❶

한편 $f(x)$에서 x^2-2x+3을 t로 치환한 함수를 $g(t)$라 하면

$$g(t)=t^2-6t+1=(t-3)^2-8$$

이므로 ❶의 범위에서 $g(t)$의

최댓값은 $g(6)=1$, 최솟값은 $g(3)=-8$

$$\therefore M-m=9$$

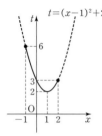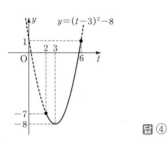

📄 ④

26 [전략] $x+y=2$에서 $y=2-x$를 x^2+3y^2에 대입하여 y를 소거한다.
이때 x, y의 범위에 주의한다.

$x+y=2$에서 $y=2-x$

x, y가 음이 아닌 실수이므로

$$x\ge 0, 2-x\ge 0$$

$$\therefore 0\le x\le 2\quad\cdots❶$$

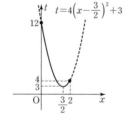

$y=2-x$를 x^2+3y^2에 대입하면

$$x^2+3y^2=x^2+3(2-x)^2$$
$$=4\left(x-\frac{3}{2}\right)^2+3$$

$t=4\left(x-\frac{3}{2}\right)^2+3$이라 하면

❶의 범위에서 t의 최댓값, 최솟값은

$x=0$일 때 최댓값은 12,

$x=\dfrac{3}{2}$일 때 최솟값은 3이다.

곧, $x=0, y=2$일 때 최댓값은 12

$x=\dfrac{3}{2}, y=\dfrac{1}{2}$일 때 최솟값은 3　　📄 풀이 참조

27 [전략] 주어진 범위에서 $y=f(x)$의 그래프를 그린다.

$$f(x)=x^2-2x+a$$
$$=(x-1)^2+a-1$$

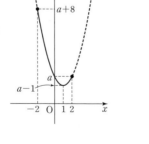

이므로 $-2\le x\le 2$에서 $y=f(x)$

의 그래프는 오른쪽 그림과 같다.

최솟값은 $f(1)=a-1$,

최댓값은 $f(-2)=a+8$이고

최댓값과 최솟값의 합이 21이므로

$$(a+8)+(a-1)=21$$

$$\therefore a=7$$

📄 ②

28 [전략] $a>0$, $a<0$으로 나누어 생각한다.

$f(x)=ax^2-2ax+2a+1$이라 하면

$$f(x)=a(x^2-2x+1)+a+1=a(x-1)^2+a+1$$

$0\le x\le 3$에서 $f(x)$는

(i) $a>0$일 때, $x=1$에서 최소이므로

$$f(1)=-4, a+1=-4\quad\therefore a=-5$$

$a>0$에 모순이다.

(ii) $a<0$일 때, $x=3$에서 최소이므로

$$f(3)=-4, 5a+1=-4$$

$$\therefore a=-1$$

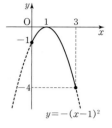

따라서 $f(x)=-(x-1)^2$이므로 최댓값

은 $f(1)=0$　　📄 $a=-1$, 최댓값 : 0

29 [전략] $y=f(x)$의 그래프를 그리고
k의 값을 변화시키면서 최댓값과 최솟값을 조사한다.

$$f(x)=(x-3)^2+1$$

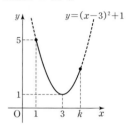

이므로 $x\ge 1$에서 $y=f(x)$의 그래프

는 오른쪽 그림과 같다.

그래프의 꼭짓점의 좌표가 $(3, 1)$이

므로 최솟값이 1이면 $k\ge 3$　…❶

또 $f(1)=5$이므로 최댓값이 5이면

$$f(k)\le 5$$

그런데 $f(5)=5$이므로 $k\le 5$　…❷

❶, ❷에서 정수 k는 3, 4, 5이고, 3개이다.　　📄 3

30 [전략] x천 원 올릴 때, 개당 이익과 판매량을 생각한다.

x천 원 올리면 1개당 이익은 $(20+x)$천 원이고,

판매량은 $(40-5x)$개이므로 하루 이익을 $f(x)$라 하면

$$f(x)=(20+x)(40-5x)=-5x^2-60x+800$$
$$=-5(x+6)^2+980$$

$x=-6$일 때, 최댓값은 980이므로 판매 가격이

$50-6=44$(천 원)일 때, 최대 이익은 980(천 원)이다.

📄 최대 이익 : 980,000원, 판매 가격 : 44,000원

31 [전략] 좌표평면 위에 로켓이 움직이는 포물선을 그려보고 식으로 나타낸다.

건물의 아랫부분과 물로켓이 떨어진

지점을 이은 직선을 x축, 물로켓의

높이가 최고에 도달했을 때 그 지점

에서 x축에 내린 수선을 포함하는 직

선을 y축이라 하자. 물로켓이 최고

높이에서 땅에 떨어질 때까지 x축 방

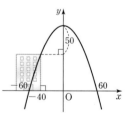

향으로 60 m 이동했으므로 물로켓이 움직인 포물선의 식은

$$f(x)=a(x-60)(x+60)$$으로 놓을 수 있다.

이때 $f(0)=f(-40)+50$이므로

$$-3600a=-2000a+50, a=-\frac{1}{32}$$

$$\therefore f(x)=-\frac{1}{32}(x-60)(x+60)$$

따라서 건물의 높이는

$$f(-40)=-\frac{1}{32}\times(-100)\times 20=62.5(\text{m})$$

📄 ⑤

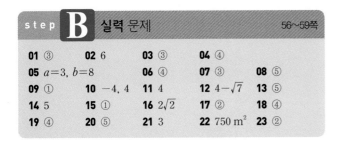

01 ③	**02** 6	**03** ③	**04** ④
05 $a=3, b=8$		**06** ④	**07** ③	**08** ⑤
09 ①	**10** $-4, 4$	**11** 4	**12** $4-\sqrt{7}$	**13** ⑤
14 5	**15** ①	**16** $2\sqrt{2}$	**17** ②	**18** ④
19 ④	**20** ⑤	**21** 3	**22** $750\,\text{m}^2$	**23** ②

01 [전략] x의 범위를 나누어 절댓값 기호를 없애고,
$y=f(x)$의 그래프를 그린다.

ㄱ. $f(-1)=4, f(1)=4$이다. (참)

ㄴ. $x<-1$일 때
$$f(x)=-(x+1)-2x-(x-1)=-4x$$
$-1\le x<0$일 때
$$f(x)=x+1-2x-(x-1)=-2x+2$$
$0\le x<1$일 때
$$f(x)=x+1+2x-(x-1)=2x+2$$
$x\ge 1$일 때
$$f(x)=x+1+2x+x-1=4x$$
따라서 $y=f(x)$의 그래프는 오른쪽 그
림과 같고 y축에 대칭이다. (참)

ㄷ. $y=f(x)$의 그래프에서 $x=0$일 때 최솟
값은 2이다. (거짓)

따라서 옳은 것은 ㄱ, ㄴ이다. **답** ③

Note
$$f(-x)=|-x+1|+2|-x|+|-x-1|$$
$$=|x-1|+2|x|+|x+1|$$
이므로 $f(-x)=f(x)$이다.
따라서 $y=f(x)$의 그래프는 y축에 대칭이다.

02 [전략] 아래로 볼록한 경우와 위로 볼록한 경우를 모두 생각한다.
그래프가 6개의 점 $(2, 2), (2, -2), (0, 2), (0, -2)$,
$(-2, 2), (-2, -2)$ 중 세 점을 지나는 이차함수 $y=f(x)$는
다음 그림과 같이 6개이다.

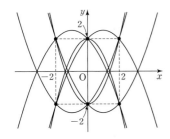

답 6

03 [전략] $y=f(x)$의 그래프와 x축이 만나는 점의 x좌표
⇨ 방정식 $f(x)=0$의 실근

$x^2+ax+b=0$의 실근이 $\alpha, \alpha+2$이므로
$$\alpha+(\alpha+2)=-a \quad \cdots ❶ \qquad \alpha(\alpha+2)=b \quad \cdots ❷$$
$x^2+bx+a=0$의 실근이 $\alpha-5, \alpha$이므로
$$(\alpha-5)+\alpha=-b \quad \cdots ❸ \qquad \alpha(\alpha-5)=a \quad \cdots ❹$$
❶, ❹에서 $-2\alpha-2=\alpha^2-5\alpha$이므로 $\alpha^2-3\alpha+2=0$
$$(\alpha-1)(\alpha-2)=0 \qquad \therefore \alpha=1 \text{ 또는 } \alpha=2$$

❷, ❸에서 $a^2+2a=-2a+5$이므로 $a^2+4a-5=0$
$$(a+5)(a-1)=0 \qquad \therefore a=-5 \text{ 또는 } a=1$$
따라서 ❶~❹를 모두 만족하려면 $a=1$이어야 한다.
$$\therefore a=1, a=-4, b=3, aba=-12 \qquad \text{답} ③$$

Note
방정식 $x^2-4x+3=0$과 $x^2+3x-4=0$은 각각 서로 다른 두 실근을 가진다.

04 [전략] $ax^2+bx+c=-x+5$가 $x=-2$를 중근으로 가진다.

이차함수 $y=ax^2+bx+c$의 그래프와 직선 $y=-x+5$의 교점
의 x좌표는
$$ax^2+bx+c=-x+5$$
곧, $ax^2+(b+1)x+c-5=0 \quad \cdots ❶$
의 실근이고, 그래프와 직선이 $x=-2$인 점에서 접하므로 ❶은
$x=-2$를 중근으로 가진다.
$$\therefore ax^2+(b+1)x+c-5=a(x+2)^2$$
우변을 전개하면 $ax^2+4ax+4a$
좌변과 계수를 비교하면 $b+1=4a, c-5=4a$
$$\therefore \frac{5b+c}{a}=\frac{5(4a-1)+(4a+5)}{a}=\frac{24a}{a}=24 \qquad \text{답} ④$$

05 [전략] 접하면 두 식에서 y를 소거하고 $D=0$을 계산한다.

(i) $y=x^2+ax+b$의 그래프와 직선 $y=-x+4$가 접할 때
$x^2+ax+b=-x+4$에서 $x^2+(a+1)x+b-4=0$
그래프와 직선이 접하므로
$$D_1=(a+1)^2-4(b-4)=0$$
$$\therefore a^2+2a-4b+17=0 \quad \cdots ❶ \qquad \cdots ㉮$$

(ii) $y=x^2+ax+b$의 그래프와 직선 $y=5x+7$이 접할 때
$x^2+ax+b=5x+7$에서 $x^2+(a-5)x+b-7=0$
그래프와 직선이 접하므로
$$D_2=(a-5)^2-4(b-7)=0$$
$$\therefore a^2-10a-4b+53=0 \quad \cdots ❷ \qquad \cdots ㉯$$
❶−❷를 하면 $12a-36=0 \qquad \therefore a=3$
❶에 대입하면 $b=8 \qquad \cdots ㉰$

단계	채점 기준	배점
㉮	$y=x^2+ax+b$의 그래프와 직선 $y=-x+4$가 접할 때 판별식을 이용하여 a, b에 대한 식 세우기	40%
㉯	$y=x^2+ax+b$의 그래프와 직선 $y=5x+7$이 접할 때 판별식을 이용하여 a, b에 대한 식 세우기	40%
㉰	a, b의 값 구하기	20%

답 $a=3, b=8$

06 [전략] 접하므로 $D=0$을 계산한 다음 k에 대해 정리한다.

$y=x^2+2kx+k^2+4$와 $y=mx+n$에서
$$x^2+2kx+k^2+4=mx+n$$
$$x^2+(2k-m)x+k^2-n+4=0$$
그래프와 직선이 접하므로
$$D=(2k-m)^2-4(k^2-n+4)=0$$
$$-4mk+m^2+4n-16=0$$
k의 값에 관계없이 성립하므로
$$m=0, m^2+4n-16=0$$
$$\therefore m=0, n=4, m+n=4 \qquad \text{답} ④$$

07 [전략] C가 직선 AB에 평행한 직선이 그래프에 접하는 점일 때, 삼각형 ABC의 넓이가 최대이다.

삼각형 ABC의 넓이가 최대일 때, C는 직선 AB에 평행한 직선이 그래프에 접하는 점이다.

직선 AB의 기울기는 1이므로 접선의 방정식을 $y=x+n$이라 하자.

$-x^2+6x-5=x+n$에서

$x^2-5x+n+5=0$ ··· ❶

그래프와 직선이 접하므로

$$D=5^2-4(n+5)=0 \quad \therefore n=\frac{5}{4}$$

이때 접선의 방정식은 $y=x+\frac{5}{4}$이다. 이 접선이 x축과 만나는 점을 $C'\left(-\frac{5}{4}, 0\right)$이라 하면 삼각형 ABC와 ABC'의 넓이가 같으므로 넓이의 최댓값은

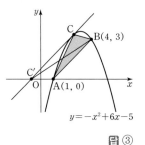

$$\frac{1}{2}\times\left(1+\frac{5}{4}\right)\times3=\frac{27}{8}$$

답 ③

Note

❶에서 $x^2-5x+\frac{25}{4}=0$ $\therefore x=\frac{5}{2}$(중근)

곧, C의 x좌표가 $\frac{5}{2}$이므로

$y=x+\frac{5}{4}$에 대입하면 $C\left(\frac{5}{2}, \frac{15}{4}\right)$

따라서 오른쪽 그림에서

$$B'(4,0), C'\left(1, \frac{15}{4}\right), D\left(4, \frac{15}{4}\right)$$

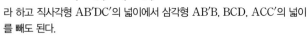

라 하고 직사각형 AB'DC'의 넓이에서 삼각형 AB'B, BCD, ACC'의 넓이를 빼도 된다.

08 [전략] 꼭짓점의 x좌표가 주어지면 식을 $y=a(x-p)^2+q$ 꼴로 나타낸다.

$f(x)=(x-\alpha)^2+m, g(x)=-2(x-\beta)^2+n$이라 하자.

$y=f(x), y=g(x)$의 그래프가 접하므로

$$(x-\alpha)^2+m=-2(x-\beta)^2+n$$

곧, $3x^2-2(\alpha+2\beta)x+\alpha^2+2\beta^2+m-n=0$

은 중근을 가지고, 중근은 $x=\frac{\alpha+2\beta}{3}$이다.

따라서 접점의 x좌표는 $\frac{\alpha+2\beta}{3}$이다.

답 ⑤

09 [전략] 실근의 개수는 그래프에서 교점의 개수이다.

방정식의 실근의 개수는 $y=|x^2-2|$의 그래프와 직선 $y=-x+k$의 교점의 개수이다.

$y=x^2-2$와 $y=|x^2-2|$의 그래프는 다음 그림과 같다.

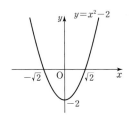
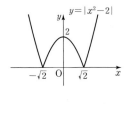

따라서 교점이 3개이면 직선 $y=-x+k$가 다음 그림과 같고, 이때 k의 값을 구한다.

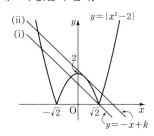

(ⅰ) 직선 $y=-x+k$가 점 $(\sqrt{2}, 0)$을 지날 때

$$0=-\sqrt{2}+k \quad \therefore k=\sqrt{2}$$

(ⅱ) $y=-x^2+2$의 그래프와 직선 $y=-x+k$가 접할 때

$-x^2+2=-x+k$에서 $x^2-x+k-2=0$

그래프와 직선이 접하므로

$$D=1-4k+8=0 \quad \therefore k=\frac{9}{4}$$

따라서 실수 k의 값의 곱은 $\sqrt{2}\times\frac{9}{4}=\frac{9\sqrt{2}}{4}$

답 ①

Note

k의 값에 따라 실근의 개수는 다음과 같다.

$k>\frac{9}{4}$이면 2개

$\sqrt{2}<k<\frac{9}{4}$이면 4개

$-\sqrt{2}<k<\sqrt{2}$이면 2개

$k=-\sqrt{2}$이면 1개

$k<-\sqrt{2}$이면 0개

10 [전략] $y=|x^2+ax+3|$의 그래프와 직선 $y=1$의 교점을 생각한다.

$f(x)=x^2+ax+3$이라 하자.

(ⅰ) $y=f(x)$의 그래프가 x축에 접하거나 만나지 않는 경우

$f(x)\geq0$이므로 $|f(x)|=f(x)$

$y=f(x)$의 그래프와 직선 $y=1$은 세 점에서 만날 수 없으므로 주어진 방정식이 서로 다른 세 실근을 갖지 않는다.

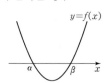

(ⅱ) $y=f(x)$의 그래프가 x축과 x좌표가 α, β $(\alpha<\beta)$인 두 점에서 만나는 경우

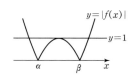

$x\leq\alpha$ 또는 $x\geq\beta$일 때 $f(x)\geq0$이므로 $|f(x)|=f(x)$

$\alpha<x<\beta$일 때 $f(x)<0$이므로 $|f(x)|=-f(x)$

따라서 $y=|f(x)|$의 그래프는 위의 오른쪽 그림과 같다.

직선 $y=1$이 $y=-f(x)$의 그래프와 접하면 $y=|f(x)|$의 그래프와 직선 $y=1$은 세 점에서 만나고 주어진 방정식은 서로 다른 세 실근을 가진다.

$-x^2-ax-3=1$에서 $x^2+ax+4=0$

그래프와 직선이 접하면

$$D=a^2-4\times4=0 \quad \therefore a=\pm4$$

답 $-4, 4$

11 [전략] A, B의 x좌표를 각각 α, β라 하고
선분 $\mathrm{AA'}$과 $\mathrm{BB'}$의 길이를 m, α, β로 나타낸다.

오른쪽 그림과 같이 A, B의 x좌표
를 각각 α, β $(\alpha<0<\beta)$라 하면 α,
β가 $x^2-2=mx$의 두 근이므로 근
과 계수의 관계에서

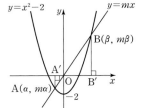

$$\alpha+\beta=m,\ \alpha\beta=-2$$

또 $\mathrm{A}(\alpha, m\alpha)$, $\mathrm{B}(\beta, m\beta)$이므로

$$\overline{\mathrm{AA'}}=-m\alpha,\ \overline{\mathrm{BB'}}=m\beta$$

조건에서 $|\overline{\mathrm{AA'}}-\overline{\mathrm{BB'}}|=16$이므로

$$|-m\alpha-m\beta|=16$$

$-m\alpha-m\beta=-m(\alpha+\beta)=-m^2$이므로 $m^2=16$

m은 양수이므로 $m=4$　　　　　　　　　　　🄰 4

12 [전략] A, B의 x좌표를 각각 α, β라 하고
두 삼각형 $\mathrm{ACA_1}$, $\mathrm{BCB_1}$의 넓이를 α, β로 나타낸 다음,
근과 계수의 관계를 이용한다.

오른쪽 그림에서 A, B의 x좌
표를 각각 α, β라 하면

$$\mathrm{A}(\alpha, 2\alpha+k)$$
$$\mathrm{B}(\beta, 2\beta+k)$$
$$\mathrm{A_1}(\alpha, 0),\ \mathrm{B_1}(\beta, 0)$$
$$\mathrm{C}\left(-\frac{k}{2}, 0\right)$$

α, β가 $-x^2+1=2x+k$, 곧
$$x^2+2x+k-1=0$$
의 근이므로 근과 계수의 관계에서

$$\alpha+\beta=-2,\ \alpha\beta=k-1 \quad \cdots\text{❶} \quad \cdots\text{㉮}$$

삼각형 $\mathrm{ACA_1}$의 넓이를 S_1이라 하면

$$S_1=\frac{1}{2}(-2\alpha-k)\left(-\frac{k}{2}-\alpha\right)=\left(\alpha+\frac{k}{2}\right)^2$$

삼각형 $\mathrm{BCB_1}$의 넓이를 S_2라 하면

$$S_2=\frac{1}{2}(2\beta+k)\left(\beta+\frac{k}{2}\right)=\left(\beta+\frac{k}{2}\right)^2 \quad \cdots\text{㉯}$$

$S_1+S_2=\dfrac{3}{2}$이므로 $\left(\alpha+\dfrac{k}{2}\right)^2+\left(\beta+\dfrac{k}{2}\right)^2=\dfrac{3}{2}$

$$2(\alpha^2+\beta^2)+2k(\alpha+\beta)+k^2-3=0$$

❶에서

$$\alpha^2+\beta^2=(\alpha+\beta)^2-2\alpha\beta=4-2(k-1)=6-2k$$

이므로

$$12-4k-4k+k^2-3=0,\ k^2-8k+9=0$$

$$\therefore k=4\pm\sqrt{7}$$

$-2<k<2$이므로 $k=4-\sqrt{7}$　　　　　　$\cdots$㉰

단계	채점 기준	배점
㉮	A, B의 x좌표를 각각 α, β라 하고 근과 계수의 관계를 이용하여 $\alpha+\beta$, $\alpha\beta$의 값 구하기	30%
㉯	삼각형 $\mathrm{ACA_1}$, $\mathrm{BCB_1}$의 넓이를 α, β, k의 식으로 각각 나타내기	30%
㉰	㉮에서 구한 값과 $\triangle\mathrm{ACA_1}+\triangle\mathrm{BCB_1}=\dfrac{3}{2}$임을 이용 하여 실수 k의 값 구하기	40%

🄰 $4-\sqrt{7}$

13 [전략] 모든 실수 x에 대하여 $f(x)\geq f(3)$이므로
$f(x)$는 $x=3$에서 최소이고, 그래프의 꼭짓점의 x좌표가 3이다.

$f(x)\geq f(3)$이므로 $f(x)$는 $x=3$에서 최소이고, 직선 $x=3$은
그래프의 축이다.

ㄱ. 직선 $x=3$이 축이고 $f(1)=0$이므로 $f(5)=0$이다. (참)

ㄴ. 직선 $x=3$이 축이므로 $f(0)=f(6)$이고, 다음 그림에서

$$f(2)<f\left(\frac{1}{2}\right)<f(0)$$이므로 $f(2)<f\left(\frac{1}{2}\right)<f(6)$ (참)

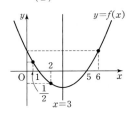

ㄷ. $f(x)=0$의 두 근이 1, 5이므로

$$f(x)=a(x-1)(x-5)\ (a>0)$$

으로 놓을 수 있다.

$f(0)=k$이므로 $5a=k$, $a=\dfrac{k}{5}$

$$\therefore f(x)=\frac{k}{5}(x-1)(x-5)=\frac{k}{5}x^2-\frac{6}{5}kx+k$$

$f(x)=kx$에서 $\dfrac{k}{5}x^2-\dfrac{6}{5}kx+k=kx$

$$\frac{k}{5}x^2-\frac{11}{5}kx+k=0,\ x^2-11x+5=0$$

곧, $D=121-20>0$이므로 실근을 가지고
두 근의 합은 11이다. (참)

따라서 옳은 것은 ㄱ, ㄴ, ㄷ이다.　　　　　🄰 ⑤

14 [전략] $y=x^2-4x+k$의 그래프가 x축과 $\dfrac{5}{2}\leq x<\dfrac{7}{2}$인 범위에서 만날
조건을 찾는다.

$f(x)=x^2-4x+k$라 하자.

$y=f(x)$의 그래프의 축이 직선 $x=2$
이고, x축과 $\dfrac{5}{2}\leq x<\dfrac{7}{2}$인 범위에서
만나므로 그래프는 오른쪽 그림과 같다.

(i) $f\left(\dfrac{5}{2}\right)\leq 0$이므로

$$-\frac{15}{4}+k\leq 0\qquad \therefore k\leq\frac{15}{4}$$

(ii) $f\left(\dfrac{7}{2}\right)>0$이므로 $-\dfrac{7}{4}+k>0$　　$\therefore k>\dfrac{7}{4}$

(i), (ii)를 동시에 만족하는 정수 k는 2, 3이고, 합은 5이다.　🄰 5

다른풀이

$x^2-4x+k=0$에서 $x=2\pm\sqrt{4-k}$

이 중 반올림하여 3이 될 수 있는 근은 $x=2+\sqrt{4-k}$이다.

$$\frac{5}{2}\leq 2+\sqrt{4-k}<\frac{7}{2},\ \frac{1}{2}\leq\sqrt{4-k}<\frac{3}{2}$$

$4-k>0$이므로

$$\frac{1}{4}\leq 4-k<\frac{9}{4}\qquad \therefore \frac{7}{4}<k\leq\frac{15}{4}$$

따라서 정수 k는 2, 3이고, 합은 5이다.

15 [전략] 교점의 좌표는 $(\alpha, 2\alpha+1)$, $(\beta, 2\beta+1)$ 꼴이다.
근과 계수의 관계를 이용하여 교점 사이의 거리를 a로 나타낸다.

$y=x^2-2ax$와 $y=2x+1$에서

$$x^2-2ax=2x+1, \ \ 곧 \ x^2-2(a+1)x-1=0$$

$$\frac{D}{4}=(a+1)^2+1>0 \qquad \cdots ❶$$

이므로 이 방정식은 서로 다른 두 실근을 가진다.

따라서 두 실근을 α, β $(\alpha<\beta)$라 하면

$$\alpha+\beta=2(a+1), \ \ \alpha\beta=-1$$

그래프와 직선의 교점을 P, Q라 하면

$$P(\alpha, 2\alpha+1), \ \ Q(\beta, 2\beta+1)$$

이라 할 수 있으므로

$$\overline{PQ}=\sqrt{(\beta-\alpha)^2+(2\beta+1-2\alpha-1)^2}=\sqrt{5(\alpha-\beta)^2}$$

$$=\sqrt{5\{(\alpha+\beta)^2-4\alpha\beta\}}=\sqrt{20(a+1)^2+20}$$

따라서 $a=-1$일 때 두 교점 사이의 거리가 최소이고 최솟값은

$$\sqrt{20}=2\sqrt{5} \qquad \qquad 답 ①$$

절대등급 Note

1. ❶에서 판별식을 쓰지 않고 두 근의 곱이 음이므로 서로 다른 두 실근을 가진다고 해도 된다.
2. 좌표평면 위의 두 점 $A(x_1, y_1)$, $B(x_2, y_2)$ 사이의 거리는
$$\overline{AB}=\sqrt{(x_2-x_1)^2+(y_2-y_1)^2}$$
이고, 이와 관련된 내용은 09단원에서 배운다.

16 [전략] 교점의 좌표는 $(\alpha, k\alpha+2)$, $(\beta, k\beta+2)$ 꼴이다.
근과 계수의 관계를 이용하여 삼각형의 넓이를 k로 나타낸다.

$y=x^2+2x$와 $y=kx+2$에서

$$x^2+2x=kx+2$$

$$곧, \ x^2+(2-k)x-2=0$$

$D=(2-k)^2+8>0$이므로 이 방정식은 서로 다른 두 실근을 가진다.

따라서 두 실근을 α, β $(\alpha<\beta)$라 하면

$$\alpha+\beta=k-2, \ \ \alpha\beta=-2 \quad \cdots ❶ \qquad \cdots ㉮$$

한편 오른쪽 그림에서

$$A(\alpha, k\alpha+2), \ B(\beta, k\beta+2)$$

이고, $\alpha<0<\beta$

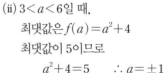

직선 $y=kx+2$와 y축의 교점을 C라 하면 $C(0, 2)$이므로

$$\triangle OAB=\triangle OAC+\triangle OBC$$

$$=\frac{1}{2}\times2\times(-\alpha)+\frac{1}{2}\times2\times\beta$$

$$=\beta-\alpha \qquad \qquad \cdots ㉯$$

❶에서

$$(\beta-\alpha)^2=(\alpha+\beta)^2-4\alpha\beta=(k-2)^2+8$$

이므로

$$\triangle OAB=\sqrt{(k-2)^2+8}$$

따라서 삼각형 OAB의 넓이의 최솟값은 $k=2$일 때

$$\sqrt{8}=2\sqrt{2} \qquad \qquad \cdots ㉰$$

단계	채점 기준	배점
㉮	$x^2+2x=kx+2$의 서로 다른 두 실근을 α, β라 하고 $\alpha+\beta$, $\alpha\beta$의 값 구하기	30%
㉯	삼각형 OAB의 넓이를 α, β로 간단히 나타내기	40%
㉰	삼각형 OAB의 넓이를 k에 대한 식으로 나타내고, 넓이의 최솟값 구하기	30%

Note 답 $2\sqrt{2}$

앞의 그림의 A, B에서 x축에 내린 수선의 발을 각각 A′, B′이라 하자.

$$\triangle OAB=\square AA'B'B-(\triangle OAA'+\triangle OBB')$$

$$=\frac{1}{2}(\beta-\alpha)(k\alpha+2+k\beta+2)-\left\{\frac{1}{2}(-\alpha)(k\alpha+2)+\frac{1}{2}\beta(k\beta+2)\right\}$$

$$=(\beta-\alpha)\left(\frac{k}{2}\alpha+\frac{k}{2}\beta+2\right)-\left\{\frac{k}{2}(\beta^2-\alpha^2)+(\beta-\alpha)\right\}$$

$$=(\beta-\alpha)\left(\frac{k}{2}\alpha+\frac{k}{2}\beta+2\right)-(\beta-\alpha)\left(\frac{k}{2}\alpha+\frac{k}{2}\beta+1\right)$$

$$=\beta-\alpha$$

17 [전략] 그래프의 축인 직선 $x=a$가 $3\leq x\leq6$인 범위에 포함될 때와 아닐 때로 나누어 생각한다.

$f(x)=-(x-a)^2+a^2+4$에서

(i) $a\leq3$일 때,

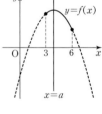

최댓값은 $f(3)=6a-5$

최댓값이 5이므로

$$6a-5=5 \qquad \therefore a=\frac{5}{3}$$

이때 $f(x)=-x^2+\frac{10}{3}x+4$

이고, 최솟값은 $f(6)=-12$

(ii) $3<a<6$일 때,

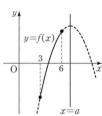

최댓값은 $f(a)=a^2+4$

최댓값이 5이므로

$$a^2+4=5 \qquad \therefore a=\pm1$$

$3<a<6$에 모순이다.

(iii) $a\geq6$일 때,

최댓값은 $f(6)=12a-32$

최댓값이 5이므로

$$12a-32=5 \qquad \therefore a=\frac{37}{12}$$

$a\geq6$에 모순이다.

(i), (ii), (iii)에서 $a=\frac{5}{3}$이고,

최솟값은 -12 답 ②

18 [전략] 그래프의 축인 직선 $x=\frac{3}{2}$이 $a-1\leq x\leq a$인 범위에 포함될 때와 아닐 때로 나누어 생각한다.

$f(x)=x^2-3x+a+5$라 하면

$$f(x)=\left(x-\frac{3}{2}\right)^2+a+\frac{11}{4}$$

(i) $a<\frac{3}{2}$일 때

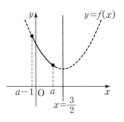

최솟값은 $f(a)=a^2-2a+5$

최솟값이 4이므로

$$a^2-2a+5=4$$

$$(a-1)^2=0 \qquad \therefore a=1$$

(ii) $a-1<\dfrac{3}{2}\leq a$, 곧 $\dfrac{3}{2}\leq a<\dfrac{5}{2}$일 때

최솟값은 $f\left(\dfrac{3}{2}\right)=a+\dfrac{11}{4}$

최솟값이 4이므로

$$a+\dfrac{11}{4}=4 \qquad \therefore a=\dfrac{5}{4}$$

$\dfrac{3}{2}\leq a<\dfrac{5}{2}$에 모순이다.

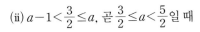

(iii) $a-1\geq\dfrac{3}{2}$, 곧 $a\geq\dfrac{5}{2}$일 때

최솟값은 $f(a-1)=a^2-4a+9$

최솟값이 4이므로

$$a^2-4a+9=4$$
$$\therefore a^2-4a+5=0$$

$D<0$이므로 만족하는 실수 a는 없다.

(i), (ii), (iii)에서 $a=1$ 답 ④

19 [전략] 주어진 식의 x에 $1-x$를 대입하면
$$2f(1-x)+f(x)=3(1-x)^2$$
이 식을 이용하여 $f(x)$부터 구한다.

$$2f(x)+f(1-x)=3x^2 \qquad \cdots ❶$$

x에 $1-x$를 대입하면

$$2f(1-x)+f(x)=3(1-x)^2 \qquad \cdots ❷$$

❶$\times 2-$❷를 하면

$$3f(x)=6x^2-3(1-x)^2=3x^2+6x-3$$
$$\therefore f(x)=x^2+2x-1$$

ㄱ. $f(0)=-1$ (참)

ㄴ. $f(x)=(x+1)^2-2$이므로 최솟값은 -2이다. (거짓)

ㄷ. $f(x)$의 그래프의 축이 직선 $x=-1$이므로
$$f(-1+x)=f(-1-x)$$
x에 $x+1$을 대입하면 $f(x)=f(-2-x)$ (참)

따라서 옳은 것은 ㄱ, ㄷ이다. 답 ④

Note
$f(x)=ax^2+bx+c$라 하고 ❶에 대입하면
$$2(ax^2+bx+c)+a(1-x)^2+b(1-x)+c=3x^2$$
$$3ax^2+(b-2a)x+a+b+3c=3x^2$$
x에 대한 항등식이므로 $3a=3,\ b-2a=0,\ a+b+3c=0$
$$\therefore a=1,\ b=2,\ c=-1,\ f(x)=x^2+2x-1$$

다른 풀이
ㄷ. $f(x)=(x+1)^2-2$이므로
$$f(-2-x)=(-1-x)^2-2=(x+1)^2-2=f(x)\ (참)$$

20 [전략] $y=f(x)$의 그래프를 그리고 $f(x)=4$의 해를 생각한다.

$f(x)=|x^2+4x-1|$이므로 $y=f(x)$의 그래프는 아래 오른쪽 그림과 같다.

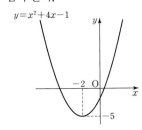
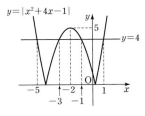

또 $f(x)=4$에서 $x^2+4x-1=\pm 4$
$$\therefore x^2+4x-5=0 \text{ 또는 } x^2+4x+3=0$$
$x^2+4x-5=0$에서 $x=-5$ 또는 $x=1$
$x^2+4x+3=0$에서 $x=-3$ 또는 $x=-1$
앞의 오른쪽 그림에서 $t\leq x\leq t+1$일 때, $f(x)$의 최댓값이 4이려면 범위의

오른쪽 경계의 값이 $t+1=-3$ 또는 $t+1=1$
왼쪽 경계의 값이 $t=-5$ 또는 $t=-1$
$$\therefore t=-4,\ 0,\ -5,\ -1$$
따라서 t의 값의 제곱의 합은
$$(-4)^2+0^2+(-5)^2+(-1)^2=42 \qquad \text{답 ⑤}$$

21 [전략] 그림을 그려 $\overline{PR}=x$, $\overline{PQ}=y$라 하고 닮은 삼각형을 이용하여 $x,\ y$에 대한 식을 구한다.

오른쪽 그림에서
$$\overline{PR}=x\ (0<x<4),$$
$$\overline{PQ}=y\ (0<y<3)$$
이라 하면 $\overline{BQ}=4-x$

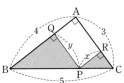

$\triangle ABC \backsim \triangle QBP$이므로
$$(4-x):y=4:3 \qquad \therefore y=\dfrac{3}{4}(4-x)$$
$$\therefore \triangle BPQ+\triangle CPR=\triangle ABC-\square AQPR$$
$$=6-xy=6-x\left(3-\dfrac{3}{4}x\right)$$
$$=\dfrac{3}{4}(x-2)^2+3$$

따라서 $x=2$일 때 두 삼각형의 넓이의 합이 최소이고, 최솟값은 3이다. 답 3

22 [전략] 직사각형의 세로, 가로의 길이를 각각 $x,\ y$라 하고 넓이에 대한 조건을 이용하여 $x,\ y$에 대한 식을 구한다.

X의 세로와 가로의 길이를 각각 x m, y m라 하자.

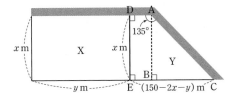

철망의 길이가 150 m이므로 $\overline{EC}=(150-2x-y)$ m
위의 그림에서 $\angle BAC=45°$이므로
$$\overline{BC}=\overline{BA}=x \text{ m},\ \overline{DA}=\overline{EB}=(150-3x-y) \text{ m}$$
X의 넓이는 xy m^2
Y의 넓이는 $\dfrac{1}{2}x(150-2x-y+150-3x-y)$
$$=\dfrac{1}{2}x(300-5x-2y)(\text{m}^2) \qquad \cdots ㉮$$

X의 넓이가 Y의 넓이의 2배이므로
$$xy=x(300-5x-2y) \qquad \therefore y=100-\dfrac{5}{3}x \qquad \cdots ㉯$$

이때 Y의 넓이는 $\dfrac{1}{2}xy=\dfrac{1}{2}x\left(100-\dfrac{5}{3}x\right)=-\dfrac{5}{6}x^2+50x$
$$=-\dfrac{5}{6}(x-30)^2+750(\text{m}^2)$$

따라서 Y의 넓이는 $x=30$일 때 최대이고, 최댓값은 750 m^2이다. ··· ㉣

단계	채점 기준	배점
㉮	X의 세로와 가로의 길이를 x, y로 놓고 X, Y의 넓이 구하기	50%
㉯	넓이를 이용하여 x, y의 관계식 구하기	20%
㉰	Y의 넓이의 최댓값 구하기	30%

답 750 m^2

23 [전략] $\overline{\text{DE}}=x$로 놓고 정삼각형 A′DE의 넓이와 삼각형 ABC의 외부에 있는 정삼각형의 넓이를 구한다.

$\overline{\text{DE}}=x$라 하면 $\dfrac{1}{2}<x<1$

오른쪽 그림에서

$\overline{\text{DB}}=\overline{\text{BF}}=\overline{\text{GC}}=1-x$

이므로 $\overline{\text{FG}}=2x-1$

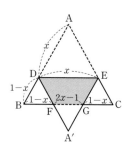

겹치는 부분의 넓이를 y라 하면

$y=\triangle\text{A′DE}-\triangle\text{A′FG}$

$=\dfrac{\sqrt{3}}{4}x^2-\dfrac{\sqrt{3}}{4}(2x-1)^2$

$=\dfrac{\sqrt{3}}{4}(-3x^2+4x-1)$

$=\dfrac{\sqrt{3}}{4}\left\{-3\left(x-\dfrac{2}{3}\right)^2+\dfrac{1}{3}\right\}$

$x=\dfrac{2}{3}$일 때 y는 최대이다.

곧, 겹치는 부분의 넓이가 최대일 때 $\overline{\text{DE}}$의 길이는 $\dfrac{2}{3}$ 답 ②

step C 최상위 문제 60~61쪽

01 -5	**02** $m=1, n=\dfrac{7}{4}$	**03** ②	**04** ④
05 $\dfrac{9}{2}$	**06** ③	**07** $x=-3$ 또는 $x=0$ 또는 $x=1$	
08 $\dfrac{3}{8}$			

01 [전략] $f(x+1)=f(-x+3)$의
x에 $x+1$을 대입하면
$f(2+x)=f(2-x)$
따라서 그래프는 직선 $x=2$에 대칭이다.

(나)의 x에 $x+1$을 대입하면

$f(x+2)=f(-x+2)$, 곧 $f(2+x)=f(2-x)$

이므로 $y=f(x)$의 그래프는 직선 $x=2$를 축으로 한다.

따라서 $f(x)=a(x-2)^2+n \ (a\neq 0)$으로 놓을 수 있다.

(다)에서 $f(3)=3$이므로 $a+n=3$

$\therefore f(x)=a(x-2)^2+3-a=ax^2-4ax+3a+3$

(가)에서 $\alpha+\beta=p, \ \alpha-\beta=q$라 하면

$(a+p)^3+(a-p)^3-(a-q)^3-(a+q)^3=0$

앞의 두 항과 뒤의 두 항을 묶어서 전개하면

$(2a^3+6ap^2)-(2a^3+6aq^2)=0$

$6a(p^2-q^2)=0$

$a\neq 0$이므로 $p^2-q^2=0$

$(\alpha+\beta)^2-(\alpha-\beta)^2=0 \qquad \therefore \alpha\beta=0$

α, β는 $f(x)=0$, 곧 $ax^2-4ax+3a+3=0$의 해이므로

$\alpha\beta=\dfrac{3a+3}{a}=0 \qquad \therefore a=-1$

$f(x)=-x^2+4x$이므로 $f(5)=-5$ 답 -5

02 [전략] 이차함수의 식은 $y=\{x-(a-1)\}^2+(a+1)$이다.
이 그래프와 직선 $y=mx+n$이 접할 조건과
a에 관계없이 성립할 조건을 찾는다.

그래프의 꼭짓점의 좌표가 $(a-1, a+1)$이므로

$y=\{x-(a-1)\}^2+(a+1)$

$=x^2-2(a-1)x+(a^2-a+2)$ ··· ㉮

이 그래프와 직선 $y=mx+n$에서

$x^2-2(a-1)x+(a^2-a+2)=mx+n$

$x^2+(2-2a-m)x+(a^2-a+2-n)=0$

그래프와 직선이 접하므로

$D=(2-2a-m)^2-4(a^2-a+2-n)=0$ ··· ㉯

a에 대한 항등식이므로 a에 대해 정리하면

$a(4m-4)+(m^2-4m+4n-4)=0$

따라서 $4m-4=0$이고 $m^2-4m+4n-4=0$

$\therefore m=1, n=\dfrac{7}{4}$ ··· ㉰

단계	채점 기준	배점
㉮	꼭짓점의 좌표를 이용하여 이차함수의 식 세우기	20%
㉯	그래프와 직선이 접하므로 판별식을 이용하여 식 세우기	40%
㉰	a에 대한 항등식임을 이용하여 m, n의 값 구하기	40%

답 $m=1, n=\dfrac{7}{4}$

03 [전략] $y=|x^2-2x-6|$과 $y=|x-k|+2$의 그래프를 생각한다.

$f(x)=x^2-2x-6, g(x)=|x-k|+2$라 하자.

$f(x)=(x-1)^2-7$이므로 $y=f(x)$와 $y=|f(x)|$의 그래프는 다음 그림과 같다.

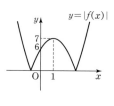

$x\geq k$일 때 $g(x)=x-k+2$

$x<k$일 때 $g(x)=-x+k+2$

이므로 $y=g(x)$의 그래프는 오른쪽 그림과 같다.

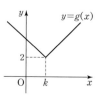

따라서 $y=|f(x)|$와 $y=g(x)$의 그래프가 서로 다른 세 점에서 만나는 경우는 다음 두 가지이다.

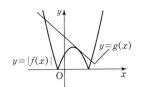 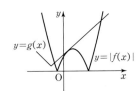

(i) $y=-f(x)$의 그래프와 직선 $y=-x+k+2$가 접하는 경우
$-x^2+2x+6=-x+k+2$에서 $x^2-3x+k-4=0$
그래프와 직선이 접하므로
$$D_1=9-4(k-4)=0 \qquad \therefore k=\frac{25}{4}$$

(ii) $y=-f(x)$의 그래프와 직선 $y=x-k+2$가 접하는 경우
$-x^2+2x+6=x-k+2$에서 $x^2-x-k-4=0$
그래프와 직선이 접하므로
$$D_2=1+4(k+4)=0 \qquad \therefore k=-\frac{17}{4}$$

따라서 k의 값의 합은 2 　　　　　　　　　　답 ②

04 [전략] 직선의 방정식을 $y=mx-1$로 놓고
　　　곡선과 직선이 접함을 이용하여 m에 대한 식을 세운다.

곡선에 접하는 직선의 방정식을
$y=mx-1$이라 하자.
$y=x^2-2x+k$와 $y=mx-1$에서
　　$x^2-2x+k=mx-1$
　　$x^2-(m+2)x+k+1=0$ … ❶
곡선과 직선이 접하므로
　　$D=(m+2)^2-4(k+1)=0$
　　$\therefore m^2+4m-4k=0$ … ❷

ㄱ. l_1, l_2의 기울기를 각각 m_1, m_2라 하면 m_1, m_2는 ❷의 두 근
　이다. 따라서 $m_1m_2=-12$이면 근과 계수의 관계에서
　　　$-4k=-12$ 　　$\therefore k=3$ (거짓)

ㄴ. ❷에 $k=3$을 대입하면
　　$m^2+4m-12=0$, $(m+6)(m-2)=0$
　　$\therefore m=-6$ 또는 $m=2$
　위의 그림에서 a는 l_1과 곡선의 접점의 x좌표이므로 l_1의 기울기가 음수이고 $m=-6$
　❶에 대입하면
　　$x^2+4x+4=0$, $x=-2$ (중근)
　　$\therefore a=-2$ (참)

ㄷ. ❷에서 근의 공식을 쓰면 $m=-2\pm2\sqrt{k+1}$
　a는 $m=-2-2\sqrt{k+1}$일 때 ❶의 근이므로 대입하면
　　$x^2+2\sqrt{k+1}x+k+1=0$, $(x+\sqrt{k+1})^2=0$
　　　$\therefore a=-\sqrt{k+1}$
　β는 $m=-2+2\sqrt{k+1}$일 때 ❶의 근이므로 대입하면
　　$x^2-2\sqrt{k+1}x+k+1=0$, $(x-\sqrt{k+1})^2=0$
　　　$\therefore \beta=\sqrt{k+1}$
　　　$\therefore a+\beta=0$ (참)

따라서 옳은 것은 ㄴ, ㄷ이다. 　　　　　　답 ④

Note 😊
ㄷ. ❷의 두 근을 m_1, m_2 $(m_1<m_2)$라 하자.
　$m_1+m_2=-4$이고, ❶에서

---

a는 방정식 $x^2-(m_1+2)x+k+1=0$의 중근,
β는 방정식 $x^2-(m_2+2)x+k+1=0$의 중근이므로
$$a+\beta=\frac{m_1+2}{2}+\frac{m_2+2}{2}=\frac{m_1+m_2+4}{2}=0$$

05 [전략] 꼭짓점의 좌표를 (a, ka)라 하고 $f(x)$의 식을 세운 다음
　　　$f(x)=kx+5$의 해가 a, β임을 이용한다.

$y=f(x)$의 그래프의 꼭짓점이 직선 $y=kx$ 위에 있으므로 꼭짓점의 좌표를 (a, ka)라 하면
$$f(x)=(x-a)^2+ka$$
로 놓을 수 있다. 　　　　　　　　　　… ㉮
$y=f(x)$의 그래프와 직선 $y=kx+5$가 만나는 두 점의 x좌표는
　　$(x-a)^2+ka=kx+5$
곧, $x^2-(2a+k)x+a^2+ka-5=0$
의 해이므로
　　$a+\beta=2a+k$ 　　… ❶
　　$a\beta=a^2+ka-5$ 　　… ❷ 　　… ㉯
$y=f(x)$의 그래프의 축이 직선 $x=\dfrac{a+\beta}{2}-\dfrac{1}{4}$이므로
$$\frac{a+\beta}{2}-\frac{1}{4}=a \qquad \therefore a+\beta=2a+\frac{1}{2}$$
❶에서 $2a+\dfrac{1}{2}=2a+k$ 　　$\therefore k=\dfrac{1}{2}$ 　… ㉰
❷에서 $a\beta=a^2+ka-5=a^2+\dfrac{1}{2}a-5$
$$(a-\beta)^2=(a+\beta)^2-4a\beta$$
$$=\left(2a+\frac{1}{2}\right)^2-4\left(a^2+\frac{1}{2}a-5\right)=\frac{81}{4}$$
이므로 $|a-\beta|=\dfrac{9}{2}$ 　　　　　　… ㉱

단계	채점 기준	배점
㉮	꼭짓점의 좌표를 이용하여 이차함수의 식 세우기	20%
㉯	$a+\beta$, $a\beta$의 값 구하기	30%
㉰	그래프의 축을 이용하여 k의 값 구하기	20%
㉱	$|a-\beta|$의 값 구하기	30%

답 $\dfrac{9}{2}$

06 [전략] $f(x)=ax^2-bx+3c$로 놓고 $y=f(x)$의 그래프가
　　　x축과 $1<x<2$, $4<x<5$에서 만날 조건을 생각한다.

$f(x)=ax^2-bx+3c$라 하자.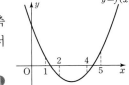
(나)에서 $y=f(x)$의 그래프가 x축과 $1<x<2$, $4<x<5$인 범위에서 만나고, x^2의 계수가 양수이므로
　　$f(1)=a-b+3c>0$ 　… ❶
　　$f(2)=4a-2b+3c<0$ … ❷
　　$f(4)=16a-4b+3c<0$ … ❸
　　$f(5)=25a-5b+3c>0$ … ❹
❶-❷에서 $-3a+b>0$ 　$\therefore b>3a$
❶-❸에서 $-15a+3b>0$ 　$\therefore b>5a$
a, b, c는 한 자리 자연수이므로 $a=1$이고 $b>5$
❷-❹에서 $-21a+3b<0$, $b<7$ 　$\therefore b=6$
$a=1$, $b=6$을 ❶, ❷, ❸, ❹에 대입하면

$$-5+3c>0, \ -8+3c<0, \ -8+3c<0, \ -5+3c>0$$

따라서 $c=2$이고 $3a+2b-c=13$ 답 ③

다른 풀이

$ax^2-bx+3c=0$의 두 근이 $\alpha, \ \beta \ (\alpha \neq \beta)$이므로

$$\alpha+\beta=\frac{b}{a}, \ \alpha\beta=\frac{3c}{a}$$

(나)에서 $5<\alpha+\beta<7, \ 4<\alpha\beta<10$이므로

$$5<\frac{b}{a}<7, \ 4<\frac{3c}{a}<10$$

(가)에서 $a, \ b$는 한 자리 자연수이므로 $a=1, \ b=6$

또 $4<\dfrac{3c}{a}<10$에서 $4<3c<10$이므로 $c=2$ 또는 $c=3$

그런데 $c=3$이면 $x^2-6x+9=0$이므로 $x=3$(중근)을 가진다.

곧, $\alpha \neq \beta$라는 조건에 모순이므로 $c=2$

$$\therefore a=1, \ b=6, \ c=2, \ 3a+2b-c=13$$

---

07 [전략] x의 범위를 나누어 $f(x)$의 절댓값을 없애고, t의 범위를 나누어 $f(x)$의 최댓값을 구한다.

$$f(x)=\begin{cases} x^2+2x-2t \ (x<t) \\ x^2-2x+2t \ (x\geq t) \end{cases}$$에서

$f_1(x)=x^2+2x-2t, \ f_2(x)=x^2-2x+2t$라 하자.

(i) $t<-1$일 때 $f(x)$의 최댓값은

$$f(-1)=f_2(-1)=2t+3$$

(ii) $-1 \leq t \leq 1$일 때 $f(x)$의 최댓값은

$$f(t)=f_1(t)=f_2(t)=t^2$$

(iii) $t>1$일 때 $f(x)$의 최댓값은

$$f(1)=f_1(1)=3-2t$$

(i)~(iii)에서 $g(t)=\begin{cases} 2t+3 \ (t<-1) \\ t^2 \quad\ (-1 \leq t \leq 1) \\ 3-2t \ (t>1) \end{cases}$

방정식 $g(x)=x$의 해는

$x<-1$일 때 $2x+3=x$

$$\therefore x=-3$$

$-1 \leq x \leq 1$일 때 $x^2=x$

$$\therefore x=0 \ 또는 \ x=1$$

$x>1$일 때 $3-2x=x$

$$\therefore x=1 \ (x>1에 \ 모순)$$

따라서 방정식의 해는

$$x=-3 \ 또는 \ x=0 \ 또는 \ x=1$$

답 $x=-3$ 또는 $x=0$ 또는 $x=1$

---

08 [전략] $\square$EFGH$\equiv$$\square$ABGH이므로 $\square$ABGH 넓이의 최솟값을 구한다.

$\overline{AH}=a, \ \overline{BG}=b$라 하면 $\overline{AB}=1$이므로 $\square$ABGH$=\dfrac{a+b}{2}$이다.

또 삼각형의 닮음을 이용하여 $a+b$를 다른 한 문자로 나타낸다.

$\overline{AH}=a, \ \overline{BG}=b$라 하면

$$\square ABGH=\frac{a+b}{2} \quad \cdots ❶$$

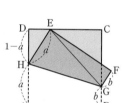

선분 BC와 EF의 교점을 I라 하면 직각삼각형 DHE, CEI, FGI는 서로 닮음이다.

$\overline{HE}=a, \ \overline{HD}=1-a, \ \overline{FG}=b$이므로

$\triangle$DHE와 $\triangle$FGI에서

$$a:(1-a)=\overline{GI}:b \quad \therefore \overline{GI}=\frac{ab}{1-a}$$

또 $\overline{CI}=1-b-\dfrac{ab}{1-a}=\dfrac{(1-b)(1-a)-ab}{1-a}=\dfrac{1-a-b}{1-a}$

$\overline{DE}=c$라 하면 $\overline{EC}=1-c$이므로 $\triangle$DHE와 $\triangle$CEI에서

$$c:(1-a)=\frac{1-a-b}{1-a}:(1-c), \ c-c^2=1-a-b$$

$$\therefore a+b=c^2-c+1$$

❶에 대입하면

$$\square ABGH=\frac{1}{2}(c^2-c+1)=\frac{1}{2}\left(c-\frac{1}{2}\right)^2+\frac{3}{8}$$

$0<c<1$이므로 $c=\dfrac{1}{2}$일 때 최솟값은 $\dfrac{3}{8}$

따라서 $\square$EFGH의 넓이의 최솟값은 $\dfrac{3}{8}$이다.   답 $\dfrac{3}{8}$

다른 풀이

$\overline{AH}=a$라 하면

$$\overline{HE}=a, \ \overline{HD}=1-a$$

이므로 직각삼각형 DHE에서

$$a^2=(1-a)^2+\overline{DE}^2$$

$$\therefore \overline{DE}^2=2a-1 \quad \cdots ❷$$

$\overline{BG}=b$라 하면 $\overline{GF}=b$이므로 직각삼각형 EFG에서

$$\overline{EG}^2=1+b^2$$

또 $\overline{CG}=1-b$이므로 직각삼각형 ECG에서

$$\overline{EC}^2=\overline{EG}^2-\overline{CG}^2=(1+b^2)-(1-b)^2=2b \quad \cdots ❸$$

$\overline{DE}=c$라 하면 ❷에서 $a=\dfrac{c^2+1}{2}$

$\overline{EC}=1-c$이므로 ❸에서 $b=\dfrac{(1-c)^2}{2}$

❶에 대입하면

$$\square ABGH=\frac{1}{2}(c^2-c+1)=\frac{1}{2}\left(c-\frac{1}{2}\right)^2+\frac{3}{8}$$

$0<c<1$이므로 $c=\dfrac{1}{2}$일 때 최솟값은 $\dfrac{3}{8}$

따라서 $\square$EFGH의 넓이의 최솟값은 $\dfrac{3}{8}$이다.

07. 여러 가지 방정식

01 ③	**02** (1) $x=\pm\sqrt{2}$ 또는 $x=\pm2i$			
(2) $x=-1\pm\sqrt{3}$ 또는 $x=1\pm\sqrt{3}$		**03** $a=6$, $x=\pm\sqrt{3}i$		
04 ⑤	**05** ⑤	**06** ⑤	**07** 2	**08** ③
09 ②	**10** 1	**11** ②	**12** ①	**13** 15
14 ③	**15** ②	**16** 8	**17** 3	**18** ④
19 ⑤	**20** $x=7$, $y=1$, $z=-2$	**21** 2		**22** ②
23 ①	**24** ④	**25** $a\geq-\dfrac{1}{6}$		**26** ①
27 $(1, 3)$, $(-2, 3)$		**28** ④	**29** ②	**30** ⑤
31 ④	**32** ②			

01 [전략] 고차방정식 풀이의 기본은 인수분해이다.
　　　　공식이나 인수정리를 이용하여 인수분해한다.
$f(x)=x^4-x^3-x^2-x-2$라 하면 $f(-1)=0$이므로 $f(x)$는
$x+1$로 나누어떨어진다.

$$
\begin{array}{r|rrrrr}
-1 & 1 & -1 & -1 & -1 & -2 \\
   &   & -1 & 2 & -1 & 2 \\
\hline
   & 1 & -2 & 1 & -2 & 0 \\
\end{array}
$$

$\therefore f(x)=(x+1)(x^3-2x^2+x-2)$ … ❶
$\qquad\quad =(x+1)\{x^2(x-2)+(x-2)\}$
$\qquad\quad =(x+1)(x-2)(x^2+1)$
따라서 $f(x)=0$의 해는
$\qquad x=-1$ 또는 $x=2$ 또는 $x=\pm i$　　　답 ③

Note
❶에서 $g(x)=x^3-2x^2+x-2$라 하면 $g(2)=0$이므로 $g(x)$는 $x-2$로 나누어떨어진다.
$g(x)$를 $x-2$로 나눈 몫이 x^2+1이므로
$\qquad g(x)=(x-2)(x^2+1)$

02 [전략] $ax^4+bx^2+c=0$ 꼴이므로 $x^2=t$로 놓고 좌변을 인수분해하거나
　　　　$(\quad)^2-(\quad)^2=0$ 꼴로 변형한다.
(1) $(x^2-2)(x^2+4)=0$에서 $x^2=2$ 또는 $x^2=-4$
$\qquad \therefore x=\pm\sqrt{2}$ 또는 $x=\pm2i$
(2) $x^4-4x^2+4-4x^2=0$, $(x^2-2)^2-(2x)^2=0$
$\qquad (x^2-2+2x)(x^2-2-2x)=0$
$x^2+2x-2=0$일 때 $x=-1\pm\sqrt{3}$
$x^2-2x-2=0$일 때 $x=1\pm\sqrt{3}$
　　　　　　답 (1) $x=\pm\sqrt{2}$ 또는 $x=\pm2i$
　　　　　　　　(2) $x=-1\pm\sqrt{3}$ 또는 $x=1\pm\sqrt{3}$

03 [전략] 근을 대입하면 방정식이 성립한다.
　　　　a를 구한 다음 조립제법으로 인수분해한다.
$x^3+2x^2+3x+a=0$에 $x=-2$를 대입하면
$\qquad -8+8-6+a=0 \qquad \therefore a=6$
$\qquad \therefore x^3+2x^2+3x+6=0$
$f(x)=x^3+2x^2+3x+6$이라 하면 $f(-2)=0$이므로 $f(x)$는
$x+2$로 나누어떨어진다.

$$
\begin{array}{r|rrrr}
-2 & 1 & 2 & 3 & 6 \\
   &   & -2 & 0 & -6 \\
\hline
   & 1 & 0 & 3 & 0 \\
\end{array}
$$

곧, 주어진 방정식은 $(x+2)(x^2+3)=0$
$\qquad \therefore x=-2$ 또는 $x=\pm\sqrt{3}i$　　　답 $a=6$, $x=\pm\sqrt{3}i$

04 [전략] $x^2-5x=t$로 놓고 전개하면 편하다.
$x^2-5x=t$라 하면
$\qquad t(t+13)+42=0$, $t^2+13t+42=0$
$\qquad \therefore t=-6$ 또는 $t=-7$
(ⅰ) $t=-6$일 때 $x^2-5x=-6$에서 $x^2-5x+6=0$
$\qquad\qquad \therefore x=2$ 또는 $x=3$
(ⅱ) $t=-7$일 때 $x^2-5x=-7$에서 $x^2-5x+7=0$
$\qquad D=5^2-4\times7<0$이므로 허근을 가진다.
(ⅰ), (ⅱ)에서 실근의 합은 5이다.　　　답 ⑤

05 [전략] $x(x-1)(x-2)(x-3)$에서 공통부분이 나오도록 적당히 둘씩
　　　　묶어 전개한다.
$\{x(x-3)\}\{(x-1)(x-2)\}-24=0$에서
$\qquad (x^2-3x)(x^2-3x+2)-24=0$
$x^2-3x=t$라 하면
$\qquad t(t+2)-24=0$, $t^2+2t-24=0$
$\qquad \therefore t=-6$ 또는 $t=4$
(ⅰ) $t=-6$일 때 $x^2-3x=-6$에서 $x^2-3x+6=0$
$\qquad D=3^2-4\times6<0$이므로 허근을 가지고, 허근의 곱은 6이다.
(ⅱ) $t=4$일 때 $x^2-3x=4$에서 $x^2-3x-4=0$
$\qquad\qquad \therefore x=-1$ 또는 $x=4$
(ⅰ), (ⅱ)에서 허근의 곱은 6이다.　　　답 ⑤

Note
상수항이 -24이므로 모든 근의 곱은 -24이지만 허근의 곱은 아니다.

06 [전략] 계수가 좌우 대칭이다. 이런 경우 x^2으로 양변을 나눈다.
$x^4-3x^3-2x^2-3x+1=0$에서 $x=0$을 대입하면 성립하지 않
으므로 $x\neq0$이다.
방정식의 양변을 x^2으로 나누면
$$x^2-3x-2-\frac{3}{x}+\frac{1}{x^2}=0$$
$x^2+\dfrac{1}{x^2}=\left(x+\dfrac{1}{x}\right)^2-2$이므로
$\qquad t^2-2-3t-2=0$, $t^2-3t-4=0$ … ❶
따라서 t의 값의 곱은 -4이다.　　　답 ⑤

Note
❶에서 $t=-1$ 또는 $t=4$
(ⅰ) $t=-1$일 때 $x+\dfrac{1}{x}=-1$에서 $x^2+x+1=0$
$\qquad\qquad \therefore x=\dfrac{-1\pm\sqrt{3}i}{2}$
(ⅱ) $t=4$일 때 $x+\dfrac{1}{x}=4$에서 $x^2-4x+1=0$
$\qquad\qquad \therefore x=2\pm\sqrt{3}$

07 [전략] 삼차, 사차방정식은 인수분해부터!

$f(x)=x^3+x+2$라 하면 $f(-1)=0$이므로 $f(x)$는 $x+1$로 나누어떨어진다.

$$
\begin{array}{r|rrrr}
-1 & 1 & 0 & 1 & 2 \\
   &   & -1 & 1 & -2 \\
\hline
   & 1 & -1 & 2 & \boxed{0}
\end{array}
$$

곧, 주어진 방정식은 $(x+1)(x^2-x+2)=0$

이때 α는 $x^2-x+2=0$의 허근이고, $\bar\alpha$도 이 방정식의 근이므로

$\alpha+\bar\alpha=1$, $\alpha\bar\alpha=2$

$\therefore \alpha^2\bar\alpha+\alpha\bar\alpha^2=\alpha\bar\alpha(\alpha+\bar\alpha)=2$ 　　　답 2

08 [전략] 계수가 유리수이므로 $-1-\sqrt2$도 근이다.

　　　따라서 방정식은 $(x+1-\sqrt2)(x+1+\sqrt2)(x-\alpha)=0$ 꼴이다.

계수가 유리수이므로 $-1-\sqrt2$도 근이다.

주어진 방정식은 x^3의 계수가 1인 삼차방정식이므로 나머지 한 근을 α라 하면

$x^3+ax^2+bx+1=(x+1-\sqrt2)(x+1+\sqrt2)(x-\alpha)$

이때 (우변)$=(x^2+2x-1)(x-\alpha)$

좌변과 상수항을 비교하면 $\alpha=1$이므로

(우변)$=(x^2+2x-1)(x-1)=x^3+x^2-3x+1$

따라서 좌변과 계수를 비교하면

$a=1$, $b=-3$　　$\therefore a+b=-2$ 　　답 ③

다른 풀이 1

$-1+\sqrt2$가 근이므로 대입하면

$(-1+\sqrt2)^3+a(-1+\sqrt2)^2+b(-1+\sqrt2)+1=0$

$-1+3\sqrt2-6+2\sqrt2+a(3-2\sqrt2)+b(-1+\sqrt2)+1=0$

$3a-b-6+(-2a+b+5)\sqrt2=0$

a, b가 유리수이므로 $3a-b-6=0$, $-2a+b+5=0$

연립하여 풀면 $a=1$, $b=-3$　　$\therefore a+b=-2$

다른 풀이 2

삼차방정식의 근과 계수의 관계를 이용할 수도 있다.

$-1-\sqrt2$도 근이므로 나머지 한 근을 α라 하면

$(-1+\sqrt2)+(-1-\sqrt2)+\alpha=-a$ 　… ❶

$(-1+\sqrt2)(-1-\sqrt2)+(-1+\sqrt2)\alpha+(-1-\sqrt2)\alpha=b$ 　… ❷

$(-1+\sqrt2)(-1-\sqrt2)\alpha=-1$　　$\therefore \alpha=1$

❶, ❷에 대입하면 $a=1$, $b=-3$　　$\therefore a+b=-2$

09 [전략] 계수가 실수이므로 $1-i$도 근이다.

　　　따라서 방정식은 $(x-1-i)(x-1+i)(x-\alpha)=0$ 꼴이다.

계수가 실수이므로 $1-i$도 근이다.

주어진 방정식은 x^3의 계수가 1인 삼차방정식이므로 나머지 한 근을 α라 하면

$x^3+(k^3-2k)x^2+(2-2k)x+2k$
$=(x-1-i)(x-1+i)(x-\alpha)$

이때 (우변)$=(x^2-2x+2)(x-\alpha)$

좌변과 상수항을 비교하면 $\alpha=-k$이므로

(우변)$=(x^2-2x+2)(x+k)$
$=x^3+(k-2)x^2+(2-2k)x+2k$

좌변과 x^2의 계수를 비교하면 $k^3-2k=k-2$에서

$k^3-3k+2=0$

$f(k)=k^3-3k+2$라 하면 $f(1)=0$이므로 $f(k)$는 $k-1$로 나누어떨어진다.

$$
\begin{array}{r|rrrr}
1 & 1 & 0 & -3 & 2 \\
  &   & 1 & 1 & -2 \\
\hline
  & 1 & 1 & -2 & \boxed{0}
\end{array}
$$

$\therefore f(k)=(k-1)(k^2+k-2)$

곧, $(k-1)^2(k+2)=0$이므로

$k=1$(중근) 또는 $k=-2$

따라서 k의 최댓값은 1이다. 　　답 ②

다른 풀이

$1+i$가 근이므로 대입하면

$(1+i)^3+(k^3-2k)(1+i)^2+(2-2k)(1+i)+2k=0$

$(2k^3-6k+4)i=0$, $k^3-3k+2=0$

$(k-1)^2(k+2)=0$

$\therefore k=1$(중근) 또는 $k=-2$

Note

$1-i$도 근이므로 나머지 한 근을 α라 하고 삼차방정식의 근과 계수의 관계를 이용할 수 있다.

10 [전략] $ax^3+bx^2+cx+d=0$의 세 근을 α, β, γ라 하면

　　$\Rightarrow \alpha+\beta+\gamma=-\dfrac{b}{a}$, $\alpha\beta+\beta\gamma+\gamma\alpha=\dfrac{c}{a}$, $\alpha\beta\gamma=-\dfrac{d}{a}$

근과 계수의 관계에서

$\alpha+\beta+\gamma=1$, $\alpha\beta+\beta\gamma+\gamma\alpha=2$, $\alpha\beta\gamma=k$

$(\alpha+\beta)(\beta+\gamma)(\gamma+\alpha)=\alpha\beta\gamma$에서

$(1-\gamma)(1-\alpha)(1-\beta)=k$

$1-(\alpha+\beta+\gamma)+(\alpha\beta+\beta\gamma+\gamma\alpha)-\alpha\beta\gamma=k$

$1-1+2-k=k$　　$\therefore k=1$ 　　답 1

절대등급 Note

$x^3-x^2+2x-k=(x-\alpha)(x-\beta)(x-\gamma)$라 하면

　(우변)$=x^3-(\alpha+\beta+\gamma)x^2+(\alpha\beta+\beta\gamma+\gamma\alpha)x-\alpha\beta\gamma$

좌변과 비교하면

　$\alpha+\beta+\gamma=1$, $\alpha\beta+\beta\gamma+\gamma\alpha=2$, $\alpha\beta\gamma=k$

삼차방정식의 근과 계수의 관계를 모르는 경우에는 이와 같이 풀면 된다.

11 [전략] 1, 2, 2000은 방정식 $f(x)=x$의 해이다.

1, 2, 2000은 방정식 $f(x)-x=0$의 세 근이고, $f(x)-x$는 x^3의 계수가 1인 삼차식이므로

$f(x)-x=(x-1)(x-2)(x-2000)$

으로 놓을 수 있다.

$\therefore f(x)=(x-1)(x-2)(x-2000)+x$
$=(x^2-3x+2)(x-2000)+x$
$=x^3-2003x^2+6003x-4000$

따라서 근과 계수의 관계에서

$a=2003$, $b=4000$　　$\therefore a+b=6003$ 　　답 ②

Note

근의 합과 곱을 구하므로 $f(x)$에서 x의 계수는 구하지 않아도 된다.

12 [전략] ω가 $x^3=1$의 근이므로 $\omega^3=1$

또 ω는 $(x-1)(x^2+x+1)=0$의 허근이므로 $\omega^2+\omega+1=0$

$x^3-1=0$에서 $(x-1)(x^2+x+1)=0$이고 ω는 허근이므로

$x^2+x+1=0$의 근이다.

$\therefore \omega^2+\omega+1=0$

$(2+\omega)(1+\omega)=a+b\omega$에서

(좌변)$=2+3\omega+\omega^2=2+3\omega+(-\omega-1)=1+2\omega$

a, b가 실수, ω는 허수이므로 우변과 비교하면

$a=1$, $b=2$ $\therefore a+b=3$ 답 ①

13 [전략] ω가 $x^3+1=0$의 근이므로 $\omega^3=-1$

또 ω는 $(x+1)(x^2-x+1)=0$의 허근이므로 $\omega^2-\omega+1=0$

ω가 $x^3+1=0$의 근이므로 $\omega^3=-1$

또 $x^3+1=0$에서 $(x+1)(x^2-x+1)=0$이고 ω는 허근이므로

$x^2-x+1=0$의 근이다.

$\therefore \omega^2-\omega+1=0$

이때 $\omega^{3n}=(\omega^3)^n=(-1)^n$

$(\omega-1)^{2n}=(\omega^2)^{2n}=(\omega^4)^n=(-\omega)^n$

이므로

$\omega^{3n}\times(\omega-1)^{2n}=(-1)^n\times(-\omega)^n=\omega^n$

ω^n이 양의 실수인 경우는 $\omega^6=\omega^{12}=\omega^{18}=\cdots=1$일 때이다.

n은 두 자리 자연수이므로 12, 18, 24, $\cdots$, 96이고 15개이다.

답 15

14 [전략] $x^2-x+1=0$의 근은 ω, $\bar{\omega}$이고, $\omega^2-\omega+1=0$이다.

$x^2-x+1=0$의 한 허근이 ω이므로 $\omega^2-\omega+1=0$

양변에 $\omega+1$을 곱하면

$(\omega+1)(\omega^2-\omega+1)=0$ $\therefore \omega^3+1=0$

ㄱ. $\omega^3+1=0$에서 $\omega^3=-1$ (참)

ㄴ. $\omega+\bar{\omega}=1$, $\omega\bar{\omega}=1$이므로

$\omega^2+\bar{\omega}^2=(\omega+\bar{\omega})^2-2\omega\bar{\omega}=-1$ (거짓)

ㄷ. $\omega^3=-1$, $\omega^6=1$이므로

$\omega+\omega^2+\omega^3+\omega^4+\omega^5+\omega^6$

$=\omega+\omega^2-1-\omega-\omega^2+1=0$

$\omega+\omega^2+\cdots+\omega^{10}=\omega^7+\omega^8+\omega^9+\omega^{10}$

$=\omega+\omega^2-1-\omega=\omega^2-1$

$\dfrac{1}{\omega}+\dfrac{1}{\omega^2}+\cdots+\dfrac{1}{\omega^{10}}=\dfrac{\omega^9+\omega^8+\cdots+\omega+1}{\omega^{10}}$

$=\dfrac{\omega^9+\omega^8+\omega^7+1}{\omega^{10}}$

$=\dfrac{-1+\omega^2+\omega+1}{-\omega}=-\omega-1$

$\therefore \left(\omega+\dfrac{1}{\omega}\right)+\left(\omega^2+\dfrac{1}{\omega^2}\right)+\cdots+\left(\omega^{10}+\dfrac{1}{\omega^{10}}\right)$

$=\omega^2-1-\omega-1=\omega^2-\omega-2$

$=-1-2=-3$ (참)

따라서 옳은 것은 ㄱ, ㄷ이다. 답 ③

다른 풀이

ㄷ. $\omega^2-\omega+1=0$에서 양변을 ω로 나누면

$\omega-1+\dfrac{1}{\omega}=0$ $\therefore \omega+\dfrac{1}{\omega}=1$

$\omega^2+\dfrac{1}{\omega^2}=\left(\omega+\dfrac{1}{\omega}\right)^2-2=-1$

$\omega^3=-1$이므로

$\omega^3+\dfrac{1}{\omega^3}=-1+\dfrac{1}{-1}=-2$

$\omega^4+\dfrac{1}{\omega^4}=-\left(\omega+\dfrac{1}{\omega}\right)=-1$

$\omega^5+\dfrac{1}{\omega^5}=-\left(\omega^2+\dfrac{1}{\omega^2}\right)=1$

$\omega^6=1$이므로

$\omega^6+\dfrac{1}{\omega^6}=1+1=2$

$\omega^7+\dfrac{1}{\omega^7}=\omega+\dfrac{1}{\omega}=1$

$\vdots$

$\therefore \left(\omega+\dfrac{1}{\omega}\right)+\left(\omega^2+\dfrac{1}{\omega^2}\right)+\cdots+\left(\omega^{10}+\dfrac{1}{\omega^{10}}\right)$

$=1+(-1)+(-2)+(-1)+1+2$

$+1+(-1)+(-2)+(-1)$

$=-3$

15 [전략] x^4+x^3+x+1을 인수분해할 수 있는지 확인한다.

$x^4+x^3+x+1=0$에서 $x^3(x+1)+(x+1)=0$

$(x^3+1)(x+1)=0$, $(x^2-x+1)(x+1)^2=0$

ω는 $x^2-x+1=0$의 허근이므로 $\omega^2-\omega+1=0$

양변에 $\omega+1$을 곱하면 $\omega^3+1=0$

ㄱ. $\omega^2=\omega-1$ (참)

ㄴ. $\omega^2-\omega+1=0$의 양변을 ω로 나누면 $\omega+\dfrac{1}{\omega}=1$

$\therefore \omega^2+\dfrac{1}{\omega^2}=\left(\omega+\dfrac{1}{\omega}\right)^2-2=-1$ (참)

ㄷ. $\omega^3=-1$이므로

$1+\omega+\omega^2+\omega^3+\omega^4+\omega^5=1+\omega+\omega^2-1-\omega-\omega^2=0$

$\omega^6+\omega^7+\cdots+\omega^{11}=\omega^6(1+\omega+\cdots+\omega^5)=0$

$\vdots$

$\therefore 1+\omega+\omega^2+\omega^3+\cdots+\omega^{99}=\omega^{96}+\omega^{97}+\omega^{98}+\omega^{99}$

$=1+\omega+\omega^2-1$

$=\omega+(\omega-1)$

$=2\omega-1$ (거짓)

따라서 옳은 것은 ㄱ, ㄴ이다. 답 ②

16 [전략] 좌변을 인수분해할 수 있는지 확인한다.

$f(x)=x^3+(2+a)x^2+ax-a^2$이라 하면 $f(-a)=0$이므로

$f(x)$는 $x+a$로 나누어떨어진다.

$$
\begin{array}{r|rrr|r}
-a & 1 & 2+a & a & -a^2 \\
  &   & -a & -2a & a^2 \\
\hline
  & 1 & 2 & -a & 0
\end{array}
$$

주어진 방정식은 $(x+a)(x^2+2x-a)=0$

곧, 서로 다른 세 실근을 가지면 $x^2+2x-a=0$은 $x=-a$가 아

닌 서로 다른 두 실근을 가진다.

(ⅰ) $\dfrac{D}{4}=1+a>0$ $\therefore a>-1$

(ii) $a^2-2a-a\neq0$이므로 $a(a-3)\neq0$ $\qquad$ $\therefore a\neq0$이고 $a\neq3$

(i), (ii)에서 a는 10보다 작은 정수이므로

1, 2, 4, 5, 6, 7, 8, 9이고, 8개이다. $\qquad$ 답 8

Note

$f(x)$의 상수항이 $-a^2$이므로 x에 ±1, $\pm a$, $\pm a^2$을 대입하여 0이 되는지 확인하면 $f(x)$를 인수분해할 수 있다.

17 [전략] 삼차방정식이고 계수가 실수이므로 실근이 한 개이면 삼중근이거나 실근 한 개와 허근 두 개이다. 먼저 방정식의 좌변을 인수분해한다.

$f(x)=x^3+x^2+(k^2-5)x-k^2+3$이라 하면 $f(1)=0$이므로 $f(x)$는 $x-1$로 나누어떨어진다.

$$
\begin{array}{c|ccccc}
1 & 1 & 1 & k^2-5 & -k^2+3 \\
 & & 1 & 2 & k^2-3 \\
\hline
 & 1 & 2 & k^2-3 & 0 \\
\end{array}
$$

주어진 방정식은 $(x-1)(x^2+2x+k^2-3)=0$

곧, 실근이 한 개이면 $x^2+2x+k^2-3=0$이 $x=1$을 중근으로 갖거나 허근 두 개를 가진다.

(i) $x=1$이 중근일 때

$$x^2+2x+k^2-3=(x-1)^2$$

우변을 전개하면 x^2-2x+1이므로 성립하지 않는다.

(ii) 허근 두 개를 가질 때

$$\frac{D}{4}=1-(k^2-3)=-k^2+4<0,\ k^2>4 \qquad \text{❶}$$

k는 자연수이므로 3, 4, 5, …

(i), (ii)에서 자연수 k의 최솟값은 3이다. $\qquad$ 답 3

Note

k가 실수이면 부등식 ❶의 해는 $k<-2$ 또는 $k>2$이다.

18 [전략] 좌변을 인수분해하면 이차방정식의 근의 조건에 대한 문제이다.

$f(x)=x^3-5x^2+(k-9)x+k-3$이라 하면 $f(-1)=0$이므로 $f(x)$는 $x+1$로 나누어떨어진다.

$$
\begin{array}{c|ccccc}
-1 & 1 & -5 & k-9 & k-3 \\
 & & -1 & 6 & -k+3 \\
\hline
 & 1 & -6 & k-3 & 0 \\
\end{array}
$$

주어진 방정식은 $(x+1)(x^2-6x+k-3)=0$

이때 $x=-1$이 근이므로 $x^2-6x+k-3=0$은 1보다 큰 서로 다른 두 실근을 가진다.

$g(x)=x^2-6x+k-3$이라 하면 축이 직선 $x=3$이므로 $y=g(x)$의 그래프는 오른쪽 그림과 같다.

따라서 조건을 만족하려면

(i) $\dfrac{D}{4}=9-k+3>0 \qquad \therefore k<12$

(ii) $g(1)=1-6+k-3>0 \qquad \therefore k>8$

(i), (ii)에서 정수 k는 9, 10, 11이고, 합은 30이다. $\qquad$ 답 ④

19 [전략] $x^2=t$라 하면 $t^2-9t+k-10=0$이다.

x가 실수이면 $t\geq0$이므로 이 방정식의 해가 0 또는 양수이면 된다.

$x^2=t$라 하면 $t^2-9t+k-10=0 \qquad$ ❶

x가 실수이면 $t\geq0$이므로 ❶의 해가 0 또는 양수이다.

(i) $D=9^2-4(k-10)\geq0 \qquad \therefore k\leq\dfrac{121}{4}$

또 ❶의 두 근을 α, β라 할 때

(ii) $\alpha+\beta=9\geq0$

(iii) $\alpha\beta=k-10\geq0 \qquad \therefore k\geq10$

(i), (ii), (iii)에서 자연수 k는 10, 11, 12, …, 30이고, 21개이다. $\qquad$ 답 ⑤

20 [전략] 연립방정식 ⇨ 미지수를 하나씩 줄인다.

주어진 식에서

$\quad x-y=6 \qquad$ ❶

$\quad y-z=3 \qquad$ ❷

$\quad z+x=5 \qquad$ ❸

❶+❷를 하면 $x-z=9 \qquad$ ❹

❸+❹를 하면 $2x=14 \qquad \therefore x=7$

❶에 대입하면 $y=1$

❸에 대입하면 $z=-2 \qquad$ 답 $x=7$, $y=1$, $z=-2$

21 [전략] 한 문자를 소거할 때

$\quad 0=a\ (a\neq0)$ 꼴 ⇨ 해가 없다.

$\quad 0=0$ 꼴 ⇨ 해가 무수히 많다.

$\quad ax+2y=4 \qquad$ ❶

$\quad x+(a-1)y=a \qquad$ ❷

❶−❷$\times a$를 하면 $(2+a-a^2)y=4-a^2$

$\qquad (a+1)(a-2)y=(a+2)(a-2)$

$a=-1$이면 $0\times y=-3$이므로 해가 없다.

$a=2$이면 $0\times y=0$이므로 해가 무수히 많다.

$\qquad \therefore a=2 \qquad$ 답 2

Note

y를 소거해도 결과는 같다.

한편 해가 무수히 많은 경우는 $\dfrac{a}{1}=\dfrac{2}{a-1}=\dfrac{4}{a}$일 때이다.

22 [전략] 꼭짓점 위치에 있는 수를 a, b, c라 하고 방정식을 세운다.

꼭짓점 위치에 있는 수를 각각 a, b, c라 하면

$\quad a+b=26 \qquad$ ❶

$\quad b+c=18 \qquad$ ❷

$\quad c+a=30 \qquad$ ❸

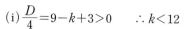

❶+❷+❸을 하면 $2(a+b+c)=74$

$\qquad \therefore a+b+c=37 \qquad$ ❹

❶과 ❹에서 $c=11$

❷와 ❹에서 $a=19$

❸과 ❹에서 $b=7$

따라서 가장 큰 수는 19이다. $\qquad$ 답 ②

23 [전략] 일차방정식 $x-y+1=0$을 이용하여 x나 y를 소거한다.

$$
\begin{cases}
x-y+1=0 & \cdots\ \text{❶} \\
x^2+3x-y-1=0 & \cdots\ \text{❷}
\end{cases}
$$

❶에서 $y=x+1$을 ❷에 대입하면

$\qquad x^2+3x-(x+1)-1=0$

$$x^2+2x-2=0 \qquad \therefore x=-1\pm\sqrt{3}$$

이때 $y=x+1=\pm\sqrt{3}$

$x=-1+\sqrt{3}$, $y=\sqrt{3}$일 때

$$\alpha^2+2\beta=(-1+\sqrt{3})^2+2\sqrt{3}=4$$

$x=-1-\sqrt{3}$, $y=-\sqrt{3}$일 때

$$\alpha^2+2\beta=(-1-\sqrt{3})^2-2\sqrt{3}=4 \qquad \text{답 ①}$$

Note

$$\alpha^2+2\beta=\alpha^2+2(\alpha+1)=\alpha^2+2\alpha+2$$
$$=2+2=4$$

24 [전략] 인수분해가 가능한 이차방정식이 있는지 찾는다.

$$\begin{cases} x^2-4xy+3y^2=0 & \cdots \ ❶ \\ 2x^2+xy+3y^2=24 & \cdots \ ❷ \end{cases}$$

❶에서

$$(x-y)(x-3y)=0 \qquad \therefore x=y \ 또는 \ x=3y$$

(i) $x=y$를 ❷에 대입하면 $6y^2=24$

$$\therefore y=2,\ x=2 \ 또는 \ y=-2,\ x=-2$$

(ii) $x=3y$를 ❷에 대입하면 $24y^2=24$

$$\therefore y=1,\ x=3 \ 또는 \ y=-1,\ x=-3$$

(i), (ii)에서 $\alpha_i\beta_i=3$ 또는 $\alpha_i\beta_i=4$이므로 최댓값은 4이다. 답 ④

25 [전략] $x+y=p$, $xy=q$이면 x, y는 t에 대한 이차방정식
$t^2-pt+q=0$의 해이다.

x, y는 t에 대한 이차방정식 $t^2-2(a+2)t+a^2-2a+3=0$의 해이다.

따라서 x, y가 실수이면 이 방정식은 실근을 가진다.

$$\frac{D}{4}=(a+2)^2-(a^2-2a+3)\geq 0$$
$$a^2+4a+4-a^2+2a-3\geq 0$$
$$\therefore a\geq -\frac{1}{6} \qquad \text{답} \ a\geq -\frac{1}{6}$$

다른 풀이

$x+y=2(a+2)$에서 $y=2a+4-x$

$xy=a^2-2a+3$에 대입하면 $x(2a+4-x)=a^2-2a+3$

$$\therefore x^2-2(a+2)x+a^2-2a+3=0$$

이 방정식의 해가 실수이므로

$$\frac{D}{4}=(a+2)^2-(a^2-2a+3)\geq 0$$
$$a^2+4a+4-a^2+2a-3\geq 0$$
$$\therefore a\geq -\frac{1}{6}$$

26 [전략] $2x+y=k$를 이용하여 한 문자를 소거한 다음
방정식의 해가 1개일 조건을 찾는다.

$y=k-2x$를 $x^2+xy+y^2=1$에 대입하면

$$x^2+x(k-2x)+(k-2x)^2=1$$
$$3x^2-3kx+k^2-1=0$$

이 방정식의 해가 1개이면 연립방정식의 해가 한 쌍이다.

곧, 중근을 가지므로

$$D=(3k)^2-12(k^2-1)=0$$
$$-3k^2+12=0 \qquad \therefore k=\pm 2$$

따라서 실수 k의 값의 곱은 -4이다. 답 ①

27 [전략] 먼저 인수분해하여 해를 구할 수 있는지 확인한다.

$x^2+(a-3)x-3a=0$에서

$$(x+a)(x-3)=0 \qquad \therefore x=-a \ 또는 \ x=3$$

$x^3-(b+1)x^2+(b-2)x+2b=0$에서

$f(x)=x^3-(b+1)x^2+(b-2)x+2b$라 하면

$f(-1)=0$이므로

$$f(x)=(x+1)\{x^2-(b+2)x+2b\}$$
$$=(x+1)(x-2)(x-b)$$

따라서 $f(x)=0$의 해는 $x=-1$ 또는 $x=2$ 또는 $x=b$

공통인 근이 2개이면 $b=3$이고 $-a=-1$ 또는 $-a=2$이다.

$$\therefore (a,b)=(1,3),\ (-2,3) \qquad \text{답} \ (1,3),\ (-2,3)$$

28 [전략] 공통인 근을 α라 하면 $\alpha^2-4\alpha+a=0$, $\alpha^2+a\alpha-4=0$
두 식에서 α^2을 소거하면 a나 α의 값을 구할 수 있다.

공통인 근을 α라 하면

$$\alpha^2-4\alpha+a=0 \qquad \cdots \ ❶$$
$$\alpha^2+a\alpha-4=0 \qquad \cdots \ ❷$$

❶$-$❷를 하면

$$(-4-a)\alpha+a+4=0,\ (a+4)(\alpha-1)=0$$
$$\therefore a=-4 \ 또는 \ \alpha=1$$

(i) $a=-4$이면 두 방정식은 모두 $x^2-4x-4=0$이고,
공통인 근은 2개이다.

(ii) $\alpha=1$일 때 ❶에 대입하면 $a=3$
이때 방정식 $x^2-4x+3=0$의 해는 $x=1$ 또는 $x=3$
방정식 $x^2+3x-4=0$의 해는 $x=1$ 또는 $x=-4$
따라서 공통인 근은 1개이다.

곧, a의 값은 3이다. 답 ④

절대등급 Note

공통근 문제는 ❶, ❷와 같은 연립방정식을 푸는 경우가 대부분이다.
두 식을 적당히 더하거나 빼서 인수분해되는 꼴로 변형한다.

29 [전략] $x-2$는 -2보다 큰 정수, $y+1$은 1보다 큰 정수이다.

곱해서 6인 두 정수의 쌍은 1과 6, -1과 -6, 2와 3, -2와 -3이다.

그리고 $x-2$는 -2보다 큰 정수, $y+1$은 1보다 큰 정수이므로

$$x-2=1,\ y+1=6 \ 또는 \ x-2=2,\ y+1=3$$
$$또는 \ x-2=3,\ y+1=2$$
$$\therefore x=3,\ y=5 \ 또는 \ x=4,\ y=2 \ 또는 \ x=5,\ y=1$$

따라서 $\alpha\beta$의 최댓값은 $\alpha=3$, $\beta=5$일 때 15이다. 답 ②

30 [전략] 양변에 $11ab$를 곱하고 ( )×( )=(정수) 꼴로 정리한다.

주어진 식의 양변에 $11ab$를 곱하면 $11b+11a=2ab$

$$a(2b-11)-11b=0 \qquad \cdots \ ❶$$
$$2a(2b-11)-22b=0$$
$$2a(2b-11)-11(2b-11)=11^2$$
$$(2a-11)(2b-11)=11^2$$

a, b가 자연수이므로 $2a-11$, $2b-11$은 -11보다 큰 정수이다.

$$\therefore \begin{cases} 2a-11=1 \\ 2b-11=11^2 \end{cases}, \begin{cases} 2a-11=11^2 \\ 2b-11=1 \end{cases}, \begin{cases} 2a-11=11 \\ 2b-11=11 \end{cases}$$

a, b는 서로 다르므로 $a=6, b=66$ 또는 $a=66, b=6$

$$\therefore a+b=72 \qquad \qquad \text{답 ⑤}$$

Note

❶에서 $2b-11$로 묶어야 하므로

$$a(2b-11)-\frac{11}{2}(2b-11)=\frac{11^2}{2}$$

$$\left(a-\frac{11}{2}\right)(2b-11)=\frac{11^2}{2}$$

$$\therefore (2a-11)(2b-11)=11^2$$

31 [전략] 두 근을 α, β로 놓고 $\alpha+\beta, \alpha\beta$에서 a를 소거한다.

두 근을 α, β라 하면

$$\alpha+\beta=a+2 \qquad \cdots ❶$$
$$\alpha\beta=5a-9 \qquad \cdots ❷$$

❶에서 $a=\alpha+\beta-2 \qquad \cdots ❸$

❸을 ❷에 대입하면 $\alpha\beta=5(\alpha+\beta-2)-9$

$$\alpha\beta-5\alpha-5\beta=-19$$
$$\alpha(\beta-5)-5(\beta-5)=-19+25$$
$$(\alpha-5)(\beta-5)=6$$

α, β가 자연수이므로 $\alpha-5, \beta-5$는 모두 -5보다 큰 정수이다.

$\alpha-5$	-3	-2	1	2	3	6
$\beta-5$	-2	-3	6	3	2	1

α	2	3	6	7	8	11
β	3	2	11	8	7	6

❸에서 $\alpha+\beta$가 최대일 때 a가 최대이다. 곧,

$$\alpha=6, \beta=11 \text{ 또는 } \alpha=11, \beta=6$$

일 때 a의 최댓값은 15이다. 답 ④

32 [전략] x, y가 실수이고 이차식이므로
$(\quad)^2+(\quad)^2=0$ 꼴로 변형할 수 있는지 확인한다.

$$x^2-4x+4+9x^2-6xy+y^2=0$$
$$(x-2)^2+(3x-y)^2=0$$

x, y는 실수이므로 $x-2=0, 3x-y=0$

$$\therefore x=2, y=6, x+y=8 \qquad \text{답 ②}$$

step B 실력 문제 67~70쪽

01 ④	**02** ①	**03** $-\dfrac{4}{3}$	**04** 4	**05** 3, 6, 6
06 ②	**07** ⑤	**08** ④	**09** ③	**10** ⑤
11 ⑤	**12** $a=-2, b=9$	**13** ③	**14** ②	
15 ③	**16** 6	**17** ⑤	**18** $k\le4$	**19** ②
20 $a=-\dfrac{5}{8}, b=-\dfrac{3}{8}$	**21** ⑤	**22** 1	**23** ②	
24 ①				

01 [전략] 바로 전개하면 인수분해하기가 쉽지 않다.
$x^2-5x+6, x^2-9x+20$을 각각 인수분해한 다음
둘씩 묶어 새로 전개한다.

$(x^2-5x+6)(x^2-9x+20)=35$에서

$$(x-2)(x-3)(x-4)(x-5)=35$$
$$\{(x-2)(x-5)\}\{(x-3)(x-4)\}=35$$
$$(x^2-7x+10)(x^2-7x+12)-35=0$$

$x^2-7x=t$라 하면

$$(t+10)(t+12)-35=0, t^2+22t+85=0$$
$$\therefore t=-5 \text{ 또는 } t=-17$$

(i) $t=-5$일 때 $x^2-7x=-5$에서 $x^2-7x+5=0$
$D_1=49-4\times5>0$이므로 실근을 가진다.

(ii) $t=-17$일 때 $x^2-7x=-17$에서 $x^2-7x+17=0$
$D_2=49-4\times17<0$이므로 허근을 가진다.

(i), (ii)에서 $w^2-7w=-17$ 답 ④

02 [전략] $x^2=t$라 하면 t에 대한 이차방정식이다.
이 방정식의 근이 어떤 꼴인지 생각한다.

$x^2=t$라 하면 주어진 방정식은

$$t^2+2kt+3k+4=0 \qquad \cdots ❶$$

t가 양수이면 x는 서로 다른 두 실수이고 t가 음수이면 x는 서로 다른 두 허수이므로 ❶이 양근 하나와 음근 하나를 가진다.

곧, ❶의 두 근의 곱이 음수이므로 $3k+4<0 \qquad \therefore k<-\dfrac{4}{3}$

따라서 정수 k의 최댓값은 -2이다. 답 ①

Note

$ax^2+bx+c=0$에서 $\dfrac{c}{a}<0$이면 $D=b^2-4ac>0$이므로 이 문제에서는 $D>0$을 풀지 않아도 된다.

03 [전략] 식을 정리한 다음 인수분해가 가능한지부터 확인한다.

$(x^2+a)(2x+a^2+1)=(x^2+2a+1)(x+a^2)$에서

$$2x^3+a^2x^2+x^2+2ax+a^3+a=x^3+2ax+x+a^2x^2+2a^3+a^2$$
$$\therefore x^3+x^2-x-a^3-a^2+a=0$$

$f(x)=x^3+x^2-x-a^3-a^2+a$라 하면 $f(a)=0$이므로 $f(x)$는 $x-a$로 나누어떨어진다.

a	1	1	-1	$-a^3-a^2+a$
		a	a^2+a	a^3+a^2-a
	1	$a+1$	a^2+a-1	0

곧, 주어진 방정식은

$$(x-a)\{x^2+(a+1)x+a^2+a-1\}=0 \qquad \cdots ㉮$$

중근을 가지므로 $g(x)=x^2+(a+1)x+a^2+a-1$이라 할 때, $g(a)=0$이거나 $D=0$이다.

(i) $g(a)=0$일 때

$$g(a)=a^2+a^2+a+a^2+a-1=0, 3a^2+2a-1=0$$
$$(a+1)(3a-1)=0 \qquad \therefore a=-1 \text{ 또는 } a=\frac{1}{3} \cdots ㉯$$

(ii) $D=0$일 때

$$D=(a+1)^2-4a^2-4a+4=0, 3a^2+2a-5=0$$
$$(3a+5)(a-1)=0 \qquad \therefore a=-\frac{5}{3} \text{ 또는 } a=1 \cdots ㉰$$

(i), (ii)에서 실수 a의 값의 합은 $-\dfrac{4}{3}$ ········· 라

단계	채점 기준	배점
㉮	주어진 식을 정리한 후 인수분해하여 $(x-a)\{x^2+(a+1)x+a^2+a-1\}=0$으로 나타내기	50%
㉯	$g(x)=x^2+(a+1)x+a^2+a-1$이라 하고 $g(a)=0$일 때 a의 값 모두 구하기	20%
㉰	$g(x)=0$의 판별식 D가 0일 때 a의 값 모두 구하기	20%
㉱	a의 값의 합 구하기	10%

답 $-\dfrac{4}{3}$

04 [전략] 주어진 식을 전개한 다음 삼차방정식의 근과 계수의 관계를 이용하기가 쉽지 않다.
삼차방정식의 좌변을 인수분해할 수 있는지부터 확인한다.

주어진 방정식의 좌변을 인수분해하면
$$(x-1)(x^2-3x+1)=0$$
따라서 $\alpha=1$이라 하고 β, γ는 $x^2-3x+1=0$의 두 근이라 해도 된다.
$\beta\gamma=1$이고 $\beta^2-3\beta+1=0$, $\gamma^2-3\gamma+1=0$이므로
$$\begin{aligned}
&(\alpha^2-\alpha+1)(\beta^2-\beta+1)(\gamma^2-\gamma+1) \quad \cdots ❶ \\
&=1\times(3\beta-\beta)\times(3\gamma-\gamma)=4\beta\gamma=4
\end{aligned}$$
답 4

Note
❶에서 $(\beta^2-\beta+1)(\gamma^2-\gamma+1)$을 전개한 다음 근과 계수의 관계를 이용해도 된다.

05 [전략] 삼차방정식의 좌변을 인수분해하거나 세 근을 α, α, β라 하고 근과 계수의 관계를 이용한다.

$f(x)=x^3-15x^2+(36+a)x-3a$라 하면 $f(3)=0$이므로 $f(x)$는 $x-3$으로 나누어떨어진다.

$$\begin{array}{r|rrrr}
3 & 1 & -15 & 36+a & -3a \\
& & 3 & -36 & 3a \\
\hline
& 1 & -12 & a & 0
\end{array}$$

곧, 주어진 방정식은
$$(x-3)(x^2-12x+a)=0$$
이때 근이 이등변삼각형의 세 변의 길이이므로 중근을 가진다.

(i) $x^2-12x+a=0$이 중근을 가질 때,
$$\dfrac{D}{4}=6^2-a=0 \qquad \therefore a=36$$
이때 $(x-3)(x-6)^2=0$이므로 삼각형의 세 변의 길이는 3, 6, 6이다.

(ii) $x^2-12x+a=0$이 $x=3$을 근으로 가질 때,
$$9-36+a=0 \qquad \therefore a=27$$
이때 $(x-3)(x^2-12x+27)=0$, 곧 $(x-3)^2(x-9)=0$
그런데 3, 3, 9는 삼각형의 세 변의 길이가 아니다.

(i), (ii)에서 이등변삼각형의 세 변의 길이는 3, 6, 6 답 3, 6, 6

Note
이등변삼각형의 세 변의 길이를 α, α, β라 하면 근과 계수의 관계에서
$$\begin{aligned}
2\alpha+\beta&=15 &\cdots ❶ \\
\alpha^2+\alpha\beta+\alpha\beta&=36+a &\cdots ❷ \\
\alpha^2\beta&=3a &\cdots ❸
\end{aligned}$$

❷에서 $a=\alpha^2+2\alpha\beta-36$을 ❸에 대입하고, ❶에서 $\beta=-2\alpha+15$를 ❸에 대입하여 정리하면 α, β, a의 값을 구할 수 있다.

06 [전략] 계수가 실수이므로 α가 해이면 $\overline{\alpha}$도 해이다.

두 허근 α, α^2은 서로 켤레복소수이므로 $\alpha^2=\overline{\alpha}$
$\alpha=a+bi$ (a, b는 실수, $b\neq0$)이라 하면
$$(a+bi)^2=a-bi,\ a^2-b^2+2abi=a-bi$$
$$\therefore a^2-b^2=a \quad \cdots ❶, \ 2ab=-b \quad \cdots ❷$$
❷에서 $a=-\dfrac{1}{2}$
❶에 대입하면 $b^2=\dfrac{3}{4}$ $\quad \therefore b=\pm\dfrac{\sqrt{3}}{2}$
따라서 방정식의 두 허근은 $-\dfrac{1}{2}+\dfrac{\sqrt{3}}{2}i$, $-\dfrac{1}{2}-\dfrac{\sqrt{3}}{2}i$
나머지 한 실근을 β라 하면
$$\begin{aligned}
x^3+px^2-x-2&=\left(x+\dfrac{1}{2}-\dfrac{\sqrt{3}}{2}i\right)\left(x+\dfrac{1}{2}+\dfrac{\sqrt{3}}{2}i\right)(x-\beta) \\
&=(x^2+x+1)(x-\beta) \\
&=x^3+(1-\beta)x^2+(1-\beta)x-\beta
\end{aligned}$$
양변의 계수를 비교하면
$$p=1-\beta,\ -2=-\beta \qquad \therefore \beta=2,\ p=-1$$
답 ②

Note
근과 계수의 관계에서
$$\alpha+\overline{\alpha}+\beta=-p,\ \alpha\overline{\alpha}+\alpha\beta+\overline{\alpha}\beta=-1,\ \alpha\overline{\alpha}\beta=2$$
$\alpha+\overline{\alpha}=-1$, $\alpha\overline{\alpha}=1$이므로 β와 p의 값을 구할 수 있다.

07 [전략] 계수가 좌우 대칭이고 항이 짝수 개이므로 $x+1$로 인수분해할 수 있다.

$f(x)=ax^3+bx^2+bx+a$라 하자.

ㄱ. $\begin{aligned}[t] f(x)&=a(x^3+1)+bx(x+1) \\ &=(x+1)\{ax^2+(b-a)x+a\} \end{aligned}$
곧, $x=-1$은 $f(x)=0$의 근이다. (참)

ㄴ. α가 근이면 $f(\alpha)=0$이므로 $a\alpha^3+b\alpha^2+b\alpha+a=0$
$f(0)=a\neq0$이므로 $\alpha\neq0$이고
$$\begin{aligned}
f\left(\dfrac{1}{\alpha}\right)&=\dfrac{a}{\alpha^3}+\dfrac{b}{\alpha^2}+\dfrac{b}{\alpha}+a=\dfrac{1}{\alpha^3}(a+b\alpha+b\alpha^2+a\alpha^3) \\
&=\dfrac{1}{\alpha^3}f(\alpha)=0
\end{aligned}$$
곧, $\dfrac{1}{\alpha}$도 $f(x)=0$의 근이다. (참)

ㄷ. $ax^2+(b-a)x+a=0$에서
$$D=(b-a)^2-4a^2=(b+a)(b-3a)$$
$-a<b<3a$이므로 $D<0$
곧, 허근을 가진다. (참)

따라서 옳은 것은 ㄱ, ㄴ, ㄷ이다. 답 ⑤

절대등급 Note

1. $f(-1)=0$이므로 조립제법을 이용하여 $f(x)$를 $x+1$로 나누어 인수분해할 수도 있다.
2. 계수가 좌우 대칭이고
  (i) 항의 개수가 홀수이면 양변을 x^n 꼴로 나누어 푼다.
  (ii) 항의 개수가 짝수이면 $x+1$로 나누어 인수분해하고 푼다.

08 [전략] $ax^3+bx^2+cx+d=0$의 세 근이 α, β, γ이면

$$\alpha+\beta+\gamma=-\frac{b}{a}, \ \alpha\beta+\beta\gamma+\gamma\alpha=\frac{c}{a}, \ \alpha\beta\gamma=-\frac{d}{a}$$

$x^3+ax^2+bx+c=0$의 세 근이 α, β, γ이므로

$$\alpha+\beta+\gamma=-a, \ \alpha\beta+\beta\gamma+\gamma\alpha=b, \ \alpha\beta\gamma=-c$$

$x^3-2x^2+3x-1=0$의 세 근이 $\dfrac{1}{\alpha\beta}$, $\dfrac{1}{\beta\gamma}$, $\dfrac{1}{\gamma\alpha}$이므로

$\dfrac{1}{\alpha\beta}+\dfrac{1}{\beta\gamma}+\dfrac{1}{\gamma\alpha}=2$에서

$$\frac{\alpha+\beta+\gamma}{\alpha\beta\gamma}=2 \qquad \therefore \frac{a}{c}=2 \qquad \cdots ❶$$

$\dfrac{1}{\alpha\beta}\times\dfrac{1}{\beta\gamma}+\dfrac{1}{\beta\gamma}\times\dfrac{1}{\gamma\alpha}+\dfrac{1}{\gamma\alpha}\times\dfrac{1}{\alpha\beta}=3$에서

$$\frac{1}{\alpha\beta^2\gamma}+\frac{1}{\alpha\beta\gamma^2}+\frac{1}{\alpha^2\beta\gamma}=3$$

$$\frac{\alpha\gamma+\alpha\beta+\beta\gamma}{(\alpha\beta\gamma)^2}=3 \qquad \therefore \frac{b}{c^2}=3 \qquad \cdots ❷$$

$\dfrac{1}{\alpha\beta}\times\dfrac{1}{\beta\gamma}\times\dfrac{1}{\gamma\alpha}=1$에서

$$\frac{1}{(\alpha\beta\gamma)^2}=1 \qquad \therefore \frac{1}{c^2}=1 \qquad \cdots ❸$$

❸에서 $c^2=1$, ❶에서 $a^2=4$, ❷에서 $b^2=9$

$$\therefore a^2+b^2+c^2=14 \qquad \qquad 답 ④$$

09 [전략] 세 근을 $n-1$, n, $n+1$로 놓고 근과 계수의 관계를 이용한다.

세 근을 $n-1$, n, $n+1$이라 하면 근과 계수의 관계에서

$$n-1+n+n+1=-a \qquad \cdots ❶$$
$$(n-1)n+n(n+1)+(n+1)(n-1)=11 \qquad \cdots ❷$$
$$(n-1)n(n+1)=b \qquad \cdots ❸$$

❷에서 $3n^2-1=11$, $n^2=4$

n은 2 이상인 자연수이므로 $n=2$

❶, ❸에 각각 대입하면 $a=-6$, $b=6$

또 $f(x)=0$의 세 근이 1, 2, 3이므로 $f(2x-1)=0$의 세 근은

$2x-1=1, 2, 3$에서 $x=1$, $\dfrac{3}{2}$, 2

따라서 $f(2x-1)=0$의 세 근의 곱은 $p=3$

$$\therefore a+b+p=3 \qquad \qquad 답 ③$$

Note

$x^3+ax^2+11x-b=(x-n+1)(x-n)(x-n-1)$로 놓고 우변을 전개하여 풀 수도 있다.

10 [전략] $\alpha+\beta+\gamma=a$이므로 $\beta+\gamma$, $\gamma+\alpha$, $\alpha+\beta$를 각각 α, β, γ로 나타낼 수 있다.

근과 계수의 관계에서 $\alpha+\beta+\gamma=a$이므로

$$\beta+\gamma=a-\alpha, \ \gamma+\alpha=a-\beta, \ \alpha+\beta=a-\gamma$$

이때 주어진 조건은

$$f(\alpha)=a-\alpha, \ f(\beta)=a-\beta, \ f(\gamma)=a-\gamma$$

곧, α, β, γ는 $f(x)=a-x$, 곧 $f(x)+x-a=0$의 세 근이다.

$f(x)+x-a$는 x^3의 계수가 1인 삼차식이므로

$$f(x)+x-a=(x-\alpha)(x-\beta)(x-\gamma)$$

이때 $x^3-ax^2+bx+1=(x-\alpha)(x-\beta)(x-\gamma)$이므로

$$f(x)=x^3-ax^2+bx+1-x+a$$
$$=x^3-ax^2+(b-1)x+1+a$$

$$\therefore f(1)+f(-1)=(b+1)+(-b+1)=2 \qquad 답 ⑤$$

11 [전략] 해가 x_1, x_2, x_3, x_4인 사차방정식은

$$\Rightarrow (x-x_1)(x-x_2)(x-x_3)(x-x_4)=0$$

해가 x_1, x_2, x_3, x_4이므로

$$x^4-4x-2=(x-x_1)(x-x_2)(x-x_3)(x-x_4) \qquad \cdots ❶$$

❶에 $x=1$을 대입하면 $-5=A$

또 x_1이 $x^4-4x-2=0$의 해이므로

$$x_1{}^4-4x_1-2=0 \qquad \therefore x_1{}^4=4x_1+2$$

같은 이유로 $x_2{}^4=4x_2+2$, $x_3{}^4=4x_3+2$, $x_4{}^4=4x_4+2$

$$\therefore B=x_1{}^4+x_2{}^4+x_3{}^4+x_4{}^4=4(x_1+x_2+x_3+x_4)+8$$

❶의 우변을 전개하고 양변의 x^3의 계수를 비교하면

$$0=x_1+x_2+x_3+x_4 \qquad \therefore B=8, \ A+B=3 \qquad 답 ⑤$$

Note

❶의 양변의 상수항을 비교하면 $x_1x_2x_3x_4=-2$

이와 같이 하면 해의 합과 곱은 간단히 구할 수 있다.

12 [전략] $x^3-1=(x-1)(x^2+x+1)=0$에서

$$\omega^3=1, \ \omega^2+\omega+1=0$$

$x^3-1=0$에서 $(x-1)(x^2+x+1)=0$

ω는 $x^3-1=0$, $x^2+x+1=0$의 해이므로

$$\omega^3=1, \ \omega^2+\omega+1=0 \qquad \cdots ㉮$$

이때 $\omega^n+\omega^{n+1}+\omega^{n+2}=\omega^n(1+\omega+\omega^2)=0$

$$\omega^{2n}+\omega^{2n+2}+\omega^{2n+4}=\omega^{2n}(1+\omega^2+\omega^4)$$
$$=\omega^{2n}(1+\omega^2+\omega)=0$$

이므로

$$f(n)+f(n+1)+f(n+2)$$
$$=\{\omega^{2n}+\omega^{2(n+1)}+\omega^{2(n+2)}\}-(\omega^n+\omega^{n+1}+\omega^{n+2})+3$$
$$=3 \qquad \cdots ㉯$$

$$\therefore f(1)+f(2)+f(3)+\cdots+f(10) \qquad \cdots ❶$$
$$=3\times3+f(10)=9+\omega^{20}-\omega^{10}+1$$
$$=\omega^2-\omega+10$$
$$=(-\omega-1)-\omega+10$$
$$=-2\omega+9$$

a, b가 실수이므로 $a=-2$, $b=9$ $\qquad \cdots ㉰$

단계	채점 기준	배점
㉮	ω가 $x^3-1=0$의 한 허근임을 이용하여 ω에 대한 관계식 구하기	20%
㉯	㉮에서 구한 관계식을 이용하여 $f(n)+f(n+1)+f(n+2)$ 간단히 하기	50%
㉰	$f(1)+f(2)+f(3)+\cdots+f(10)$을 ω에 대해 정리하고, 실수 a, b의 값 구하기	30%

Note $\qquad \qquad \qquad \qquad 답 a=-2, \ b=9$

❶에서

$$f(1)+\{f(2)+f(3)+f(4)\}+\cdots+\{f(8)+f(9)+f(10)\}$$
$$=f(1)+9$$

를 계산해도 된다.

13 [전략] $x^3+1=(x+1)(x^2-x+1)=0$에서

$$\omega^3=-1, \ \omega^2-\omega+1=0$$

$x^3+1=0$에서 $(x+1)(x^2-x+1)=0$

ω는 $x^3+1=0$, $x^2-x+1=0$의 해이므로

$$\omega^3=-1,\ \omega^2-\omega+1=0$$
또 근과 계수의 관계에서 $\omega+\overline{\omega}=1,\ \omega\overline{\omega}=1$

ㄱ. $\omega^3=-1$이므로
$$\omega^{13}=(\omega^3)^4\omega=(-1)^4\omega=\omega\ (참)$$

ㄴ. $\omega^2-\omega+1=0$에서 $1-\omega=-\omega^2$,
$\overline{\omega}^2-\overline{\omega}+1=0$에서 $1+\overline{\omega}^2=\overline{\omega}$이므로
$$\frac{\omega^2}{1-\omega}+\frac{\overline{\omega}}{1+\overline{\omega}^2}=\frac{\omega^2}{-\omega^2}+\frac{\overline{\omega}}{\overline{\omega}}=-1+1=0\ (거짓)$$

ㄷ. $f(n)=\omega^{2n}+(1-\omega)^{2n}+1$이라 하자.
$$1-\omega=-\omega^2$$
$$(1-\omega)^{2n}=(-\omega^2)^{2n}=(\omega^4)^n=(-\omega)^n$$
이므로
$$f(n)=\omega^{2n}+(-\omega)^n+1$$
$$\therefore f(1)=\omega^2-\omega+1=0$$
$$f(2)=\omega^4+\omega^2+1=\omega^3\omega+\omega^2+1=\omega^2-\omega+1=0$$
$$f(3)=\omega^6-\omega^3+1=(\omega^3)^2+1+1=3$$
또 $f(n+3)=\omega^{2n+6}+(-\omega)^{n+3}+1$
$$=\omega^{2n}\omega^6+(-\omega)^n(-1)^3\omega^3+1$$
$$=\omega^{2n}+(-\omega)^n+1=f(n)$$
따라서 n이 3의 배수가 아니면 $f(n)=0$이다.
곧, 50 이하의 자연수 중 3의 배수는 16개이므로
구하는 n은 34개이다. (참)
따라서 옳은 것은 ㄱ, ㄷ이다. **답 ③**

14 [전략] 공통인 근을 $x=\alpha,\ y=\beta$라 하면
$\alpha,\ \beta$는 네 방정식을 동시에 만족하는 해이다.
$x=\alpha,\ y=\beta$를 주어진 두 연립방정식의 공통인 근이라 하면
$$\begin{cases}\alpha^2-\beta^2=8 & \cdots ❶\\ m\alpha+\beta=2 & \cdots ❷\end{cases}\quad\begin{cases}\alpha-\beta=4 & \cdots ❸\\ \alpha^2+2\beta^2=n & \cdots ❹\end{cases}$$
❶, ❸에서 $(\alpha+\beta)(\alpha-\beta)=8,\ \alpha-\beta=4$
$$\therefore \alpha+\beta=2$$
❸과 연립하여 풀면 $\alpha=3,\ \beta=-1$
❷, ❹에 대입하면 $3m-1=2,\ 9+2=n$
$$\therefore m=1,\ n=11,\ m+n=12$$ **답 ②**

15 [전략] $y,\ z$를 차례로 소거할 때
$0=0$ 꼴 ⇨ 해가 무수히 많다.
$0=(0이 아닌 수)$ 꼴 ⇨ 해가 없다.
$$3x+y+2z=-3 \qquad\cdots ❶$$
$$3a^4x-y+a^2z=0 \qquad\cdots ❷$$
$$x+y+z=-2 \qquad\cdots ❸$$
❶+❷를 하면 $3(a^4+1)x+(a^2+2)z=-3$ $\cdots ❹$
❶-❸을 하면 $2x+z=-1$
$z=-1-2x$를 ❹에 대입하면
$$3(a^4+1)x+(a^2+2)(-1-2x)=-3$$
$$(3a^4-2a^2-1)x=a^2-1$$
이때 $3a^4-2a^2-1=0$이고 $a^2-1=0$이면 해가 무수히 많다.
$3a^4-2a^2-1=0$에서 $(3a^2+1)(a^2-1)=0$
따라서 $a^2-1=0$, 곧 $a=\pm1$이면 해가 무수히 많으므로 a의 값의 곱은 -1이다. **답 ③**

16 [전략] $x,\ y$에 대한 대칭인 꼴이므로
$x+y=u,\ xy=v$로 놓고 $u,\ v$부터 구할 수 있는지 확인한다.
$x+y=u,\ xy=v$라 하자.
$xy+x+y=1$에서 $v+u=1$ $\cdots ❶$
$x^2+y^2+2x+2y=3$에서
$$(x+y)^2-2xy+2(x+y)=3,\ u^2-2v+2u=3$$
❶에서 $v=1-u$를 대입하면 $u^2-2+2u+2u=3$
$$u^2+4u-5=0 \qquad\therefore u=1\ 또는\ u=-5$$
❶에 대입하면 $v=0$ 또는 $v=6$
$x+y=1,\ xy=0$일 때 $(x,\ y)=(1,\ 0),\ (0,\ 1)$
$x+y=-5,\ xy=6$일 때 $(x,\ y)=(-2,\ -3),\ (-3,\ -2)$

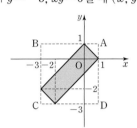

따라서 네 점이 꼭짓점인 사각형은 위의 그림과 같으므로 정사각형 ABCD의 넓이에서 네 삼각형의 넓이를 빼면
$$4^2-2\times\left(\frac{1}{2}\times3^2\right)-2\times\left(\frac{1}{2}\times1^2\right)=6$$ **답 6**

다른 풀이
$xy+x+y=1$에서 $(x+1)(y+1)=2$
$x^2+y^2+2x+2y=3$에서 $(x+1)^2+(y+1)^2=5$
이때 $x+1=X,\ y+1=Y$라 하면
$$XY=2,\ X^2+Y^2=5$$
$(X+Y)^2=X^2+Y^2+2XY=9$이므로 $X+Y=\pm3$
곧, $X,\ Y$는 $t^2-3t+2=0,\ t^2+3t+2=0$의 해이므로
$$(X,\ Y)=(1,\ 2),\ (2,\ 1),\ (-1,\ -2),\ (-2,\ -1)$$
$$\therefore (x,\ y)=(0,\ 1),\ (1,\ 0),\ (-2,\ -3),\ (-3,\ -2)$$

Note
주어진 연립방정식에서 두 식은 인수분해되지도 않고, 두 식을 적당히 더하거나 빼어도 인수분해할 수 없는 꼴이다.

17 [전략] $x,\ y,\ z$가 순환되어 나오는 꼴이다.
변변 더하거나 빼면 간단히 할 수 있다.
세 식을 변변 더하면
$$x^2+y^2+z^2+2(xy+yz+zx)+2(x+y+z)=99$$
$$(x+y+z)^2+2(x+y+z)-99=0$$
$x+y+z=t\ (t>0)$이라 하면
$$t^2+2t-99=0,\ (t-9)(t+11)=0$$
$t>0$이므로 $t=9,\ x+y+z=9$ **답 ⑤**

18 [전략] 두 식에서 k를 소거한 다음 $x,\ y$에 대한 식을 찾는다.
인수분해할 수 없는 연립이차방정식 ⇨ 상수항 또는 이차항 소거
$$(x+3)(y+2)=k \qquad\cdots ❶$$
$$(x-1)(y-2)=k \qquad\cdots ❷$$
❶, ❷에서 k를 소거하면
$$(x+3)(y+2)=(x-1)(y-2)$$

$$xy+2x+3y+6=xy-2x-y+2$$
$$x+y+1=0 \qquad \cdots \text{㉮}$$

곧, $y=-x-1$을 ❶에 대입하면
$$(x+3)(-x+1)=k,\ x^2+2x+k-3=0 \qquad \cdots \text{㉯}$$

실근을 가지므로
$$\frac{D}{4}=1-(k-3)\geq 0 \qquad \therefore k\leq 4 \qquad \cdots \text{㉰}$$

단계	채점 기준	배점
㉮	주어진 두 식을 연립하여 k를 소거한 식 세우기	40%
㉯	㉮에서 구한 식을 주어진 두 식 중 한 식에 대입하여 이차방정식 세우기	30%
㉰	㉯에서 구한 이차방정식의 판별식을 이용하여 k의 값의 범위 구하기	30%

Note 답 $k\leq 4$

$y=-x-1$을 ❷에 대입하여 정리해도 $x^2+2x+k-3=0$이다.

---

19 [전략] $x\geq y$이면 $\max(x,y)=x$, $\min(x,y)=y$
$x<y$이면 $\max(x,y)=y$, $\min(x,y)=x$

(i) $x\geq y$일 때 $\begin{cases} x=x^2+y^2 & \cdots \text{❶} \\ y=2x-y+1 & \cdots \text{❷} \end{cases}$

❷에서 $y=x+\dfrac{1}{2}$을 ❶에 대입하면
$$x^2+\left(x+\frac{1}{2}\right)^2=x,\ x^2=-\frac{1}{8}$$
만족하는 x의 값은 없다.

(ii) $x<y$일 때 $\begin{cases} y=x^2+y^2 & \cdots \text{❸} \\ x=2x-y+1 & \cdots \text{❹} \end{cases}$

❹에서 $x=y-1$을 ❸에 대입하면
$$(y-1)^2+y^2=y,\ 2y^2-3y+1=0$$
$$(2y-1)(y-1)=0$$
y는 정수이므로 $y=1$, $x=0$ $\qquad \therefore x+y=1$ 답 ②

Note

$x=y$이면 $\max(x,y)$, $\min(x,y)$는 모두 x라 해도 되고 y라 해도 된다.

---

20 [전략] 공통인 근을 α라 하고 두 식에 대입한 다음
변변 더하거나 빼서 정리한다.

공통인 근을 α라 하면
$$\alpha^2+a\alpha+b=0 \qquad \cdots \text{❶}$$
$$\alpha^2+b\alpha+a=0 \qquad \cdots \text{❷}$$

❶−❷를 하면
$$(a-b)\alpha-(a-b)=0,\ (a-b)(\alpha-1)=0$$

$a=b$이면 두 방정식이 일치하므로 공통이 아닌 두 근의 비가 $3:5$일 수 없다. $\qquad \therefore a\neq b$이고 $\alpha=1$

$\alpha=1$을 ❶에 대입하면 $1+a+b=0$ $\qquad \therefore b=-a-1$

이때 두 방정식은
$$x^2+ax-a-1=0,\ x^2-(a+1)x+a=0$$

$x^2+ax-a-1=0$에서 $(x-1)(x+a+1)=0$
$$\therefore x=1 \text{ 또는 } x=-a-1$$

$x^2-(a+1)x+a=0$에서 $(x-1)(x-a)=0$
$$\therefore x=1 \text{ 또는 } x=a$$

$(-a-1):a=3:5$이므로 $-5a-5=3a$, $a=-\dfrac{5}{8}$

$b=-a-1$이므로 $b=-\dfrac{3}{8}$ 답 $a=-\dfrac{5}{8}$, $b=-\dfrac{3}{8}$

21 [전략] 공통인 근을 α라 하면 $\alpha^3+p\alpha+2=0$, $\alpha^3+\alpha+2p=0$
두 식에서 α^3이나 p를 소거하고 식을 정리한다.

공통인 근을 α라 하면
$$\alpha^3+p\alpha+2=0 \qquad \cdots \text{❶}$$
$$\alpha^3+\alpha+2p=0 \qquad \cdots \text{❷}$$

❶−❷를 하면
$$(p-1)\alpha-2(p-1)=0$$
$$(p-1)(\alpha-2)=0$$

$p=1$이면 두 방정식은 모두 $x^3+x+2=0$이고,
공통인 근은 3개이다.
곧, $p\neq 1$이고 $\alpha=2$이므로 $\alpha=2$를 ❶에 대입하면
$$8+2p+2=0 \qquad \therefore p=-5$$

이때 두 방정식은
$$x^3-5x+2=0,\ x^3+x-10=0$$

$x^3-5x+2=0$에서 $(x-2)(x^2+2x-1)=0$이고
$x^3+x-10=0$에서 $(x-2)(x^2+2x+5)=0$이므로
공통인 근은 $x=2$뿐이다.

따라서 p와 공통인 근의 합은 $-5+2=-3$ 답 ⑤

22 [전략] $1+\sqrt{3}i$가 공통인 근이 될 수 있는지부터 확인하고
삼차방정식의 근을 생각한다.

$1+\sqrt{3}i$가 $x^2+ax+2=0$의 근이면 $1-\sqrt{3}i$도 근이다.
그런데 $(1+\sqrt{3}i)(1-\sqrt{3}i)=4$이므로 근과 계수의 관계에서
$1+\sqrt{3}i$는 근일 수 없다.
따라서 $m\neq 1+\sqrt{3}i$이고 $x^3+ax^2+bx+c=0$의 세 근은
$1+\sqrt{3}i$, $1-\sqrt{3}i$, m이다. $\qquad \cdots \text{㉮}$
$$x^3+ax^2+bx+c=(x-1-\sqrt{3}i)(x-1+\sqrt{3}i)(x-m)$$
$$=(x^2-2x+4)(x-m)$$

양변의 x^2의 계수를 비교하면 $a=-m-2$ $\qquad \cdots \text{㉯}$

이때 $x^2+ax+2=0$은 $x^2-(m+2)x+2=0$
m이 이 방정식의 근이므로
$$m^2-(m+2)m+2=0 \qquad \therefore m=1 \qquad \cdots \text{㉰}$$

단계	채점 기준	배점
㉮	켤레근, 근과 계수의 관계를 이용하여 $m\neq 1+\sqrt{3}i$임을 알고, 주어진 삼차방정식의 세 근이 m, $1+\sqrt{3}i$, $1-\sqrt{3}i$임을 알기	40%
㉯	x^3+ax^2+bx+c $=(x-1-\sqrt{3}i)(x-1+\sqrt{3}i)(x-m)$ 에서 x^2의 계수를 비교하여 a, m에 대한 식 세우기	30%
㉰	m이 $x^2+ax+2=0$의 근임을 이용하여 m의 값 구하기	30%

답 1

23 [전략] p는 두 근의 합, q는 두 근의 곱임을 이용한다.

ㄱ. q는 두 자연수 근의 곱이고 홀수이므로 두 자연수 근은 모두 홀수이다. 곧, 두 자연수 근의 합 p는 짝수이다. (참)

ㄴ. 합과 곱이 모두 홀수인 두 자연수는 없다. (참)

ㄷ. 두 자연수 근이 모두 짝수이면 합 p도 짝수이고 곱 q도 짝수
이다. (거짓)
따라서 옳은 것은 ㄱ, ㄴ이다.　　　　　　　　 **답** ②

24 [전략] 자연수 근을 k, 나머지 두 근을 α, β라 하고
　　　근과 계수의 관계를 이용한다.

자연수 근을 k, 나머지 두 근을 α, β라 하면
$$\alpha+\beta+k=-n \qquad \cdots \text{❶}$$
$$\alpha\beta+\beta k+\alpha k=n-5 \qquad \cdots \text{❷}$$
$$\alpha\beta k=-p \qquad \cdots \text{❸}$$
❶에서 $\alpha+\beta=-k-n$
❷에서 $\alpha\beta=-k(\alpha+\beta)+n-5=-k(-k-n)+n-5$
$$=k^2+nk+n-5$$
❸에 대입하면 $k(k^2+nk+n-5)=-p \qquad \cdots \text{❹}$
p가 소수이므로 $k=1$ 또는 $k=p$
(i) $k=1$일 때 ❹에서
$$1+n+n-5=-p, \ p=4-2n$$
n은 자연수, p는 소수이므로 $n=1$, $p=2$
(ii) $k=p$일 때 ❹에서 $p(p^2+pn+n-5)=-p$
$$p^2+pn+n-5=-1, \ p^2+np+n=4$$
$p^2\geq4$이고 $np+n>0$이므로 등식을 만족하는 n, p의 값은
없다.
(i), (ii)에서 $n=1$, $p=2$　　　∴ $n+p=3$　　 **답** ①

step **C** 최상위 문제　　　　　　71~72쪽

01 ②　　**02** 8　　**03** ②　　**04** 12　　**05** 21
06 ④　　**07** 10　　**08** ③

01 [전략] 한 점 A의 x좌표를 a라 하고 나머지 점의 좌표를 구한다.
또 $y=-x^2+2x$, $y=x^2$에서 y를 소거하고 교점의 x좌표를 구한다.

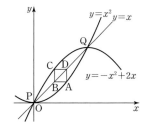

$y=x^2$과 $y=-x^2+2x$에서
$$x^2=-x^2+2x, \ 2x(x-1)=0 \qquad \therefore x=0 \ \text{또는} \ x=1$$
따라서 교점의 좌표는 $(0, 0)$, $(1, 1)$이고 교점을 지나는 직선의
방정식은 $y=x$이다.
A의 x좌표를 a라 하면 $\text{A}(a, a^2)$
이때 $\text{B}(a^2, a^2)$, $\text{D}(a, a)$, $\text{C}(a^2, a)$
한편 C가 곡선 $y=-x^2+2x$ 위의 점이므로
$$a=-a^4+2a^2, \ a(a^3-2a+1)=0$$
$$a(a-1)(a^2+a-1)=0$$

∴ $a=0$ 또는 $a=1$ 또는 $a=\dfrac{-1\pm\sqrt{5}}{2}$

$0<a<1$이므로 $a=\dfrac{-1+\sqrt{5}}{2}$

따라서 정사각형 ABCD의 한 변의 길이는
$$\overline{\text{AD}}=a-a^2=a-(-a+1) \qquad \cdots \text{❶}$$
$$=2a-1=\sqrt{5}-2$$
　　　　　　　　　　　　　　　　　　　 답 ②

Note
❶에서 $a^2+a-1=0$임을 이용하였다.
$a-a^2$에 $a=\dfrac{-1+\sqrt{5}}{2}$를 바로 대입하고 정리해도 된다.

02 [전략] 인수정리를 이용하여 좌변을 인수분해한다.
$$f(x)=x^4-(2m+1)x^3+(m-2)x^2+2m(m+3)x-4m^2$$
이라 하면 $f(2)=0$이므로 $f(x)$는 $x-2$로 나누어떨어진다.

2	1	$-2m-1$	$m-2$	$2m^2+6m$	$-4m^2$
		2	$-4m+2$	$-6m$	$4m^2$
	1	$-2m+1$	$-3m$	$2m^2$	0

$$\therefore f(x)=(x-2)\{x^3-(2m-1)x^2-3mx+2m^2\}$$
$g(x)=x^3-(2m-1)x^2-3mx+2m^2$이라 하면 $g(2m)=0$이
므로 $g(x)$는 $x-2m$으로 나누어떨어진다.

2m	1	$-2m+1$	$-3m$	$2m^2$
		$2m$	$2m$	$-2m^2$
	1	1	$-m$	0

$$\therefore f(x)=(x-2)(x-2m)(x^2+x-m)$$
따라서 $f(x)=0$이 서로 다른 네 실근을 가지면 $2m\neq2$이고,
$h(x)=x^2+x-m$이라 할 때 $h(x)=0$이 서로 다른 두 실근을
가지며 $h(2)\neq0$, $h(2m)\neq0$이다.
(i) $2m\neq2$에서 $m\neq1$
(ii) $h(x)=0$에서 $D=1+4m>0$　　　∴ $m>-\dfrac{1}{4}$
(iii) $h(2)\neq0$에서 $4+2-m\neq0$　　　∴ $m\neq6$
(iv) $h(2m)\neq0$에서 $4m^2+2m-m\neq0$
$$m(4m+1)\neq0 \qquad \therefore m\neq0, \ m\neq-\dfrac{1}{4}$$
(i)~(iv)에서 10 이하인 정수 m은 2, 3, 4, 5, 7, 8, 9, 10이고,
8개이다.　　　　　　　　　　　　　　　 **답** 8

03 [전략] $-\beta=\beta'$으로 생각하면 $\alpha+\beta'+\gamma=0$, $\dfrac{1}{\alpha}+\dfrac{1}{\beta'}+\dfrac{1}{\gamma}=0$
　　　따라서 α, β', γ에 대한 식을 생각한다.

$-\beta=\beta'$으로 놓으면
(가) $\alpha+\beta'+\gamma=0$
(나) $\dfrac{1}{\alpha}+\dfrac{1}{\beta'}+\dfrac{1}{\gamma}=0$에서 $\beta'\gamma+\gamma\alpha+\alpha\beta'=0$
이때 α, β', γ가 세 근인 삼차방정식은
$$x^3-(\alpha+\beta'+\gamma)x^2+(\alpha\beta'+\beta'\gamma+\gamma\alpha)x-\alpha\beta'\gamma=0$$
(가), (나)에 의해 $x^3-\alpha\beta'\gamma=0$
이 식에 근 α, β', γ를 대입하면
$$\alpha^3=\alpha\beta'\gamma, \ (\beta')^3=\alpha\beta'\gamma, \ \gamma^3=\alpha\beta'\gamma$$
$$\alpha^3=-\alpha\beta\gamma, \ (-\beta)^3=-\alpha\beta\gamma, \ \gamma^3=-\alpha\beta\gamma$$

$$\therefore \left(\frac{\alpha}{\beta}\right)^3+\left(\frac{\beta}{\gamma}\right)^3+\left(\frac{\gamma}{\alpha}\right)^3=\frac{-\alpha\beta\gamma}{\alpha\beta\gamma}+\frac{\alpha\beta\gamma}{-\alpha\beta\gamma}+\frac{-\alpha\beta\gamma}{\alpha\beta\gamma}$$
$$=-1 \qquad \text{답} ②$$

[다른 풀이]

(가)에서 $\beta=\alpha+\gamma$ ··· ❶

(나)에서 $\dfrac{1}{\beta}=\dfrac{1}{\alpha}+\dfrac{1}{\gamma}=\dfrac{\alpha+\gamma}{\alpha\gamma}$

❶을 대입하면 $\dfrac{1}{\alpha+\gamma}=\dfrac{\alpha+\gamma}{\alpha\gamma}$, $\alpha\gamma=(\alpha+\gamma)^2$

$\therefore \alpha^2+\alpha\gamma+\gamma^2=0$

양변에 $\alpha-\gamma$를 곱하면 $\alpha^3-\gamma^3=0$

(가)에서 $\gamma=\beta-\alpha$ ··· ❷

(나)에서 $\dfrac{1}{\gamma}=\dfrac{1}{\beta}-\dfrac{1}{\alpha}=\dfrac{\alpha-\beta}{\alpha\beta}$

❷를 대입하면 $\dfrac{1}{\beta-\alpha}=\dfrac{\alpha-\beta}{\alpha\beta}$, $\alpha\beta=-(\alpha-\beta)^2$

$\therefore \alpha^2-\alpha\beta+\beta^2=0$

양변에 $\alpha+\beta$를 곱하면 $\alpha^3+\beta^3=0$

$\beta^3=-\alpha^3$, $\gamma^3=\alpha^3$이므로

$$\left(\frac{\alpha}{\beta}\right)^3+\left(\frac{\beta}{\gamma}\right)^3+\left(\frac{\gamma}{\alpha}\right)^3=-1-1+1=-1$$

04 **[전략]** 방정식의 좌변을 인수분해한 다음
α를 허근으로 갖는 이차방정식을 찾는다.
그리고 근과 계수의 관계와 켤레근의 성질을 이용한다.

$x^4-2x^3-x+2=0$에서
$$(x-1)(x-2)(x^2+x+1)=0$$
따라서 허근 α는 $x^2+x+1=0$의 근이므로
$$\alpha^2+\alpha+1=0 \qquad \therefore \alpha^2+1=-\alpha \qquad ··· ㉮$$
또 $\alpha^2+\alpha+1=0$의 양변에 $\alpha-1$을 곱하면 $\alpha^3=1$

한편, $\overline{\alpha}$도 $x^2+x+1=0$의 근이므로 근과 계수의 관계에서
$$\alpha+\overline{\alpha}=-1, \ \alpha\overline{\alpha}=1$$

$\alpha\overline{\alpha}=1$에서 $\overline{\alpha}=\dfrac{1}{\alpha}$이므로

$$\frac{1}{1+\overline{\alpha}^2}=\frac{1}{1+\dfrac{1}{\alpha^2}}=\frac{\alpha^2}{\alpha^2+1}=\frac{\alpha^2}{-\alpha}=-\alpha$$

$$\therefore f(m,n)=(1+\alpha^2)^m+\left(\frac{1}{1+\overline{\alpha}^2}\right)^n$$
$$=(-\alpha)^m+(-\alpha)^n \qquad ··· ㉯$$

따라서
$$f(1,2)=(-\alpha)^1+(-\alpha)^2=-\alpha+\alpha^2$$
$$f(2,3)=(-\alpha)^2+(-\alpha)^3=\alpha^2-\alpha^3=\alpha^2-1$$
$$f(3,4)=(-\alpha)^3+(-\alpha)^4=-\alpha^3+\alpha^4=-1+\alpha$$
$$f(4,5)=(-\alpha)^4+(-\alpha)^5=\alpha^4-\alpha^5=\alpha-\alpha^2$$
$$f(5,6)=(-\alpha)^5+(-\alpha)^6=-\alpha^5+\alpha^6=-\alpha^2+1$$
$$f(6,7)=(-\alpha)^6+(-\alpha)^7=\alpha^6-\alpha^7=1-\alpha$$
$$f(7,8)=(-\alpha)^7+(-\alpha)^8=-\alpha^7+\alpha^8=-\alpha+\alpha^2$$
$$\vdots$$
이고
$$f(1,2)+f(2,3)+f(3,4)+\cdots+f(6,7)=0$$
이므로

$$f(1,2)+f(2,3)+f(3,4)+\cdots+f(15,16)$$
$$=f(13,14)+f(14,15)+f(15,16)$$
$$=f(1,2)+f(2,3)+f(3,4)$$
$$=(-\alpha+\alpha^2)+(\alpha^2-1)+(-1+\alpha)$$
$$=2(\alpha^2-1)=2(-\alpha-1-1)$$
$$=-2(\alpha+2) \qquad ··· ㉰$$

그런데 $\alpha^2+\alpha+1=0$에서 $\alpha=\dfrac{-1\pm\sqrt{3}i}{2}$이므로

$$-2(\alpha+2)=-2\left(\frac{-1\pm\sqrt{3}i}{2}+2\right)=-3\pm\sqrt{3}i$$

$$\therefore p^2+q^2=(-3)^2+(\pm\sqrt{3})^2=12 \qquad ··· ㉱$$

단계	채점 기준	배점
㉮	주어진 사차방정식의 좌변을 인수분해하고 α를 허근으로 갖는 이차방정식 찾기	20%
㉯	켤레근, 근과 계수의 관계를 이용하여 $f(m,n)$ 간단히 하기	30%
㉰	$f(1,2)+f(2,3)+f(3,4)+\cdots+f(15,16)$을 α에 대해 정리하기	40%
㉱	허근 α와 p, q의 값, p^2+q^2의 값 구하기	10%

[Note] 답 12

$$f(m+6,m+7)=(-\alpha)^{m+6}+(-\alpha)^{m+7}$$
$$=(-\alpha)^m(-\alpha)^6+(-\alpha)^{m+1}(-\alpha)^6$$
$$=(-\alpha)^m+(-\alpha)^{m+1}=f(m,m+1)$$

05 **[전략]** 방정식의 좌변을 인수분해한 다음 z를 허근으로 갖는 이차방정식을 찾는다.
그리고 근과 계수의 관계와 켤레근의 성질을 이용하여 $f(z)$와 $f(\overline{z})$를 정리한다.

$x^3-3x^2+4x-4=0$에서 $(x-2)(x^2-x+2)=0$
따라서 z와 $\overline{z}$는 $x^2-x+2=0$의 허근이고,
$$z^2-z+2=0, \ \overline{z}^2-\overline{z}+2=0$$
또 근과 계수의 관계에서 $z+\overline{z}=1$, $z\overline{z}=2$ ··· ㉮

$\overline{z}^2-\overline{z}+2=0$에서 $\overline{z}^2=\overline{z}-2$
양변을 제곱하면 $\overline{z}^4=\overline{z}^2-4\overline{z}+4$
$$\overline{z}^4+4\overline{z}-2=\overline{z}^2+2=\overline{z}$$
$$\therefore f(z)=\frac{1}{\overline{z}^4+4\overline{z}-2}=\frac{1}{\overline{z}}=\frac{z}{z\overline{z}}=\frac{z}{2} \qquad ··· ❶$$

한편 $z^2-z+2=0$에서 $z^2=z-2$
$$z^3=z^2-2z=(z-2)-2z=-z-2$$
$$z^3+2z+2=z$$
$$\therefore f(\overline{z})=\frac{1}{z^3+2z+2}=\frac{1}{z}=\frac{\overline{z}}{z\overline{z}}=\frac{\overline{z}}{2} \qquad ··· ❷$$

곧, ❶, ❷에서 $f(x)=\dfrac{x}{2}$는 z, $\overline{z}$가 근인 삼차방정식이다. ··· ㉯

x^3의 계수가 1이므로 나머지 한 근을 α라 하면
$$f(x)-\frac{x}{2}=(x-z)(x-\overline{z})(x-\alpha)$$
$f(0)=6$이므로 $6=(-z)(-\overline{z})(-\alpha)$
$z\overline{z}=2$이므로 $\alpha=-3$

$$\therefore f(x)=(x-z)(x-\overline{z})(x+3)+\frac{x}{2}$$
$$=(x^2-x+2)(x+3)+\frac{x}{2}$$
$$f(2)=4\times5+1=21 \qquad ··· ㉰$$

단계	채점 기준	배점
㉮	주어진 삼차방정식의 좌변을 인수분해하고 허근을 갖는 이차방정식을 찾은 후 z, $\bar{z}$에 대한 식 세우기	20%
㉯	$f(z)$, $f(\bar{z})$를 이용하여 $f(x)=\dfrac{x}{2}$는 z, $\bar{z}$를 근으로 가지는 삼차방정식임을 보이기	40%
㉰	$f(0)=6$임을 이용하여 삼차식 $f(x)$를 구하고 $f(2)$의 값 구하기	40%

目 21

06 [전략] 두 식에서 상수항을 소거하면 x^2, xy, y^2만 남는다. 이 식을 인수분해하거나 x^2 또는 y^2으로 양변을 나눈 다음 이차방정식의 성질을 이용한다.

$$x^2-xy+2y^2=1 \qquad \cdots \text{❶}$$
$$x^2+xy+4y^2=k \qquad \cdots \text{❷}$$

두 식에서 k를 소거하기 위해 ❶$\times k -$❷를 하면

$$(k-1)x^2-(k+1)xy+2(k-2)y^2=0 \qquad \cdots \text{❸}$$

(i) $k=1$일 때 $-2xy-2y^2=0$에서 $-2y(x+y)=0$

$$\therefore y=0 \text{ 또는 } x=-y$$

❶에서 $y=0$이면 $x=\pm1$이므로 해가 2쌍

$x=-y$이면 $x=\pm\dfrac{1}{2}$이므로 해가 2쌍

따라서 해가 4쌍이다.

(ii) $k=2$일 때 $x^2-3xy=0$에서 $x(x-3y)=0$

$$\therefore x=0 \text{ 또는 } x=3y$$

❶에서 $x=0$이면 $y=\pm\dfrac{\sqrt{2}}{2}$이므로 해가 2쌍

$x=3y$이면 $y=\pm\dfrac{\sqrt{2}}{4}$이므로 해가 2쌍

따라서 해가 4쌍이다.

(iii) $k\neq1$, 2일 때

$y=0$이면 $x=0$이므로 ❶을 만족하지 않는다.

따라서 $y\neq0$이므로 ❸의 양변을 y^2으로 나누고

$\dfrac{x}{y}=t$라 하면

$$(k-1)t^2-(k+1)t+2(k-2)=0 \qquad \cdots \text{❹}$$

이때 $x=ty$이므로 ❶에 대입하면 $y^2(t^2-t+2)=1$

$t^2-t+2=\left(t-\dfrac{1}{2}\right)^2+\dfrac{7}{4}>0$이므로

$$y^2=\dfrac{1}{t^2-t+2}>0$$

곧, t의 값에 대응하는 y의 값이 2개이므로 해가 2쌍이기 위해서는 ❹의 방정식이 중근을 가진다.

$$D=(k+1)^2-4(k-1)\times 2(k-2)=0$$
$$7k^2-26k+15=0$$

근과 계수의 관계에서 k의 값의 곱은 $\dfrac{15}{7}$이고 $a=\dfrac{15}{7}$

(i), (ii), (iii)에서 $a=\dfrac{15}{7}$이므로 $7a=15$

目 ④

07 [전략] 정수인 근을 $x=n$이라 하면
$$f(x)=(x-n)(x^2+ax+b) \ (a, b\text{는 정수})$$
로 놓을 수 있다.

삼차방정식 $f(x)=0$의 정수인 근을 $x=n$이라 하면
$$f(x)=(x-n)(x^2+ax+b) \ (a, b\text{는 정수})$$
로 놓을 수 있다. 이때
$$f(7)=(7-n)(49+7a+b)=-3 \qquad \cdots \text{❶}$$
$$f(11)=(11-n)(121+11a+b)=73 \qquad \cdots \text{❷}$$

$7-n$, $11-n$, $49+7a+b$, $121+11a+b$ 모두 정수이므로

❶에서 가능한 $7-n$의 값은 ±1, ±3이고,

❷에서 가능한 $11-n$의 값은 ±1, ±73이다.

곧, $7-n=\pm1$, ±3에서 $n=4$, 6, 8, 10

$11-n=\pm1$, ±73에서 $n=-62$, 10, 12, 84

둘을 동시에 만족해야 하므로 $n=10$

目 10

Note

$n=10$을 ❶, ❷에 각각 대입하여 정리하면
$$7a+b=-48$$
$$11a+b=-48$$

연립하여 풀면 $a=0$, $b=-48$

따라서 $f(x)=(x-10)(x^2-48)$이므로 정수인 근은 10뿐이다.

08 [전략] $x^3-3x^2-(m-1)x+m+7=(x-\alpha)(x-\beta)(x-\gamma)$ 로 놓고 $x=1$을 대입하면 m이 소거되고 정수만 남는다는 것을 이용한다.

세 근이 α, β, γ이므로
$$x^3-3x^2-(m-1)x+m+7$$
$$=(x-\alpha)(x-\beta)(x-\gamma) \qquad \cdots \text{❶}$$

$x=1$을 대입하면
$$6=(1-\alpha)(1-\beta)(1-\gamma)$$

❶에서 양변의 x^2의 계수를 비교하면 $3=\alpha+\beta+\gamma$

$$\therefore 0=(1-\alpha)+(1-\beta)+(1-\gamma)$$

$1-\alpha$, $1-\beta$, $1-\gamma$가 정수이고 $1-\alpha\leq1-\beta\leq1-\gamma$라 해도 되므로 곱이 6, 합이 0인 경우는

$$1-\alpha=-2, 1-\beta=-1, 1-\gamma=3$$
$$\therefore \alpha=3, \beta=2, \gamma=-2$$

❶에서 양변의 상수항을 비교하면 $m+7=-\alpha\beta\gamma=12$, $m=5$

$$\therefore \alpha^2+\beta^2+\gamma^2+m^2=42$$

目 ③

08. 부등식

01 ⑤	02 ①	03 5	04 ⑤	05 ③
06 $1 \le a < 2$		07 ②	08 ③	09 4
10 ④	11 $-2 \le a \le 1$		12 ②	13 $2 \le k < 6$
14 $x < 3-2\sqrt{2}$ 또는 $x > 3+2\sqrt{2}$			15 ⑤	
16 $-4 < x < 3$		17 $a=4$, $b=3$		18 ⑤
19 $4 < a \le 5$		20 ①	21 ②	22 ②
23 ③	24 $3 < a \le 4$		25 ②	
26 $a=2$, $b=1$		27 18	28 ②	29 ⑤
30 ③	31 $\dfrac{11}{7} < a < 5$		32 $1 < x < 3$	

01 [전략] $|x| \le a \Rightarrow -a \le x \le a$

$|2x-1| \le a$에서 $-a \le 2x-1 \le a$

$\qquad -a+1 \le 2x \le a+1$

$\qquad \therefore \dfrac{-a+1}{2} \le x \le \dfrac{a+1}{2}$

$b \le x \le 3$과 비교하면

$\qquad \dfrac{-a+1}{2} = b, \dfrac{a+1}{2} = 3$

$\qquad -a+1 = 2b, a+1 = 6$

$\qquad \therefore a=5, b=-2, a+b=3$ 답 ⑤

02 [전략] $x < -2$, $-2 \le x < 1$, $x \ge 1$로 나누어 푼다.

(ⅰ) $x < -2$일 때 $-3(x+2)-(x-1) \le 5$

$\qquad -4x \le 10 \qquad \therefore x \ge -\dfrac{5}{2}$

$x < -2$이므로 $-\dfrac{5}{2} \le x < -2$

(ⅱ) $-2 \le x < 1$일 때 $3(x+2)-(x-1) \le 5$

$\qquad 2x \le -2 \qquad \therefore x \le -1$

$-2 \le x < 1$이므로 $-2 \le x \le -1$

(ⅲ) $x \ge 1$일 때 $3(x+2)+(x-1) \le 5$

$\qquad 4x \le 0 \qquad \therefore x \le 0$

$x \ge 1$이므로 해는 없다.

(ⅰ), (ⅱ), (ⅲ)에서 $-\dfrac{5}{2} \le x \le -1$

따라서 정수 x는 -2, -1이고, 합은 -3 답 ①

03 [전략] $a < b < c$이면 $\begin{cases} a < b \\ b < c \end{cases}$

$2x-7 < \dfrac{3x+2}{5}$에서 $5(2x-7) < 3x+2$

$\qquad 7x < 37 \qquad \therefore x < \dfrac{37}{7}$ ··· ❶

$\dfrac{3x+2}{5} \le 4x-3$에서 $3x+2 \le 5(4x-3)$

$\qquad -17x \le -17 \qquad \therefore x \ge 1$ ··· ❷

❶, ❷에서 $1 \le x < \dfrac{37}{7}$

따라서 자연수 x는 1, 2, 3, 4, 5이고, 5개이다.   답 5

04 [전략] $ax < b$에서 $a=0$이면 $0 \times x < b$이므로

$\qquad b > 0$이면 해는 모든 실수

$\qquad b \le 0$이면 해가 없다.

$2x-a < bx+3$에서 $(2-b)x < 3+a$

$2-b > 0$일 때 $x < \dfrac{3+a}{2-b}$

$2-b < 0$일 때 $x > \dfrac{3+a}{2-b}$

$2-b=0$일 때 $0 \times x < 3+a$이므로 $3+a > 0$이면 해가 모든 실수이고 $3+a \le 0$이면 해가 없다.

$\qquad \therefore b=2, a \le -3$ 답 ⑤

05 [전략] 부등식에서 문자로 나눌 때에는 부호에 주의한다.

$(a+2b)x+a-b > 0$에서

$a+2b > 0$일 때 $x > -\dfrac{a-b}{a+2b}$

$a+2b < 0$일 때 $x < -\dfrac{a-b}{a+2b}$

해가 $x < \dfrac{1}{2}$이므로

$\qquad a+2b < 0$ ··· ❶, $-\dfrac{a-b}{a+2b} = \dfrac{1}{2}$ ··· ❷

❷에서 $-2(a-b) = a+2b \qquad \therefore a=0$

이때 $(2a-3b)x+a+6b < 0$은

$\qquad -3bx+6b < 0, -3b(x-2) < 0$

❶에서 $b < 0$이므로 $x < 2$ 답 ③

06 [전략] 각 부등식의 해를 수직선 위에 나타낼 때, 공통부분에 정수가 2개 포함된다.

$3x-5 < 4$에서 $3x < 9 \qquad \therefore x < 3$ ··· ❶

$3-2x \le 2a-1$에서 $-2x \le 2a-4 \qquad \therefore x \ge -a+2$ ··· ❷

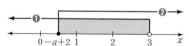

❶, ❷의 공통인 부분에 정수가 2개이므로 ❷는 1, 2를 포함하고 0을 포함하지 않는다. 곧,

$\qquad 0 < -a+2 \le 1 \qquad \therefore 1 \le a < 2$ 답 $1 \le a < 2$

07 [전략] $ax^2+bx+c < 0$ $(a>0)$의 해가 $\alpha < x < \beta$이면 $ax^2+bx+c = a(x-\alpha)(x-\beta)$

x^2의 계수가 1이고 부등식의 해가 $\alpha < x < \beta$이므로

$\qquad x^2-x-3 = (x-\alpha)(x-\beta)$

$\qquad\qquad\quad = x^2-(\alpha+\beta)x+\alpha\beta$

계수를 비교하면 $\alpha+\beta = 1$, $\alpha\beta = -3$이므로

$\qquad \alpha^2+\beta^2 = (\alpha+\beta)^2 - 2\alpha\beta = 1^2 - 2\times(-3) = 7$ 답 ②

Note

이차방정식 $x^2-x-3=0$의 두 근이 α, β이므로 근과 계수의 관계에서

$\qquad \alpha+\beta = 1, \alpha\beta = -3$

이라 해도 된다.

08 [전략] 연립부등식 ⇒ 해의 공통부분을 찾는다.

$x^2-3x-4 \le 0$에서 $(x+1)(x-4) \le 0$

$\qquad \therefore -1 \le x \le 4$ ··· ❶

$-x^2+x+2<0$에서 $x^2-x-2>0$, $(x+1)(x-2)>0$

$\therefore x<-1$ 또는 $x>2$ $\cdots$ ❷

❶, ❷의 공통부분은 $2<x\leq4$이므로

$a=2$, $\beta=4$ $\quad\therefore a+\beta=6$ 답 ③

09 [전략] 완전제곱 꼴의 부등식의 해는 다음과 같다.

$(x-a)^2>0 \Rightarrow x\neq a$인 실수

$(x-a)^2\leq0 \Rightarrow x=a$

$x^2-6x+5\leq0$에서 $(x-1)(x-5)\leq0$

$\therefore 1\leq x\leq5$ $\cdots$ ❶

$x^2-4x+4>0$에서 $(x-2)^2>0$

$\therefore x\neq2$인 실수 $\cdots$ ❷

❶, ❷를 만족하는 정수 x는 1, 3, 4, 5이고, 4개이다. 답 4

10 [전략] $x\geq0$, $x<0$일 때로 나누어 푼다.

(i) $x\geq0$일 때 $x^2+x-2\geq0$

$(x+2)(x-1)\geq0$ $\quad\therefore x\leq-2$ 또는 $x\geq1$

$x\geq0$이므로 $x\geq1$

(ii) $x<0$일 때 $-x^2+x-2\geq0$

$x^2-x+2\leq0$, $\left(x-\dfrac{1}{2}\right)^2+\dfrac{7}{4}\leq0$

이 부등식의 해는 없다.

(i), (ii)에서 $x\geq1$ 답 ④

Note

$x^2-x+2\leq0$에서 $D=(-1)^2-4\times2<0$이다.

11 [전략] $-1<x<1$과 $(x-a+2)(x-a-3)<0$의 해를 비교한다.

$(x-a+2)(x-a-3)<0$에서 $a-2<a+3$이므로

$a-2<x<a+3$ $\cdots$ ❶

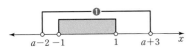

위의 그림과 같이 $-1<x<1$이 ❶에 포함되면 조건을 만족한다.

따라서 $a-2\leq-1$이고 $a+3\geq1$이므로

$a\leq1$이고 $a\geq-2$ $\quad\therefore -2\leq a\leq1$ 답 $-2\leq a\leq1$

12 [전략] 계수가 실수이므로 허근을 가질 조건은 $D<0$이다.

$x^2+2(a+1)x+a+7=0$이 허근을 가지므로

$\dfrac{D_1}{4}=(a+1)^2-(a+7)<0$, $a^2+a-6<0$

$(a+3)(a-2)<0$ $\quad\therefore -3<a<2$ $\cdots$ ❶

또 $x^2-2(a-3)x-a+15=0$도 허근을 가지므로

$\dfrac{D_2}{4}=(a-3)^2-(-a+15)<0$, $a^2-5a-6<0$

$(a+1)(a-6)<0$ $\quad\therefore -1<a<6$ $\cdots$ ❷

❶, ❷의 공통부분은 $-1<a<2$

따라서 정수 a는 0, 1이고, 2개이다. 답 ②

13 [전략] 해가 양수 $\Rightarrow D\geq0$, (합)>0, (곱)>0

$x^2-2kx-k+6=0$에서

(i) $\dfrac{D}{4}=k^2+k-6\geq0$, $(k+3)(k-2)\geq0$

$\therefore k\leq-3$ 또는 $k\geq2$

(ii) 두 근의 합이 양수이므로 $2k>0$ $\quad\therefore k>0$

(iii) 두 근의 곱이 양수이므로 $-k+6>0$ $\quad\therefore k<6$

(i), (ii), (iii)의 공통부분은 $2\leq k<6$ 답 $2\leq k<6$

14 [전략] 해가 $a<x<\beta$이면 $(x-a)(x-\beta)<0$

해가 $x<a$ 또는 $x>\beta$이면 $(x-a)(x-\beta)>0$

해가 $-3<x<2$인 이차부등식은

$(x+3)(x-2)<0$, $x^2+x-6<0$

$x^2+ax+b<0$과 비교하면 $a=1$, $b=-6$

이때 $x^2+bx+a>0$은 $x^2-6x+1>0$

$x^2-6x+1=0$의 해가 $x=3\pm2\sqrt{2}$이므로

$x<3-2\sqrt{2}$ 또는 $x>3+2\sqrt{2}$

답 $x<3-2\sqrt{2}$ 또는 $x>3+2\sqrt{2}$

15 [전략] $x-100=t$로 놓고 t의 범위를 구한다.

$x-100=t$로 놓으면 주어진 식은

$at^2+bt+c>0$

이때 $ax^2+bx+c>0$의 해가 $3<x<5$이므로 $3<t<5$

$3<x-100<5$ $\quad\therefore 103<x<105$

따라서 정수 x의 값은 104이다. 답 ⑤

16 [전략] 해가 $a<x<\beta$이면 $(x-a)(x-\beta)<0$

해가 $x<a$ 또는 $x>\beta$이면 $(x-a)(x-\beta)>0$

$(x-a)(x-b)-10<0$의 해가 $-3<x<4$이므로

$(x-a)(x-b)-10=(x+3)(x-4)$

$x^2-(a+b)x+ab-10=x^2-x-12$

$\therefore a+b=1$, $ab-10=-12$

이때 $(x+a)(x+b)<10$은 $x^2+(a+b)x+ab-10<0$

$x^2+x-12<0$, $(x+4)(x-3)<0$

$\therefore -4<x<3$ 답 $-4<x<3$

Note

곡선 $y=(x-a)(x-b)$는 x축과 $x=a$, $x=b$에서 만나고

곡선 $y=(x+a)(x+b)$는 x축과 $x=-a$, $x=-b$에서 만난다.

따라서 두 그래프는 y축에 대칭이다.

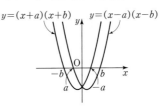

17 [전략] 연립부등식의 해를 구한 다음

해가 $a\leq x\leq\beta$이면 $(x-a)(x-\beta)\leq0$

해가 $x\leq a$ 또는 $x\geq\beta$이면 $(x-a)(x-\beta)\geq0$

$|x+1|\leq2$에서 $-2\leq x+1\leq2$

$\therefore -3\leq x\leq1$ $\cdots$ ❶

$x^2-x-2\geq0$에서 $(x+1)(x-2)\geq0$

$\therefore x\leq-1$ 또는 $x\geq2$ $\cdots$ ❷

❶, ❷의 공통부분은 $-3\leq x\leq-1$

이 부등식이 해인 이차부등식은

$(x+3)(x+1)\leq0$, $x^2+4x+3\leq0$

$\therefore a=4$, $b=3$ 답 $a=4$, $b=3$

18 [전략] 해가 $x=2$인 부등식은
$$a(x-2)^2\leq0\ (a>0)\ \text{또는}\ a(x-2)^2\geq0\ (a<0)$$
$ax^2+bx+c\geq0$의 해가 $x=2$이므로
주어진 부등식은 $a(x-2)^2\geq0$이고 $a<0$이다.
$$\therefore ax^2+bx+c=a(x-2)^2$$
전개하고 계수를 비교하면 $b=-4a,\ c=4a$
ㄱ. $a<0$ (참)
ㄴ. $ax^2+bx+c=0$의 해가 $x=2$(중근)이므로
$$D=b^2-4ac=0\ (참)$$
ㄷ. $b+c=-4a+4a=0$ (참)
따라서 옳은 것은 ㄱ, ㄴ, ㄷ이다.   답 ⑤

절대등급 Note

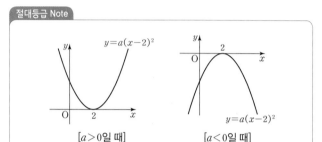

[$a>0$일 때]   [$a<0$일 때]

19 [전략] 경계를 포함하는지 꼼꼼히 따진다.
$x^2-(a-1)x-a<0$에서 $(x+1)(x-a)<0$
a가 양수이므로 해는 $-1<x<a$

따라서 정수 x가 5개이려면 $4<a\leq5$ 답 $4<a\leq5$

20 [전략] 두 부등식의 좌변을 인수분해하여 각각의 해부터 구한다.
$x^2+x-20<0$에서 $(x+5)(x-4)<0$
$$\therefore -5<x<4\qquad\cdots\ ❶$$
$x^2-2kx+k^2-25>0$에서
$$\{x-(k-5)\}\{x-(k+5)\}>0$$
$$\therefore x<k-5\ \text{또는}\ x>k+5\qquad\cdots\ ❷$$

❶, ❷의 공통부분이 없으므로 위의 그림에서
$$k-5\leq-5\text{이고}\ 4\leq k+5\qquad\therefore -1\leq k\leq0\qquad답 ①$$

21 [전략] 조건을 만족하는 경우를 수직선 위에 나타낸다.
$x^2-2x-3>0$에서 $(x+1)(x-3)>0$
$$\therefore x<-1\ \text{또는}\ x>3\qquad\cdots\ ❶$$

위의 그림에서 $x^2+ax+b<0$의 해가 $-3<x<5$이므로
$$x^2+ax+b=(x+3)(x-5)=x^2-2x-15$$
$$\therefore a=-2,\ b=-15,\ a+b=-17\qquad답 ②$$

22 [전략] 부등식의 좌변을 인수분해하여 각각의 해를 구하고
a의 범위를 나누어 생각한다.
$x^2-2x-24\leq0$에서 $(x+4)(x-6)\leq0$
$$\therefore -4\leq x\leq6\qquad\cdots\ ❶$$
$x^2+(1-2a)x-2a\leq0$에서 $(x-2a)(x+1)\leq0$
(ⅰ) $2a<-1$일 때 $2a\leq x\leq-1$
   ❶과 공통부분이 $-1\leq x\leq6$일 수 없다.
(ⅱ) $2a=-1$일 때 $x=-1$
   ❶과 공통부분이 $-1\leq x\leq6$일 수 없다.
(ⅲ) $2a>-1$일 때 $-1\leq x\leq2a$
   ❶과 공통부분이 $-1\leq x\leq6$이므로
$$2a\geq6\qquad\therefore a\geq3$$
따라서 실수 a의 최솟값은 3이다.   답 ②

23 [전략] 해에 등호를 포함하는 부등호와 포함하지 않는 부등호가 있음을
이용한다.
연립부등식의 해가 $2<x\leq3$이므로
$x^2+px+q\leq0$의 해는 $\alpha\leq x\leq3$의 꼴이고
$x^2-x+p>0$의 해는 $x<\beta$ 또는 $x>2$의 꼴이다.

$x=2$가 $x^2-x+p=0$의 해이므로
$$2+p=0\qquad\therefore p=-2$$
$x=3$이 $x^2+px+q=0$의 해이므로
$$9+3p+q=0\qquad\therefore q=-3,\ p+q=-5\qquad답 ③$$

Note
$p=-2,\ q=-3$일 때
$x^2+px+q\leq0$은 $x^2-2x-3\leq0$ $\therefore -1\leq x\leq3$
$x^2-x+p>0$은 $x^2-x-2>0$ $\therefore x<-1$ 또는 $x>2$
따라서 연립부등식의 해는 $2<x\leq3$이다.

24 [전략] a의 범위를 나누면 $x^2+(1-a)x-a<0$의 해를 수직선 위에
나타낼 수 있다.
$x^2-4>0$에서 $x<-2$ 또는 $x>2$ $\cdots$ ❶
$x^2+(1-a)x-a<0$에서 $(x+1)(x-a)<0$
(ⅰ) $a<-1$일 때 $a<x<-1$
   ❶과의 공통부분이 $x=3$을 포함하지 않는다.
(ⅱ) $a=-1$일 때 $(x+1)^2<0$이므로 해가 없다.
(ⅲ) $a>-1$일 때 $-1<x<a$ $\cdots$ ❷

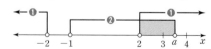

❶, ❷의 공통부분에 있는 정수가 $x=3$뿐이려면
$$3<a\leq4\qquad답 3<a\leq4$$

25 [전략] $1-x=t$로 놓고 $f(t)\geq0$의 해부터 찾는다.
$1-x=t$라 하면 $f(t)\geq0$에서 $-1\leq t\leq3$
$$-1\leq1-x\leq3,\ -2\leq-x\leq2$$
$$\therefore -2\leq x\leq2\qquad답 ②$$

다른 풀이

$f(x)=a(x+1)(x-3)\,(a<0)$이라 하면
$$f(1-x)=a(2-x)(-2-x)=a(x-2)(x+2)$$
$f(1-x)\geq0$에서 $a(x-2)(x+2)\geq0$
$a<0$이므로 $(x-2)(x+2)\leq0$
$$\therefore -2\leq x\leq2$$

26 [전략] $f(x)=x^2+ax-b, g(x)=3x+1$이라 할 때
부등식 $f(x)<g(x)$의 해가 $-1<x<2$이다.

$f(x)=x^2+ax-b, g(x)=3x+1$이라
하자.
$f(x)<g(x)$에서 $x^2+ax-b<3x+1$
$$\therefore x^2+(a-3)x-b-1<0$$
해가 $-1<x<2$이므로
$$x^2+(a-3)x-b-1$$
$$=(x+1)(x-2)=x^2-x-2$$
곧, $a-3=-1$, $-b-1=-2$
$$\therefore a=2, b=1$$
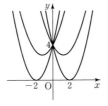

圄 $a=2, b=1$

27 [전략] $ax^2+bx+c\geq0\,(a\neq0)$의 해가 모든 실수 $\Rightarrow a>0, D\leq0$
특히 등호의 포함 여부에 주의한다.

$x^2+(a-2)x+4\geq0$에서 x^2의 계수가 1이므로
$$D=(a-2)^2-4\times4\leq0$$
$$(a-2+4)(a-2-4)\leq0$$
$$\therefore -2\leq a\leq6$$
따라서 정수 a는 $-2, -1, 0, 1, 2, 3, 4, 5, 6$이고, 합은 18
이다.

圄 18

Note

예를 들어 $a=-2, 0, 4, 6$일 때
$y=x^2+(a-2)x+4$의 그래프는 오른쪽 그림과
같다.
곧, $x^2+(a-2)x+4\geq0$이다.

28 [전략] $ax^2+bx+c<0\,(a\neq0)$의 해가 모든 실수 $\Rightarrow a<0, D<0$

$ax^2+(a+3)x+a<0$에서
(i) $a<0$
(ii) $D=(a+3)^2-4a^2<0$
$$3a^2-6a-9>0$$
$$(a+1)(a-3)>0$$
$$\therefore a<-1 \text{ 또는 } a>3$$
(i), (ii)의 공통부분은 $a<-1$
따라서 정수 a의 최댓값은 -2이다.

圄 ②

29 [전략] 부등식 $f(x)<g(x)$의 해가 실수 전체이다.

$f(x)-g(x)<0$에서 $-3x^2+(2a-4)x-3<0$
$$\therefore 3x^2-(2a-4)x+3>0$$
이 부등식의 해가 실수 전체이므로
$$\frac{D}{4}=(a-2)^2-9<0$$

$$(a-2+3)(a-2-3)<0$$
$$\therefore -1<a<5$$

圄 ⑤

30 [전략] $f(x)=x^2-4x-a^2+4a$라 하고 $y=f(x)$의 그래프를 생각한다.

$f(x)=x^2-4x-a^2+4a$라 하면
$$f(x)=(x-2)^2-a^2+4a-4$$
오른쪽 그림과 같이 $-1\leq x\leq1$에서
$f(x)\geq0$이면 $y=f(x)$의 그래프가
$x=1$에서 x축과 만나거나
$-1\leq x\leq1$에서 x축 위쪽에 있다.
곧, $f(1)\geq0$이므로
$$-a^2+4a-3\geq0, (a-1)(a-3)\leq0$$
$$\therefore 1\leq a\leq3$$
따라서 정수 a는 1, 2, 3이고, 3개이다.

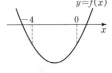

圄 ③

31 [전략] $f(x)=x^2+2ax+a-5$라 하고 $y=f(x)$의 그래프를 생각한다.

$f(x)=x^2+2ax+a-5$라 하면
오른쪽 그림과 같이 $-4\leq x\leq0$에서
$f(x)<0$이면 이 범위에서 $y=f(x)$의
그래프가 x축 아래쪽에 있다.
따라서 $f(0)<0, f(-4)<0$이므로
$$f(0)=a-5<0$$에서 $a<5$ ···❶
$$f(-4)=16-8a+a-5<0$$에서 $a>\frac{11}{7}$ ···❷

❶, ❷의 공통부분은 $\frac{11}{7}<a<5$

圄 $\frac{11}{7}<a<5$

32 [전략] $a, b, c\,(a\leq b\leq c)$가 둔각삼각형의 세 변의 길이
$\Rightarrow a+b>c, a^2+b^2<c^2$

$x+2$가 가장 긴 변의 길이이다.
삼각형의 변의 길이이므로
$$x+(x+1)>x+2$$
$$\therefore x>1$$ ···❶
둔각삼각형의 변의 길이이므로
$$x^2+(x+1)^2<(x+2)^2, x^2-2x-3<0$$
$$(x+1)(x-3)<0$$
$x>0$이므로 $0<x<3$ ···❷
❶, ❷의 공통부분은 $1<x<3$

圄 $1<x<3$

step B 실력 문제 78~80쪽

01 ②	**02** $1<x<3$	**03** ①	**04** ②
05 $a=2, b=6$	**06** 11	**07** ②	**08** 14
09 ④	**10** $a<-2$ 또는 $a>1$	**11** ②	**12** ④
13 ⑤	**14** ④	**15** $-2<a\leq3$	
16 $-5\leq a\leq3$	**17** ⑤	**18** ⑤	

01 [전략] x의 범위를 나누어 절댓값 기호를 없애도 되고
$$|x|<a \Rightarrow -a<x<a$$ 를 이용해도 된다.

$|2x+5|<x+4$에서 $-(x+4)<2x+5<x+4$

$-x-4<2x+5$일 때 $x>-3$

$2x+5<x+4$일 때 $x<-1$

$\therefore -3<x<-1$ ··· ❶

$|x+a|<b$에서 $-b<x+a<b$

$\therefore -a-b<x<-a+b$ ··· ❷

❶, ❷가 같으므로 $-a-b=-3$, $-a+b=-1$

연립하여 풀면 $a=2$, $b=1$ $\therefore ab=2$ 답 ②

다른풀이

$|2x+5|<x+4$에서

(i) $x\geq-\dfrac{5}{2}$일 때 $2x+5<x+4$, $x<-1$

$\therefore -\dfrac{5}{2}\leq x<-1$

(ii) $x<-\dfrac{5}{2}$일 때 $-(2x+5)<x+4$, $x>-3$

$\therefore -3<x<-\dfrac{5}{2}$

(i), (ii)에서 $-3<x<-1$

02 [전략] 먼저 $x\geq2$, $x<2$로 나누어 $|x-2|$의 절댓값 기호부터 없앤다.

(i) $x\geq2$일 때 $||x-2-2|>x-2$

$\therefore |x-4|>x-2$

$x\geq4$일 때 $x-4>x-2$

이 부등식의 해는 없다.

$2\leq x<4$일 때 $-(x-4)>x-2$, $x<3$

주어진 범위에서 $2\leq x<3$

(ii) $x<2$일 때 $|-(x-2)-2|>-(x-2)$

$\therefore |-x|>-x+2$

$x<0$일 때 $-x>-x+2$

이 부등식의 해는 없다.

$0\leq x<2$일 때 $x>-x+2$, $x>1$

주어진 범위에서 $1<x<2$

(i), (ii)에서 $1<x<3$ 답 $1<x<3$

다른풀이

$|x-2|=t$ $(t\geq0)$이라 하면 주어진 식은 $|t-2|>t$

(i) $t\geq2$일 때 $t-2>t$

이 부등식의 해는 없다.

(ii) $0\leq t<2$일 때 $-t+2>t$ $\therefore t<1$

주어진 범위에서 $0\leq t<1$

(i), (ii)에서 $0\leq t<1$

$0\leq|x-2|<1$, $-1<x-2<1$ $\therefore 1<x<3$

03 [전략] $y=|2x-1|$과 $y=x+a$의 그래프를 이용한다.

$y=|2x-1|$에서

$x\geq\dfrac{1}{2}$일 때 $y=2x-1$

$x<\dfrac{1}{2}$일 때 $y=-2x+1$

따라서 $y=|2x-1|$의 그래프는 오른쪽 그림에서 꺾인 선이다.

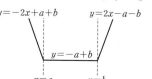

이때 주어진 부등식의 해가 있으려면 직선 $y=x+a$가 $y=|2x-1|$의 그래프와 두 점에서 만나야 한다.

$y=x+a$에 $x=\dfrac{1}{2}$, $y=0$을 대입하면

$a=-\dfrac{1}{2}$이므로 해가 있으려면 $a>-\dfrac{1}{2}$ 답 ①

다른풀이

$-x-a<2x-1<x+a$이므로

$-x-a<2x-1$에서 $x>\dfrac{1-a}{3}$

$2x-1<x+a$에서 $x<a+1$

이때 부등식이 해를 가지려면

$\dfrac{1-a}{3}<a+1$ $\therefore a>-\dfrac{1}{2}$

04 [전략] $y=|x-a|+|x-b|$의 그래프를 이용한다.

$a\leq b$라 생각해도 된다.

(i) $a=b$일 때 $2|x-a|\leq10$, $|x-a|\leq5$

$-5\leq x-a\leq5$, $a-5\leq x\leq a+5$

해가 $-2\leq x\leq8$이므로

$a-5=-2$, $a+5=8$

$\therefore a=3$, $b=3$, $a+b=6$

(ii) $a<b$일 때 $y=|x-a|+|x-b|$라 하자.

$x<a$에서 $y=-(x-a)-(x-b)=-2x+a+b$

$a\leq x<b$에서 $y=x-a-(x-b)=-a+b$

$x\geq b$에서 $y=x-a+x-b=2x-a-b$

따라서 $y=|x-a|+|x-b|$의 그래프는 다음 그림과 같다.

$|x-a|+|x-b|\leq10$의 해가 $-2\leq x\leq8$이면

점 $(-2, 10)$이 직선 $y=-2x+a+b$ 위에 있으므로

$10=4+a+b$, $a+b=6$

점 $(8, 10)$이 직선 $y=2x-a-b$ 위에 있으므로

$10=16-a-b$, $a+b=6$

(i), (ii)에서 $a+b=6$ 답 ②

05 [전략] 제한 범위에서 이차함수의 최대, 최소에 대한 문제이다.

x^2의 계수 a의 범위를 나누어 생각한다.

$|2x-3|+|3-x|+|x+2|\leq16$에서

$|2x-3|+|x-3|+|x+2|\leq16$

(i) $x<-2$일 때

$-2x+3-x+3-x-2\leq16$, $x\geq-3$

$\therefore -3\leq x<-2$

(ii) $-2 \leq x < \dfrac{3}{2}$일 때

$$-2x+3-x+3+x+2 \leq 16, \ x \geq -4$$
$$\therefore -2 \leq x < \dfrac{3}{2}$$

(iii) $\dfrac{3}{2} \leq x < 3$일 때

$$2x-3-x+3+x+2 \leq 16, \ x \leq 7$$
$$\therefore \dfrac{3}{2} \leq x < 3$$

(iv) $x \geq 3$일 때

$$2x-3+x-3+x+2 \leq 16, \ x \leq 5$$
$$\therefore 3 \leq x \leq 5$$

(i)~(iv)에서 $-3 \leq x \leq 5$ ······ ㉮

$f(x)=ax^2+2ax+b=a(x+1)^2-a+b$에서

$a>0$이면 $f(-1)$이 최솟값, $f(5)$가 최댓값이다.

$$f(-1)=-a+b=4$$
$$f(5)=36a-a+b=76$$

연립하여 풀면 $a=2$, $b=6$

$a<0$이면 $f(-1)$이 최댓값, $f(5)$가 최솟값이다.

$$f(-1)=-a+b=76$$
$$f(5)=36a-a+b=4$$

연립하여 풀면 $a=-2$, $b=74$ ······ ㉯

$ab>0$이므로 $a=2$, $b=6$ ······ ㉰

단계	채점 기준	배점
㉮	부등식을 만족하는 x의 범위 구하기	60%
㉯	$a>0$, $a<0$일 때로 나누어 $f(x)$의 최댓값이 76, 최솟값이 4인 a, b의 값 구하기	30%
㉰	$ab>0$인 a, b의 값 구하기	10%

🅐 $a=2$, $b=6$

06 [전략] $|x-a| \geq 0$이고 우변이 0임을 이용한다.

$|x-a| \geq 0$이므로 $x-10 \leq 0$ 또는 $x=a$

자연수 x가 11개이므로 a는 10보다 큰 자연수이다.

따라서 a의 최솟값은 11이다. 🅐 11

07 [전략] k가 정수일 때 $[x+k]=[x]+k$임을 이용하여 식을 정리한다.

$[x-1]=[x]-1$, $[x+1]=[x]+1$이므로 주어진 부등식은

$$2([x]-1)^2-5([x]+1)+7<0$$
$$2[x]^2-9[x]+4<0$$
$$(2[x]-1)([x]-4)<0$$
$$\therefore \dfrac{1}{2} < [x] < 4$$

$[x]$는 정수이므로 $[x]=1, 2, 3$

$[x]=1$일 때 $1 \leq x < 2$

$[x]=2$일 때 $2 \leq x < 3$

$[x]=3$일 때 $3 \leq x < 4$

$\therefore 1 \leq x < 4$, $\alpha=1$, $\beta=4$, $\beta-\alpha=3$ 🅐 ②

(Note)

$n \leq x < n+1 \ (n$은 정수$)$일 때, $n+k \leq x+k < n+k+1$

k가 정수이면 $[x+k]=n+k$ $\therefore [x+k]=[x]+k$

08 [전략] $f(x)=k$의 해가 $x=2$ 또는 $x=12$이다.

$f(x)-k=0$의 두 근이 2, 12이고

$f(x)$의 x^2의 계수가 -1이므로

$$f(x)-k=-(x-2)(x-12)$$
$$\therefore f(x)=-x^2+14x-24+k$$

$f(3)=9+k$이므로 $f(x)>f(3)-2$에서

$$-x^2+14x-24+k>7+k$$
$$x^2-14x+31<0$$

따라서 $x^2-14x+31=0$의 해가 α, β이므로

$$\alpha+\beta=14$$ 🅐 14

09 [전략] $bx^2+2x+a=0$의 두 근이 α, β이고 $b>0$, $\alpha\beta<0$임을 이용한다.

부등식 $bx^2+2x+a<0$의 해가

$\alpha<x<\beta$이고 $\alpha\beta<0$이므로

$$b>0, \ a<0$$

또 $\alpha+\beta=-\dfrac{2}{b}$, $\alpha\beta=\dfrac{a}{b}$ ······ ❶

부등식 $4ax^2-4x+b>0$의 양변을 $4a$로 나누면

$$x^2-\dfrac{1}{a}x+\dfrac{b}{4a}<0$$ ······ ❷

❶에서 $\dfrac{1}{a}=-\dfrac{\alpha+\beta}{2\alpha\beta}$, $\dfrac{b}{4a}=\dfrac{1}{4\alpha\beta}$

이때 합이 $-\dfrac{\alpha+\beta}{2\alpha\beta}$, 곱이 $\dfrac{1}{4\alpha\beta}$인 두 수는 $-\dfrac{1}{2\alpha}$, $-\dfrac{1}{2\beta}$이고,

$-\dfrac{1}{2\beta}<-\dfrac{1}{2\alpha}$이므로 ❷의 해는 $-\dfrac{1}{2\beta}<x<-\dfrac{1}{2\alpha}$ 🅐 ④

10 [전략] 수직선 위에서 두 부등식의 해를 비교한다.

$x^2+x-6>0$에서 $(x+3)(x-2)>0$

$\therefore x<-3$ 또는 $x>2$ ······ ❶ ······ ㉮

$|x-a| \leq 1$에서 $-1 \leq x-a \leq 1$

$\therefore a-1 \leq x \leq a+1$ ······ ❷ ······ ㉯

❶, ❷의 공통부분이 있으려면

$a-1<-3$ 또는 $a+1>2$

$\therefore a<-2$ 또는 $a>1$ ······ ㉰

단계	채점 기준	배점
㉮	$x^2+x-6>0$의 해 구하기	30%
㉯	$|x-a| \leq 1$의 해 구하기	30%
㉰	연립부등식이 해를 갖기 위한 a의 값의 범위 구하기	40%

🅐 $a<-2$ 또는 $a>1$

11 [전략] 각 이차부등식에서 a의 범위를 나누어 생각한다.

$(x+a)(x-3)<0$에서 $-a>3$이면 $3<x<-a$이므로 연립부등식의 해가 $2<x<3$일 수 없다.

따라서 $-a<3$, 곧 $a>-3$이고, 부등식의 해는

$$-a<x<3$$ ······ ❶

$(x-a)(x-2)>0$에서 $a>2$이면 $x<2$ 또는 $x>a$이므로 연립부등식의 해가 $2<x<3$일 수 없다.

따라서 $a<2$이고, 부등식의 해는

$\qquad x<a$ 또는 $x>2$ ··· ❷

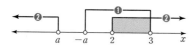

위의 그림에서 $-a\le2$, $a\le-a$이므로

$\qquad -2\le a\le0$

따라서 a의 최댓값은 0, 최솟값은 -2이고, 합은 -2이다. 답 ②

Note 함정

a가 경계에서의 값일 때는 따로 생각하는 것이 좋다.

$-a=3$이면 $(x+a)(x-3)<0$의 해가 없으므로 연립부등식의 해가 $2<x<3$일 수 없다.

$a=2$이면 $(x-a)(x-2)>0$의 해는 $x\ne2$인 모든 실수이고, $(x+a)(x-3)<0$의 해는 $-2<x<3$이므로 연립부등식의 해가 $2<x<3$일 수 없다.

12 [전략] $x^2-6|x|+8\le0$에서 $x^2=|x|^2$이므로 $|x|=t$로 놓고 t의 범위부터 구한다.

$|x-2|<k$에서 $-k+2<x<k+2$ ··· ❶

$x^2-6|x|+8\le0$에서 $x^2=|x|^2$이므로

$|x|=t$ $(t\ge0)$으로 놓으면

$\qquad t^2-6t+8\le0$, $(t-2)(t-4)\le0$ $\qquad\therefore 2\le t\le4$

곧, $2\le|x|\le4$이므로

$\qquad -4\le x\le-2$ 또는 $2\le x\le4$ ··· ❷

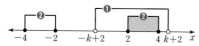

k가 양수이므로 ❶, ❷를 만족하는 정수 x가 3개이려면

$\qquad -2\le-k+2<2$이고 $k+2>4$ $\qquad\therefore 2<k\le4$

k의 최댓값은 4이다. 답 ④

Note

$x^2-6|x|+8\le0$은 다음과 같이 풀어도 된다.

$x\ge0$일 때 $x^2-6x+8\le0$ $\qquad\therefore 2\le x\le4$

$x<0$일 때 $x^2+6x+8\le0$ $\qquad\therefore -4\le x\le-2$

13 [전략] $x^2+ax+b=0$의 해를 α, β $(\alpha<\beta)$라 하고 $x^2+ax+b<0$과 $x^2+ax+b\ge0$의 해에 대한 조건을 수직선에서 생각한다.

$x^2-8x+12\le0$에서 $(x-2)(x-6)\le0$

$\qquad\therefore 2\le x\le6$ ··· ❶

$x^2+ax+b=0$의 실근을 α, β $(\alpha<\beta)$라 하자.

$x^2+ax+b<0$의 해 $\alpha<x<\beta$와 ❶의 공통부분이 없으므로 위의 그림에서

$\qquad \alpha<\beta\le2$ 또는 $6\le\alpha<\beta$ ··· ❷

$x^2-8x+12>0$에서 $(x-2)(x-6)>0$

$\qquad\therefore x<2$ 또는 $x>6$ ··· ❸

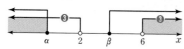

$x^2+ax+b\ge0$의 해 $x\le\alpha$ 또는 $x\ge\beta$와 ❸의 공통부분이 $x\le-1$ 또는 $x>6$이므로 위의 그림에서

$\qquad a=-1$, $2\le\beta\le6$ ··· ❹

❷와 ❹의 공통부분을 생각하면 $a=-1$, $\beta=2$이므로

$\qquad x^2+ax+b=(x+1)(x-2)$

$\qquad\qquad\qquad\quad =x^2-x-2$

$\qquad\therefore a=-1$, $b=-2$, $a+b=-3$ 답 ⑤

Note

$x^2+ax+b=0$이 중근이나 허근을 가지는 경우 $\begin{cases}x^2-8x+12>0\\x^2+ax+b\ge0\end{cases}$의 해가 $x\le-1$ 또는 $x>6$일 수 없다.

14 [전략] 해 $x=4$에 착안하여 두 부등식의 해를 생각한다.

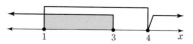

위의 그림에서 $x^2+ax+b\ge0$의 해는

$\qquad x\le3$ 또는 $x\ge4$

이므로 $-a=3+4$, $b=3\times4$ $\qquad\therefore a=-7$, $b=12$

$x^2+cx+d\le0$의 해는 $1\le x\le4$이므로

$\qquad -c=1+4$, $d=1\times4$ $\qquad\therefore c=-5$, $d=4$

$\qquad\therefore a+b+c+d=4$ 답 ④

15 [전략] $p\le[x]\le q$ $(p, q$는 정수) $\Rightarrow p\le x<q+1$

(i) $[x]^2-[x]-2>0$에서 $([x]+1)([x]-2)>0$

$\qquad\therefore [x]<-1$ 또는 $[x]>2$

$\quad [x]$는 정수이므로 $[x]=\cdots,-3,-2,3,4,\cdots$이고,

$\qquad\qquad\qquad\vdots$

$\qquad [x]=-3$일 때 $-3\le x<-2$

$\qquad [x]=-2$일 때 $-2\le x<-1$

$\qquad [x]=3$일 때 $3\le x<4$

$\qquad [x]=4$일 때 $4\le x<5$

$\qquad\qquad\qquad\vdots$

$\quad$ 따라서 해는 $x<-1$ 또는 $x\ge3$ ··· ❶

(ii) $2x^2+(5-2a)x-5a<0$에서

$\qquad (2x+5)(x-a)<0$

이 부등식의 해에 정수 -2가 포함되어야 하므로

$\qquad a>-\dfrac{5}{2}$이고, 해는 $-\dfrac{5}{2}<x<a$ ··· ❷

❶, ❷에서 공통인 정수가 -2뿐이므로 $-2<a\le3$

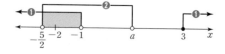

답 $-2<a\le3$

16 [전략] 특정 범위에서 부등식의 대소를 생각하는 문제이다. 함수의 그래프를 생각한다.

$g(x)-f(x)=h(x)$라 할 때,

$-2\le x\le0$에서 $h(x)\ge0$이다.

$h(x)=-2x^2-(a+5)x-a+3$이고,

$y=h(x)$의 그래프는 오른쪽 그림과 같다.

곧, $h(-2)\ge0$, $h(0)\ge0$ ··· ㉮

$h(-2)\ge0$이므로

$\qquad -8+2a+10-a+3\ge0$

$$\therefore a \geq -5 \quad \cdots \text{❶}$$

$h(0) \geq 0$이므로 $-a+3 \geq 0$

$$\therefore a \leq 3 \quad \cdots \text{❷}$$

❶, ❷의 공통부분은 $-5 \leq a \leq 3$ $\quad \cdots$ ㉯

단계	채점 기준	배점
㉮	$-2 \leq x \leq 0$에서 $f(x) \leq g(x)$인 조건 찾기	50%
㉯	a의 값의 범위 구하기	50%

답 $-5 \leq a \leq 3$

17 [전략] 식이 대칭인 꼴이다. 전개한 다음 인수분해하여 정리한다.

$(a-1)(a-2)=(b-1)(b-2)$에서

$a^2-b^2-3(a-b)=0,\ (a-b)(a+b-3)=0$

$a<b$이므로 $a+b-3=0$

$(x-1)(x-2)>(a-1)(a-2)$에서

$x^2-a^2-3(x-a)>0,\ (x-a)(x+a-3)>0$

$a-3=-b$이므로 $(x-a)(x-b)>0$

$a<b$이므로 $x<a$ 또는 $x>b$ $\quad$ 답 ⑤

다른 풀이

$f(x)=(x-1)(x-2)$라 하자.

$(a-1)(a-2)=(b-1)(b-2)$이므로

$$f(a)=f(b)$$

또 $(x-1)(x-2)>(a-1)(a-2)$

에서 $f(x)>f(a)$

따라서 오른쪽 그림에서 부등식의 해는

$$x<a \text{ 또는 } x>b$$

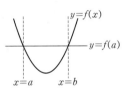

18 [전략] 먼저 부등식의 좌변을 x에 대한 내림차순으로 정리한 다음 모든 실수 x에 대하여 성립함을 이용한다.

좌변을 x에 대한 내림차순으로 정리하면

$$x^2-(4y+10)x+4y^2+ay+b>0$$

모든 실수 x에 대하여 성립하므로

$$\frac{D}{4}=(2y+5)^2-(4y^2+ay+b)<0$$

$$\therefore (20-a)y+25-b<0$$

이 부등식이 모든 실수 y에 대하여 성립하므로

$$20-a=0,\ 25-b<0$$

$$\therefore a=20,\ b>25$$

$a,\ b$가 정수이므로 $a+b$의 최솟값은

$$20+26=46 \quad \text{답 ⑤}$$

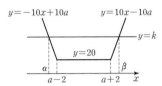

01 [전략] $y=|5x-4a-b|+|5x-6a+b|$의 그래프와 직선 $y=k$를 생각한다.

$y=|5x-4a-b|+|5x-6a+b|$라 하자. $\quad \cdots$ ❶

$b-a=10$에서 $b=a+10$이므로 ❶에 대입하면

$$y=|5x-5a-10|+|5x-5a+10|$$

$$\therefore y=5|x-(a+2)|+5|x-(a-2)|$$

$x<a-2$일 때 $y=-10x+10a$

$a-2 \leq x < a+2$일 때 $y=20$

$x \geq a+2$일 때 $y=10x-10a$

따라서 $y=5|x-(a+2)|+5|x-(a-2)|$의 그래프는 다음 그림과 같다.

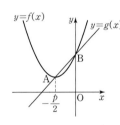

$a-2 \leq x \leq a+2$를 만족하는 정수 x는 5개이므로 부등식을 만족하는 정수 x가 7개이면 직선 $y=k$는 직선 $y=20$보다 위쪽에 있다.

직선 $y=k$와 직선 $y=-10x+10a$의 교점의 x좌표를 α라 하면

$k=-10\alpha+10a$에서 $\alpha=\dfrac{10a-k}{10}$

직선 $y=k$와 직선 $y=10x-10a$의 교점의 x좌표를 β라 하면

$k=10\beta-10a$에서 $\beta=\dfrac{10a+k}{10}$

따라서 부등식의 해는 $\dfrac{10a-k}{10} \leq x \leq \dfrac{10a+k}{10}$

이 부등식을 만족하는 정수 x가 7개이려면

$$6 \leq \frac{10a+k}{10}-\frac{10a-k}{10}<8,\ 6 \leq \frac{2k}{10}<8$$

$30 \leq k < 40$이므로 정수 k는 10개이다. $\quad$ 답 ③

02 [전략] $y=f(x),\ y=g(x)$의 그래프를 이용하여 $f(x)-g(x) \leq 0$의 해를 구한다.

$$f(x)=\left(x+\frac{p}{2}\right)^2+p-\frac{p^2}{4}$$

(ⅰ) $p>0$일 때 $y=f(x)$의 그래프는 오른쪽 그림과 같으므로 $f(x)-g(x) \leq 0$의 해는

$$-\frac{p}{2} \leq x \leq 0$$

정수 x가 10개이면

$$-10<-\frac{p}{2} \leq -9,\ 18 \leq p < 20$$

따라서 정수 p는 18, 19이다. $\quad \cdots$ ㉮

(ⅱ) $p<0$일 때 $y=f(x)$의 그래프는 오른쪽 그림과 같으므로 $f(x)-g(x) \leq 0$의 해는

$$0 \leq x \leq -\frac{p}{2}$$

정수 x가 10개이면

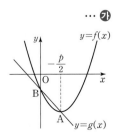

step C 최상위 문제 81쪽

01 ③	**02** 최댓값 : 19, 최솟값 : -19	**03** ②
04 ②	**05** $-6<a<7$	

$$9 \leq -\frac{p}{2} < 10, \ -20 < p \leq -18$$

따라서 정수 p는 $-19, -18$이다. ··· ❶

(i), (ii)에서 정수 p의 최댓값은 19, 최솟값은 -19이다. ··· ❸

단계	채점 기준	배점
㉮	$p > 0$일 때 그래프를 그리고 정수 p의 값 구하기	40%
㉯	$p < 0$일 때 그래프를 그리고 정수 p의 값 구하기	40%
㉰	p의 최댓값과 최솟값 구하기	20%

🔲 최댓값 : 19, 최솟값 : -19

03 [전략] $ax^2 - bx + c = 0$의 해가 α, β이면
$$cx^2 - bx + a = 0$$의 해는 $\frac{1}{\alpha}, \frac{1}{\beta}$이다.

0이 아닌 α가 $ax^2 - bx + c = 0$의 해이면
$$a\alpha^2 - b\alpha + c = 0, \ a - \frac{b}{\alpha} + \frac{c}{\alpha^2} = 0$$
$$c\left(\frac{1}{\alpha}\right)^2 - b\left(\frac{1}{\alpha}\right) + a = 0$$

따라서 $\frac{1}{\alpha}$은 $cx^2 - bx + a = 0$의 해이다.

$ax^2 - bx + c = 0$의 해를 $\alpha, \beta \ (\alpha < \beta)$라 하면 a, b, c가 양수이므로 α, β는 양수이고 부등식 $ax^2 - bx + c < 0$의 해는 $\alpha < x < \beta$이다.

또 $cx^2 - bx + a = 0$의 해는 $\frac{1}{\alpha}, \frac{1}{\beta} \left(\frac{1}{\beta} < \frac{1}{\alpha}\right)$이므로

부등식 $cx^2 - bx + a < 0$의 해는 $\frac{1}{\beta} < x < \frac{1}{\alpha}$이다.

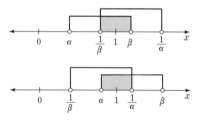

연립부등식의 해가 있으려면 $\frac{1}{\beta} < 1 < \beta$ 또는 $\alpha < 1 < \frac{1}{\alpha}$이므로

1은 연립부등식의 해이다.

주어진 부등식에 $x = 1$을 대입하면
$$a - b + c < 0 \qquad \therefore a + c < b$$

🔲 ②

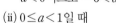
다른 풀이

연립부등식의 한 해를 α라 하면
$$a\alpha^2 - b\alpha + c < 0, \ c\alpha^2 - b\alpha + a < 0$$
변변 더하면
$$(a+c)\alpha^2 - 2b\alpha + (a+c) < 0$$
따라서 부등식 $(a+c)x^2 - 2bx + (a+c) < 0$의 해가 존재한다.
이때 $a + c > 0$이므로 $(a+c)x^2 - 2bx + (a+c) = 0$은 서로 다른 두 실근을 가진다. 곧,
$$\frac{D}{4} = b^2 - (a+c)^2 > 0$$
$$\{b - (a+c)\}\{b + (a+c)\} > 0$$
$a + b + c > 0$이므로
$$b - (a+c) > 0 \qquad \therefore a + c < b$$

04 [전략] 모든 실수 x에 대하여 $ax^2 + bx + c \geq 0 \ (a \neq 0)$
$$\Rightarrow a > 0$$이고 $D \leq 0$
을 이용하여 m, n에 대한 부등식을 구한 다음
한 문자에 대한 부등식을 구할 수 있는지 확인한다.

$-x^2 + 3x + 2 \leq mx + n$에서 $x^2 + (m-3)x + n - 2 \geq 0$
해가 모든 실수이므로
$$D_1 = (m-3)^2 - 4(n-2) \leq 0 \qquad ··· ❶$$
$mx + n \leq x^2 - x + 4$에서 $x^2 - (m+1)x + 4 - n \geq 0$
해가 모든 실수이므로
$$D_2 = (m+1)^2 - 4(4-n) \leq 0 \qquad ··· ❷$$
❶에서 $4n \geq (m-3)^2 + 8$
❷에서 $4n \leq -(m+1)^2 + 16$
이므로 $(m-3)^2 + 8 \leq 4n \leq -(m+1)^2 + 16$ ··· ❸
이 부등식을 만족하는 m, n의 값이 존재하려면 먼저
$(m-3)^2 + 8 \leq -(m+1)^2 + 16$에서
$$m^2 - 6m + 9 + 8 \leq -m^2 - 2m - 1 + 16$$
$$2m^2 - 4m + 2 \leq 0, \ 2(m-1)^2 \leq 0 \qquad \therefore m = 1$$
❸에 대입하면 $12 \leq 4n \leq 12 \qquad \therefore n = 3$
$$\therefore m^2 + n^2 = 10$$

🔲 ②

05 [전략] $y = x^2 - 2ax + a + 6$의 그래프를 이용한다.
이때 꼭짓점의 위치에 따라 나누어 생각한다.

$f(x) = x^2 - 2ax + a + 6$이라 하면
$$f(x) = (x-a)^2 - a^2 + a + 6$$
$y = f(x)$의 그래프의 꼭짓점의 좌표는 $(a, -a^2 + a + 6)$

(i) $a < 0$일 때
$y = f(x)$의 그래프는 오른쪽 그림과 같으므로
$$f(0) > 0, \ a + 6 > 0$$
$$\therefore a > -6$$
$a < 0$이므로 $-6 < a < 0$

(ii) $0 \leq a < 1$일 때
$y = f(x)$의 그래프는 오른쪽 그림과 같으므로
$$f(a) > 0, \ -a^2 + a + 6 > 0$$
$$(a+2)(a-3) < 0$$
$$\therefore -2 < a < 3$$
$0 \leq a < 1$이므로 $0 \leq a < 1$

(iii) $a \geq 1$일 때
$y = f(x)$의 그래프는 오른쪽 그림과 같으므로
$$f(1) > 0$$
$$1 - 2a + a + 6 > 0$$
$$\therefore a < 7$$
$a \geq 1$이므로 $1 \leq a < 7$

(i), (ii), (iii)에서 $-6 < a < 7$

🔲 $-6 < a < 7$

III. 도형의 방정식

09. 점과 직선

step A 기본 문제 85~88쪽

01 ①	**02** ①	**03** 3	**04** ①	**05** ③
06 $10\sqrt{5}$	**07** ④	**08** ①	**09** ②	**10** ③
11 $(-1, 2)$		**12** ⑤	**13** ④	**14** 5
15 ④	**16** ③	**17** ①	**18** 12	**19** 14
20 ④	**21** ③	**22** ④	**23** ②	**24** $2\sqrt{2}$
25 $\dfrac{7}{9}$	**26** ⑤	**27** ③	**28** $(0, 1)$, $(0, 7)$	
29 ④	**30** $k=1$, 최댓값 : $\dfrac{\sqrt{2}}{2}$		**31** ①	**32** ①

01 [전략] y축 위의 점이므로 $P(0, b)$로 놓는다.

$P(0, b)$라 하면 $\overline{AP}^2=\overline{BP}^2$이므로

$$(-4)^2+b^2=(-2)^2+(b-2)^2$$
$$b^2+16=b^2-4b+8 \qquad \therefore b=-2$$

따라서 P의 좌표는 $(0, -2)$ **답** ①

02 [전략] $P(a, b)$는 직선 $y=x+2$ 위의 점이므로 $b=a+2$

점 $P(a, b)$는 직선 $y=x+2$ 위의 점이므로 $b=a+2$

$\overline{PA}^2=\overline{PB}^2$이므로

$$(a+5)^2+(a+2+1)^2=(a-3)^2+(a+2)^2$$
$$18a=-21$$
$$\therefore a=-\frac{7}{6}, b=-\frac{7}{6}+2=\frac{5}{6}, a+b=-\frac{1}{3}$$

답 ①

03 [전략] ∠AOB가 직각이므로 피타고라스 정리를 생각한다.

직각삼각형 OAB에서 $\overline{OA}^2+\overline{OB}^2=\overline{AB}^2$

$$a^2+(-3)^2+b^2+a^2=(a-b)^2+(-3-a)^2$$
$$2ab-6a=0, 2a(b-3)=0$$

$a\neq 0$이므로 $b=3$ **답** 3

다른 풀이

$\overline{OA}$와 $\overline{OB}$는 서로 수직이므로 직선 OA와 직선 OB의 기울기의 곱은 -1이다.

$$\frac{-3}{a}\times\frac{a}{b}=-1 \qquad \therefore b=3$$

04 [전략] t초 후 P와 Q의 좌표를 t로 나타낸다.

t초 후 P와 Q의 좌표는 $P(9-t, 0)$, $Q(0, 3-2t)$이므로

$$\overline{PQ}^2=(9-t)^2+(-3+2t)^2=5t^2-30t+90$$
$$=5(t-3)^2+45\geq 45$$

곧, $\overline{PQ}^2$의 최솟값은 45이므로 $\overline{PQ}$의 길이의 최솟값은

$$\sqrt{45}=3\sqrt{5}$$

답 ①

05 [전략] 선분 AB를 $m:n$으로 외분하는 경우,
$$m>n일\ 때와\ m<n일\ 때를\ 구분해야\ 한다.$$

ㄱ, ㄴ은 참이다.

ㄷ. 선분 CD를 $2:3$으로 외분하는 점은 A이다. (거짓)

따라서 옳은 것은 ㄱ, ㄴ이다. **답** ③

Note

외분하는 경우 $m\neq n$이고

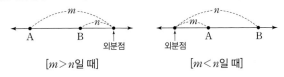

[$m>n$일 때]   [$m<n$일 때]

06 [전략] $A(x_1, y_1)$, $B(x_2, y_2)$일 때, 선분 AB를

$m:n$으로 내분하는 점은 $\left(\dfrac{mx_2+nx_1}{m+n}, \dfrac{my_2+ny_1}{m+n}\right)$

$m:n$으로 외분하는 점은 $\left(\dfrac{mx_2-nx_1}{m-n}, \dfrac{my_2-ny_1}{m-n}\right)$

$\overline{AB}$를 $1:2$로 내분하는 점 P는

$$P\left(\frac{1\times 7+2\times 1}{1+2}, \frac{1\times 8+2\times(-4)}{1+2}\right)=P(3, 0)$$

$\overline{AB}$를 $2:1$로 외분하는 점 Q는

$$Q\left(\frac{2\times 7-1\times 1}{2-1}, \frac{2\times 8-1\times(-4)}{2-1}\right)=Q(13, 20)$$

$$\therefore \overline{PQ}=\sqrt{(13-3)^2+20^2}=10\sqrt{5}$$

답 $10\sqrt{5}$

Note

A, B, P, Q를 직선 위에 나타내면 다음과 같다.

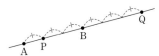

이때 $\overline{PB}=\dfrac{2}{3}\overline{AB}$, $\overline{BQ}=\overline{AB}$이므로

$$\overline{PQ}=\overline{PB}+\overline{BQ}=\frac{5}{3}\overline{AB}$$

07 [전략] 내분점의 x좌표가 0이므로 x좌표만 생각한다.

두 점 $A(a, 4)$, $B(-9, 0)$에 대하여 선분 AB를 $4:3$으로 내분하는 점이 y축 위에 있으므로 내분점의 x좌표는 0이다.

$$\frac{4\times(-9)+3\times a}{4+3}=0 \qquad \therefore a=12$$

답 ④

08 [전략] 오른쪽 그림에서 ∠BAD=∠CAD이면
$$\overline{AB}:\overline{AC}=\overline{BD}:\overline{DC}$$

$$\overline{AB}=\sqrt{(-1-1)^2+(0-4)^2}=2\sqrt{5}$$
$$\overline{AC}=\sqrt{(-5-1)^2+(1-4)^2}=3\sqrt{5}$$

이므로

$$\overline{BD}:\overline{DC}=\overline{AB}:\overline{AC}=2:3$$

따라서 점 D는 선분 BC를 $2:3$으로 내분하는 점이므로

$$D\left(\frac{2\times(-5)+3\times(-1)}{2+3}, \frac{2\times 1+3\times 0}{2+3}\right)$$
$$=D\left(-\frac{13}{5}, \frac{2}{5}\right)$$

$$\therefore a=-\frac{13}{5}, b=\frac{2}{5}, a+b=-\frac{11}{5}$$

답 ①

09 [전략] 평행사변형의 꼭짓점의 좌표가 주어진 경우
⇨ 1. 대각선의 중점이 일치함을 이용한다.
2. 대변의 기울기가 각각 같음을 이용한다.

대각선 AC의 중점은 $\left(\dfrac{5+1}{2}, \dfrac{a+5}{2}\right)$

대각선 BD의 중점은 $\left(\dfrac{b+1}{2}, \dfrac{3+2}{2}\right)$

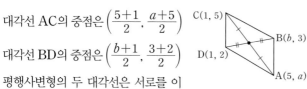

평행사변형의 두 대각선은 서로를 이
등분하므로 대각선의 중점이 일치한다.

$$\therefore a=0, b=5$$
$$\therefore \overline{\mathrm{AC}}=\sqrt{(1-5)^2+(5-0)^2}=\sqrt{41}$$
$$\overline{\mathrm{BD}}=\sqrt{(1-5)^2+(2-3)^2}=\sqrt{17}$$

따라서 두 대각선의 길이의 제곱의 합은
$$\overline{\mathrm{AC}}^2+\overline{\mathrm{BD}}^2=41+17=58 \qquad \text{답 ②}$$

Note
선분 CD가 y축에 평행하므로 선분 AB도 y축에 평행하다.
$$\therefore b=5$$
$\overline{\mathrm{AD}}/\!/\overline{\mathrm{BC}}$이므로 $\dfrac{a-2}{5-1}=\dfrac{3-5}{b-1}$ $\quad \therefore a=0$

10 [전략] $\mathrm{A}(x_1, y_1), \mathrm{B}(x_2, y_2), \mathrm{C}(x_3, y_3)$일 때
$\triangle \mathrm{ABC}$의 무게중심 ⇨ 점 $\left(\dfrac{x_1+x_2+x_3}{3}, \dfrac{y_1+y_2+y_3}{3}\right)$

삼각형 ABC의 무게중심의 좌표는
$$\left(\dfrac{-1+2+a}{3}, \dfrac{1+5+b}{3}\right)=\left(\dfrac{a+1}{3}, \dfrac{b+6}{3}\right)=(-1, 3)$$
이므로
$$\dfrac{a+1}{3}=-1, \dfrac{b+6}{3}=3$$
$$\therefore a=-4, b=3, a+b=-1 \qquad \text{답 ③}$$

11 [전략] 무게중심은 중선을 2 : 1로 내분한다.

삼각형 ABC의 무게중심은 선분 AM을
2 : 1로 내분하는 점이므로 무게중심의
좌표는

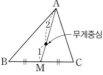

$$\left(\dfrac{2\times(-2)+1\times1}{2+1}, \dfrac{2\times4+1\times(-2)}{2+1}\right)=(-1, 2)$$
$$\text{답 } (-1, 2)$$

다른 풀이
$\mathrm{B}(x_2, y_2), \mathrm{C}(x_3, y_3)$이라 하면 선분 BC의 중점 M의 좌표가
$(-2, 4)$이므로
$$\left(\dfrac{x_2+x_3}{2}, \dfrac{y_2+y_3}{2}\right)=(-2, 4)$$
$$\therefore x_2+x_3=-4, y_2+y_3=8$$
삼각형 ABC의 무게중심의 좌표는
$$\left(\dfrac{1+x_2+x_3}{3}, \dfrac{-2+y_2+y_3}{3}\right)=\left(\dfrac{1+(-4)}{3}, \dfrac{-2+8}{3}\right)$$
$$=(-1, 2)$$

12 [전략] P, Q, R의 좌표부터 구한다.

$\mathrm{P}(0, 5), \mathrm{Q}(2, 7), \mathrm{R}(4, 6)$이므로 삼각형 PQR의 무게중심의
좌표는

$$\left(\dfrac{0+2+4}{3}, \dfrac{5+7+6}{3}\right)=(2, 6)$$
$$\therefore a=2, b=6, a+b=8 \qquad \text{답 ⑤}$$

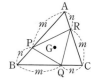

13 [전략] $\mathrm{P}(x, y)$라 하고 $\overline{\mathrm{PA}}^2+\overline{\mathrm{PB}}^2+\overline{\mathrm{PC}}^2$을 구한다.

$\mathrm{P}(x, y)$라 하면
$$\overline{\mathrm{PA}}^2+\overline{\mathrm{PB}}^2+\overline{\mathrm{PC}}^2$$
$$=\{(x-2)^2+(y-2)^2\}+\{x^2+(y-3)^2\}$$
$$\qquad +\{(x-4)^2+(y-4)^2\}$$
$$=3x^2-12x+3y^2-18y+49$$
$$=3(x-2)^2+3(y-3)^2+10$$

따라서 $x=2, y=3$, 곧 $\mathrm{P}(2, 3)$일 때 최소이다. $\quad \text{답 ④}$

Note
$\mathrm{A}(x_1, y_1), \mathrm{B}(x_2, y_2), \mathrm{C}(x_3, y_3)$이라 하고 $\overline{\mathrm{PA}}^2+\overline{\mathrm{PB}}^2+\overline{\mathrm{PC}}^2$을 계산하면
$$x=\dfrac{x_1+x_2+x_3}{3}, y=\dfrac{y_1+y_2+y_3}{3}$$
일 때 최소임을 알 수 있다.
곧, 점 P가 $\triangle \mathrm{ABC}$의 무게중심일 때, $\overline{\mathrm{PA}}^2+\overline{\mathrm{PB}}^2+\overline{\mathrm{PC}}^2$이 최소이다.

14 [전략] 평행한 두 직선 ⇨ 기울기가 같다.

$2x+y+3=0$에서 $y=-2x-3$이므로 기울기가 -2이다.
기울기가 -2이고 점 $(4, -5)$를 지나는 직선의 방정식은
$$y+5=-2(x-4) \qquad \therefore y=-2x+3 \qquad \cdots \text{❶}$$
❶이 점 $(-1, k)$를 지나므로
$$k=-2\times(-1)+3 \qquad \therefore k=5 \qquad \text{답 5}$$

Note
❶은 다음과 같이 구할 수도 있다.
기울기가 -2인 직선의 방정식을 $y=-2x+b$로 놓자.
점 $(4, -5)$를 지나므로 $-5=-8+b, b=3$
$$\therefore y=-2x+3$$

15 [전략] 수직인 두 직선 ⇨ 기울기의 곱이 -1이다.
또 두 직선의 교점의 좌표를 구할 때에는 방정식을 연립하여 푼다.

$x+3y=-6, 2x-y=-5$를 연립하여 풀면
$$x=-3, y=-1$$
따라서 교점의 좌표는 $(-3, -1)$이다.

또 $3x+2y=1$에서 $y=-\dfrac{3}{2}x+\dfrac{1}{2}$이므로 이 직선과 수직인 직
선의 기울기는 $\dfrac{2}{3}$이다.

곧, 기울기가 $\dfrac{2}{3}$이고 점 $(-3, -1)$을 지나는 직선의 방정식은

$$y+1=\dfrac{2}{3}(x+3) \qquad \therefore y=\dfrac{2}{3}x+1$$

이 직선의 y절편은 1이다.   답 ④

16 [전략] 점 $(1, 1)$을 지나고 직선 $y=2x+1$에 수직인 직선이 직선 $y=2x+1$과 만나는 점이 수선의 발이다.

$$y=2x+1 \qquad \cdots ❶$$

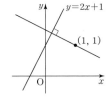

❶에 수직인 직선의 기울기는 $-\dfrac{1}{2}$이다.

따라서 점 $(1, 1)$을 지나고 ❶에 수직인
직선의 방정식은

$$y-1=-\dfrac{1}{2}(x-1)$$

$$\therefore y=-\dfrac{1}{2}x+\dfrac{3}{2} \qquad \cdots ❷$$

❶, ❷를 연립하여 풀면 $x=\dfrac{1}{5}, y=\dfrac{7}{5}$

따라서 수선의 발의 좌표는 $\left(\dfrac{1}{5}, \dfrac{7}{5}\right)$이다.   답 ③

17 [전략] $y=(\ \ )x+(\ \ )$ 꼴로 고친 후 기울기, 곧 x의 계수를 비교한다.

$nx-2y-2=0$에서 $y=\dfrac{n}{2}x-1$

이 직선이 직선 $y=mx+3$과 수직이므로

$$m\times\dfrac{n}{2}=-1 \qquad \therefore mn=-2$$

$(3-n)x-y-1=0$에서 $y=(3-n)x-1$

이 직선이 직선 $y=mx+3$과 평행하므로

$$m=3-n \qquad \therefore m+n=3$$

$$\therefore m^2+n^2=(m+n)^2-2mn=9+4=13 \qquad$$ 답 ①

18 [전략] 세 점 A, B, C가 일직선 위에 있다.
   ⇨ 1. 직선 AB, BC(또는 AC)의 기울기가 같다.
        2. 직선 AB 위에 점 C가 있다.

직선 AB와 직선 BC의 기울기가 같으므로

$$\dfrac{-k-10-5}{k-(-2k-1)}=\dfrac{k-1-(-k-10)}{2k+5-k}$$

$$\dfrac{-k-15}{3k+1}=\dfrac{2k+9}{k+5}$$

양변에 $(3k+1)(k+5)$를 곱하면

$$-(k+15)(k+5)=(2k+9)(3k+1)$$

$$-k^2-20k-75=6k^2+29k+9$$

$$\therefore k^2+7k+12=0 \qquad \cdots ❶$$

따라서 k의 값의 곱은 12이다.   답 12

Note
❶의 해는 $k=-3$ 또는 $k=-4$이다. 이때 A, B, C는 서로 다른 점이다.

19 [전략] 두 직선이 한 점에서 만나므로 오른쪽
    두 경우를 생각할 수 있다.

직선 $x+2y-3=0$, $3x-y-2=0$이 한
점에서 만나므로 세 직선 중 두 직선이 서로 평행하거나 세 직선

이 한 점에서 만나면 된다.

(i) 두 직선이 평행한 경우

세 직선의 기울기는 각각 $-\dfrac{1}{2}, 3, \dfrac{a}{4}$이므로

$$\dfrac{a}{4}=-\dfrac{1}{2} \text{ 또는 } \dfrac{a}{4}=3 \qquad \therefore a=-2 \text{ 또는 } a=12$$

(ii) 세 직선이 한 점에서 만나는 경우

직선 $x+2y-3=0$과 $3x-y-2=0$의 교점의 좌표는
$(1, 1)$이고, 직선 $ax-4y=0$이 이 교점을 지나면 되므로

$$a-4=0 \qquad \therefore a=4$$

따라서 a의 값의 합은 14이다.   답 14

20 [전략] $m(x+1)-(y+1)=0$이므로 m의 값에 관계없이 점 $(-1, -1)$을 지난다. 직선을 그려서 선분 AB와 만날 조건을 찾는다.

$y=mx+m-1$에서

$$m(x+1)-(y+1)=0$$

곧, 이 직선은 m의 값에 관계없이
점 $(-1, -1)$을 지난다.

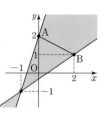

따라서 직선이 오른쪽 그림의 색칠한 부
분(경계 포함)에 있을 때, 선분 AB와 만
난다.

(i) 직선이 A$(0, 2)$를 지날 때 기울기 m은

$$m=\dfrac{2-(-1)}{0-(-1)}=3$$

(ii) 직선이 B$(2, 1)$을 지날 때 기울기 m은

$$m=\dfrac{1-(-1)}{2-(-1)}=\dfrac{2}{3}$$

(i), (ii)에서 실수 m의 값의 범위는 $\dfrac{2}{3}\leq m\leq 3$

$$\therefore a=\dfrac{2}{3}, b=3, ab=2 \qquad$$ 답 ④

21 [전략] $(\ \ )k+(\ \ )=0$ 꼴로 정리하면
    직선이 k의 값에 관계없이 지나는 점을 찾을 수 있다.

$(1+k)x-2y-2k=0$에서

$$(x-2)k+x-2y=0 \qquad \cdots ❶$$

k의 값에 관계없이

$$x-2=0, x-2y=0 \qquad \cdots ❷$$

이면 ❶이 성립한다.

❷를 연립하여 풀면 $x=2, y=1$

직선 ❶은 k의 값에 관계없이
점 $(2, 1)$을 지난다.

따라서 ❶이 오른쪽 그림의 색칠한 부분
(경계 포함)에 있을 때, 제4사분면을 지나지 않는다.

❶은 기울기가 $\dfrac{k+1}{2}$이고, 점 $(0, 1)$을 지날 때 기울기가 0,

점 $(0, 0)$을 지날 때 기울기가 $\dfrac{1}{2}$이므로

$$0\leq\dfrac{k+1}{2}\leq\dfrac{1}{2}, 0\leq k+1\leq 1$$

$$\therefore -1\leq k\leq 0 \qquad$$ 답 ③

다른풀이

직선 $y=\dfrac{1+k}{2}x-k$가 제4사분면을 지나지 않는 경우는

(i) 기울기가 양수이고, y절편이 0 이상일 때

$$\dfrac{1+k}{2}>0,\ -k\geq0 \qquad \therefore -1<k\leq0$$

(ii) 기울기가 0이고, y절편이 0 이상일 때

$$\dfrac{1+k}{2}=0,\ -k\geq0 \qquad \therefore k=-1$$

(i), (ii)에서 $-1\leq k\leq0$

22 [전략] 직선 $k(ax+by+c)+a'x+b'y+c'=0$은 k의 값에 관계없이 두 직선 $ax+by+c=0$, $a'x+b'y+c'=0$의 교점을 지난다.

ㄱ. $k=-1$이면 $y=1$이므로 점 $(0,\ 1)$을 지난다. (거짓)

ㄴ. $k=2$이면 $x=1$이므로 y축에 평행하다. (참)

ㄷ. $k(x-y)+x+2y-3=0$이므로 k의 값에 관계없이

$$x-y=0,\ x+2y-3=0$$

이면 등식이 성립한다.

두 식을 연립하여 풀면 $x=1,\ y=1$

곧, 이 직선은 k의 값에 관계없이 점 $(1,\ 1)$을 지난다. (참)

따라서 옳은 것은 ㄴ, ㄷ이다. 　　　답 ④

23 [전략] 직선의 방정식을 $m(\ \ )+(\ \ )=0$ 꼴로 정리한 다음 직선이 항상 지나는 점부터 찾는다.

$y=mx-2m+4$에서

$$m(x-2)+4-y=0$$

이므로 이 직선은 m의 값에 관계없이 점 $(2,\ 4)$, 곧 A를 지난다.

따라서 이 직선이 변 OB의 중점 M$(3,\ 1)$을 지나면 삼각형 OAB의 넓이를 이등분한다.

$$1=3m-2m+4 \qquad \therefore m=-3$$

답 ②

24 [전략] 직선 AB, BC의 방정식을 구하고, 이 두 직선과 직선 $x=k$의 교점의 좌표를 각각 구한 다음 삼각형의 넓이를 생각한다.

삼각형 ABC의 넓이는 $\dfrac{1}{2}\times2\times4=4$

직선 AB의 방정식은 $y=x-2$

직선 BC의 방정식은 $y=\dfrac{1}{2}x-2$

따라서 직선 $x=k$와 $\overline{\text{AB}}$, $\overline{\text{BC}}$의 교점을 각각 P, Q라 하면

$$\text{P}(k,\ k-2),\ \text{Q}\left(k,\ \dfrac{1}{2}k-2\right)$$

삼각형 PBQ의 넓이가 2이므로

$$\dfrac{1}{2}\times\left\{(k-2)-\left(\dfrac{1}{2}k-2\right)\right\}\times k=2,\ k^2=8$$

$0<k<4$이므로 $k=2\sqrt{2}$ 　　　답 $2\sqrt{2}$

Note

△PBQ∽△ABC이고 닮음비가 $k:4$이므로 넓이의 비 $k^2:16=1:2$임을 이용하여 k의 값을 구할 수도 있다.

25 [전략] 직선 l이 변 DC와 만나는 점의 좌표를 구한다.

점 D에서 x축에 내린 수선의 발을 P라 하고, $\overline{\text{DP}}$와 l이 만나는 점을 Q라 하자.

오른쪽 그림에서 도형 OABCDE의 넓이는

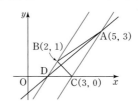

$$\square\text{OPDE}+\square\text{PABC}$$
$$=3^2+2\times1=11$$

$\overline{\text{DQ}}=x$라 하면 $\square\text{OQDE}=\dfrac{11}{2}$이므로

$$\dfrac{1}{2}\times(x+3)\times3=\dfrac{11}{2} \qquad \therefore x=\dfrac{2}{3}$$

따라서 Q$\left(3,\ \dfrac{7}{3}\right)$이므로 l의 기울기는 $\dfrac{\dfrac{7}{3}}{3}=\dfrac{7}{9}$ 　　　답 $\dfrac{7}{9}$

Note

점 Q에서 y축에 내린 수선의 발을 R라 하면 △OQR≡△OPQ이므로 □RQDE=□PABC임을 이용해도 된다. 곧,

$$3x=2 \qquad \therefore x=\dfrac{2}{3}$$

26 [전략] 넓이가 같은 삼각형은 평행선을 생각한다.

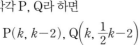

점 D가 점 B를 지나고 직선 AC와 평행한 직선 위에 있으면 삼각형 ABC의 넓이와 삼각형 ADC의 넓이가 같다.

직선 AC의 기울기가 $\dfrac{0-3}{3-5}=\dfrac{3}{2}$이므로 직선 BD의 기울기는 $\dfrac{3}{2}$이다.

또 직선 BD는 B를 지나므로

$$y-1=\dfrac{3}{2}(x-2) \qquad \cdots ❶$$

또 D는 직선 OC 위에 있고, 직선 OC는 x축이므로 D$(a,\ 0)$이라 하고 ❶에 $x=a,\ y=0$을 대입하면

$$-1=\dfrac{3}{2}(a-2) \qquad \therefore a=\dfrac{4}{3}$$

따라서 D$\left(\dfrac{4}{3},\ 0\right)$이므로 직선 AD의 기울기는

$$\dfrac{0-3}{\dfrac{4}{3}-5}=\dfrac{9}{11}$$

답 ⑤

27 [전략] 점 $(x_1,\ y_1)$과 직선 $ax+by+c=0$ 사이의 거리는

$$\dfrac{|ax_1+by_1+c|}{\sqrt{a^2+b^2}}$$

점 $(3,\ a)$와 직선 $3x-4y-2=0$ 사이의 거리가 3이므로

$$\dfrac{|3\times3-4\times a-2|}{\sqrt{3^2+(-4)^2}}=3,\ |7-4a|=15$$

$$7-4a=\pm15 \qquad \therefore a=-2 \text{ 또는 } a=\dfrac{11}{2}$$

따라서 a의 값의 곱은 -11이다. 　　　답 ③

28 [전략] y축 위의 점의 좌표를 $(0, b)$라 하고 점과 직선 사이의 거리를 생각한다.

y축 위의 점의 좌표를 $(0, b)$라 하자.

두 직선이 $x+2y-5=0$, $2x-y-2=0$이고, 점 $(0, b)$와 두 직선 사이의 각각의 거리가 같으므로

$$\frac{|2b-5|}{\sqrt{1^2+2^2}}=\frac{|-b-2|}{\sqrt{2^2+(-1)^2}}, \ |2b-5|=|b+2|$$

$2b-5=-(b+2)$ 또는 $2b-5=b+2$

$\therefore b=1$ 또는 $b=7$

따라서 구하는 점의 좌표는 $(0, 1)$ 또는 $(0, 7)$이다.

📦 $(0, 1), (0, 7)$

Note

$|x|=|y|$이면 $x=\pm y$

29 [전략] 점 $(2, 3)$을 지나는 직선을 $y-3=m(x-2)$라 하고 원점과 직선 사이의 거리를 생각한다.

점 $(2, 3)$을 지나는 직선은

$$y-3=m(x-2), \ \text{곧} \ mx-y-2m+3=0$$

원점과 이 직선 사이의 거리가 3이므로

$$\frac{|-2m+3|}{\sqrt{m^2+(-1)^2}}=3, \ |-2m+3|=3\sqrt{m^2+1}$$

양변을 제곱하면 $4m^2-12m+9=9m^2+9$

$$5m^2+12m=0 \qquad \therefore m=0 \ \text{또는} \ m=-\frac{12}{5}$$

따라서 두 직선의 기울기의 합은 $-\frac{12}{5}$이다.

📦 ④

절대등급 Note

$y-3=m(x-2)$는 $x=2$ 꼴로 나타낼 수 없다.

따라서 점 $(2, 3)$을 지나는 직선은

$$x=2 \ \text{또는} \ y-3=m(x-2)$$

라 해야 정확한 표현이다.

그러나 직선 $x=2$와 원점 사이의 거리가 2이므로 이 문제에서는 생각하지 않는다.

30 [전략] 원점과 직선 사이의 거리를 k로 나타낸다.

원점 O와 직선 $(3-k)x-(1+k)y+2=0$ 사이의 거리는

$$\frac{|2|}{\sqrt{(3-k)^2+(-1-k)^2}}=\frac{2}{\sqrt{2k^2-4k+10}} \qquad \cdots ❶$$

$f(k)=2k^2-4k+10$이라 하면 $f(k)$의 값이 최소일 때, ❶의 값이 최대이다.

$f(k)=2(k-1)^2+8$에서 $k=1$일 때 $f(k)$의 최솟값은 8이므로 ❶의 최댓값은

$$\frac{2}{\sqrt{8}}=\frac{\sqrt{2}}{2}$$

📦 $k=1$, 최댓값 : $\frac{\sqrt{2}}{2}$

31 [전략] 평행한 두 직선 사이의 거리는 직선 위의 한 점과 다른 직선 사이의 거리이다.

직선 $ax+by=-6$, $ax+by=3$은 평행하다.

직선 $ax+by=3$ 위의 한 점 $\left(0, \frac{3}{b}\right)$과 직선 $ax+by=-6$ 사이의 거리는

$$\frac{\left|b\times\frac{3}{b}+6\right|}{\sqrt{a^2+b^2}}=\frac{9}{\sqrt{a^2+b^2}}$$

$a^2+b^2=9$이므로 두 직선 사이의 거리는

$$\frac{9}{\sqrt{9}}=3$$

📦 ①

Note

직선 $ax+by=3$ 위의 어떤 점을 잡아도 점과 직선 $ax+by=-6$ 사이의 거리는 같다.

또 직선 $ax+by=-6$ 위의 한 점과 직선 $ax+by=3$ 사이의 거리를 구해도 된다.

32 [전략] $\overline{OC}$, $\overline{AB}$의 길이는 점과 직선 사이의 거리이다.

두 점 O, A와 직선 $3x+4y-30=0$ 사이의 거리는 각각

$$\overline{OC}=\frac{|-30|}{\sqrt{3^2+4^2}}=6$$

$$\overline{AB}=\frac{|15-30|}{\sqrt{3^2+4^2}}=3$$

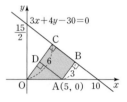

A에서 선분 OC에 내린 수선의 발을 D라 하면

$$\overline{OD}=\overline{OC}-\overline{CD}=\overline{OC}-\overline{AB}=6-3=3$$

직각삼각형 OAD에서

$$\overline{AD}=\sqrt{5^2-3^2}=4$$

따라서 사다리꼴 OABC의 넓이는

$$\frac{1}{2}\times(3+6)\times4=18$$

📦 ①

Note

사다리꼴 OABC에서 $\overline{AD}$의 길이를 다음과 같이 구할 수도 있다.

직선 OC는 직선 $3x+4y-30=0$에 수직이고 원점을 지나므로

직선 OC의 방정식은 $4x-3y=0$

점 A와 직선 OC 사이의 거리는 $\overline{AD}=\frac{|20|}{\sqrt{4^2+(-3)^2}}=4$

---

step B 실력 문제 89~92쪽

01 ②	**02** ①	**03** ④	**04** ①	**05** ②
06 16 : 1	**07** ④	**08** ①	**09** $\left(\frac{13}{3}, \frac{11}{3}\right)$	
10 ②	**11** $y=x-1$		**12** ④	**13** $\frac{3}{5}$
14 ④	**15** ③	**16** $-\frac{3}{2}$	**17** ④	**18** ④
19 ⑤	**20** ④	**21** 4	**22** $\frac{1}{6}$	
23 (가) : 18, (나) : 2, (다) : 16			**24** ②	

01 [전략] x축 위의 점은 $(a, 0)$, y축 위의 점은 $(0, b)$ 꼴이다.

$P(a, 0)$이라 하면 $\overline{AP}^2=\overline{BP}^2$이므로
$$(a-2)^2+(-3)^2=(a-4)^2+(-1)^2$$
$$a^2-4a+13=a^2-8a+17$$
$$\therefore a=1, \ P(1, 0)$$
$Q(0, b)$라 하면 $\overline{AQ}^2=\overline{BQ}^2$이므로
$$(-2)^2+(b-3)^2=(-4)^2+(b-1)^2$$
$$b^2-6b+13=b^2-2b+17$$
$$\therefore b=-1, \ Q(0, -1)$$
$$\therefore \overline{PQ}=\sqrt{1^2+1^2}=\sqrt{2}$$

답 ②

02 [전략] $\overline{AB}=\overline{AC}$ 또는 $\overline{AB}=\overline{BC}$ 또는 $\overline{AC}=\overline{BC}$이다. 또는 길이의 제곱이 같다고 해도 된다.

(i) $\overline{AB}^2=\overline{AC}^2$일 때, $2^2+4^2=(a-2)^2+2^2$
$$a^2-4a-12=0 \qquad \therefore a=-2 \ \text{또는} \ a=6$$
(ii) $\overline{AB}^2=\overline{BC}^2$일 때, $2^2+4^2=(a-4)^2+(-2)^2$
$$a^2-8a=0 \qquad \therefore a=0 \ \text{또는} \ a=8$$
(iii) $\overline{AC}^2=\overline{BC}^2$일 때, $(a-2)^2+2^2=(a-4)^2+(-2)^2$
$$-4a+8=-8a+20 \qquad \therefore a=3$$

그런데 $C(3, 0)$이면 C가 선분 AB의 중점, 곧 세 점 A, B, C가 일직선 위에 있으므로 삼각형이 만들어지지 않는다.

(i), (ii), (iii)에서 $a=-2$ 또는 $a=0$ 또는 $a=6$ 또는 $a=8$
따라서 a의 값의 합은 12이다.

답 ①

Note
C가 x축 위의 점이므로 직선 AB 위에 있을 수 있다. 이때 세 점 A, B, C는 일직선 위에 있으므로 삼각형이 만들어지지 않는다. 따라서 이 경우를 제외해야 한다.

03 [전략] $\sqrt{(a-7)^2+(b-10)^2}$, $\sqrt{(a-3)^2+(b-5)^2}$은 각각 선분 BC, AC의 길이이다.

$\sqrt{(a-7)^2+(b-10)^2}$은 선분 BC의 길이이고, $\sqrt{(a-3)^2+(b-5)^2}$은 선분 AC의 길이이므로 주어진 식은
$$\overline{AC}+\overline{BC} \qquad \cdots \ ❶$$
따라서 점 C가 선분 AB 위의 점일 때 ❶이 최소이고 최솟값은
$$\overline{AB}=\sqrt{(3-7)^2+(5-10)^2}=\sqrt{41}$$

답 ④

04 [전략] 변 BC는 외접원의 지름이다.

외심 $D(0, 1)$이 변 BC 위에 있으므로 변 BC는 외접원의 지름이고, $\angle A=90°$이다.
$$\overline{DA}=\sqrt{(3-0)^2+(2-1)^2}$$
$$=\sqrt{10}$$
이므로 $\overline{BC}=2\sqrt{10}$
따라서 직각삼각형 ABC에서
$$\overline{AB}^2+\overline{AC}^2=\overline{BC}^2=40$$

답 ①

Note
직각삼각형의 외심은 빗변의 중점이다.

05 [전략] 점 $P(a, b)$가 제1사분면에 있다. $\Rightarrow a>0, b>0$

선분 AB를 $t : (1-t)$로 내분하는 점의 좌표는
$$\left(\frac{t \times 6+(1-t) \times (-2)}{t+(1-t)}, \frac{t \times (-3)+(1-t) \times 5}{t+(1-t)} \right)$$
$$=(8t-2, 5-8t)$$
이 점이 제1사분면 위에 있으면
$$8t-2>0, 5-8t>0 \qquad \therefore \frac{1}{4}<t<\frac{5}{8}$$

답 ②

절대등급 Note

$m : n = \dfrac{m}{m+n} : \dfrac{n}{m+n}$ (m, n은 자연수)에서

$\dfrac{m}{m+n}=t$라 하면 $\dfrac{n}{m+n}=1-t$

따라서 $m : n$은 $t : (1-t)$ $(0<t<1)$로 나타낼 수 있다.

06 [전략] 적당히 삼각형을 그리고 세 점 D, E, F를 표시한다. 그리고 삼각형의 넓이는 선분의 길이의 비를 이용하여 비교한다.

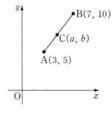

D는 선분 BC를 1 : 3으로 내분하므로
$\overline{BD}=t$라 하면 $\overline{DC}=3t$
E는 선분 BC를 2 : 3으로 외분하므로
$$\overline{EB}=2\overline{BC}=8t \qquad \cdots \ ㉮$$
F는 선분 AB를 1 : 2로 외분하므로 $\overline{AB}=\overline{AF}$
$$\therefore \triangle ABE=8\triangle ABD,$$
$$\triangle FEB=2\triangle ABE=16\triangle ABD \qquad \cdots \ ㉯$$
$$\therefore \triangle FEB : \triangle ABD=16 : 1 \qquad \cdots \ ㉰$$

단계	채점 기준	배점
㉮	조건에 맞게 삼각형을 그리고, $\overline{BD}=t$라 할 때 내분점, 외분점을 이용하여 $\overline{DC}$, $\overline{EB}$의 길이를 t로 나타내기	50%
㉯	$\triangle FEB$의 넓이를 $k\triangle ABD$ 꼴로 나타내기	40%
㉰	$\triangle FEB$와 $\triangle ABD$의 넓이의 비를 가장 간단한 자연수의 비로 나타내기	10%

답 16 : 1

07 [전략] 점 Q의 좌표를 구해도 $\triangle OAQ$의 넓이를 생각하기 쉽지 않다. 넓이와 길이의 비를 생각한다.

삼각형 OAQ의 넓이가 16이고,
삼각형 OAB의 넓이가
$$\frac{1}{2} \times 4 \times 2=4$$
이므로
$$\overline{AQ} : \overline{AB}=16 : 4=4 : 1$$
따라서 점 Q는 선분 AB를 4 : 3으로 외분하는 점이다.
곧, $m=4k$, $n=3k$ $(k>0)$이라 할 수 있으므로
$$\frac{n}{m}=\frac{3}{4}$$

답 ④

$Q(a, b)$라 하면

$$\triangle OBQ = \frac{1}{2} \times 4 \times (-a)$$
$$= -2a$$

$\triangle OAQ = 16$, $\triangle OAB = 4$이므로

$$-2a + 4 = 16 \qquad \therefore a = -6$$

$Q(a, b)$는 선분 AB를 $m : n$으로 외분하므로

$$a = \frac{-2n}{m-n} \text{에서 } -6 = \frac{-2n}{m-n}$$

$$6m = 8n \qquad \therefore \frac{n}{m} = \frac{3}{4}$$

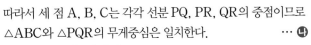

08 [전략] 네 점 C, D, G_1, G_2의 좌표를 차례로 구한다.

$$C\left(\frac{1 \times 1 - 2 \times 4}{1-2}, \frac{1 \times 4 - 2 \times 1}{1-2}\right) = C(7, -2)$$

$$D\left(\frac{2 \times 1 - 1 \times 4}{2-1}, \frac{2 \times 4 - 1 \times 1}{2-1}\right) = D(-2, 7)$$

삼각형 OCB의 무게중심은

$$G_1\left(\frac{0+7+1}{3}, \frac{0+(-2)+4}{3}\right) = G_1\left(\frac{8}{3}, \frac{2}{3}\right)$$

삼각형 OAD의 무게중심은

$$G_2\left(\frac{0+4+(-2)}{3}, \frac{0+1+7}{3}\right) = G_2\left(\frac{2}{3}, \frac{8}{3}\right)$$

$$\therefore \overline{G_1 G_2} = \sqrt{\left(\frac{8}{3} - \frac{2}{3}\right)^2 + \left(\frac{2}{3} - \frac{8}{3}\right)^2} = 2\sqrt{2}$$

🖺 ①

점 C가 선분 AB를 1 : 2로 외분하므로
$\overline{AC} = \overline{AB}$이고, 선분 OA는 삼각형
OCB의 중선이다.
따라서 무게중심 G_1은 선분 OA를 2 : 1
로 내분하는 점이다.
마찬가지로 삼각형 OAD의 무게중심
G_2는 선분 OB를 2 : 1로 내분하는 점이다.
이때 $\triangle OG_1 G_2 \varpropto \triangle OAB$(SAS 닮음)이고
닮음비가 2 : 3이므로

$$\overline{G_1 G_2} = \frac{2}{3}\overline{AB} = \frac{2}{3}\sqrt{(4-1)^2 + (1-4)^2} = 2\sqrt{2}$$

09 [전략] A, B가 각각 변 PQ, PR의 중점임을 보이고
이를 이용하여 무게중심을 찾는다.

세 점 P, Q, R에서 직선 l에 내린 수선의 발을 각각 P′, Q′, R′
이라 하자.

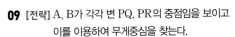

$\triangle PAP' \equiv \triangle QAQ'$(ASA 합동)이므로 점 A는 선분 PQ의 중
점이고, 마찬가지로 점 B는 선분 PR의 중점이다. ··· ㉮

따라서 세 점 A, B, C는 각각 선분 PQ, PR, QR의 중점이므로
$\triangle ABC$와 $\triangle PQR$의 무게중심은 일치한다. ··· ㉯
$\triangle PQR$의 무게중심의 좌표는

$$\left(\frac{3+1+9}{3}, \frac{7+1+3}{3}\right) = \left(\frac{13}{3}, \frac{11}{3}\right)$$

곧, $\triangle ABC$의 무게중심의 좌표는 $\left(\frac{13}{3}, \frac{11}{3}\right)$ ··· ㉰

단계	채점 기준	배점
㉮	삼각형의 합동을 이용하여 두 점 A, B가 각각 선분 PQ, PR의 중점임을 보이기	40%
㉯	$\triangle ABC$와 $\triangle PQR$의 무게중심이 일치함을 보이기	30%
㉰	$\triangle ABC$의 무게중심의 좌표 구하기	30%

Note

🖺 $\left(\frac{13}{3}, \frac{11}{3}\right)$

세 점 P, Q, R로부터 같은 거리에 있는 직선은
직선 AB, AC, BC이다.
이 중 두 점 A, B를 지나는 직선이 l이다.

10 [전략] 직선 l이 마름모의 대각선을 포함한다.
⇨ 마름모의 두 대각선은 서로를 수직이등분함을 이용한다.

직선 l은 선분 AC의 수직이등분선이다.
직선 AC의 기울기가

$$\frac{1-3}{5-1} = -\frac{1}{2}$$

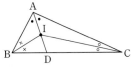

이므로 l의 기울기는 2
또 선분 AC의 중점의 좌표는 $(3, 2)$
따라서 l의 방정식은

$$y - 2 = 2(x - 3) \qquad \therefore 2x - y - 4 = 0$$

$$\therefore a = -1, b = -4, ab = 4$$

🖺 ②

11 [전략] 직사각형의 넓이를 이등분하는 직선은 두 대각선의 교점을 지남을
이용한다.

직사각형 OABC의 넓이와 직사각형 P의 넓이를 동시에 이등분
하는 직선은 Q의 넓이도 이등분한다.
또 직사각형의 넓이를 이등분하는 직선은 직사각형의 두 대각선
의 교점을 지난다.
직사각형 OABC의 두 대각선의 교점의 좌표는 $(5, 4)$
직사각형 P의 두 대각선의 교점의 좌표는 $(6, 5)$
따라서 P와 Q의 넓이를 동시에 이등분하는 직선의 방정식은

$$y - 4 = \frac{5-4}{6-5}(x-5) \qquad \therefore y = x - 1$$

🖺 $y = x - 1$

Note

직사각형의 두 대각선의 교점은 한 대각선의 중점이다.

12 [전략] 선분 AI가 ∠A의 이등분선이므로 $\overline{BD} : \overline{DC} = \overline{AB} : \overline{AC}$

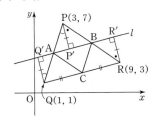

$$\overline{AB} = \sqrt{(-1-0)^2 + (0-2)^2} = \sqrt{5}$$
$$\overline{AC} = \sqrt{(4-0)^2 + (0-2)^2} = 2\sqrt{5}$$

직선 AI가 변 BC와 만나는 점을 D라 하면 선분 AD가 ∠BAC
의 이등분선이므로

$$\overline{BD}:\overline{DC}=\overline{AB}:\overline{AC}=1:2$$

점 D는 변 BC를 $1:2$로 내분하는 점이므로

$$D\left(\frac{1\times 4+2\times(-1)}{1+2},\ 0\right)=D\left(\frac{2}{3},\ 0\right)$$

따라서 직선 AI, 곧 직선 AD의 기울기는

$$\frac{2-0}{0-\frac{2}{3}}=-3 \qquad\qquad\qquad \text{답 ④}$$

13 [전략] 도형의 넓이가 변하지 않는 경우 평행선을 생각한다.

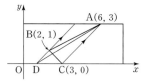

$\overline{AC}$와 평행하고 점 B를 지나는 직선이 x축과 만나는 점을 D라 하면 $\triangle ABC=\triangle ADC$이다.

따라서 선분 AD를 경계로 하면 넓이가 변하지 않는다.

직선 AC의 기울기가 1이므로 직선 BD의 방정식은

$$y-1=1\times(x-2) \qquad \therefore y=x-1$$

따라서 $D(1,0)$이므로 직선 AD의 기울기는 $\dfrac{3}{5}$이다. 답 $\dfrac{3}{5}$

14 [전략] 두 직선 $y=ax,\ y=bx$와 직선 $\dfrac{x}{6}+\dfrac{y}{15}=1$의 교점의 좌표를 각각 구한다.

직선 $\dfrac{x}{6}+\dfrac{y}{15}=1$은 두 점 $A(0,15)$, $B(6,0)$을 지난다.

두 직선 $y=ax,\ y=bx$와 직선 $\dfrac{x}{6}+\dfrac{y}{15}=1$의 교점을 각각 P, Q라 하자.

P는 선분 AB를 $1:2$로 내분하는 점이므로 P의 좌표는

$$\left(\frac{1\times 6+2\times 0}{1+2},\ \frac{1\times 0+2\times 15}{1+2}\right)=(2,10)$$

Q는 선분 AB를 $2:1$로 내분하는 점이므로 Q의 좌표는

$$\left(\frac{2\times 6+1\times 0}{2+1},\ \frac{2\times 0+1\times 15}{2+1}\right)=(4,5)$$

$$\therefore a=\frac{10}{2}=5,\ b=\frac{5}{4},\ \frac{a}{b}=4 \qquad \text{답 ④}$$

다른 풀이

두 직선 $y=ax,\ y=bx$와 직선 $\dfrac{x}{6}+\dfrac{y}{15}=1$의 교점을 각각 $P(x_1,y_1),\ Q(x_2,y_2)$라 하자.

$\triangle OAB=\dfrac{1}{2}\times 6\times 15=45$이므로

$$\triangle OPA=15,\ \triangle OBQ=15$$

$\triangle OPA=15$이므로

$$\frac{1}{2}\times 15\times x_1=15,\ x_1=2 \qquad \therefore P(2,10)$$

$\triangle OBQ=15$이므로

$$\frac{1}{2}\times 6\times y_2=15,\ y_2=5 \qquad \therefore Q(4,5)$$

$$\therefore a=\frac{10}{2}=5,\ b=\frac{5}{4},\ \frac{a}{b}=4$$

15 [전략] 직선의 방정식을 $y-8=m(x-2)$로 놓고 점 A, B의 좌표부터 구한다. 또는 $\dfrac{x}{a}+\dfrac{y}{b}=1$에서 A, B의 좌표를 a,b로 나타낸다.

직선 $\dfrac{x}{a}+\dfrac{y}{b}=1$의 x절편은 a이고, y절편은 b이므로

$$A(a,0),\ B(0,b)$$

점 $(2,8)$을 지나므로 이 직선의 방정식을

$$y-8=m(x-2) \qquad\qquad \cdots ❶$$

라 하면 $a>0,\ b>0$이므로 $m<0$

❶에 $x=a,\ y=0$을 대입하면

$$-8=m(a-2) \qquad \therefore a=-\frac{8}{m}+2$$

❶에 $x=0,\ y=b$를 대입하면

$$b-8=m(-2) \qquad \therefore b=-2m+8$$

$$\therefore \overline{OA}+\overline{OB}=a+b$$

$$=-\frac{8}{m}-2m+10$$

$$=-2\left(m+\frac{4}{m}\right)+10$$

$m+\dfrac{4}{m}$의 값이 최대일 때 $\overline{OA}+\overline{OB}$의 값이 최소이다.

$m+\dfrac{4}{m}=k$로 놓으면 $m^2-km+4=0 \qquad \cdots ❷$

m이 실수이므로 $D=k^2-16\geq 0$

$$\therefore k\leq -4 \text{ 또는 } k\geq 4$$

$m<0$이므로 $k\leq -4$이고 k의 최댓값은 -4이다.

따라서 $\overline{OA}+\overline{OB}$의 최솟값은

$$-2\times(-4)+10=18 \qquad \text{답 ③}$$

Note

1. $k=-4$를 ❷에 대입하면

$$m^2+4m+4=0 \qquad \therefore m=-2$$

따라서 $m=-2$일 때 최소이다.

2. (산술·기하평균) $a>0,\ b>0$이면

$$a+b\geq 2\sqrt{ab} \text{ (단, 등호는 } a=b \text{일 때 성립)}$$

이다. 이를 이용하면 $-m>0$이므로

$$-m-\frac{4}{m}\geq 2\sqrt{(-m)\times\left(-\frac{4}{m}\right)}=4$$

따라서 $-m-\dfrac{4}{m}$의 최솟값은 4이다.

산술·기하평균에 대해서는 수학(하)권 명제에서 공부한다.

16 [전략] 두 직선 $3x+y-1=0,\ x+5y+9=0$이 한 점에서 만나므로 가능한 경우는 오른쪽 그림과 같다.

두 직선 $3x+y-1=0,\ x+5y+9=0$이 한 점에서 만나므로 두 직선이 평행하거나 세 직선이 한 점에서 만나면 된다. $\qquad\qquad \cdots ㉮$

(i) 직선 $3x+y-1=0,\ ax+(a^2+3)y+7=0$이 평행할 때

$$\frac{a}{3}=\frac{a^2+3}{1}\neq\frac{7}{-1},\ 3a^2-a+9=0$$

$D=1-108<0$이므로 실수 a는 없다.

(ii) 직선 $x+5y+9=0$, $ax+(a^2+3)y+7=0$이 평행할 때

$$\frac{a}{1}=\frac{a^2+3}{5}\neq\frac{7}{9},\ a^2-5a+3=0$$

$D=25-12>0$이므로 실수 a의 값의 곱은 3 ··· ㉯

(iii) 세 직선이 한 점에서 만날 때

$3x+y-1=0$, $x+5y+9=0$을 연립하여 풀면

$$x=1,\ y=-2$$

$ax+(a^2+3)y+7=0$에 대입하면

$$a-2a^2-6+7=0,\ 2a^2-a-1=0$$

$D=1+8>0$이므로 실수 a의 값의 곱은 $-\dfrac{1}{2}$ ··· ㉰

(i), (ii), (iii)에서 모든 실수 a의 값의 곱은

$$3\times\left(-\frac{1}{2}\right)=-\frac{3}{2}$$ ··· ㉱

단계	채점 기준	배점
㉮	6부분으로 나누는 경우 찾기	20%
㉯	두 직선이 평행할 때, 실수 a의 값의 곱 구하기	40%
㉰	세 직선이 한 점에서 만날 때, 실수 a의 값의 곱 구하기	30%
㉱	실수 a의 값의 곱 구하기	10%

답 $-\dfrac{3}{2}$

17 [전략] 만나는 두 직선은 수직이다.

$$x+ay+1=0 \quad\cdots\ ❶$$
$$x-(b-2)y-1=0 \quad\cdots\ ❷$$
$$2x+by+2=0 \quad\cdots\ ❸$$
$$2x+by-2=0 \quad\cdots\ ❹$$

❸, ❹는 평행한 두 직선이다.
따라서 ❶, ❷는 ❸과 ❹에 수직이고 서로 평행한 직선이다.

❶의 기울기는 $-\dfrac{1}{a}$이고 ❸, ❹의 기울기는 $-\dfrac{2}{b}$이므로

$$-\frac{1}{a}\times\left(-\frac{2}{b}\right)=-1 \quad\therefore ab=-2$$

❷와 ❶이 평행하므로

$$\frac{1}{1}=\frac{-(b-2)}{a}\neq\frac{-1}{1}$$
$$b-2=-a,\ a+b=2$$
$$\therefore a^2+b^2=(a+b)^2-2ab$$
$$=2^2-2\times(-2)=8$$ 답 ④

(Note)
❷가 ❸ 또는 ❹와 수직임을 이용하면 다음과 같다.
❷의 기울기는 $\dfrac{1}{b-2}$이므로

$$\frac{1}{b-2}\times\left(-\frac{2}{b}\right)=-1,\ b^2-2b-2=0$$
$$\therefore b=1\pm\sqrt{3}$$

$b=1+\sqrt{3}$일 때 $a=-\dfrac{2}{b}=-\dfrac{2}{1+\sqrt{3}}=1-\sqrt{3}$

$b=1-\sqrt{3}$일 때 $a=-\dfrac{2}{b}=-\dfrac{2}{1-\sqrt{3}}=1+\sqrt{3}$

$$\therefore a^2+b^2=(1+\sqrt{3})^2+(1-\sqrt{3})^2=8$$

18 [전략] $3mx+y-9m-2=0$은 한 정점을 지나는 직선이다. 이 점을 찾은 다음 두 직선의 교점을 생각한다.

$$3x+y+3=0 \quad\cdots\ ❶$$
$$3mx+y-9m-2=0 \quad\cdots\ ❷$$

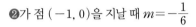

❶은 x절편이 -1, y절편이 -3인 직선이다.

❷에서 $3m(x-3)+y-2=0$이므로 ❷는 점 $(3, 2)$를 지나고 기울기가 $-3m$인 직선이다.

따라서 ❶, ❷가 제3사분면에서 만나면 ❷는 색칠한 부분(경계 제외)에 있으면 된다.

❷가 점 $(-1, 0)$을 지날 때 $m=-\dfrac{1}{6}$

❷가 점 $(0, -3)$을 지날 때 $m=-\dfrac{5}{9}$

$$\therefore -\frac{5}{9}<m<-\frac{1}{6}$$

$$\therefore \alpha=-\frac{5}{9},\ \beta=-\frac{1}{6},\ \alpha\beta=\frac{5}{54}$$ 답 ④

19 [전략] 두 직선 $ax+by+c=0$, $a'x+b'y+c'=0$이 평행하면

$$\frac{a}{a'}=\frac{b}{b'}\neq\frac{c}{c'}$$

두 직선 $2x+ay+8=0$, $(a-2)x+4y+8=0$이 평행하므로

$$\frac{2}{a-2}=\frac{a}{4}\neq\frac{8}{8}$$

$\dfrac{2}{a-2}=\dfrac{a}{4}$에서 $a(a-2)=8$, $a^2-2a-8=0$

$$(a-4)(a+2)=0 \quad\therefore a=4\ \text{또는}\ a=-2$$

(i) $a=4$일 때, $\dfrac{2}{4-2}=\dfrac{4}{4}=\dfrac{8}{8}$이므로 두 직선은 일치한다.

(ii) $a=-2$일 때, $\dfrac{2}{-2-2}=\dfrac{-2}{4}\neq\dfrac{8}{8}$이므로 두 직선은 평행하다.

따라서 두 직선의 방정식은 $x-y+4=0$, $x-y-2=0$이다.
이때 두 직선 사이의 거리는 직선 $x-y+4=0$ 위의 점 $(0, 4)$와 직선 $x-y-2=0$ 사이의 거리이므로

$$\frac{|0-4-2|}{\sqrt{1^2+(-1)^2}}=\frac{6}{\sqrt{2}}=3\sqrt{2}$$ 답 ⑤

20 [전략] $mx-y+2m=0$이 한 정점을 지나는 직선임을 이용한다.

$$mx-y+2m=0 \quad\cdots\ ❶$$

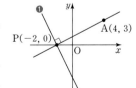

에서 $m(x+2)-y=0$이므로 ❶은 점 $\mathrm{P}(-2, 0)$을 지나는 직선이다.
❶이 직선 PA에 수직일 때 점 A와 ❶ 사이의 거리가 최대이고, 거리는 $\overline{\mathrm{PA}}$이다. 따라서 거리의 최댓값은

$$\sqrt{\{4-(-2)\}^2+3^2}=3\sqrt{5}$$ 답 ④

(Note)
이 문제는 step A의 30번과 같이 점과 직선 사이의 거리 공식으로는 풀기 어렵다. 반면 step A의 30번은 이 방법으로도 풀 수 있다.

21 [전략] 삼각형의 외심은 변의 수직이등분선의 교점이다.

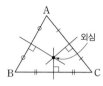

변 AB의 중점의 좌표가 $(2, -1)$이고 직선 AB의 기울기가 2이므로 변 AB의 수직이등분선의 방정식은

$$y = -\frac{1}{2}(x-2) - 1$$

$$\therefore x + 2y = 0 \quad \cdots \text{❶}$$

또 변 BC의 중점의 좌표가 $\left(\frac{5}{2}, -\frac{3}{2}\right)$이고 직선 BC의 기울기가

1이므로 변 BC의 수직이등분선의 방정식은

$$y = -\left(x - \frac{5}{2}\right) - \frac{3}{2}$$

$$\therefore x + y = 1 \quad \cdots \text{❷}$$

❶, ❷를 연립하여 풀면

$$x = 2, \ y = -1$$

곧, 삼각형 ABC의 외심의 좌표는
$(2, -1)$

따라서 외심과 직선 $3x - 4y + 10 = 0$
사이의 거리는

$$\frac{|3 \times 2 - 4 \times (-1) + 10|}{\sqrt{3^2 + (-4)^2}} = 4$$

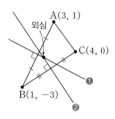

답 4

절대등급 Note

외심의 좌표를 $P(x, y)$라 하면

$$\overline{PA} = \overline{PB} = \overline{PC}$$

$\overline{PA}^2 = \overline{PB}^2$이므로

$$(x-3)^2 + (y-1)^2 = (x-1)^2 + (y+3)^2$$

$$-6x + 9 - 2y + 1 = -2x + 1 + 6y + 9$$

$$\therefore x + 2y = 0 \quad \cdots \text{❸}$$

$\overline{PB}^2 = \overline{PC}^2$이므로

$$(x-1)^2 + (y+3)^2 = (x-4)^2 + y^2$$

$$-2x + 1 + 6y + 9 = -8x + 16$$

$$\therefore x + y = 1 \quad \cdots \text{❹}$$

이때 ❶과 ❸, ❷와 ❹는 같은 식이다.

곧, 두 점으로부터 거리가 같은 점은 두 점을 연결하는 선분의 수직이등분선 위에 있다.

---

22 [전략] 주어진 식이 두 직선을 나타낸다는 것은 좌변이 두 일차식의 곱으로 인수분해된다는 것과 같다.

$3x^2 + 5(y-1)x + 2y^2 - 4y + 2 = 0$에서

$$3x^2 + 5(y-1)x + 2(y-1)^2 = 0$$

$$(3x + 2y - 2)(x + y - 1) = 0 \quad \cdots \text{㉮}$$

따라서 다음 두 직선을 나타낸다.

$$3x + 2y - 2 = 0 \quad \cdots \text{❶}$$

$$x + y - 1 = 0 \quad \cdots \text{❷}$$

❶, ❷를 연립하여 풀면

$$x = 0, \ y = 1$$

또 ❶의 x절편은 $\frac{2}{3}$, ❷의 x절편은 1

$\quad \cdots \text{㉯}$

따라서 두 직선과 x축으로 둘러싸인 부분의 넓이는

$$\frac{1}{2} \times \left(1 - \frac{2}{3}\right) \times 1 = \frac{1}{6} \quad \cdots \text{㉰}$$

단계	채점 기준	배점
㉮	주어진 방정식의 좌변을 x, y에 대한 두 일차식의 곱으로 인수분해하여 나타내기	40%
㉯	두 직선의 방정식을 연립하여 교점의 좌표를 구하고, 각각의 직선의 x절편 구하기	40%
㉰	두 직선과 x축으로 둘러싸인 부분의 넓이 구하기	20%

답 $\dfrac{1}{6}$

---

23 [전략] 앞, 뒤 과정을 살피고 두 점 사이의 거리 공식을 이용한다.

$A(a, b)$, $N(c, 0)$ $(c > 0)$이라 하면
$B(-3c, 0)$, $M(-c, 0)$, $C(3c, 0)$이므로

$$\overline{AB}^2 + \overline{AC}^2 = (a + 3c)^2 + b^2 + (a - 3c)^2 + b^2$$

$$= 2a^2 + 2b^2 + \boxed{18}c^2$$

$$\overline{AM}^2 + \overline{AN}^2 = (a + c)^2 + b^2 + (a - c)^2 + b^2$$

$$= \boxed{2}(a^2 + b^2 + c^2)$$

$$4\overline{MN}^2 = 4 \times (2c)^2 = \boxed{16}c^2$$

$$\therefore \overline{AB}^2 + \overline{AC}^2 = \overline{AM}^2 + \overline{AN}^2 + 4\overline{MN}^2$$

$$\therefore \text{(가)}: 18, \text{(나)}: 2, \text{(다)}: 16$$

답 (가): 18, (나): 2, (다): 16

---

24 [전략] (중선 정리)

$\triangle ABC$에서 변 BC의 중점을 M이라 하면

$$\overline{AB}^2 + \overline{AC}^2 = 2(\overline{AM}^2 + \overline{BM}^2)$$

대각선 AC, BD의 교점을 M이라 하면

$$\overline{AM} = \overline{CM}, \ \overline{BM} = \overline{DM}$$

삼각형 ABC에서

$$\overline{AB}^2 + \overline{BC}^2 = 2(\overline{AM}^2 + \overline{BM}^2)$$

이므로 $3^2 + 5^2 = 2(3^2 + \overline{BM}^2)$

$$\therefore \overline{BM}^2 = 8$$

$$\therefore \overline{BD}^2 = (2\overline{BM})^2 = 4 \times 8 = 32$$

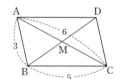

답 ②

---

01 [전략] 적당히 원점과 x축을 잡고 좌표평면에서 생각한다.

(1) 변 BC를 $n:1$로 내분하는 점 D가
원점, 직선 BC가 x축인 좌표평면을
생각하고

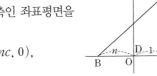

$$\mathrm{A}(a, b),\ \mathrm{B}(-nc, 0),$$
$$\mathrm{C}(c, 0)\ (c>0)$$

이라 하자.

주어진 식의 좌변을 계산하면

$$\overline{\mathrm{AB}}^2=(a+nc)^2+b^2=a^2+2nac+(nc)^2+b^2$$
$$\overline{\mathrm{AC}}^2=(a-c)^2+b^2=a^2-2ac+c^2+b^2$$
$$n\overline{\mathrm{AC}}^2=na^2-2nac+nc^2+nb^2$$
$$\therefore \overline{\mathrm{AB}}^2+n\overline{\mathrm{AC}}^2=(n+1)a^2+(n^2+n)c^2+(n+1)b^2$$

또 주어진 식의 우변을 계산하면

$$\overline{\mathrm{AD}}^2=a^2+b^2,\ n\overline{\mathrm{CD}}^2=nc^2$$
$$\therefore (n+1)(\overline{\mathrm{AD}}^2+n\overline{\mathrm{CD}}^2)$$
$$=(n+1)a^2+(n+1)b^2+(n^2+n)c^2$$
$$\therefore \overline{\mathrm{AB}}^2+n\overline{\mathrm{AC}}^2=(n+1)(\overline{\mathrm{AD}}^2+n\overline{\mathrm{CD}}^2)$$

(2) 점 D는 변 MC의 중점이므로
$$\overline{\mathrm{BD}}=3,\ \overline{\mathrm{BM}}=2$$

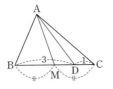

곧, 점 M은 선분 BD를 $2:1$로 내분
하는 점이므로
$$\overline{\mathrm{AB}}^2+2\overline{\mathrm{AD}}^2=(2+1)(\overline{\mathrm{AM}}^2+2\overline{\mathrm{MD}}^2)$$
$$\overline{\mathrm{AB}}^2+2(2\sqrt{2})^2=3\{(\sqrt{5})^2+2\times1^2\}$$
$$\therefore \overline{\mathrm{AB}}^2=21-16=5$$

또 $\overline{\mathrm{AM}}^2+\overline{\mathrm{AC}}^2=2(\overline{\mathrm{AD}}^2+\overline{\mathrm{CD}}^2)$이므로
$$(\sqrt{5})^2+\overline{\mathrm{AC}}^2=2\{(2\sqrt{2})^2+1^2\}$$
$$\therefore \overline{\mathrm{AC}}^2=18-5=13$$
$$\therefore \overline{\mathrm{AC}}^2-\overline{\mathrm{AB}}^2=13-5=8$$

目 (1) 풀이 참조 (2) 8

(2) 중선 정리를 이용할 수도 있다.
$$\overline{\mathrm{BM}}=\overline{\mathrm{CM}}=2$$이므로
$$x^2+y^2=2\{2^2+(\sqrt{5})^2\}$$
$$\therefore x^2+y^2=18$$

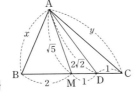

$$\overline{\mathrm{MD}}=\overline{\mathrm{CD}}=1$$이므로
$$(\sqrt{5})^2+y^2=2\{1^2+(2\sqrt{2})^2\}$$
$$\therefore y^2=13$$

따라서 $x^2=5$이므로
$$\overline{\mathrm{AC}}^2-\overline{\mathrm{AB}}^2=y^2-x^2=8$$

02 [전략] 사각형 ABCD의 변 AD와 y축이 만나는 점의 좌표부터 구한다.

선분 AD와 y축의 교점을 E라 하자.
직선 AD의 방정식은

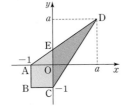

$$y=\frac{a}{a+1}(x+1)$$

$x=0$을 대입하면
$$y=\frac{a}{a+1}\qquad \therefore \mathrm{E}\left(0, \frac{a}{a+1}\right)$$

이때 사다리꼴 ABCE의 넓이는

$$\frac{1}{2}\times\left\{1+\left(\frac{a}{a+1}+1\right)\right\}\times1=\frac{1}{2}\times\frac{3a+2}{a+1}$$

삼각형 CDE의 넓이는

$$\frac{1}{2}\times\left(\frac{a}{a+1}+1\right)\times a=\frac{1}{2}\times\frac{2a^2+a}{a+1}$$

두 도형의 넓이가 같으므로

$$\frac{1}{2}\times\frac{3a+2}{a+1}=\frac{1}{2}\times\frac{2a^2+a}{a+1}$$
$$3a+2=2a^2+a,\ a^2-a-1=0$$

따라서 $a>0$이므로 $a=\dfrac{1+\sqrt{5}}{2}$ 目 ③

다른 풀이

사각형 ABCD가 직선 $y=x$에 대칭임을 이용한다.
선분 AD와 y축의 교점을 E라 하고,
선분 CD와 x축의 교점을 F라 하자.
직선 AD의 방정식은

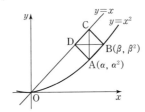

$$y=\frac{a}{a+1}(x+1)$$

$x=0$을 대입하면

$$y=\frac{a}{a+1}\qquad \therefore \mathrm{E}\left(0, \frac{a}{a+1}\right)$$

한편 $\triangle\mathrm{AOE}\equiv\triangle\mathrm{COF}$이므로 $\square\mathrm{ABCO}=\square\mathrm{OFDE}$

$$\therefore \triangle\mathrm{ODE}=\frac{1}{2}\square\mathrm{ABCO}=\frac{1}{2}$$

$\mathrm{E}\left(0, \dfrac{a}{a+1}\right)$이므로

$$\triangle\mathrm{ODE}=\frac{1}{2}\times\frac{a}{a+1}\times a=\frac{1}{2}$$
$$\frac{a^2}{a+1}=1,\ a^2-a-1=0$$

따라서 $a>0$이므로 $a=\dfrac{1+\sqrt{5}}{2}$

03 [전략] 직선 CD가 x축의 양의 방향과 이루는 각의 크기가 $45°$이므로
대각선 AC는 y축에, 대각선 BD는 x축에 평행하다.

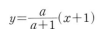

직선 CD가 x축의 양의 방향과 이루는 각의 크기가 $45°$이므로
대각선 AC는 y축에, 대각선 BD는 x축에 평행하다.
따라서 점 A의 좌표를 (α, α^2), 점 B의 좌표를 (β, β^2)이라 하
면 점 C의 좌표는 (α, α), 점 D의 좌표는 (β^2, β^2)이고,
$x^2=x$에서 $x=0$ 또는 $x=1$이므로 α, β는 1보다 작은 양의 실
수이다.
직선 AB의 기울기가 1이므로
$$\frac{\beta^2-\alpha^2}{\beta-\alpha}=1\qquad \therefore \alpha+\beta=1$$
직선 AD의 기울기가 -1이므로
$$\frac{\beta^2-\alpha^2}{\beta^2-\alpha}=-1,\ (\beta-\alpha)(\beta+\alpha)=-\beta^2+\alpha$$

$\alpha=1-\beta$를 대입하면

$$2\beta-1=-\beta^2+1-\beta,\ \beta^2+3\beta-2=0$$

$\beta>0$이므로 $\beta=\dfrac{-3+\sqrt{17}}{2}$

따라서 대각선의 길이는

$$\begin{aligned}\overline{BD}&=\beta-\beta^2=\beta(1-\beta)\\&=\frac{-3+\sqrt{17}}{2}\times\frac{5-\sqrt{17}}{2}\\&=2\sqrt{17}-8\end{aligned}$$

답 $2\sqrt{17}-8$

절대등급 Note

정사각형의 대각선의 성질을 이용할 수도 있다.
두 대각선의 중점이 일치하므로

$$\left(\alpha,\ \frac{\alpha+\alpha^2}{2}\right)=\left(\frac{\beta+\beta^2}{2},\ \beta^2\right)$$

$$\therefore\ 2\alpha=\beta+\beta^2,\ \alpha+\alpha^2=2\beta^2\quad\cdots\text{❶}$$

또 대각선의 길이가 같으므로 $\beta-\beta^2=\alpha-\alpha^2$

$$(\alpha-\beta)-(\alpha^2-\beta^2)=0$$
$$(\alpha-\beta)(1-\alpha-\beta)=0$$

$\alpha\ne\beta$이므로 $\alpha+\beta=1$

❶에 대입하면 $\beta^2+3\beta-2=0$

04 [전략] 삼각형의 내심은 내각의 이등분선의 교점이다.
내각의 이등분선 위의 점에서 변에 이르는 거리가 같다는 것을
이용하여 내각의 이등분선의 방정식을 찾는다.

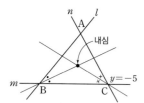

(ⅰ) l과 m이 이루는 각의 이등분선 위의 점을 $P(x,\ y)$라 하면
P에서 l, m에 이르는 거리가 같으므로

$$\frac{|4x-3y+21|}{5}=|y+5|$$

$$4x-3y+21=5(y+5)\ \text{또는}\ 4x-3y+21=-5(y+5)$$

$$\therefore\ x-2y-1=0\ \text{또는}\ 2x+y+23=0$$

이 중 삼각형의 내부를 지나는 직선의 방정식은

$$x-2y-1=0\qquad\cdots\text{❶}\qquad\qquad\cdots\text{㉮}$$

(ⅱ) n과 m이 이루는 각의 이등분선 위의 점을 $Q(x,\ y)$라 하면
Q에서 n, m에 이르는 거리가 같으므로

$$\frac{|3x+4y-28|}{5}=|y+5|$$

$$3x+4y-28=5(y+5)\ \text{또는}\ 3x+4y-28=-5(y+5)$$

$$\therefore\ 3x-y-53=0\ \text{또는}\ x+3y-1=0$$

이 중 삼각형의 내부를 지나는 직선의 방정식은

$$x+3y-1=0\qquad\cdots\text{❷}\qquad\qquad\cdots\text{㉯}$$

❶, ❷를 연립하여 풀면 $x=1,\ y=0$

따라서 내심의 좌표는 $(1,\ 0)$이다. $\qquad\cdots\text{㉰}$

단계	채점 기준	배점
㉮	두 직선 l, m이 이루는 각의 이등분선 위의 점과 이 두 직선 사이의 거리가 같음을 이용하여 삼각형 내부를 지나는 직선의 방정식 구하기	40%
㉯	두 직선 n, m이 이루는 각의 이등분선 위의 점과 이 두 직선 사이의 거리가 같음을 이용하여 삼각형 내부를 지나는 직선의 방정식 구하기	40%
㉰	㉮, ㉯에서 구한 두 직선의 방정식을 연립하여 풀고 삼각형의 내심의 좌표 구하기	20%

답 $(1,\ 0)$

10. 원과 도형의 이동

01 ②	02 ④	03 ②	04 (8, 0)	05 ②
06 $1+\sqrt{2}, -1+\sqrt{2}$	07 ②	08 ⑤	09 ④	
10 ①	11 12	12 ②	13 ③	14 7
15 ④	16 ③	17 4	18 ②	19 ⑤
20 최댓값 : $-\dfrac{1}{2}$, 최솟값 : $-\dfrac{11}{2}$		21 ③		22 ①
23 8	24 ③	25 ③	26 $2\sqrt{7}$ km	
27 ①	28 ①	29 ③	30 ④	31 ②
32 ④	33 ③	34 $x-2y=0$		35 ③
36 $\sqrt{34}$	37 ③	38 ①		

01 [전략] $(x-a)^2+(y-b)^2=p$ 꼴로 고칠 때,
　　 $p>0$이면 반지름의 길이가 $\sqrt{p}$인 원이다.

$x^2+y^2-2x+4y+2k=0$에서
　　$(x-1)^2+(y+2)^2=5-2k$
원의 방정식이려면 $5-2k>0$　　$\therefore k<\dfrac{5}{2}$
따라서 자연수 k는 1, 2이고, 2개이다.　　답 ②

02 [전략] $(x-p)^2+(y-q)^2=r^2$ 꼴로 고친다.
$x^2+y^2+2ax-8y+4a-9=0$에서
　　$(x+a)^2+(y-4)^2=a^2-4a+25$
반지름의 길이를 r라 하면
　　$r^2=a^2-4a+25=(a-2)^2+21$
$a=2$일 때 r^2의 최솟값은 21이고, 원의 넓이의 최솟값은 21π이다.　　답 ④

03 [전략] 지름의 중점이 원의 중심이다.
원의 중심은 지름 AB의 중점이므로
　　$\left(\dfrac{-2+6}{2}, \dfrac{-4+2}{2}\right)=(2, -1)$
반지름의 길이는
　　$\dfrac{1}{2}\overline{AB}=\dfrac{1}{2}\sqrt{\{6-(-2)\}^2+\{2-(-4)\}^2}=5$
$\therefore a=2, b=-1, r=5, a+b+r=6$　　답 ②

04 [전략] 세 점을 지나는 원의 방정식을 $x^2+y^2+ax+by+c=0$으로 놓고
　　 점의 좌표를 대입한다.
원의 방정식을 $x^2+y^2+ax+by+c=0$이라 하자.
원점 O를 지나므로 $c=0$
점 A$(0, 4)$를 지나므로 $16+4b+c=0$　　⋯ ❶
점 B$(6, 6)$을 지나므로 $36+36+6a+6b+c=0$　　⋯ ❷
❶에 $c=0$을 대입하면 $b=-4$
❷에 $b=-4, c=0$을 대입하면 $a=-8$
따라서 원의 방정식은 $x^2+y^2-8x-4y=0$
$y=0$일 때 $x^2-8x=0$
$x\neq0$이므로 $x=8$
곧, P의 좌표는 $(8, 0)$이다.　　답 $(8, 0)$

Note
$\angle AOP=90°$이므로 $\overline{AP}$는 원의 지름이다.
따라서 $\angle ABP=90°$이므로 P$(a, 0)$이라 하면 직각삼각형 ABP에서
　　$\overline{AB}^2+\overline{BP}^2=\overline{AP}^2, (6^2+2^2)+\{(6-a)^2+6^2\}=a^2+(-4)^2$
　　$12a=96$　　$\therefore a=8, P(8, 0)$

05 [전략] 두 직선이 원의 중심을 지나고 서로 수직이다.

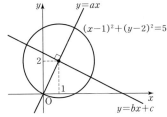

두 직선이 원의 중심을 지나고 서로 수직이어야 한다.
$x^2+y^2-2x-4y=0$에서 $(x-1)^2+(y-2)^2=5$이므로
원의 중심의 좌표는 $(1, 2)$이다.
직선 $y=ax$가 점 $(1, 2)$를 지나므로 $a=2$
직선 $y=bx+c$가 점 $(1, 2)$를 지나므로 $2=b+c$
또 $ab=-1$이므로 $b=-\dfrac{1}{2}, c=\dfrac{5}{2}$
　　$\therefore abc=-\dfrac{5}{2}$　　답 ②

06 [전략] x축에 접하므로 원의 중심의 좌표가
　　 (a, b)이면 반지름의 길이는 $|b|$이다.

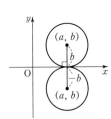

주어진 원의 중심의 좌표는 (a, a^2-1)
이고, $a>0$이므로 반지름의 길이는 $2a$
이다.
x축에 접하므로
　　$2a=a^2-1$ 또는 $2a=-a^2+1$
(i) $2a=a^2-1$일 때 $a^2-2a-1=0$
　　 $a>0$이므로 $a=1+\sqrt{2}$
(ii) $2a=-a^2+1$일 때 $a^2+2a-1=0$
　　 $a>0$이므로 $a=-1+\sqrt{2}$
(i), (ii)에서
　　$a=1+\sqrt{2}$ 또는 $a=-1+\sqrt{2}$　　답 $1+\sqrt{2}, -1+\sqrt{2}$

07 [전략] y축에 접하므로 원의 중심의 좌표가 (a, b)이면
　　 반지름의 길이는 $|a|$이다.
중심이 직선 $y=x-1$ 위에 있으므로
중심의 좌표를 $(a, a-1)$이라 하면
y축에 접하므로 반지름의 길이는 $|a|$
이다.
원의 방정식은
　　$(x-a)^2+(y-a+1)^2=a^2$
점 $(3, -1)$을 지나므로
　　$(3-a)^2+(-1-a+1)^2=a^2$
　　$(3-a)^2=0$　　$\therefore a=3$
따라서 원의 반지름의 길이는 3이다.　　답 ②

08 [전략] x축, y축에 동시에 접하는 원의 반지름의 길이가 r이면
　　　중심의 좌표는 (r, r), $(r, -r)$, $(-r, r)$, $(-r, -r)$이다.

점 $(2, -1)$을 지나고 x축과 y축에 동시에 접하는 원의 중심은
제4사분면에 있다.

따라서 반지름의 길이를 a ($a > 0$)이라 하면 중심의 좌표는
$(a, -a)$이므로 원의 방정식은
$$(x-a)^2 + (y+a)^2 = a^2$$

점 $(2, -1)$을 지나므로

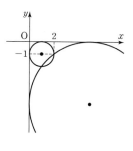

$$(2-a)^2 + (-1+a)^2 = a^2$$
$$a^2 - 6a + 5 = 0$$
$$\therefore a = 1 \text{ 또는 } a = 5$$

두 원의 중심의 좌표는 $(1, -1)$,
$(5, -5)$이므로 중심 사이의 거리는
$$\sqrt{(5-1)^2 + (-5+1)^2} = 4\sqrt{2}$$

답 ⑤

09 [전략] 반지름의 길이가 r_1, r_2인 두 원의 중심 사이의 거리를 d라 하면
　　　외접할 때 $\Rightarrow d = r_1 + r_2$, 내접할 때 $\Rightarrow d = |r_2 - r_1|$

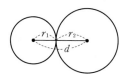

$$x^2 + y^2 = 18 \qquad \cdots \text{❶}$$
$$(x-2)^2 + (y-2)^2 = r^2 \qquad \cdots \text{❷}$$

❶은 중심의 좌표가 $(0, 0)$, 반지름의 길이가 $3\sqrt{2}$인 원이고,
❷는 중심의 좌표가 $(2, 2)$, 반지름의 길이가 r인 원이다.

두 원의 중심 사이의 거리는
$$d = \sqrt{2^2 + 2^2} = 2\sqrt{2}$$

두 원이 접할 때는 내접할 때와 외접할 때가 있다.

(ⅰ) 내접할 때, $2\sqrt{2} = |r - 3\sqrt{2}|$에서
$$r - 3\sqrt{2} = \pm 2\sqrt{2}$$
$$\therefore r = \sqrt{2} \text{ 또는 } r = 5\sqrt{2}$$

(ⅱ) 외접할 때, $2\sqrt{2} = r + 3\sqrt{2}$에서
$$r = -\sqrt{2}$$
$r > 0$이므로 이 경우는 없다.

(ⅰ), (ⅱ)에서 r의 값의 합은 $6\sqrt{2}$이다.

답 ④

Note
원 ❷의 중심인 점 $(2, 2)$가 원 ❶의 내부의 점이므로 외접하는 경우는 없다.

10 [전략] 반지름의 길이가 r_1, r_2인 두 원이 외접할 때
　　　중심 사이의 거리를 d라 하면 $d = r_1 + r_2$

$$x^2 + y^2 = 16 \qquad \cdots \text{❶}$$
$$(x-a)^2 + (y-b)^2 = 1 \qquad \cdots \text{❷}$$

❶은 중심의 좌표가 $(0, 0)$, 반지름의 길이가 4인 원이고,
❷는 중심의 좌표가 (a, b), 반지름의 길이가 1인 원이다.

두 원의 중심 사이의 거리가 $\sqrt{a^2 + b^2}$이므로
$$\sqrt{a^2 + b^2} = 5, \ a^2 + b^2 = 5^2$$

따라서 점 (a, b)가 그리는 도형은 중심의 좌표가 $(0, 0)$, 반지름의 길이가 5인 원이고 이 도형의 길이는
$$2\pi \times 5 = 10\pi$$

답 ①

11 [전략] 원의 중심이 제몇 사분면에 있는지부터 생각한다.

조건을 만족하는 원의 중심은 제1사
분면에 있으므로 반지름의 길이를
r ($r > 0$)이라 하면 중심의 좌표는
(r, r)이다.

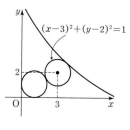

원 $(x-3)^2 + (y-2)^2 = 1$의 중심의
좌표는 $(3, 2)$, 반지름의 길이는 1이
다.

두 원의 중심 사이의 거리는
$$d = \sqrt{(r-3)^2 + (r-2)^2}$$

두 원이 외접하면 $d = r + 1$이므로
$$(r-3)^2 + (r-2)^2 = (r+1)^2$$
$$\therefore r^2 - 12r + 12 = 0 \qquad \cdots \text{❶}$$

따라서 두 원의 반지름의 길이의 합은 12이다.

답 12

Note
❶에서 $r = 6 \pm \sqrt{6^2 - 12} = 6 \pm 2\sqrt{6}$이고 양수이다.

12 [전략] 두 원 $x^2 + y^2 + ax + by + c = 0$, $x^2 + y^2 + a'x + b'y + c' = 0$의
　　　교점을 지나는 원은
　　　$x^2 + y^2 + ax + by + c + m(x^2 + y^2 + a'x + b'y + c') = 0$

두 원
$$x^2 + y^2 - 6y + 4 = 0, \ x^2 + y^2 + ax - 4y + 2 = 0$$
의 교점을 지나는 원의 방정식은
$$x^2 + y^2 - 6y + 4 + m(x^2 + y^2 + ax - 4y + 2) = 0 \qquad \cdots \text{❶}$$

원점을 지나므로 $x = 0$, $y = 0$을 대입하면
$$4 + 2m = 0 \qquad \therefore m = -2$$

❶에 대입하면
$$x^2 + y^2 - 6y + 4 - 2x^2 - 2y^2 - 2ax + 8y - 4 = 0$$
$$x^2 + y^2 + 2ax - 2y = 0$$
$$\therefore (x+a)^2 + (y-1)^2 = a^2 + 1$$

반지름의 길이가 $\sqrt{a^2 + 1}$이고, 넓이가 10π이므로
$$\pi(a^2 + 1) = 10\pi, \ a^2 = 9$$

$a > 0$이므로 $a = 3$

답 ②

절대등급 Note
1. 두 원의 교점을 지나는 원의 방정식을
$$m(x^2 + y^2 - 6y + 4) + x^2 + y^2 + ax - 4y + 2 = 0 \qquad \cdots \text{❷}$$
이라 해도 된다. ❶, ❷ 중 계산이 간단한 꼴을 이용한다.
2. $m = -1$이면 두 원의 교점을 지나는 직선의 방정식이다.

13 [전략] 원의 중심의 위치와 반지름의 길이를 생각한다.

$x^2 + y^2 - 4x - 2y = a - 3$에서
$$(x-2)^2 + (y-1)^2 = a + 2$$

곧, 중심의 좌표가 $(2, 1)$, 반지름의 길이가 $\sqrt{a+2}$인 원이다.

x축과 만나므로 $\sqrt{a+2} \geq 1$, $a + 2 \geq 1$
$$\therefore a \geq -1 \qquad \cdots \text{❶}$$

y축과 만나지 않으므로 $\sqrt{a+2} < 2$, $a + 2 < 4$
$$\therefore a < 2 \qquad \cdots \text{❷}$$

❶, ❷에서 $-1 \leq a < 2$

답 ③

$x^2+y^2-4x-2y=a-3$ ··· ❸

❸에 $y=0$을 대입하면 $x^2-4x-a+3=0$

x축과 만나므로 실근을 가진다.

$$\therefore \frac{D_1}{4}=4-(-a+3)\geq 0, \ a\geq -1$$

❸에 $x=0$을 대입하면 $y^2-2y-a+3=0$

y축과 만나지 않으므로 허근을 가진다.

$$\therefore \frac{D_2}{4}=1-(-a+3)<0, \ a<2$$

$$\therefore -1\leq a<2$$

14 [전략] 원의 중심과 직선 사이의 거리 d와 원의 반지름의 길이 r를 비교한다.

원의 방정식을 $x^2+y^2+ax+by+c=0$이라 하자.

점 $(0, 0)$을 지나므로 $c=0$

점 $(2, 0)$을 지나므로 $4+2a+c=0$ $\therefore a=-2$

점 $(3, -1)$을 지나므로 $9+1+3a-b+c=0$ $\therefore b=4$

곧, 원의 방정식은

$$x^2+y^2-2x+4y=0, \ (x-1)^2+(y+2)^2=5$$

이므로 원의 중심의 좌표는 $(1, -2)$, 반지름의 길이는 $\sqrt{5}$이다.

따라서 원의 중심 $(1, -2)$와 직선 $x+y=k$ 사이의 거리를 d라 하면 $d\leq\sqrt{5}$이므로

$$\frac{|1-2-k|}{\sqrt{1^2+1^2}}\leq\sqrt{5}, \ |k+1|\leq\sqrt{10}$$

$$\therefore -\sqrt{10}-1\leq k\leq\sqrt{10}-1$$

정수 k는 $-4, -3, -2, -1, 0, 1, 2$이고, 7개이다.   **답** 7

15 [전략] 원의 중심에서 현 PQ에 그은 수선을 생각한다.

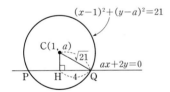

원의 중심 $C(1, a)$에서 현 PQ에 내린 수선의 발을 H라 하자.

$$\overline{CH}=\frac{|a+2a|}{\sqrt{a^2+4}}=\frac{3a}{\sqrt{a^2+4}} \ (\because a>0)$$

$$\overline{CQ}=\sqrt{21}, \ \overline{HQ}=\frac{1}{2}\overline{PQ}=4$$

삼각형 CHQ는 직각삼각형이므로

$$\frac{9a^2}{a^2+4}+16=21, \ 9a^2=5a^2+20, \ a^2=5$$

$a>0$이므로 $a=\sqrt{5}$ **답** ④

원의 중심에서 현 PQ에 그은 수선은 현 PQ를 수직이등분한다.

16 [전략] 직선의 방정식을 $y-2=m(x+1)$이라 하고 원의 중심과 직선 사이의 거리를 이용한다.

점 $P(-1, 2)$를 지나는 직선의 방정식을 $y-2=m(x+1)$

곧, $mx-y+m+2=0$이라 하자.

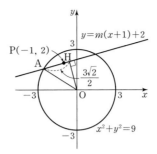

원의 중심 O에서 직선에 내린 수선의 발을 H, 직선과 원이 만나는 한 점을 A라 하면

$$\overline{OA}=3, \ \overline{AH}=\frac{3\sqrt{2}}{2}$$

$$\therefore \overline{OH}=\sqrt{\overline{OA}^2-\overline{AH}^2}=\sqrt{9-\frac{9}{2}}=\frac{3}{\sqrt{2}}=\frac{3\sqrt{2}}{2}$$

곧, 원의 중심 O와 직선 $mx-y+m+2=0$ 사이의 거리가 $\frac{3\sqrt{2}}{2}$이므로

$$\frac{|m+2|}{\sqrt{m^2+1}}=\frac{3\sqrt{2}}{2}, \ 2|m+2|=3\sqrt{2}\sqrt{m^2+1}$$

양변을 제곱하여 정리하면 $2(m+2)^2=9(m^2+1)$

$$7m^2-8m+1=0, \ (m-1)(7m-1)=0$$

$$\therefore m=1 \text{ 또는 } m=\frac{1}{7}$$

따라서 두 직선의 기울기의 합은 $\frac{8}{7}$이다.   **답** ③

17 [전략] 원의 중심과 접점을 연결하는 반지름이 접선에 수직이므로 반지름의 길이는 중심과 접선 사이의 거리와 같다.

선분 AB를 $2:1$로 내분하는 점의 좌표는

$$\left(\frac{2\times 4+1\times 1}{2+1}, \frac{2\times 8+1\times(-1)}{2+1}\right)=(3, 5)$$

따라서 원의 중심의 좌표는 $(3, 5)$이다. 반지름의 길이는 원의 중심 $(3, 5)$와 직선 $3x-4y-9=0$ 사이의 거리이므로

$$\frac{|9-20-9|}{\sqrt{9+16}}=4$$ **답** 4

18 [전략] 접점이 주어진 경우이다. 원의 중심과 접점을 연결하는 반지름은 접선에 수직임을 이용한다.

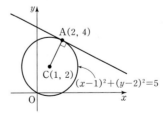

$x^2+y^2-2x-4y=0$에서 $(x-1)^2+(y-2)^2=5$

곧, 원의 중심은 $C(1, 2)$이고, 접선은 반지름 CA에 수직이다.

직선 CA의 기울기가 $\frac{4-2}{2-1}=2$이므로 접선의 기울기는 $-\frac{1}{2}$

점 A를 지나므로 접선의 방정식은

$$y-4=-\frac{1}{2}(x-2), \ y=-\frac{1}{2}x+5$$

$$\therefore p+q=-\frac{1}{2}+5=\frac{9}{2}$$ **답** ②

다른 풀이

원의 중심은 $C(1, 2)$이고 반지름의 길이는 $\sqrt{5}$이다.

중심 C와 접선 사이의 거리가 반지름의 길이 $\sqrt{5}$이므로 접선의 방정식을

$$y-4=m(x-2), \ \ 곧 \ mx-y-2m+4=0$$

이라 하면

$$\frac{|m-2-2m+4|}{\sqrt{m^2+1}}=\sqrt{5}$$

$$(-m+2)^2=5(m^2+1), \ 4m^2+4m+1=0$$

$$(2m+1)^2=0 \qquad \therefore m=-\frac{1}{2}$$

따라서 접선의 방정식은

$$y-4=-\frac{1}{2}(x-2), \ y=-\frac{1}{2}x+5$$

$$\therefore p+q=-\frac{1}{2}+5=\frac{9}{2}$$

19 [전략] 두 점 $(4, 0)$, $(0, 3)$을 지나는 직선이 접선이므로 원의 중심과 접선 사이의 거리가 반지름의 길이임을 이용한다.

두 점 $(4, 0)$, $(0, 3)$을 지나는 직선의 방정식은

$$\frac{x}{4}+\frac{y}{3}=1, \ 3x+4y-12=0$$

원의 반지름의 길이를 r라 하면 원의 중심 O와 직선 사이의 거리가 반지름의 길이이므로

$$r=\frac{|-12|}{\sqrt{9+16}}=\frac{12}{5}$$

따라서 원의 둘레의 길이는 $2\pi r=\dfrac{24}{5}\pi$ 目 ⑤

20 [전략] 좌표평면에 원을 그리고 직선의 기울기가 최대와 최소인 경우를 찾는다.

직선이 원에 접할 때 기울기가 최대이거나 최소이다.

직선이 점 $A(5, -1)$을 지나므로 직선의 방정식을

$$y+1=m(x-5),$$
$$곧 \ mx-y-5m-1=0$$

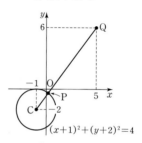

이라 하자.

접하면 원의 중심 $(2, 3)$과 직선 사이의 거리가 반지름의 길이 $\sqrt{5}$이므로

$$\frac{|2m-3-5m-1|}{\sqrt{m^2+1}}=\sqrt{5}$$

$$(-3m-4)^2=5(m^2+1), \ 4m^2+24m+11=0$$

$$(2m+11)(2m+1)=0 \qquad \therefore m=-\frac{11}{2} \ 또는 \ m=-\frac{1}{2}$$

따라서 직선의 기울기의 최댓값은 $-\dfrac{1}{2}$, 최솟값은 $-\dfrac{11}{2}$이다.

Note   目 최댓값 : $-\dfrac{1}{2}$, 최솟값 : $-\dfrac{11}{2}$

점 P가 원 위를 움직이므로 부등식

$$\frac{|2m-3-5m-1|}{\sqrt{m^2+1}}\leq\sqrt{5}$$

를 풀어도 된다.

21 [전략] 중심과 접점을 연결하고 생각한다.

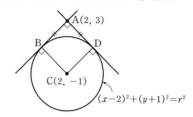

원의 중심을 $C(2, -1)$, 두 접점을 B, D라 하면

$$\overline{AB}=\overline{AD}, \ \angle B=\angle D=90°$$

또 두 접선이 수직이므로 $\angle A=90°$

따라서 □$ABCD$는 정사각형이다.

$$\overline{AC}=4, \ \overline{BC}=r, \ \sqrt{2}\,\overline{BC}=\overline{AC}$$

이므로 $\sqrt{2}r=4 \qquad \therefore r=2\sqrt{2}$ 目 ③

Note

원 밖의 한 점에서 원에 그은 두 접선의 접점까지의 거리는 같다.

22 [전략] 좌표평면에서 $\sqrt{(a-5)^2+(b-6)^2}$은 두 점 사이의 거리로 생각할 수 있다.

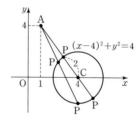

원 $(x+1)^2+(y+2)^2=4$의 중심은 $C(-1, -2)$, 반지름의 길이 r는 2이다.

점 $Q(5, 6)$이라 하면

$$\sqrt{(a-5)^2+(b-6)^2}=\overline{PQ}$$

이므로 P가 선분 CQ와 원의 교점일 때 $\overline{PQ}$의 길이가 최소이고 최솟값은

$$\overline{CQ}-r=\overline{CQ}-2$$

$\overline{CQ}=\sqrt{(5+1)^2+(6+2)^2}=10$이므로 $\overline{PQ}$의 길이의 최솟값은 8이다.   目 ①

23 [전략] 선분 AP의 길이의 최댓값과 최솟값부터 구한다.

$x^2+y^2-8x+12=0$에서

$$(x-4)^2+y^2=4$$

곧, 원의 중심은 $C(4, 0)$, 반지름의 길이는 2이다.

이때 선분 AP의 길이의 최솟값은 $\overline{AC}-2$이고 최댓값은 $\overline{AC}+2$이다.

$$\overline{AC}=\sqrt{(1-4)^2+(4-0)^2}=5$$

이므로 $3\leq\overline{AP}\leq 7$

$\overline{\text{AP}}$의 길이가 정수가 되는 경우의 P의 개수는

$\overline{\text{AP}}=3$일 때 P는 1개

$\overline{\text{AP}}=4,\ 5,\ 6$일 때 P는 각각 2개

$\overline{\text{AP}}=7$일 때 P는 1개

따라서 P는 8개이다. 답 8

24 [전략] 원의 중심과 직선 사이의 거리부터 생각한다.

원 $(x-4)^2+(y-1)^2=1$의 중심은 $C(4,\ 1)$, 반지름의 길이 r는 1이다.

점 C와 직선 $x-y+1=0$ 사이의 거리 d는

$$d=\frac{|4-1+1|}{\sqrt{1+1}}=2\sqrt{2}$$

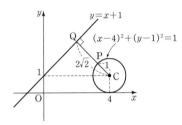

위의 그림과 같이 Q가 C에서 직선에 내린 수선의 발이고 P가 선분 CQ와 원이 만나는 점일 때, 선분 PQ의 길이가 최소이다.

따라서 최솟값은

$$d-r=2\sqrt{2}-1$$ 답 ③

25 [전략] 선분 OP의 중점의 좌표를 $M(x,\ y)$라 하고 $x,\ y$의 관계를 구한다.

이때 $P(a,\ b)$라 하면 $a^2+b^2-4a+4b-4=0$임을 이용한다.

$P(a,\ b)$라 하면 P는 원

$x^2+y^2-4x+4y-4=0$ 위의 점이므로

$$a^2+b^2-4a+4b-4=0 \qquad \cdots ❶$$

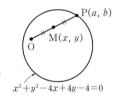

또 선분 OP의 중점의 좌표를 $M(x,\ y)$라 하면

$$x=\frac{a}{2},\ y=\frac{b}{2}$$

곧, $a=2x,\ b=2y$를 ❶에 대입하면

$$4x^2+4y^2-8x+8y-4=0$$
$$x^2+y^2-2x+2y-1=0$$
$$\therefore (x-1)^2+(y+1)^2=3$$

따라서 선분 OP의 중점 M은 중심의 좌표가 $(1,\ -1)$, 반지름의 길이가 $\sqrt{3}$인 원 위를 움직인다.

곧, 구하는 도형의 넓이는 3π이다. 답 ③

26 [전략] 등대의 불빛을 볼 수 있는 위치는 중심이 O이고 반지름의 길이가 5 km인 원의 내부이다.

불빛을 볼 수 있는 위치는 중심이 O이고 반지름의 길이가 5 km 인 원의 내부(경계 포함)이다.

배가 지나가며 원과 만나는 두 점이 B, C이고, O에서 현 BC에 내린 수선의 발을 H라 하면 $\angle OAH=45°$이 므로

$$\overline{\text{OH}}=\overline{\text{AH}}$$
$$\sqrt{2}\,\overline{\text{OH}}=\overline{\text{OA}}$$이므로

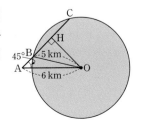

$$\overline{\text{OH}}=\frac{6}{\sqrt{2}}=3\sqrt{2}\ (\text{km})$$
$$\therefore \overline{\text{BH}}=\sqrt{\overline{\text{OB}}^2-\overline{\text{OH}}^2}=\sqrt{5^2-(3\sqrt{2})^2}=\sqrt{7}\ (\text{km})$$
$$\therefore \overline{\text{BC}}=2\overline{\text{BH}}=2\sqrt{7}\ (\text{km})$$ 답 $2\sqrt{7}$ km

27 [전략] 점 $(x,\ y)$를 x축 방향으로 m만큼, y축 방향으로 n만큼 평행이동 하면 점 $(x+m,\ y+n)$이고,

점 $(x,\ y)$를 직선 $y=x$에 대칭이동하면 점 $(y,\ x)$이다.

점 $(1,\ 3)$을 직선 $y=x$에 대칭이동한 점의 좌표는 $(3,\ 1)$

점 $(3,\ 1)$을 x축 방향으로 -3만큼, y축 방향으로 1만큼 평행이 동한 점의 좌표는 $(3-3,\ 1+1)=(0,\ 2)$

$$\therefore p=0,\ q=2,\ p+q=2$$ 답 ①

28 [전략] 도형 $f(x,\ y)=0$을 x축 방향으로 m만큼, y축 방향으로 n만큼 평행이동하면 도형 $f(x-m,\ y-n)=0$이다.

직선 $x-3y+4=0$을 x축 방향으로 2만큼, y축 방향으로 -3만 큼 평행이동한 직선의 방정식은

$$(x-2)-3(y+3)+4=0 \qquad \therefore x-3y-7=0$$

$x-3y+a=0$과 비교하면 $a=-7$ 답 ①

29 [전략] 도형 $f(x,\ y)=0$을 x축 방향으로 m만큼, y축 방향으로 n만큼 평행이동한 도형의 방정식은 $f(x-m,\ y-n)=0$이다.

직선 $y=2x$를 x축 방향으로 a만큼, y축 방향으로 b만큼 평행이 동한 직선의 방정식은

$$y-b=2(x-a) \qquad \therefore y=2x-2a+b$$

$y=2x+4$와 비교하면 $-2a+b=4$

곧, 점 $P(a,\ b)$는 직선 $2x-y+4=0$ 위의 점이므로 원점과 P 사이의 거리의 최솟값은 원점과 이 직선 사이의 거리이다.

따라서 최솟값은

$$\frac{|4|}{\sqrt{2^2+(-1)^2}}=\frac{4\sqrt{5}}{5}$$ 답 ③

(Note)

$b=2a+4$이므로 점 P와 원점 사이의 거리는

$$\sqrt{a^2+b^2}=\sqrt{a^2+(2a+4)^2}=\sqrt{5a^2+16a+16}$$

따라서 이차함수의 최대, 최소를 이용해도 된다.

30 [전략] 중심 사이의 거리와 반지름의 길이를 생각한다.

원 $x^2+y^2=9$를 x축, y축 방향으로 각각 $a,\ b$만큼 평행이동한 원의 중심은 $C(a,\ b)$이고, 반지름의 길이는 3이다.

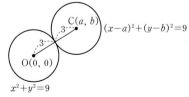

두 원의 중심 사이의 거리는 $\overline{\text{OC}}=\sqrt{a^2+b^2}$

두 원이 외접하므로

$$\sqrt{a^2+b^2}=3+3 \qquad \therefore a^2+b^2=36$$ 답 ④

31 [전략] 도형 $f(x, y)=0$을 원점에 대칭이동한 도형은 $f(-x, -y)=0$, 직선 $y=x$에 대칭이동한 도형은 $f(y, x)=0$이다.

직선 $x-y+2=0$을 원점에 대칭이동한 직선의 방정식은
$$-x+y+2=0$$
이 직선을 직선 $y=x$에 대칭이동한 직선의 방정식은
$$-y+x+2=0$$
이 직선이 원 $(x-1)^2+(y-a)^2=1$의 둘레의 길이를 이등분하면 원의 중심 $(1, a)$를 지나므로
$$-a+1+2=0 \qquad \therefore a=3 \qquad \text{답 ②}$$

32 [전략] 원을 평행이동하거나 대칭이동해도 반지름의 길이는 변하지 않는다. 원의 중심의 이동만 생각한다.

$x^2+y^2-4x+6y+k=0$에서 $(x-2)^2+(y+3)^2=13-k$
곧, 원의 중심의 좌표는 $(2, -3)$이고, 반지름의 길이는 $\sqrt{13-k}$이다.

중심 $(2, -3)$을 x축에 대칭이동한 점의 좌표는 $(2, 3)$이고, 점 $(2, 3)$을 y축 방향으로 2만큼 평행이동한 점의 좌표는 $(2, 5)$이다.

따라서 이동한 원의 중심의 좌표는 $(2, 5)$, 반지름의 길이는 $\sqrt{13-k}$이다.

또 이동한 원이 직선 $x-y+1=0$에 접하므로 중심 $(2, 5)$와 이 직선 사이의 거리는 반지름의 길이이다.
$$\frac{|2-5+1|}{\sqrt{1^2+(-1)^2}}=\sqrt{13-k}$$
$$13-k=2 \qquad \therefore k=11 \qquad \text{답 ④}$$

33 [전략] 두 원 C_1, C_2의 중심을 연결하는 선분을 생각한다.

$x^2-2x+y^2+4y+4=0$에서 $(x-1)^2+(y+2)^2=1$
곧, C_1은 중심이 $C_1(1, -2)$, 반지름의 길이가 1인 원이고,
C_2는 중심이 $C_2(-2, 1)$, 반지름의 길이가 1인 원이다.

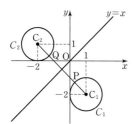

P가 선분 C_1C_2와 원 C_1이 만나는 점이고, Q가 선분 C_1C_2와 원 C_2가 만나는 점일 때, P, Q 사이의 거리가 최소이다.
따라서 최솟값은
$$\overline{C_1C_2}-1-1=\sqrt{(1+2)^2+(-2-1)^2}-2$$
$$=3\sqrt{2}-2 \qquad \text{답 ③}$$

34 [전략] 직선 l과 두 원의 중심을 이은 선분의 관계를 생각한다.

$x^2+6x+y^2-2y+9=0$에서
$$(x+3)^2+(y-1)^2=1 \qquad \cdots \text{❶}$$
$x^2+2x+y^2+6y+9=0$에서
$$(x+1)^2+(y+3)^2=1 \qquad \cdots \text{❷}$$

❶은 중심이 $C_1(-3, 1)$, 반지름의 길이가 1인 원이고,
❷는 중심이 $C_2(-1, -3)$, 반지름의 길이가 1인 원이다.

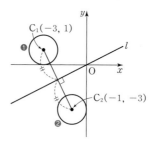

따라서 직선 l은 선분 C_1C_2의 수직이등분선이다.
선분 C_1C_2의 기울기는 $\dfrac{-3-1}{-1+3}=-2$, 중점의 좌표는
$(-2, -1)$이므로 l의 방정식은
$$y+1=\frac{1}{2}(x+2) \qquad \therefore x-2y=0 \qquad \text{답 } x-2y=0$$

절대등급 Note

> 선분 C_1C_2의 수직이등분선 위의 점 $P(x, y)$에서 C_1, C_2까지의 거리가 같으므로 $\overline{C_1P}^2=\overline{C_2P}^2$
> $$(x+3)^2+(y-1)^2=(x+1)^2+(y+3)^2$$
> $$x^2+6x+9+y^2-2y+1=x^2+2x+1+y^2+6y+9$$
> $$\therefore x-2y=0$$

35 [전략] 점 B와 x축에 대칭인 점을 B'이라 하면 $\overline{PB}=\overline{PB'}$을 이용한다.

점 B와 x축에 대칭인 점을 $B'(5, -6)$이라 하면 $\overline{PB}=\overline{PB'}$이므로
$$\overline{AP}+\overline{PB}=\overline{AP}+\overline{PB'}\geq\overline{AB'}$$
따라서 $\overline{AP}+\overline{PB}$의 최솟값은
$$\overline{AB'}=\sqrt{(5-2)^2+(-6-1)^2}$$
$$=\sqrt{58} \qquad \text{답 ③}$$

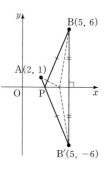

Note

$\overline{AP}+\overline{PB}$가 최소일 때, P는 선분 AB'과 x축의 교점이다.
이 결과는 공식처럼 기억하고 이용해도 된다.

36 [전략] 점 P와 변 BC에 대칭인 점 P', 점 S와 변 CD에 대칭인 점 S'을 이용한다.

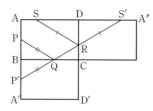

점 P와 변 BC에 대칭인 점을 P', 점 S와 변 CD에 대칭인 점을 S'이라 하면
$$\overline{PQ}=\overline{P'Q}, \ \overline{RS}=\overline{RS'}$$
$$\therefore \overline{PQ}+\overline{QR}+\overline{RS}=\overline{P'Q}+\overline{QR}+\overline{RS'}\geq\overline{P'S'}$$
직각삼각형 $AP'S'$에서
$$\overline{AP'}=2+1=3, \ \overline{AS'}=3+2=5$$
이므로 $\overline{PQ}+\overline{QR}+\overline{RS}$의 최솟값은
$$\overline{P'S'}=\sqrt{3^2+5^2}=\sqrt{34} \qquad \text{답 } \sqrt{34}$$

37 [전략] 원점에 대칭이동할 때 자신과 일치하는 도형은 원점에 대칭이고 x에 $-x$, y에 $-y$를 대입해도 식이 바뀌지 않는다.

곧, $f(x, y)=0$과 $f(-x, -y)=0$은 같은 방정식이다.

ㄱ. $y=-x$의 x에 $-x$, y에 $-y$를 대입하면

$$-y=-(-x), \ \ 곧 \ y=-x$$

ㄴ. $|x+y|=1$의 x에 $-x$, y에 $-y$를 대입하면

$$|-x-y|=1, \ \ 곧 \ |x+y|=1$$

ㄷ. $x^2+y^2=2(x+y)$의 x에 $-x$, y에 $-y$를 대입하면

$$(-x)^2+(-y)^2=2(-x-y)$$

$$곧, \ x^2+y^2=-2(x+y)$$

따라서 원점에 대칭이동할 때 자기 자신과 일치하는 도형은 ㄱ, ㄴ이다. **답** ③

38 [전략] $y=-f(x)$, $y=-f(-x)$, $y=-f(-(x-1))$, $y=-f(1-x)+1$을 차례로 생각한다.

$y=f(x)$

⇨ $y=-f(x)$: x축에 대칭

⇨ $y=-f(-x)$: y축에 대칭

⇨ $y=-f(-(x-1))$: x축 방향으로 1만큼 평행이동

⇨ $y=-f(-x+1)+1$: y축 방향으로 1만큼 평행이동

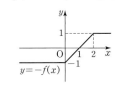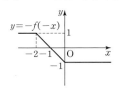

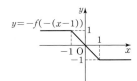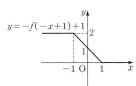

따라서 $y=-f(1-x)+1$의 그래프는 ①이다. **답** ①

---

01 [전략] A 공장의 위치가 원점인 좌표평면을 이용한다.

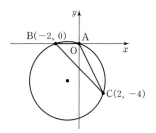

A 공장의 위치가 원점인 좌표평면에서 세 공장의 위치를 나타내면 $A(0, 0)$, $B(-2, 0)$, $C(2, -4)$이고, 물류창고의 위치는 삼각형 ABC의 외심이다.

세 점 A, B, C를 지나는 원의 방정식을 $x^2+y^2+ax+by+c=0$이라 하자.

A를 지나므로 $c=0$

B를 지나므로 $4-2a+c=0$ ∴ $a=2$

C를 지나므로 $4+16+2a-4b+c=0$ ∴ $b=6$

따라서 원의 방정식은

$$x^2+y^2+2x+6y=0, \ (x+1)^2+(y+3)^2=10$$

각 공장에서 물류창고까지의 거리는 원의 반지름의 길이이므로 $\sqrt{10}$ km이다. **답** ①

Note

변 AB, AC의 수직이등분선의 교점이 외심임을 이용해도 된다.

02 [전략] 직선 AB, AD가 x축, y축인 좌표평면을 생각한다.

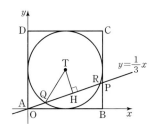

직선 AB, AD가 x축, y축인 좌표평면을 생각하면 원의 중심은 $T(5, 5)$, 반지름의 길이는 5이다.

한편 $\overline{AB} : \overline{BP}=3 : 1$이므로 직선 AP의 기울기는 $\dfrac{1}{3}$이다.

원점을 지나므로 직선의 방정식은 $y=\dfrac{1}{3}x$

T에서 직선 AP, 곧 $x-3y=0$에 내린 수선의 발을 H라 하면

$$\overline{TH}=\frac{|5-15|}{\sqrt{1^2+(-3)^2}}=\sqrt{10}$$

직각삼각형 TQH에서 $\overline{QH}=\sqrt{5^2-10}=\sqrt{15}$

∴ $\overline{QR}=2\overline{QH}=2\sqrt{15}$ **답** $2\sqrt{15}$

03 [전략] 두 점 A, B를 지나는 원 중에서 넓이가 최소인 원은 선분 AB가 지름인 원이다.

오른쪽 그림과 같이 원과 직선의 교점을 A, B라 하면 선분 AB가 지름일 때, 원의 넓이가 최소이다.

원의 중심 O에서 직선 $x+2y+5=0$에 내린 수선의 발을 H라 하면

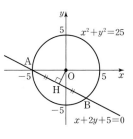

$$\overline{OH}=\frac{|5|}{\sqrt{1^2+2^2}}=\sqrt5$$

직각삼각형 OAH에서 $\overline{AH}=\sqrt{\sqrt5^2-5}=2\sqrt5$

따라서 넓이가 최소인 원의 반지름의 길이는

$\overline{AH}=2\sqrt5$　　　　　　　　　　　　　답 ⑤

04 [전략] 두 원 $x^2+y^2+ax+by+c=0$ … ❶
　　　　　　　 $x^2+y^2+a'x+b'y+c'=0$ … ❷
의 교점을 지나는 직선의 방정식은 ❶-❷이다.

$$(x-2)^2+(y-4)^2=r^2 \quad \cdots ❶$$
$$(x-1)^2+(y-1)^2=4 \quad \cdots ❷$$

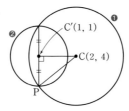

원 ❶, ❷의 중심을 각각 C, C'이라
할 때, 원 ❶이 원 ❷의 둘레의 길이를
이등분하려면 두 원의 공통현이 원 ❷
의 중심 C'(1, 1)을 지나야 한다.

공통현의 방정식은 ❶-❷에서
$$-2x-6y+18=r^2-4$$
이 직선이 점 C'(1, 1)을 지나므로
$$-2-6+18=r^2-4, \ r^2=14$$
$r>0$이므로 $r=\sqrt{14}$　　　　　　　　답 ③

 다른 풀이

위의 그림에서 C에서 공통현에 내린 수선의 발이 C'이므로
$$\overline{CC'}=\sqrt{(2-1)^2+(4-1)^2}=\sqrt{10}, \ \overline{C'P}=2$$
직각삼각형 CPC'에서
$$r=\overline{CP}=\sqrt{10+4}=\sqrt{14}$$

Note
두 원이 서로 다른 두 점 A, B에서 만날 때, 선분
AB를 두 원의 공통현이라 한다.

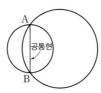

05 [전략] 접점에서 접선에 수직인 직선은 원의 중심을 지난다.
$$x^2+y^2-4x-2my-16=0 \quad \cdots ❶$$
$$x^2+y^2-2mx-4y-8=0 \quad \cdots ❷$$

❶은 $(x-2)^2+(y-m)^2=m^2+20$이므로 중심이 $C_1(2, m)$,
반지름의 길이가 $r_1=\sqrt{m^2+20}$인 원이다.

❷는 $(x-m)^2+(y-2)^2=m^2+12$이므로 중심이 $C_2(m, 2)$,
반지름의 길이가 $r_2=\sqrt{m^2+12}$인 원이다. … ㉮

접점에서 접선에 수직인 직선은 원의 중심을 지나므로 다음 그림
과 같이 각 원의 접선은 다른 원의 중심을 지난다. … ㉯

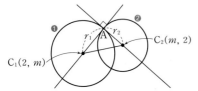

직각삼각형 AC_1C_2에서 $\overline{C_1C_2}^2=r_1^2+r_2^2$이므로
$$(2-m)^2+(m-2)^2=m^2+20+m^2+12$$
$$-8m=24 \quad \therefore m=-3 \quad \cdots ㉰$$

단계	채점 기준	배점
㉮	두 원의 중심의 좌표와 반지름의 길이 구하기	30%
㉯	접선이 다른 원의 중심을 지남을 알기	40%
㉰	피타고라스 정리를 이용하여 m의 값 구하기	30%

답 -3

06 [전략] 원의 중심과 직선 사이의 거리를 이용한다.

$x^2+y^2-2x-4y-5=0$에서
$$(x-1)^2+(y-2)^2=10$$
곧, 원의 중심은 C(1, 2), 반지름의
길이는 $\sqrt{10}$이다.

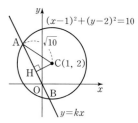

직선 $y=kx$와 원의 교점을 A, B라
하고 C에서 이 직선에 내린 수선의
발을 H라 하자.

$\overline{CA}=\sqrt{10}$이므로
$$f(k)=2\overline{AH}=2\sqrt{10-\overline{CH}^2}$$
따라서 $\overline{CH}$의 길이가 최대일 때 $f(k)$가 최소이다.
그리고 직선 $y=kx$가 원점을 지나므로 H가 원점 O일 때 $\overline{CH}$의
길이가 최대이다.

$\overline{OC}=\sqrt5$이므로 $f(k)$의 최솟값은
$$2\sqrt{10-5}=2\sqrt5 \quad\quad\quad 답 ②$$

07 [전략] 점 O가 원점인 좌표평면에서 접은 호를 포함하는 원의 중심 O'을
찾는다.

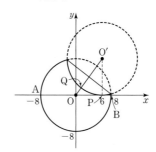

점 O가 원점, 직선 AB가 x축인 좌표평면을 생각하고, 접은 호
를 포함하는 원의 중심을 O'이라 하자.

원 O'은 점 P(6, 0)에서 x축에 접하고 반지름의 길이가 8이므로
O'(6, 8)이다.

선분 OO'이 접힌 호와 만나는 점을 Q라 하면 O와 접힌 호 위의
점 사이의 거리의 최솟값은
$$\overline{OQ}=\overline{OO'}-8=\sqrt{6^2+8^2}-8=2 \quad\quad 답 ③$$

08 [전략] 직선 $y=a(x-1)$이 점 (1, 0)을 지남을 이용한다.

직선 $y=a(x-1)$이 색칠한 부분(경
계 제외)에 있을 때 교점이 5개이다.

직선 $y=a(x-1)$이 ❶의 위치에 있
을 때 원 $(x+1)^2+y^2=1$에 접한다.
곧, 원의 중심 $(-1, 0)$과 직선
$ax-y-a=0$ 사이의 거리가 반지
름의 길이 1이므로

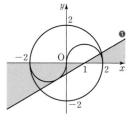

$$\frac{|-a-a|}{\sqrt{a^2+(-1)^2}}=1$$

$$4a^2=a^2+1,\ 3a^2=1$$

$a>0$이므로 $a=\dfrac{\sqrt{3}}{3}$

따라서 실수 a의 값의 범위는 $0<a<\dfrac{\sqrt{3}}{3}$ 　　🖹 $0<a<\dfrac{\sqrt{3}}{3}$

09 [전략] 접선의 방정식을 $y=mx+k$로 놓고
　　　원과 직선이 접할 조건을 찾는다.

접선의 기울기를 m이라 하면 접선의 방정식은
$$y=mx+k,\ 곧\ mx-y+k=0\ \cdots\ ㉮$$
원의 중심 $(2,\,0)$과 접선 사이의 거리가 반지름의 길이 1이므로
$$\dfrac{|2m+k|}{\sqrt{m^2+(-1)^2}}=1,\ (2m+k)^2=m^2+1$$
$$\therefore\ 3m^2+4km+k^2-1=0\ \cdots\ ㉯$$
$\dfrac{D}{4}=(2k)^2-3(k^2-1)=k^2+3>0$이므로 이 이차방정식은 두

실근을 갖고, 두 접선의 기울기의 곱이 1이므로 두 실근의 곱이
1이다. 곧,
$$\dfrac{k^2-1}{3}=1,\ k^2=4$$

$k>0$이므로 $k=2$ 　　　　$\cdots\ ㉰$

단계	채점 기준	배점
㉮	기울기를 m이라 하고 점 $(0,\,k)$를 지나는 접선의 방정식 세우기	20%
㉯	원의 중심과 접선 사이의 거리가 1임을 이용하여 m에 대한 이차방정식 세우기	40%
㉰	두 접선의 기울기의 곱이 1임을 이용하여 양수 k의 값 구하기	40%

🖹 2

10 [전략] $\dfrac{b-3}{a-4}=k$는 점 $\mathrm{P}(a,\,b)$와 $(4,\,3)$을 지나는 직선의 기울기이다.
　　　따라서 직선 $y-3=k(x-4)$가 원과 접할 조건을 생각한다.

$\dfrac{b-3}{a-4}=k$라 하면 k는 점 $\mathrm{P}(a,\,b)$와 점 $(4,\,3)$을 지나는 직선의
기울기이다.

따라서 점 $(4,\,3)$을 지나는 직선 $y-3=k(x-4)$가 원과 접할
때 기울기 k가 최대 또는 최소이다.

$x^2+y^2+2x+4y+2=0$에서
$$(x+1)^2+(y+2)^2=3$$
곧, 원의 중심의 좌표는 $\mathrm{C}(-1,\,-2)$, 반지름의 길이는 $\sqrt{3}$이다.

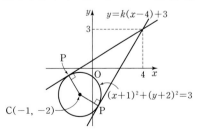

직선과 원이 접하면 원의 중심 $\mathrm{C}(-1,\,-2)$와 직선
$kx-y-4k+3=0$ 사이의 거리가 반지름의 길이 $\sqrt{3}$이므로
$$\dfrac{|-k+2-4k+3|}{\sqrt{k^2+(-1)^2}}=\sqrt{3}$$
$$(-5k+5)^2=3(k^2+1),\ 11k^2-25k+11=0$$

이차방정식의 두 실근이 실수 k, 곧 $\dfrac{b-3}{a-4}$의 최댓값, 최솟값이므
로 두 값의 곱은 1이다. 　　　　　　　🖹 ③

Note
부등식 $\dfrac{|-5k+5|}{\sqrt{k^2+1}}\le\sqrt{3}$의 해가 k의 범위, 곧 $\dfrac{b-3}{a-4}$의 범위이다.

11 [전략] 1. 이차함수의 그래프와 직선이 접한다.
　　　　⇨ 두 식에서 y를 소거하고 $D=0$을 이용한다.
　　　2. 원과 직선이 접한다.
　　　　⇨ 원의 중심과 직선 사이의 거리를 생각한다.

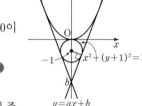

직선 $y=ax+b$와 이차함수 $y=2x^2$
의 그래프가 접하므로
$2x^2=ax+b$, 곧 $2x^2-ax-b=0$이
중근을 가진다.
$$\therefore\ D=a^2+8b=0\ \cdots\ ❶$$
직선 $y=ax+b$가 원
$x^2+(y+1)^2=1$에 접하므로 원의 중
심 $(0,\,-1)$과 직선 $ax-y+b=0$ 사이의 거리가 반지름의 길
이 1이다.
$$\therefore\ \dfrac{|1+b|}{\sqrt{a^2+(-1)^2}}=1,\ (1+b)^2=a^2+1\ \cdots\ ❷$$
❶에서 $a^2=-8b$를 ❷에 대입하면
$$(1+b)^2=-8b+1,\ b(b+10)=0$$
$b<0$이므로 $b=-10$
이때 $a^2=-8b=80$이므로 $a^2+b=70$ 　　🖹 ④

Note
x축($b=0$인 경우)도 포물선과 원에 모두 접한다.

12 [전략] 접선의 방정식을 $y=mx+n$으로 놓고
　　　각 원에 접할 조건을 이용하여 x절편인 $-\dfrac{n}{m}$을 구한다.

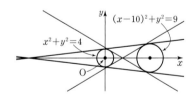

접선의 방정식을 $y=mx+n$, 곧 $mx-y+n=0$이라 하자.
두 원의 중심이 x축 위에 있으므로 접선은 4개이고, 접선의 서로
다른 x절편은 2개이다.
원 $x^2+y^2=4$에 접하므로 원의 중심 $(0,\,0)$과 직선
$mx-y+n=0$ 사이의 거리는 반지름의 길이 2이다. 곧,
$$\dfrac{|n|}{\sqrt{m^2+(-1)^2}}=2$$
$$\therefore\ n^2=4(m^2+1)\ \cdots\ ❶$$
원 $(x-10)^2+y^2=9$에 접하므로 원의 중심 $(10,\,0)$과 직선
$mx-y+n=0$ 사이의 거리는 반지름의 길이 3이다. 곧,
$$\dfrac{|10m+n|}{\sqrt{m^2+(-1)^2}}=3$$
$$\therefore\ (10m+n)^2=9(m^2+1)\ \cdots\ ❷$$

❶에서 $m^2+1=\dfrac{n^2}{4}$을 ❷에 대입하면

$$(10m+n)^2=\dfrac{9}{4}n^2 \qquad \cdots ❸$$

직선 $y=mx+n$의 x절편이 $-\dfrac{n}{m}$이므로 ❸의 양변을 m^2으로 나누면

$$\left(10+\dfrac{n}{m}\right)^2=\dfrac{9}{4}\left(\dfrac{n}{m}\right)^2$$

$-\dfrac{n}{m}=t$라 하면

$$(10-t)^2=\dfrac{9}{4}t^2,\ t^2+16t-80=0$$

이차방정식의 두 실근이 접선의 서로 다른 두 x절편이므로 두 값의 합은 -16이다. 　답 ⑤

다른 풀이

$x^2+y^2=4$는 중심이 $O(0,0)$, 반지름의 길이가 2인 원이다.

$(x-10)^2+y^2=9$는 중심이 $C(10,0)$, 반지름의 길이가 3인 원이다.

(i)
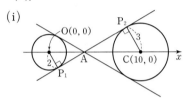

위의 그림에서 $\triangle OP_1A \backsim \triangle CP_2A$

$A(a,0)$이라 하면 $a:(10-a)=2:3$

$\therefore a=4$, $A(4,0)$

(ii)
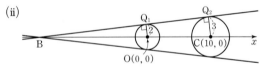

위의 그림에서 $\triangle BOQ_1 \backsim \triangle BCQ_2$

$B(b,0)$이라 하면 $-b:(-b+10)=2:3$

$\therefore b=-20$, $B(-20,0)$

(i), (ii)에서 x절편의 합은 -16

13 [전략] $P(a,b)$라 하고 삼각형 ACP의 넓이를 구한다.

$x^2-4x+y^2=0$에서

$$(x-2)^2+y^2=4$$

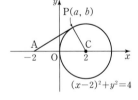

곧, 원의 중심은 $C(2,0)$, 반지름의 길이는 2이다.

점 P의 y좌표를 b라 하면 삼각형 ACP의 넓이는

$$\dfrac{1}{2}\times 4 \times |b|=2|b|$$

이 값은 자연수이고 $|b|\le 2$이므로

$$2|b|=1,\ 2|b|=2,\ 2|b|=3,\ 2|b|=4$$

$$\therefore b=\pm\dfrac{1}{2},\ b=\pm 1,\ b=\pm\dfrac{3}{2},\ b=\pm 2$$

$b=\pm 2$인 점은 1개씩이고, 나머지 경우는 2개씩이므로 P의 개수는

$$2\times 1+6\times 2=14$$

답 ③

14 [전략] 점 P와 직선 AB 사이의 거리가 최대일 때, 삼각형의 넓이가 최대이다.

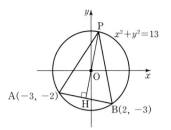

두 점 $A(-3,-2)$, $B(2,-3)$을 지나는 직선의 방정식은

$$y+2=\dfrac{-3+2}{2+3}(x+3),\ x+5y+13=0$$

원의 중심 O에서 변 AB에 내린 수선의 발을 H라 하면

$$\overline{OH}=\dfrac{|13|}{\sqrt{1^2+5^2}}=\dfrac{\sqrt{26}}{2}$$

점 P와 직선 AB 사이의 거리는 P가 선분 OH의 연장선 위에 있을 때 최대이고 최댓값은 $\overline{OH}+\sqrt{13}$이다.

따라서 삼각형 ABP의 넓이의 최댓값은

$$\dfrac{1}{2}\times\overline{AB}\times(\overline{OH}+\sqrt{13})$$

$$=\dfrac{1}{2}\times\sqrt{(2+3)^2+(-3+2)^2}\times\left(\dfrac{\sqrt{26}}{2}+\sqrt{13}\right)$$

$$=\dfrac{1}{2}\times\sqrt{26}\times\left(\dfrac{\sqrt{26}}{2}+\sqrt{13}\right)=\dfrac{13}{2}(1+\sqrt{2})$$

답 $\dfrac{13}{2}(1+\sqrt{2})$

Note

삼각형 ABP의 넓이가 최대일 때 P는 직선 AB와 평행한 접선이 원과 접하는 점 또는 직선 AB와 수직이면서 원의 중심 O를 지나는 직선이 원과 만나는 점이라 생각해도 된다.

15 [전략] 점 A와 직선 $y=x-4$ 사이의 거리가 정삼각형의 높이이다. 따라서 이 거리의 최솟값과 최댓값을 구한다.

점 A와 직선 $y=x-4$,
곧 $x-y-4=0$ 사이의 거리가 정삼각형 ABC의 높이이다.

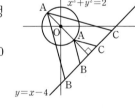

원의 중심 O와 직선 $x-y-4=0$ 사이의 거리는

$$\dfrac{|-4|}{\sqrt{1^2+(-1)^2}}=2\sqrt{2}$$

원의 반지름의 길이가 $\sqrt{2}$이므로 A와 직선 사이의 거리의

최솟값은 $2\sqrt{2}-\sqrt{2}=\sqrt{2}$

최댓값은 $2\sqrt{2}+\sqrt{2}=3\sqrt{2}$

곧, 정삼각형 ABC의 넓이가 최소일 때와 최대일 때의 높이의 비(닮음비)가 $1:3$이므로 넓이의 비는 $1:9$이다. 답 ③

16 [전략] $\angle APB=90°$이면 점 P는 선분 AB가 지름인 원 위의 점이다.

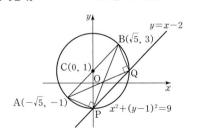

$\angle APB = \angle AQB = 90°$이므로 두 점 P, Q는 $\overline{AB}$가 지름인 원 위에 있다.

선분 AB의 중점이 C$(0, 1)$이고 $\overline{CA} = \sqrt{5+2^2} = 3$이므로 원의 방정식은
$$x^2 + (y-1)^2 = 9 \qquad \cdots \text{㉮}$$
$y = x - 2$를 $x^2 + (y-1)^2 = 9$에 대입하면
$$x^2 + (x-3)^2 = 9, \ x^2 - 3x = 0$$
$$\therefore x = 0, \ y = -2 \ \text{또는} \ x = 3, \ y = 1 \qquad \cdots \text{㉯}$$
원과 직선의 교점은 P$(0, -2)$, Q$(3, 1)$이라 할 수 있으므로
$$\overline{PQ} = \sqrt{3^2 + 3^2} = 3\sqrt{2} \qquad \cdots \text{㉰}$$

단계	채점 기준	배점
㉮	선분 AB를 지름으로 하고 두 점 P, Q를 지나는 원의 방정식 구하기	50%
㉯	직선과 원의 방정식을 연립하여 교점의 좌표 구하기	30%
㉰	선분 PQ의 길이 구하기	20%

답 $3\sqrt{2}$

17 [전략] P(x, y)라 하고 x, y의 관계부터 구한다.

P(x, y)라 하면 $\overline{PA}^2 + \overline{PB}^2 = 12$에서
$$(x-5)^2 + (y-2)^2 + (x-3)^2 + (y-4)^2 = 12$$
$$x^2 - 8x + y^2 - 6y + 21 = 0$$
$$\therefore (x-4)^2 + (y-3)^2 = 4$$
곧, P는 중심이 $C_1(4, 3)$이고 반지름의 길이가 $r_1 = 2$인 원 위를 움직인다.
또 Q는 중심이 $C_2(-1, 2)$이고 반지름의 길이가 $r_2 = 1$인 원 위를 움직인다.

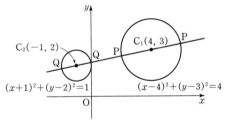

$(x+1)^2 + (y-2)^2 = 1$, $(x-4)^2 + (y-3)^2 = 4$

P, Q가 직선 C_1C_2 위에 있을 때, 선분 PQ의 길이가 최대 또는 최소이다.
$\overline{C_1C_2} = \sqrt{5^2 + 1^2} = \sqrt{26}$이므로
$$\text{최댓값은 } \overline{C_1C_2} + r_1 + r_2 = \sqrt{26} + 3$$
$$\text{최솟값은 } \overline{C_1C_2} - r_1 - r_2 = \sqrt{26} - 3$$

답 최댓값 : $\sqrt{26}+3$, 최솟값 : $\sqrt{26}-3$

18 [전략] P(x, y)라 하고 접선의 길이를 구한다.
접선의 길이는 접선과 접점을 지나는 반지름이 수직임을 이용하여 구한다.
$$(x+1)^2 + (y-2)^2 = 8 \qquad \cdots \text{❶}$$
$$(x-2)^2 + (y+3)^2 = 4 \qquad \cdots \text{❷}$$
P(x, y)라 하자.
❶은 중심이 $C_1(-1, 2)$이고 반지름의 길이가 $2\sqrt{2}$인 원이다.
접점을 Q라 하면 접선과 반지름

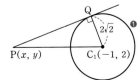

P(x, y) $C_1(-1, 2)$ $2\sqrt{2}$ Q ❶

QC$_1$이 수직이므로
$$\overline{PQ}^2 = \overline{PC_1}^2 - (2\sqrt{2})^2$$
$$= (x+1)^2 + (y-2)^2 - 8$$
$$= x^2 + 2x + y^2 - 4y - 3$$
❷는 중심이 $C_2(2, -3)$이고 반지름의 길이가 2인 원이다.
접점을 R라 하면
$$\overline{PR}^2 = \overline{PC_2}^2 - 2^2$$
$$= (x-2)^2 + (y+3)^2 - 4$$
$$= x^2 - 4x + y^2 + 6y + 9$$
$\overline{PQ}^2 = \overline{PR}^2$이므로
$$x^2 + 2x + y^2 - 4y - 3 = x^2 - 4x + y^2 + 6y + 9$$
$$\therefore 3x - 5y - 6 = 0$$
곧, P가 그리는 도형의 방정식은
$$3x - 5y - 6 = 0 \qquad \qquad \text{답 } 3x - 5y - 6 = 0$$

19 [전략] P(a, b), 무게중심의 좌표를 (x, y)라 하고 x, y의 관계를 구한다.

P(a, b) $(b \neq 0)$, 삼각형 PAB의 무게중심을 G(x, y)라 하면
$$x = \frac{-5+7+a}{3}, \ y = \frac{b}{3}$$
$$\therefore a = 3x - 2, \ b = 3y \qquad \cdots \text{❶}$$
P가 원 $x^2 + y^2 - 2x - 35 = 0$ 위의 점이므로
$$a^2 + b^2 - 2a - 35 = 0 \qquad \therefore (a-1)^2 + b^2 = 36$$
❶을 대입하면 $(3x-3)^2 + (3y)^2 = 36$
$$\therefore (x-1)^2 + y^2 = 4 \ (y \neq 0)$$
따라서 무게중심 G는 중심의 좌표가 $(1, 0)$, 반지름의 길이가 2인 원 위를 움직이고, 도형의 길이는
$$2\pi \times 2 = 4\pi \qquad \qquad \text{답 } ⑤$$

Note
P가 A 또는 B이면 삼각형이 만들어지지 않는다.
따라서 $b \neq 0$이고, $y \neq 0$이다.

20 [전략] P(x, y)라 하고 x, y의 관계를 구한다.
원의 중심 C와 접점을 연결하고 삼각형 CQR가 정삼각형임을 이용하여 P의 조건을 찾는다.

원의 중심을 C라 하면
$$\overline{CQ} = \overline{CR} = \overline{QR}$$
이므로 삼각형 CQR는 정삼각형이다.
또 선분 PC는 현 QR를 수직이등분한다.
$\overline{PC}$와 $\overline{QR}$의 교점을 H라 하면 원의 반지름의 길이가 5이므로
$$\overline{CH} = \frac{5\sqrt{3}}{2}, \ \overline{QH} = \frac{5}{2}$$
또 $\angle CQH = 60°$이므로 $\angle PQH = 30°$이고
$$\overline{PH} = \frac{1}{\sqrt{3}}\overline{QH} = \frac{5\sqrt{3}}{6}$$
$$\therefore \overline{CP} = \overline{CH} + \overline{PH} = \frac{10\sqrt{3}}{3}$$

따라서 $P(x, y)$라 하면 P가 그리는 도형의 방정식은 중심이
$C(-1, 0)$이고, 반지름의 길이가 $\overline{CP}=\dfrac{10\sqrt{3}}{3}$인 원이다.

$$\therefore (x+1)^2+y^2=\dfrac{100}{3}$$ 답 ⑤

21 [전략] $P(a, b)$라 하고 $a^2+b^2=1$임을 이용하여
$\overline{PA}^2+\overline{PB}^2$을 간단히 한다.

$P(a, b)$라 하면

$$\overline{PA}^2+\overline{PB}^2=(a+2)^2+(b-2)^2+(a-4)^2+(b-2)^2$$
$$=2a^2+2b^2-4a-8b+28 \qquad \cdots ❶$$

P는 원 위의 점이므로 $a^2+b^2=1$ $\qquad \cdots ❷$

❷를 ❶에 대입하면

$$\overline{PA}^2+\overline{PB}^2=-4a-8b+30$$
$$=-4(a+2b)+30$$

$a+2b=k$로 놓고 $a=-2b+k$를 ❷에 대입하면

$$(-2b+k)^2+b^2=1$$
$$5b^2-4kb+k^2-1=0$$

b는 실수이므로

$$\dfrac{D}{4}=4k^2-5(k^2-1)\geq 0, \; k^2\leq 5$$
$$\therefore -\sqrt{5}\leq k\leq \sqrt{5}$$

따라서 $\overline{PA}^2+\overline{PB}^2$의 최솟값은 $k=\sqrt{5}$일 때 $-4\sqrt{5}+30$이다.

다른 풀이 답 ④

중선 정리를 이용할 수도 있다.
선분 AB의 중점을 M이라 하면

$$\overline{PA}^2+\overline{PB}^2=2(\overline{AM}^2+\overline{PM}^2) \qquad \cdots ❸$$

$M(1, 2)$이므로
$\overline{AM}=3$, $\overline{OM}=\sqrt{5}$
점 P가 선분 OM 위에 있을 때
$\overline{PM}$은 최소이므로 $\overline{PM}$의 최솟
값은 $\sqrt{5}-1$
따라서 ❸의 최솟값은
$2\{3^2+(\sqrt{5}-1)^2\}=30-4\sqrt{5}$

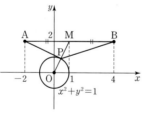

22 [전략] 원의 중심의 평행이동을 조사한다.

점 $(1, 4)$를 점 $(-2, a)$로 옮기는 평행이동은
x축 방향으로 -3만큼, y축 방향으로 $a-4$만큼
평행이동하는 것이다. $\qquad \cdots ㉮$

$x^2+y^2+8x-6y+21=0$에서
$(x+4)^2+(y-3)^2=4 \qquad \cdots ❶$
$x^2+y^2+bx-18y+c=0$에서
$\left(x+\dfrac{b}{2}\right)^2+(y-9)^2=81-c+\dfrac{b^2}{4} \qquad \cdots ❷ \qquad \cdots ㉯$

원 ❶의 중심 $(-4, 3)$이 이 평행이동에 의해 점 $(-7, a-1)$로
옮겨지고 원 ❷의 중심의 좌표가 $\left(-\dfrac{b}{2}, 9\right)$이므로

$$-7=-\dfrac{b}{2}, \; a-1=9 \qquad \therefore a=10, b=14$$

또 평행이동을 해도 원의 반지름의 길이는 변하지 않으므로

$$4=81-c+\dfrac{196}{4} \qquad \therefore c=126 \qquad \cdots ㉰$$

단계	채점 기준	배점
㉮	점 $(1, 4)$를 점 $(-2, a)$로 옮기는 평행이동 구하기	20%
㉯	일반형으로 주어진 두 원의 방정식 변형하기	30%
㉰	㉮에서 구한 평행이동과 두 원의 중심, 반지름의 길이를 이용하여 a, b, c의 값 구하기	50%

Note 답 $a=10$, $b=14$, $c=126$

❶을 평행이동한 원의 방정식 $(x+7)^2+(y-a+1)^2=4$를 전개하여
$x^2+y^2+bx-18y+c=0$과 각 항의 계수를 비교해도 된다.

23 [전략] 직선 $y=x+2$와 $y=x$가 평행하므로 삼각형에서 중점을 연결한
선분의 성질을 이용하여 점 A, B, C의 위치를 생각한다.

점 A의 좌표를 $(a, a+2)$ $(a>0)$이라 하면
$$B(a+2, a), \; C(-a-2, -a)$$

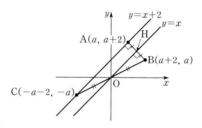

선분 AB와 직선 $y=x$의 교점을 H라 하자.
$\overline{AH}=\overline{BH}$, $\overline{BO}=\overline{CO}$
이고 직선 $y=x+2$와 $y=x$가 평행하므로 C는 직선 $y=x+2$
위의 점이다.
$\angle BAC=\angle BHO=90°$이므로

$$\triangle ABC=\dfrac{1}{2}\times \overline{AB}\times \overline{AC}$$

그런데 $\overline{AB}=\sqrt{2^2+(-2)^2}=2\sqrt{2}$,
$$\overline{AC}=\sqrt{(2a+2)^2+(2a+2)^2}=2\sqrt{2}\,|a+1|$$
이고 $\triangle ABC=16$, $a>0$이므로

$$\dfrac{1}{2}\times 2\sqrt{2}\times 2\sqrt{2}(a+1)=16 \qquad \therefore a=3$$

따라서 A의 좌표는 $(3, 5)$이다. 답 ③

절대등급 Note

1. 세 점 $(0, 0)$, (x_1, y_1), (x_2, y_2)가 꼭짓점인 삼각형의 넓이는

$$\dfrac{1}{2}|x_1y_2-y_1x_2|$$

이다. 이를 이용하여 다음과 같이 구할 수 있다.
C가 원점으로 이동하는 평행이동에 의해

$$A \longrightarrow A'(2a+2, 2a+2)$$
$$B \longrightarrow B'(2a+4, 2a)$$

로 이동한다.
이때 삼각형 $OA'B'$의 넓이는

$$\dfrac{1}{2}|(2a+2)\times 2a-(2a+4)(2a+2)|=4|a+1|$$

곧, $4|a+1|=16$이고 $a>0$이므로 $a=3$

2. A, B, C의 위치 관계를 모르는 경우
➡ 직선 AB의 방정식을 구하고 점 C와 직선 AB 사이의 거리 d를
구한 다음 $\dfrac{1}{2}\times \overline{AB}\times d$를 계산해도 된다.

24 [전략] A$(1, 1)$, B$(3, 3)$이 직선 $y=x$ 위의 점이므로 사각형 APBQ의 넓이의 최댓값은 삼각형 PAB의 넓이의 최댓값의 2배이다.

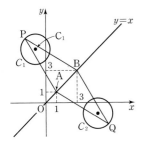

A$(1, 1)$, B$(3, 3)$이 직선 $y=x$ 위의 점이므로 사각형 APBQ의 넓이의 최댓값은 삼각형 PAB의 넓이의 최댓값의 2배이다.

$x^2+2x+y^2-10y+24=0$에서
$$(x+1)^2+(y-5)^2=2$$
곧, 원 C_1의 중심은 $C_1(-1, 5)$, 반지름의 길이는 $\sqrt{2}$이다.

C_1과 직선 $x-y=0$ 사이의 거리는
$$\frac{|-1-5|}{\sqrt{1^2+(-1)^2}}=3\sqrt{2}$$
이므로 P와 직선 AB 사이의 거리의 최댓값은
$$3\sqrt{2}+\sqrt{2}=4\sqrt{2}$$
또 A, B 사이의 거리는
$$\overline{AB}=\sqrt{(3-1)^2+(3-1)^2}=2\sqrt{2}$$
이므로 삼각형 ABP의 넓이의 최댓값은
$$\frac{1}{2}\times 2\sqrt{2}\times 4\sqrt{2}=8$$
따라서 사각형 APBQ의 넓이의 최댓값은 16이다. **답** ⑤

25 [전략] 직선 $y=-x$에 대칭이동하는 것은 직선 $y=x$에 대칭이동한 다음 원점에 대칭이동하는 것과 같다.

오른쪽 그림과 같이 점 P를 직선 $y=-x$에 대칭이동하는 것은 P를 직선 $y=x$에 대칭이동한 다음 원점에 대칭이동하는 것과 같다.

직선 $ax+3y-4=0$을 y축에 대칭이동하면 $-ax+3y-4=0$

이 직선을 직선 $y=x$에 대칭이동하면
$$-ay+3x-4=0$$
다시 원점에 대칭이동하면 $ay-3x-4=0$ $\cdots$ ❶

❶이 원 $x^2+y^2-4x+4y+4=0$, 곧 $(x-2)^2+(y+2)^2=4$의 넓이를 이등분하면 ❶이 이 원의 중심 $(2, -2)$를 지나므로
$$-2a-6-4=0 \quad \therefore a=-5$$ **답** -5

Note
점 (x, y)를 직선 $y=x$에 대칭이동하면 (y, x)
다시 원점에 대칭이동하면 $(-y, -x)$
따라서 점 (x, y)를 직선 $y=-x$에 대칭이동하면 $(-y, -x)$이다.

26 [전략] $f(y, x)=0$, $f(y, x+1)=0$이 나타내는 도형을 차례로 생각한다.

$f(x, y)=0$에서
$$f(y, x)=0$$
⇨ x와 y가 바뀌었으므로 직선 $y=x$에 대칭이동한다.

$$f(y, x+1)=0$$
⇨ x에 $x+1$을 대입한 꼴이므로 x축 방향으로 -1만큼 평행이동한다.

$[f(y, x)=0]$ $\qquad$ $[f(y, x+1)=0]$

따라서 $f(y, x+1)=0$이 나타내는 도형은 ②이다. **답** ②

27 [전략] 점 P(a, b)와 직선 l에 대칭인 점 P′(x, y)는 다음을 이용하여 구한다.
1. 직선 PP′은 l에 수직이다.
2. $\overline{PP'}$의 중점은 l 위에 있다.

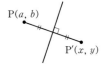

$x^2+y^2-4x-6y+9=0$에서
$$(x-2)^2+(y-3)^2=4$$
따라서 원의 중심은 C$(2, 3)$, 반지름의 길이는 2이다.
또 원 $(x-a)^2+(x-b)^2=r^2$의 중심은 D(a, b), 반지름의 길이는 r $(r>0)$이다.
중심 C와 D는 직선 $x+y-2=0$에 대칭이므로 직선 CD는 직선 $x+y-2=0$과 수직이다. 곧,
$$\frac{b-3}{a-2}=1 \quad \therefore a-b=-1 \qquad \cdots ❶$$
또 선분 CD의 중점 $\left(\frac{2+a}{2}, \frac{3+b}{2}\right)$가 직선 $x+y-2=0$ 위에 있으므로
$$\frac{a+2}{2}+\frac{b+3}{2}-2=0 \quad \therefore a+b=-1 \qquad \cdots ❷$$
❶, ❷를 연립하여 풀면 $a=-1$, $b=0$
평행이동이나 대칭이동을 하면 원의 반지름의 길이는 변하지 않으므로 $r=2$
$$\therefore ab+r=2$$ **답** ②

28 [전략] 두 점을 A(a, a^2), B(b, b^2)이라 하고 직선 $y=-x+3$에 대칭일 조건을 찾는다.

$y=x^2$의 그래프 위의 두 점을 A(a, a^2), B(b, b^2) $(a<b)$라 하자. 직선 AB가 직선 $y=-x+3$에 수직이므로
$$\frac{b^2-a^2}{b-a}=1$$
$$\therefore b+a=1 \qquad \cdots ❶$$

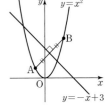

선분 AB의 중점 $\left(\frac{a+b}{2}, \frac{a^2+b^2}{2}\right)$이 직선 $y=-x+3$ 위에 있으므로
$$\frac{a^2+b^2}{2}=-\frac{a+b}{2}+3$$
$$\therefore a^2+b^2+a+b-6=0$$
❶에서 $b=1-a$를 대입하면
$$a^2+(1-a)^2+a+1-a-6=0, \quad a^2-a-2=0$$
$$\therefore a=-1, b=2 \text{ 또는 } a=2, b=-1$$

$a<b$이므로 $a=-1$, $b=2$

따라서 $A(-1, 1)$, $B(2, 4)$이고

$\overline{AB}=\sqrt{(2+1)^2+(4-1)^2}=3\sqrt{2}$ 　　답 ⑤

29 [전략] 길이의 합의 최소 ⇨ 대칭인 점을 생각한다.

$P(2, 1)$과 직선 $y=x$에 대칭인 점은 $P'(1, 2)$이고,

$P(2, 1)$과 x축에 대칭인 점은 $P''(2, -1)$이다. 　　… ㉮

오른쪽 그림에서

$$\overline{QP}=\overline{QP'}, \ \overline{RP}=\overline{RP''}$$

이므로 Q, R가 선분 $P'P''$ 위의 점

일 때 삼각형 PQR의 둘레의 길이

가 최소이다.

직선 $P'P''$의 방정식은

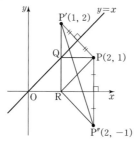

$$y-2=\frac{-1-2}{2-1}(x-1)$$

$$\therefore y=-3x+5$$ 　　… ㉯

$y=0$일 때 $x=\dfrac{5}{3}$이므로 $R\left(\dfrac{5}{3}, 0\right)$ 　　… ㉰

단계	채점 기준	배점
㉮	점 P와 직선 $y=x$에 대칭인 점 P', x축에 대칭인 점 P''의 좌표 각각 구하기	40%
㉯	두 점 Q, R가 직선 $P'P''$ 위의 점일 때 △PQR의 둘레의 길이가 최소임을 알고, 직선 $P'P''$의 방정식 구하기	40%
㉰	x절편을 이용하여 점 R의 좌표 구하기	20%

답 $\left(\dfrac{5}{3}, 0\right)$

30 [전략] R의 좌표를 문자로 나타내고
삼각형의 둘레의 길이가 최소가 되는 P와 Q의 위치를 생각한다.

점 R와 두 직선 OA, OB(x축)에 각각 대칭인 점을 R', R''이라

하자. 직선 AB의 방정식은

$$y=\frac{0-10}{15-10}(x-15), \ 곧 \ y=-2x+30$$

이므로 $R(a, -2a+30)$ $(10<a<15)$라 하자.

직선 OA의 방정식이 $y=x$이므로 $R'(-2a+30, a)$

직선 OB는 x축이므로 $R''(a, 2a-30)$

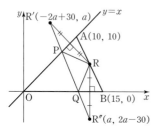

따라서 선분 $R'R''$이 각각 변 OA, OB와 만나는 두 점이 P, Q

일 때, 삼각형 PQR의 둘레의 길이가 최소이고 최솟값은 선분

$R'R''$의 길이이다.

$$\overline{R'R''}=\sqrt{(3a-30)^2+(a-30)^2}$$
$$=\sqrt{10a^2-240a+1800}$$
$$=\sqrt{10(a-12)^2+360}$$

$10<a<15$이므로 $a=12$일 때 선분 $R'R''$의 길이는 최소이고,

최솟값은 $\sqrt{360}=6\sqrt{10}$ 　　답 $6\sqrt{10}$

---

01 $\sqrt{10}+1$ 　**02** ④ 　**03** ③ 　**04** $\dfrac{7}{3}<a<3-\dfrac{\sqrt{2}}{4}$

05 $(x-1)^2+(y-3)^2=10$ (단, 두 점 $(0, 0)$, $(2, 6)$ 제외)

06 $-\dfrac{1}{4}$ 　**07** ⑤

08 (1) $x=\dfrac{7}{3}$, 최솟값 : $2\sqrt{13}$ 　(2) $x=4$, 최댓값 : $4\sqrt{2}$

01 [전략] 세 원의 반지름의 길이가 같으므로
먼저 세 원의 중심을 지나는 원을 생각한다.

세 원의 중심 O, $A(6, 0)$, $B(2, -4)$를 지나는 원을 C라 하면

C와 중심이 같고 C보다 반지름의 길이가 1만큼 더 긴 원에 세 원

이 내접하므로 이 원이 세 원을 포함하는 가장 작은 원이다.

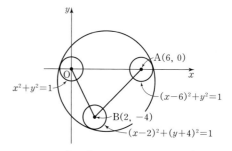

C의 방정식을 $x^2+y^2+ax+by+c=0$이라 하자.

원점을 지나므로 $c=0$

$A(6, 0)$을 지나므로 $36+6a+c=0$ 　　$\therefore a=-6$

$B(2, -4)$를 지나므로 $4+16+2a-4b+c=0$ 　　$\therefore b=2$

곧, C의 방정식은 $x^2+y^2-6x+2y=0$이고, 변형하면

$$(x-3)^2+(y+1)^2=10$$

따라서 구하는 원의 반지름의 길이는

$\sqrt{10}+1$ 　　답 $\sqrt{10}+1$

Note

원 $x^2+y^2=1$, $(x-6)^2+y^2=1$과 원 $(x-4)^2+(y+2)^2=1$을 포함하고 반

지름의 길이가 가장 작은 원은 아래 그림과 같이 세 원과 접하는 원이 아니고,

두 원과 접하는 원이다. 이유는 세 원의 중심이 꼭짓점인 삼각형이 둔각삼각

형이기 때문이다.

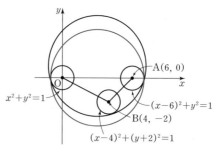

02 [전략] 원이 한 꼭짓점을 지나거나 한 변에 접하는 경우만 생각하면 된다.

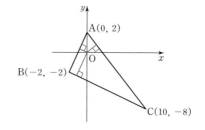

직선 AB의 방정식은 $y-2=\dfrac{-2-2}{-2-0}(x-0)$

$\therefore 2x-y+2=0$ ··· ❶

직선 BC의 방정식은 $y+2=\dfrac{-8+2}{10+2}(x+2)$

$\therefore x+2y+6=0$ ··· ❷

직선 CA의 방정식은 $y-2=\dfrac{-8-2}{10-0}(x-0)$

$\therefore x+y-2=0$ ··· ❸

원점 O와 ❶, ❷, ❸ 사이의 거리를 각각 d_1, d_2, d_3이라 하면

$$d_1=\dfrac{|2|}{\sqrt{2^2+(-1)^2}}=\dfrac{2\sqrt{5}}{5}$$

$$d_2=\dfrac{|6|}{\sqrt{1^2+2^2}}=\dfrac{6\sqrt{5}}{5}$$

$$d_3=\dfrac{|-2|}{\sqrt{1^2+1^2}}=\sqrt{2}$$

또 $\overline{OA}=2$, $\overline{OB}=\sqrt{(-2)^2+(-2)^2}=2\sqrt{2}$,

$\overline{OC}=\sqrt{10^2+(-8)^2}=2\sqrt{41}$이므로 원 $x^2+y^2=r^2$이 삼각형 ABC와 세 점에서 만나는 경우는

(i) 점 A를 지날 때 $r=2$

(ii) 점 B를 지날 때 $r=2\sqrt{2}$

(iii) 변 BC에 접할 때 $r=\dfrac{6\sqrt{5}}{5}$

(iv) 변 CA에 접할 때 $r=\sqrt{2}$

(i)~(iv)에서 양수 r의 값의 곱은 $\dfrac{48\sqrt{5}}{5}$　　　　　답 ④

03 [전략] $C(a, a^2-2a-3)$으로 놓고
　　　원이 직선에 접할 조건을 이용하여 반지름의 길이를 구한다.

구하는 원의 중심의 좌표를
$C(a, a^2-2a-3)$, 반지름의 길이를 r
라 하자.

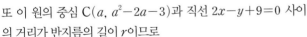

C는 직선 $y=2x+9$의 아래쪽에 있으
므로

$a^2-2a-3<2a+9$

$a^2-4a-12<0$

$\therefore -2<a<6$ ··· ❶

또 이 원의 중심 $C(a, a^2-2a-3)$과 직선 $2x-y+9=0$ 사이
의 거리가 반지름의 길이 r이므로

$$r=\dfrac{|2a-(a^2-2a-3)+9|}{\sqrt{2^2+(-1)^2}}=\dfrac{|-a^2+4a+12|}{\sqrt{5}}$$

$f(a)=-a^2+4a+12=-(a-2)^2+16$이라 하면

❶의 범위에서 $0<f(a)\le16$

따라서 $a=2$일 때 r의 최댓값은 $\dfrac{16}{\sqrt{5}}$이고, 원의 넓이의 최댓값은

$\dfrac{256}{5}\pi$이다.

$\therefore p=5$, $q=256$, $p+q=261$　　　　　답 ③

04 [전략] 원의 중심의 좌표가 나타내는 직선의 방정식을 구하고,
　　　삼각형 ABC의 내부에서 원이 직선에 접하는 경우를 생각한다.

$x^2-2ax+y^2-4ay+5a^2-\dfrac{1}{2}=0$에서

$(x-a)^2+(y-2a)^2=\dfrac{1}{2}$

곧, 원의 중심은 $(a, 2a)$, 반지름의 길이는 $\dfrac{\sqrt{2}}{2}$이다. ··· ㉮

원의 중심이 직선 $y=2x$ 위에 있으므로 원이 삼각형 ABC의 내
부에 있을 때는 직선 $x+y=6$에 접하는 경우와 직선 $y=6$에 접
하는 경우 사이에 있을 때이다.

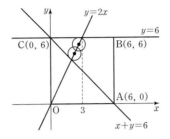

(i) 원이 직선 $x+y=6$에 접하는 경우

원의 중심과 직선 사이의 거리가 원의 반지름의 길이이므로

$$\dfrac{\sqrt{2}}{2}=\dfrac{|a+2a-6|}{\sqrt{1^2+1^2}},\ 1=|3a-6|$$

$3a-6=\pm1$　　$\therefore a=\dfrac{5}{3}$ 또는 $a=\dfrac{7}{3}$

이 중 원이 삼각형 ABC의 내부에서 접하는 경우는

$a=\dfrac{7}{3}$ ··· ㉯

(ii) 원이 직선 $y=6$에 접하는 경우

$2a+\dfrac{\sqrt{2}}{2}=6$이므로 $a=3-\dfrac{\sqrt{2}}{4}$ ··· ㉰

(i), (ii)에서 $\dfrac{7}{3}<a<3-\dfrac{\sqrt{2}}{4}$ ··· ㉱

단계	채점 기준	배점
㉮	원의 중심의 좌표와 반지름의 길이 구하기	20%
㉯	△ABC의 내부에서 원이 직선 $x+y=6$에 접할 때 a의 값 구하기	40%
㉰	△ABC의 내부에서 원이 직선 $y=6$에 접할 때 a의 값 구하기	30%
㉱	실수 a의 값의 범위 구하기	10%

답 $\dfrac{7}{3}<a<3-\dfrac{\sqrt{2}}{4}$

05 [전략] 두 직선이 수직으로 만나고, 각 직선은 정점을 지남을 이용한다.

$y=m(x-2)$ ··· ❶

$y=-\dfrac{1}{m}x+6$ ··· ❷

❶은 기울기가 m이고 점 A(2, 0)을 지나는 직선이다.

❷는 기울기가 $-\dfrac{1}{m}$이고 점 B(0, 6)을 지나는 직선이다.

이때 두 직선의 기울기의 곱이 -1이므
로 ❶, ❷는 서로 수직인 직선이다.

따라서 ❶, ❷의 교점 P는 선분 AB가
지름인 원 위에 있다.

선분 AB의 중점이 C(1, 3)이고,

$\overline{CA}=\sqrt{(2-1)^2+(0-3)^2}=\sqrt{10}$

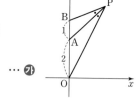
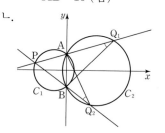
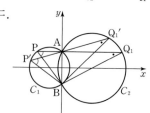

이므로 P가 그리는 도형, 곧 중심이 C이고 반지름의 길이가 $\sqrt{10}$인 원의 방정식은

$$(x-1)^2+(y-3)^2=10$$

❶은 y축에 평행한 직선을 나타낼 수 없고 $m\neq0$이므로 x축을 나타낼 수 없다.

또 ❷는 y축을 나타낼 수 없고 $-\dfrac{1}{m}\neq0$이므로 x축에 평행한 직선을 나타낼 수 없다.

따라서 x축과 y축의 교점 $(0, 0)$과 직선 $x=2$와 $y=6$의 교점 $(2, 6)$은 제외해야 한다.

곧, P가 그리는 도형의 방정식은

$$(x-1)^2+(y-3)^2=10 \ (단, 두 점 (0, 0), (2, 6)은 제외)$$

답 $(x-1)^2+(y-3)^2=10$ (단, 두 점 $(0, 0)$, $(2, 6)$은 제외)

다른풀이

두 직선의 교점을 $\mathrm{P}(a, b)$라 하면

$$b=m(a-2), \ b=-\dfrac{1}{m}a+6 \quad \cdots ❸$$

$a\neq2$, $b\neq6$일 때 $m=\dfrac{b}{a-2}$, $m=\dfrac{a}{6-b}$

두 식에서 m을 소거하면

$$\dfrac{b}{a-2}=\dfrac{a}{6-b}, \ b(6-b)=a(a-2)$$

$$\therefore (a-1)^2+(b-3)^2=10 \quad \cdots ❹$$

$m\neq0$이므로 $a\neq0$, $b\neq0$

$a=2$ 또는 $b=6$일 때 ❹의 해는

$$(a, b)=(2, 0), (2, 6), (0, 6)$$

이 중 $(2, 0)$, $(0, 6)$은 ❸에 대입하면 0이 아닌 실수 m이 있다.

따라서 $\mathrm{P}(a, b)$가 그리는 도형의 방정식은

$$(x-1)^2+(y-3)^2=10 \ (단, 두 점 (0, 0), (2, 6)은 제외)$$

06 [전략] 직선 PA가 $\angle \mathrm{OPB}$의 이등분선임을 이용하여 길이에 대한 조건을 찾는다.

$\angle \mathrm{OPA}=\angle \mathrm{APB}$이므로

삼각형 OPB에서

$$\overline{\mathrm{PB}}:\overline{\mathrm{PO}}=\overline{\mathrm{BA}}:\overline{\mathrm{AO}}=1:2$$

$$\overline{\mathrm{PO}}=2\overline{\mathrm{PB}}$$

제곱하면 $\overline{\mathrm{PO}}^2=4\overline{\mathrm{PB}}^2 \quad \cdots ㉮$

$\mathrm{P}(x, y)$이므로

$$x^2+y^2=4\{x^2+(y-3)^2\}$$

$$x^2+y^2-8y+12=0 \quad \cdots ❶$$

곧, $x^2+(y-4)^2=4$이므로 P는 중심이 $\mathrm{C}(0, 4)$이고 반지름의 길이가 2인 원 위를 움직인다.

(단, 점 $(0, 2)$, $(0, 6)$은 제외) $\quad \cdots ㉯$

이때 $x^2=-y^2+8y-12$이므로

$$y-x^2=y^2-7y+12=\left(y-\dfrac{7}{2}\right)^2-\dfrac{1}{4}$$

그런데 $x^2=-y^2+8y-12\geq0$이고 $x\neq0$이므로

$$2<y<6$$

따라서 $y=\dfrac{7}{2}$일 때 $y-x^2$의 최솟값은 $-\dfrac{1}{4}$이다. $\quad \cdots ㉰$

단계	채점 기준	배점
㉮	$\overline{\mathrm{PO}}$, $\overline{\mathrm{PB}}$의 관계 구하기	20%
㉯	P의 자취 구하기	40%
㉰	$y-x^2$의 최솟값 구하기	40%

다른풀이

답 $-\dfrac{1}{4}$

$y-x^2=k$라 하면 $y=x^2+k \quad \cdots ❷$

이므로 오른쪽 그림과 같이 ❷의 그래프가 원 ❶과 두 점에서 접할 때 k의 값은 최소이다.

❶, ❷에서 x를 소거하면

$$y-k+y^2-8y+12=0$$

$$y^2-7y+12-k=0$$

접하므로 $D=49-4(12-k)=0$, $k=-\dfrac{1}{4}$

따라서 최솟값은 $-\dfrac{1}{4}$이다.

절대등급 Note

두 정점 A, B에 대하여 $\overline{\mathrm{PA}}:\overline{\mathrm{PB}}=m:n$을 만족하는 점 P는 선분 AB를 $m:n$으로 내분하는 점과 외분하는 점을 지름의 양 끝 점으로 하는 원 위를 움직인다. (아폴로니우스의 원)

07 [전략] 두 식을 연립하여 풀면 교점을 구할 수 있다.

$$C_1:(x+6)^2+y^2=10^2 \quad \cdots ❶$$

$$C_2:(x-15)^2+y^2=17^2 \quad \cdots ❷$$

ㄱ. ❶, ❷를 변변 빼면

$$42x+6^2-15^2=10^2-17^2 \quad \therefore x=0$$

❶에 대입하면 $6^2+y^2=10^2 \quad \therefore y=\pm8$

따라서 교점의 좌표가 $\mathrm{A}(0, 8)$, $\mathrm{B}(0, -8)$이므로

$$\overline{\mathrm{AB}}=16 \ (참)$$

ㄴ.

한 호에 대한 원주각의 크기는 같으므로

$$\angle \mathrm{AQ_2B}=\angle \mathrm{AQ_1B}$$

또 $\angle \mathrm{Q_1PQ_2}$는 공통

$$\therefore \triangle \mathrm{PAQ_2}\backsim\triangle \mathrm{PBQ_1} \ (\mathrm{AA} \ 닮음) \ (참)$$

ㄷ.

점 P가 있는 호 AB 위에 P가 아닌 점 P'을 잡고, 선분 P'A의 연장선이 C_2와 만나는 점을 Q_1'이라 하면 한 호에 대한 원주각의 크기는 같으므로

$$\angle APB = \angle AP'B, \ \angle AQ_1B = \angle AQ_1'B$$
$$\therefore \triangle BPQ_1 \backsim \triangle BP'Q_1' \ (\text{AA 닮음})$$

따라서 $\overline{PB}$가 최대일 때 $\overline{PQ_1}$도 최대이다.

선분 PB의 길이가 최대이면 선분 PB는 C_1의 지름이다.

이때 $\angle PAB = 90°$이므로 직선 PQ_1은 y축에 수직이고 직선의 방정식은 $y=8$이다. ($\because A(0, 8)$)

$y=8$을 ❶에 대입하면
$$(x+6)^2 + 8^2 = 10^2, \ x+6 = \pm 6$$

P의 x좌표는 음수이므로 $x=-12$

$y=8$을 ❷에 대입하면
$$(x-15)^2 + 8^2 = 17^2, \ x-15 = \pm 15$$

Q_1의 x좌표는 양수이므로 $x=30$

곧, 선분 PQ_1의 길이의 최댓값은 $30-(-12)=42$ (참)

따라서 옳은 것은 ㄱ, ㄴ, ㄷ이다.　　　　　　　 🖩 ⑤

08 [전략] $\sqrt{x^2+2x+26}, \ \sqrt{x^2-6x+10}$은 각각
점 $P(x, 0)$과 정점 사이의 거리로 생각할 수 있다.
합의 최솟값은 대칭, 차의 최댓값은 삼각형의 변의 성질을 이용한다.

(1) 주어진 식에서
$$\sqrt{x^2+2x+26} = \sqrt{(x+1)^2+(0-5)^2},$$
$$\sqrt{x^2-6x+10} = \sqrt{(x-3)^2+(0-1)^2}$$

이므로 $P(x, 0), \ A(-1, 5), \ B(3, 1)$이라 하면
$$\sqrt{x^2+2x+26} + \sqrt{x^2-6x+10} = \overline{PA} + \overline{PB}$$

오른쪽 그림에서 점 B와 x축에 대
칭인 점을 B'이라 하면 P가 직선
AB'과 x축이 만나는 점일 때
$\overline{PA} + \overline{PB}$는 최소이고 최솟값은
$\overline{AB'}$이다.

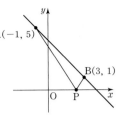

$B'(3, -1)$이므로 직선 AB'의
방정식은
$$y-5 = \frac{-1-5}{3+1}(x+1) \qquad \therefore y = -\frac{3}{2}x + \frac{7}{2}$$

$y=0$일 때 $x=\dfrac{7}{3}$

따라서 $x=\dfrac{7}{3}$일 때 최소이고, 최솟값은
$$\overline{AB'} = \sqrt{(3+1)^2 + (-1-5)^2} = 2\sqrt{13}$$

(2) $P(x, 0), \ A(-1, 5), \ B(3, 1)$이라 하면
$$\left| \sqrt{x^2+2x+26} - \sqrt{x^2-6x+10} \right| = \left| \overline{PA} - \overline{PB} \right|$$

(i) 점 P가 직선 AB 위에 있지
않을 때, 삼각형의 한 변의 길
이는 두 변의 길이의 합보다
작으므로

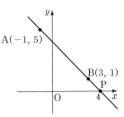

$\overline{AP} < \overline{AB} + \overline{BP}$이고
$\overline{BP} < \overline{AB} + \overline{AP}$
$\overline{AP} - \overline{BP} < \overline{AB}$이고
$\overline{BP} - \overline{AP} < \overline{AB}$
$$\therefore \left| \overline{PA} - \overline{PB} \right| < \overline{AB}$$

(ii) 점 P가 직선 AB 위에 있을 때
$$\left| \overline{PA} - \overline{PB} \right| = \overline{AB}$$

(i), (ii)에서 점 P가 직선 AB 위에
있을 때 $\left| \overline{PA} - \overline{PB} \right|$는 최대이고,
최댓값은 $\overline{AB}$이다.

직선 AB의 방정식은
$$y-5 = \frac{1-5}{3+1}(x+1) \qquad \therefore y = -x+4$$

$y=0$일 때 $x=4$

따라서 $x=4$일 때 최대이고, 최댓값은
$$\overline{AB} = \sqrt{(3+1)^2 + (1-5)^2} = 4\sqrt{2}$$

🖩 (1) $x = \dfrac{7}{3}$, 최솟값 : $2\sqrt{13}$　(2) $x=4$, 최댓값 : $4\sqrt{2}$

절대등급 Note

1. 합의 최솟값을 구할 때에는 동점이 움직이는 직선의 반대쪽에 있는
두 점을 이용하고, 차의 최댓값을 구할 때에는 동점이 움직이는 직선
의 같은 쪽에 있는 두 점을 이용한다.
2. $\sqrt{x^2+2x+26} = \sqrt{(x+1)^2+(0+5)^2}$이므로 $A(-1, -5)$라 해도
된다. 같은 이유로 $B(3, -1)$이라 해도 된다.

Memo

절대등급

정답 및 풀이
고등 수학(상)

달라진 교육과정에도 변함없이 하이탑 !

하이탑
과학 고수들의 필독서

#2015 개정 교육과정
#믿고 보는 과학 개념서
#통합과학
#물리학 #화학 #생명과학 #지구과학
#과학 #잘하고싶다 #중요 #개념 #열공
#포기하지마 #엄지척 #화이팅

01
기초부터 심화까지
자세하고 빈틈 없는 개념 설명

02
풍부한 그림 자료,
수준 높은 문제 수록

03
새 교육과정을 완벽 반영한
깊이 있는 내용

중학교 1~3학년 / **고등학교** 통합과학 / 물리학 Ⅰ, Ⅱ / 화학 Ⅰ, Ⅱ / 생명과학 Ⅰ, Ⅱ / 지구과학 Ⅰ, Ⅱ

[]동아출판

절대등급